高等职业院校信息通信类规划教材

5G网络组建与维护

贾　跃　编著

北京邮电大学出版社
www.buptpress.com

内 容 简 介

本书以实际工程项目为载体，分别对5G基站、核心网及承载网的组建与调试进行阐述，内容涉及5G全网拓扑结构的规划、5G网络设备的安装与连接、5G移动业务配置与测试。全书采用工作背景描述、专业知识储备、任务实施过程和成果验收评价的任务驱动形式，对5G关键技术及网络建设步骤进行了讲解，使读者能够直接、感性地学习5G移动通信技术，并在网络组建与测试的过程中应用所学知识，提升操作技能。

全书力求改变传统教材的知识体系结构，以5G网络组建与维护工作过程为框架，对知识和技能进行筛选组合，形成了既具有独立性，又彼此紧密相连的学习任务，实现了知识与技能的有机结合。本书可作为高职高专院校通信技术及相关专业学生的教材，也可作为通信行业中从事网络规划、建设、维护的工程技术人员的培训教材或参考手册。

图书在版编目(CIP)数据

5G网络组建与维护 / 贾跃编著. -- 北京 ：北京邮电大学出版社，2022.11
ISBN 978-7-5635-6781-2

Ⅰ. ①5… Ⅱ. ①贾… Ⅲ. ①第五代移动通信系统—高等职业教育—教材 Ⅳ. ①TN929.538

中国版本图书馆CIP数据核字(2022)第196746号

策划编辑：马晓仟 **责任编辑：**廖 娟 **责任校对：**张会良 **封面设计：**七星博纳

出版发行：北京邮电大学出版社
社　　址：北京市海淀区西土城路10号
邮政编码：100876
发 行 部：电话：010-62282185 传真：010-62283578
E-mail：publish@bupt.edu.cn
经　　销：各地新华书店
印　　刷：保定市中画美凯印刷有限公司
开　　本：787 mm×1 092 mm 1/16
印　　张：16
字　　数：419千字
版　　次：2022年11月第1版
印　　次：2022年11月第1次印刷

ISBN 978-7-5635-6781-2 定价：42.00元

前　　言

随着移动通信技术的发展以及5G系统在国内的普及与应用，移动通信网络正越来越广泛地影响着人们的日常生活。第五代移动通信系统(5G)是4G的延伸与发展，具有高速率、低时延、大容量等特征。在高速率方面，5G网络速率可达10 Gbit/s，是4G网络速率100 Mbit/s的100倍。在5G网络环境比较好的情况下，1 G的电影1～3 s就能下载完，基本上不会超过10 s。在低时延方面，人类眨眼的时间为100 ms，而5G的时延已达到毫秒级别，仅为4G的十分之一。在大容量方面，5G网络连接容量更大，即使50个客户在一个地方同时上网，也能有100 Mbit/s以上的速率体验。5G采用了毫米波、微基站、新型多天线传输、波束赋形、上下行解耦、同时同频全双工、网络切片等技术，可用于增强移动带宽、低功耗大连接、低时延高可靠等不同的应用场景之中。

2019年，工信部正式向中国电信、中国移动、中国联通、中国广电发放5G商用牌照，标志着我国移动通信进入了5G时代。5G网络以前所未有的速度迅猛发展，截至2020年6月底，我国入网5G终端数达6 600万部，已有178款5G手机终端获得入网许可，5G手机累计出货量超过7 700万部，基础电信企业在全国已建设开通5G基站超40万个。规模不断增大的5G移动网络需要大量工程技术人员进行系统规划、设备安装、业务配置、数据测试、性能评估及网络优化等工作。如今，我国5G网络建设已跻身国际前列，5G的发展会进一步催生更多的产业，如无人驾驶、虚拟现实、增强现实、人工智能、远程医疗、车联网、云端机器人、智慧城市、工业互联网等。如果说4G通过高速上网改变了人们的生活方式，那么5G将会通过万物互联达到改变社会的愿景。

本书以实际工程项目为载体，分别对5G基站、核心网及承载网的组建与调试进行阐述，内容涉及5G全网拓扑结构的规划、5G网络设备的安装与连接、5G移动业务配置与测试。全书采用工作背景描述、专业知识储备、任务实施过程和成果验收评价的任务驱动形式，对5G关键技术及网络建设步骤进行了讲解，使读者能够直接、感性地学习5G移动通信技术，并在网络组建与测试的过程中应用所学知识，提升操作技能。

本书共分为7个任务。其中，任务1介绍了移动通信的发展历程、5G的标准演进与应用、5G的频谱范围和频段、5G网络的部署方式、5G网络拓扑结构的规划；任务2介绍了Option3X网络结构、Option3X基站及核心网设备的安装与连接；任务3介绍了灵活的正交频分复用、5G新空口的协议栈和帧结构、Option3X基站及核心网数据的配置；任务4介绍了

Option2 网络结构、Option2 基站及核心网设备的安装与连接；任务 5 介绍了 5G 的关键技术、Option2 基站及核心网数据的配置；任务 6 介绍了 TCP/IP 协议、光传送网络(OTN)、承载网设备的安装与连接；任务 7 介绍了交换和路由原理、VLAN 间路由、承载网数据的配置。

本书在编写过程中得到了领导、同事的支持与帮助，在此表示衷心感谢。由于作者时间和精力有限，书中难免存在疏漏与错误，恳请广大读者批评、指正。

作　者

2021 年 2 月

目　　录

任务 1　规划 5G 全网拓扑结构

【学习目标】

- 了解移动通信的发展和 5G 的应用场景
- 掌握 5G 频谱和频段的划分和部署方式
- 了解 5G 基站、核心网及承载网的结构
- 完成 5G 基站、核心网及承载网的拓扑规划

1.1　工作背景描述

规划是组建移动通信网络的第一步，也是关键的一步。5G 全网由无线接入网（俗称基站）、核心网以及承载网三个部分组成，其中基站与核心网统称为移动网络。无线接入网及核心网的规划包括了网络部署方式选择、网络拓扑结构设计、无线覆盖及容量规划、核心网吞吐量计算、无线站点选址等；承载网的规划包括了 IP 承载拓扑规划、IP 承载网容量计算和光传送网（Optical Transport Network，OTN）规划等。本次任务使用 5G 组网仿真软件规划 5G 全网的拓扑结构，为后续网络组建与业务开通打下基础。规划针对四水、建安和兴城三座城市进行，如图 1-1 所示。其中，建安市基站部署在人口密集的高层住宅区；兴城市基站部署在繁华的中心商务区；四水市基站部署在城郊幽静的旅游休闲区。

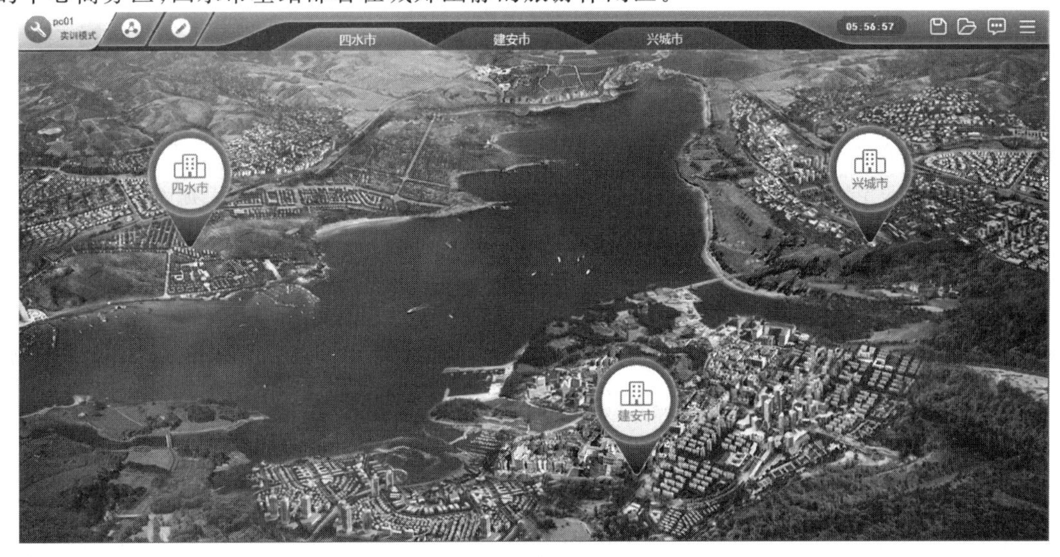

图 1-1　需要规划的三座城市

1.2 专业知识储备

1.2.1 移动通信的发展历程

移动通信是移动体之间或移动体与固定体之间的通信方式。移动体可以是人,也可以是汽车、火车、轮船、飞机等在移动状态中的物体。移动通信的发展历史可以追溯到 19 世纪。1864 年,麦克斯韦从理论上证明了电磁波的存在。1876 年,赫兹用实验证实了电磁波的存在。1896 年,马可尼在英国进行的 14.4 千米通信试验获得成功,从此世界进入了无线电通信的新时代。现代意义上的移动通信开始于 20 世纪 20 年代初期,至今已经历了五个阶段的演变,如图 1-2 所示。

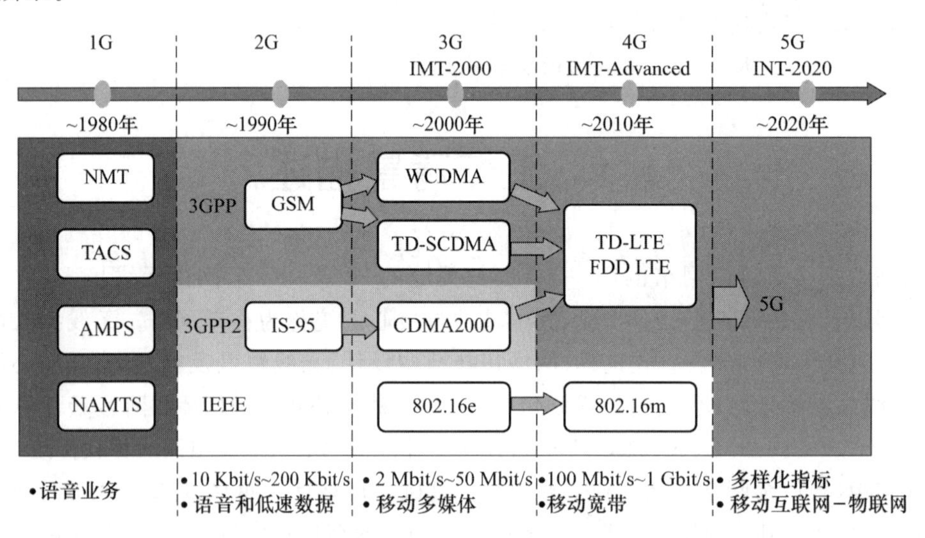

图 1-2 移动通信的发展历程

1. 第一代移动通信系统

第一代移动通信系统(1G)是采用蜂窝技术组网、仅支持模拟语音通信的移动电话系统。1978 年年底,美国贝尔试验室成功研制了全球第一个移动蜂窝电话系统(Advanced Mobile Phone System ,AMPS)。1983 年,AMPS 在美国芝加哥正式投入商用并迅速在全美推广。与此同时,欧洲各国也纷纷建立起自己的第一代移动通信系统。如瑞典、丹麦、挪威、芬兰等北欧四国于 1980 年研制成功了 NMT-450 网络;德国于 1984 年完成了 C 网络(C-Netz);英国于 1985 年研制出频段在 900 MHz 的全接入移动通信系统(Total Acce Communications System, TACS)。1979 年,日本推出中规模移动电话系统 NAMTS,整体技术参考于欧洲所研发的 NMT。我国的第一代模拟移动通信系统于 1987 年 11 月 18 日开通并正式商用,采用的是英国 TACS 制式。从 1987 年 11 月中国电信开始运营,到 2001 年 12 月底中国移动关闭模拟移动通信网,1G 时代在中国的应用长达 14 年之久。第一代移动通信系统的各种标准彼此不能兼容,无法互通,不支持移动通信漫游,只是一种区域性的移动通信系统。

2. 第二代移动通信系统

由于模拟移动通信系统本身的缺陷,如频谱效率低、网络容量有限、业务种类单一、保密性差等，使得其无法满足人们的需求。20世纪90年代初期，开发了基于数字技术的移动通信系统，即第二代移动通信系统(2G)。最具代表性的是欧洲的全球移动通信系统(Global System of Mobile communication，GSM)和美国的码分多址(Code Division Multiple Access，CDMA) IS-95系统，这两大系统在当时世界移动通信市场占据了主要的份额。1995年，我国正式进入2G时代，采用了GSM系统。2002年，中国联通正式开通CDMA网络并投入商用。

第二代移动通信系统的核心网以电路交换为基础，语音业务仍然是其主要承载的业务。但随着各种增值业务的不断出现，第二代移动通信系统也可以传输低速的数据业务。从2G发展到3G有一段过渡时期，即2.5G和2.75G。其中，2.5G为通用分组无线业务(General Packet Radio Service，GPRS)，它是基于GSM的无线分组交换技术，提供端到端、广域的无线IP连接，网络容量根据需要进行再分配，不需要时就释放，传输速率150 Kbit/s；2.75G为增强数据速率GSM演进(Enhanced Data rates for GSM Evolution，EDGE)，它是基于GSM/GPRS网络的数据增强型移动通信技术，传输速率384 Kbit/s。

3. 第三代移动通信系统

随着社会经济的发展，人们对数据通信业务的需求日益增高，已不再满足于以话音业务为主的移动通信服务。第三代移动通信系统(3G)是在第二代移动通信技术基础上进一步演进产生的，以宽带CDMA技术为主，能同时提供话音和数据业务。3G与2G最大的区别是传输速率上的提升，它能够在全球范围内更好地实现无线漫游，并处理图像、音乐、视频流等多种媒体形式，提供包括网页浏览、电话会议、电子商务等多种信息服务，同时考虑了与已有第二代移动通信系统的良好兼容。我国于2009年颁发了3G牌照，即中国电信运营的CDMA2000 (Code Division Multiple Access 2000)、中国联通运营的WCDMA(Wideband Code Division Multiple Access)和中国移动运营的TD-SCDMA(Time-Division Synchronous Code Division Multiple Access)。这也是国际电信联盟(International Telecommunication Union，ITU)发布的三种主要的3G移动通信标准。

TD-SCDMA由我国信息产业部电信科学技术研究院提出，采用不需要成对频谱的时分双工方式，以及频分、时分、码分相结合的多址接入技术，载波带宽为1.6 MHz，适合支持上下行不对称业务。TD-SCDMA系统还采用了智能天线、同步CDMA、自适应功率控制、联合检测及接力切换等技术，使其具有频谱利用率高、抗干扰能力强、系统容量大等特点。WCDMA源于欧洲，其核心网采用基于演进的GSM/GPRS网络技术，载波带宽为5 MHz，可支持384 Kbit/s～2 Mbit/s数据传输速率。在同一传输信道中，WCDMA可同时提供电路交换和分组交换的服务，提高了无线资源的使用效率。WCDMA支持同步/异步基站运行模式、采用上下行快速功率控制、下行发射分集等技术；CDMA2000由美国高通公司为主导提出，是在IS-95基础上的进一步发展，空中接口保持了许多IS-95空中接口的特征，同时为了支持高速数据业务，采用了前向发射分集、前向快速功率控制、增加快速寻呼信道和上行导频信道等技术。

与2G到3G一样，3G到4G也存在过渡时期，即3.5G、3.75G。其中，3.5G为高速下行链路分组接入(High Speed Downlink Package Access，HSDPA)，它是WCDMA技术的延伸，在WCDMA下行链路中提供分组数据业务，在5 MHz带宽上的传输速率可达8～10 Mbit/s；3.75G为高速上行链路分组接入(High Speed Uplink Packet Access，HSUPA)，它是因HSDPA上行传输速率不足而开发的，在5 MHz带宽上的传输速率可达10～15 Mbit/s，上行传输速率可达5.76 Mbit/s。

4. 第四代移动通信系统

尽管 3G 能同时提供话音和数据业务，但仍存在很多不足，如采用电路交换，而不是纯 IP (Internet Protocol)方式；最大传输速率达不到 2 Mbit/s，无法满足用户高带宽要求；多种标准难以实现全球漫游等。正是由于 3G 的局限性推动了第四代移动通信系统(4G)的研发和应用。2013 年，工信部向中国移动、中国电信、中国联通正式发放了第四代移动通信业务 TD-LTE 牌照，中国联通与中国电信还获得了 FDD-LTE 牌照，4G 在我国开始了商业化运行。中国移动获得了 130 MHz 频谱资源，中国电信和中国联通分别获得了 40 MHz 频谱资源，三大运营商 4G 基站总数量大概为 500 万个。

4G 包括时分双工长期演进(Time Division Duplex-Long Term Evolution，TD-LTE)和频分双工长期演进(Frequency Division Duplex-Long Term Evolution，FDD-LTE)两种制式，实现了全网 IP 化，采用正交频分多址接入(Orthogonal Frequency Division Multiple Access，OFDMA)、多载波调制、自适应调制和编码(Adaptive Modulation and Coding，AMC)、多输入多输出(Multiple-Input Multiple-Output，MIMO)、智能天线等技术，能够快速传输高质量的音频、视频和图像。4G 研究的最初目的就是提高蜂窝电话和其他移动装置无线访问网络的速率，理论上能以 100 Mbit/s 的速率下载，以 20 Mbit/s 的速率上传。从全球范围测试和运行的结果看，4G 网络速率大约比 3G 网络快 10 倍，意味着能够传输高质量图像和视频，效果与高清晰度电视不相上下。

5. 第五代移动通信系统

第五代移动通信系统(5G)是 4G 的延伸与发展，具有高速率、低时延、大容量等特征。在高速率方面，5G 网络速率可达 10 Gbit/s，是 4G 网络速率 100 Mbit/s 的 10 倍。在 5G 网络环境比较好的情况下，1 GB 的电影 1～3 s 就能下完，基本上不会超过 10 s；在低时延方面，人类眨眼的时间为 100 ms，而 5G 的时延已达到毫秒级别，仅为 4G 的十分之一；在大容量方面，5G 网络连接容量更大，即使 50 个客户在一个地方同时上网，也能有 100 Mbit/s 以上的速率体验。5G 采用了毫米波、微基站、新型多天线传输、波束赋形、上下行解耦、同时同频全双工、网络切片等技术，可适用于增强移动带宽、低功耗大连接、低时延高可靠等不同的应用场景之中。2019 年，工信部正式向中国电信、中国移动、中国联通、中国广电发放 5G 商用牌照，标志着我国移动通信进入了 5G 时代。

从某种意义上说，通信技术的演进史也是社会发展的演变史，每一次通信技术的变革都会给人们的生活带来便利，对社会的影响也是巨大的。1G 为模拟时代，实现了基本的语音需求；2G 进入了数字时代，手机可以实现简单上网，如 QQ 聊天、发送文字和图片；3G 进入了移动多媒体时代，手机不仅可以语音通话、发送简单的文字和图片，还可以看视频，同时也催生出智能手机的出现；4G 进入了高速上网时代，手机可以看高清视频，改变了人们的生活方式；5G 进入了万物互联时代，实现了人与人、人与物、物与物之间的通信，催生出更多的产业，如无人驾驶、虚拟现实(Virtual Reality，VR)和增强现实(Augmented Reality，AR)、人工智能(Artificial Intelligence，AI)、远程医疗、车联网、云端机器人、智慧城市、无人工厂等，实现了改变社会的愿景。

1.2.2 5G 的标准演进与应用

1. 5G 的发展方向和特点

第五代移动通信(5G)是最新一代的蜂窝移动通信技术，也是继 GSM(2G)、WCDMA

(3G)和 LTE(4G)系统之后的延伸。每一代移动通信技术都有其自身的发展方向,如图 1-3 所示。1G 实现了移动通话;2G 实现了短信、数字语音和手机上网;3G 带来了基于图片的移动互联网;4G 推动了移动视频的发展;5G 是未来物联网、车联网等万物互联的基础。

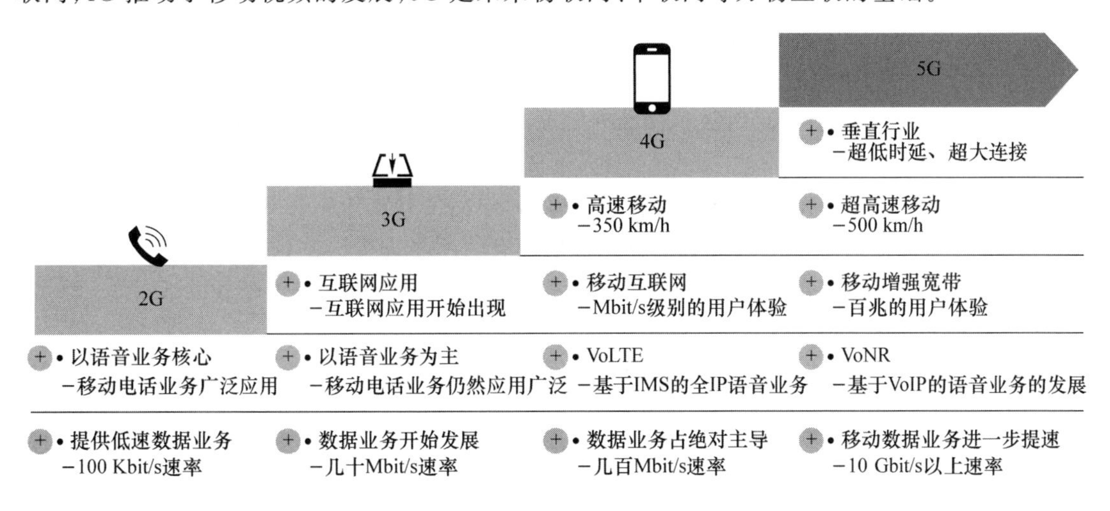

图 1-3　移动通信的发展目标

为实现万物互联的目标,5G 应具备极高的速率、极大的容量和极低的时延三大特点。在速率方面,与 4G 相比,5G 的传输速率提升了 10～100 倍,峰值传输速率可达 10 Gbit/s;在容量方面,与 4G 相比,5G 的连接设备密度增加了 10～100 倍,流量密度提升了 1 000 倍,频谱效率提升了 5～10 倍,能够在 500 km/h 的速度下保证用户体验;在时延方面,3G 端到端响应为 500 ms, 4G 端到端响应为 50 ms,而 5G 端到端响应为 5 ms,时延达到了毫秒级。

2. 5G 的三大应用场景

与极高速率、极大容量和极低时延的特点相对应,5G 可应用于三大场景之中,即增强移动宽带(Enhanced Mobile Broadband, eMBB)、海量机器类通信(Massive Machnice Type Communication, mMTC)、超高可靠低时延通信(Ultra Reliable Low Latency Communication, uRLLC),如图 1-4 所示。

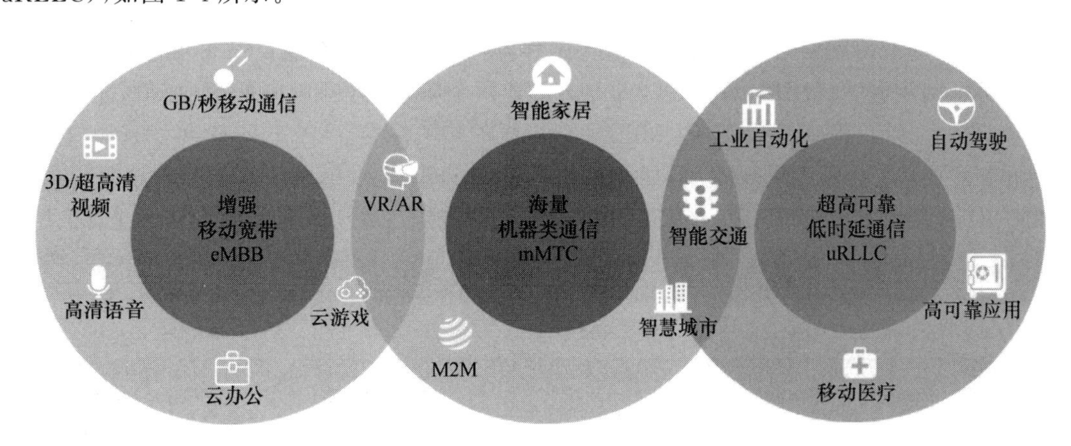

图 1-4　5G 的三大应用场景

增强移动宽带(eMBB)主要面向 3D、超高清视频等大流量移动宽带业务,除了在 6 GHz 以下的频谱发展相关技术外,还会使用 6 GHz 以上的频谱。小型基站将会是发展 eMBB 的重要设备，目前 6 GHz 以下的频谱大多是以使用大型基站的传统网络模式为主，而 6 GHz 以上频谱的毫米波技术则需要小型基站来提升速率。

海量机器类通信（mMTC）主要面向大规模物联网业务，使用 6 GHz 以下的频段。目前，主要应用是窄带物联网（Narrow Band Internet of Things, NB-IoT）。以往被普遍采用的 WiFi、ZigBee、蓝牙等属于家庭用的小范围技术，回传线路主要靠 LTE。随着大范围覆盖的 NB-IoT、远距离无线电（Long Range Radio，LoRa）等技术标准的出现，可望让物联网的发展更为广阔。

超高可靠低时延（uRLLC）主要面向无人驾驶、工业自动化等需要低时延、高可靠连接的业务。在智慧工厂中，大量的机器都安装了传感器，检测信号从传感器到达后端网络进行分析判断，后端网络再将指令传送回机器本身。若以现有的网络进行传输，这一过程将产生明显延迟，可能引发安全事故。因此，URLLC 将网络等待时间的目标压低到 1 毫秒以下。

3. 5G 协议的标准化进程

通信技术标准是指通信生产、通信建设以及一切通信活动中共同遵守的技术规定。生活中，人们使用的通信设备可能来自不同的公司，只有按照预先定义好的标准进行研发，才能保证网络中各个设备的互联互通。移动通信系统的建立与应用大体包括三个步骤：首先，国际电信联盟（ITU）制定新系统的需求，各大公司和组织开始技术研究，验证各种技术的可行性并且向标准化组织提交方案；然后，标准化组织通过会议协商选定合适的技术，并将其指定为标准；最后，各个设备公司基于标准开放对应的产品，把产品销售给通信网络运营公司，进行网络部署，并提供通信服务。可以说，通信技术标准就是通信产业的制高点，谁掌握了标准，谁就掌握了话语权。

目前，在移动通信领域，国际电信联盟（International Telecommunication Union，ITU）和第三代合作伙伴计划（the 3rd Generation Partner Project，3GPP）是两个非常重要的国际标准化组织。ITU 负责定义 5G 愿景和网络关键能力指标，制定 5G 网络的需求；3GPP 负责具体的标准化工作，制定和发布技术规范和技术报告，联合各大设备厂商以及通信运营商共同制定 5G 的协议标准。3GPP 是一个成立于 1998 年 12 月的标准化组织，是目前最重要的移动通信标准化组织之一，其成员包括部分区域和国家电信标准化机构，以及各大设备商和运营商。3GPP 的标准演进工作是以 GSM 为基础进行的，成功地实现了从 2G 到 3G、4G 和 4.5G 的演进，对应的版本也从 R99 演进到 R13 和 R14，目前正在加紧制定 5G 标准。

5G 国际标准的制定是一个复杂的系统工程，考虑到技术复杂度以及尽可能快地推向市场，5G 协议制定分为 5G Phase 1 和 5G Phase 2 两个阶段，分别对应两个协议版本 R15 和 R16，如图 1-5 所示。R15 版本定义 eMBB 业务场景的相关标准，已经于 2018 年 6 月协议冻结。R16 版本主要定义 mMTC 和 uRLLC 两个业务场景，已经于 2020 年 6 月协议冻结，至此 5G 国际标准可以提供全业务场景 eMBB、mMTC、uRLLC 的支持能力，并已经于 2020 年实现全球商用。

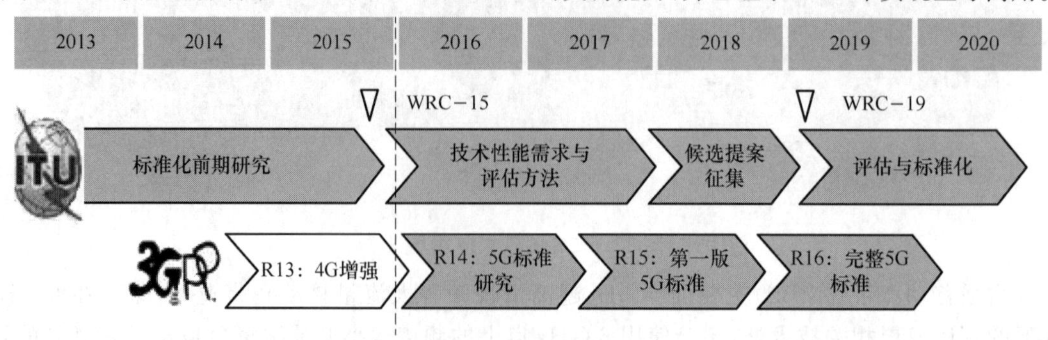

图 1-5　5G 国际标准制定规划

2015年9月,我国表态力争在2020年实现5G网络商用。我国5G技术研发总体规划与3GPP标准化同步,分为技术研发试验和产品研发试验两个阶段,如图1-6所示。

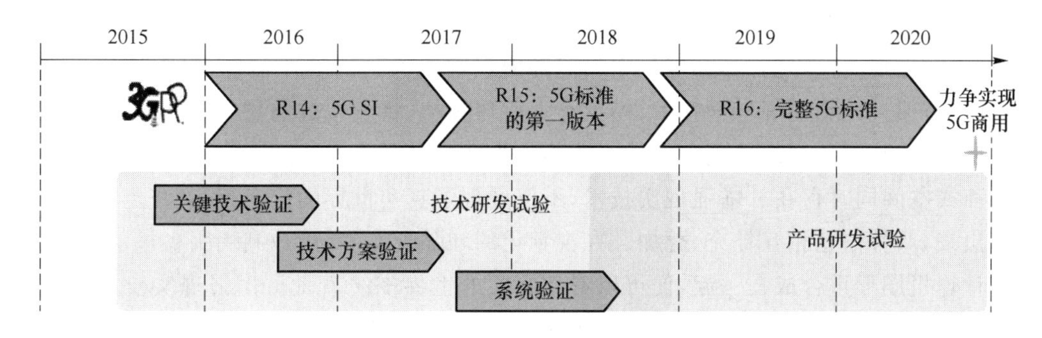

图1-6　我国5G技术研发规划

技术研发试验(2015—2018年)由中国信息通信研究院牵头组织,运营企业、设备企业及科研机构共同参与,分为关键技术验证、技术方案验证和系统验证三个步骤实施。其中,关键技术验证开展单点关键技术样机功能和性能测试;技术方案验证针对不同厂商的技术方案,基于统一频率、统一规范,开展单基站性能测试及无线接入网和核心网增强技术的功能、性能和流程测试;系统验证开展5G系统的组网技术功能和性能测试以及5G典型业务演示;产品研发试验(2018—2020年)由国内运营企业牵头组织,设备企业及科研机构共同参与。

4. 5G的未来应用领域

(1) 高清移动视频

视频流的传输速度可能是5G网速最直观的反应。在5G时代,3D视频,4K甚至8K视频的实时传输成为一种可能。

(2) 云服务

云服务在4G时代已经得到发展,但碍于传输速度的问题,云服务大部分的功能只是存储。而在5G时代,我们的工作、生活、娱乐等都可以交给云。

(3) 无人驾驶

5G网络的超低延时,使得无人驾驶技术更加安全,网络指令可以更快地传达到各个部位,5G时代无人驾驶技术将得到质的飞跃。

(4) 智能家居

目前,智能家居已经走进人们的视野。在5G时代,远程控制、可视化、万物互联成为可能,智能家居将逐渐进入人们的生活。

(5) 虚拟现实和增强现实

在5G高速的网络传输速率下,虚拟现实(Virtual Reality,VR)和增强现实(Augmented Reality,AR)可以让用户体验身临其境的感觉。

① 虚拟现实。虚拟现实技术是仿真技术的一个重要方向,是仿真技术与计算机图形学人机接口技术、多媒体技术、传感技术、网络技术等多种技术的集合,是一门富有挑战性的交叉技术前沿学科和研究领域。虚拟现实技术(VR)主要包括模拟环境、感知、自然技能和传感设备等方面。模拟环境是由计算机生成的、实时动态的三维立体逼真图像;感知是指理想的VR应该具有一切人所具有的感知。除计算机图形技术所生成的视觉感知外,还有听觉、触觉、力觉、运动等感知,甚至还包括嗅觉和味觉等,也称为多感知;自然技能是指人的头部转动,眼睛、手

势或其他人体行为动作，由计算机来处理与参与者的动作相适应的数据，对用户的输入作出实时响应，并分别反馈到用户的五官；传感设备是指三维交互设备。

② 增强现实。增强现实技术是一种将真实世界信息和虚拟世界信息“无缝”集成的新技术，是把原本在现实世界的一定时间、空间范围内很难体验到的实体信息（视觉信息、声音、味道、触觉等），通过计算机等科学技术，模拟仿真后再叠加，将虚拟的信息应用到真实世界，被人类感官所感知，从而达到超越现实的感官体验。真实的环境和虚拟的物体实时地叠加到了同一个画面或空间同时存在。增强现实技术，不仅展现了真实世界的信息，而且将虚拟的信息同时显示出来，两种信息相互补充、叠加。在视觉化的增强现实中，用户利用头盔显示器，把真实世界与计算机图形重合成在一起，便可以看到真实的世界围绕着他。增强现实技术包含了多媒体、三维建模、实时视频显示及控制、多传感器融合、实时跟踪及注册、场景融合等新技术与新手段。增强现实提供了在一般情况下，不同于人类可以感知的信息。

1.2.3 5G 的频谱范围和频段

1. 全球 5G 频谱的分配

任何无线通信技术都基于电磁波，都有属于自己的频谱范围（Frequency Range，FR），频谱范围决定了无线技术的特性。根据 3GPP R15 版本的定义，5G 新空口（New Radio，NR）包括了两大频谱范围，如图 1-7 所示。FR1 从 450 MHz 到 6 000 MHz，通常指的是低于 6 GHz 的 5G 频段，即 Sub6G；FR2 从 24 250 MHz 到 52 600 MHz，通常指的是毫米波（mmWave）。

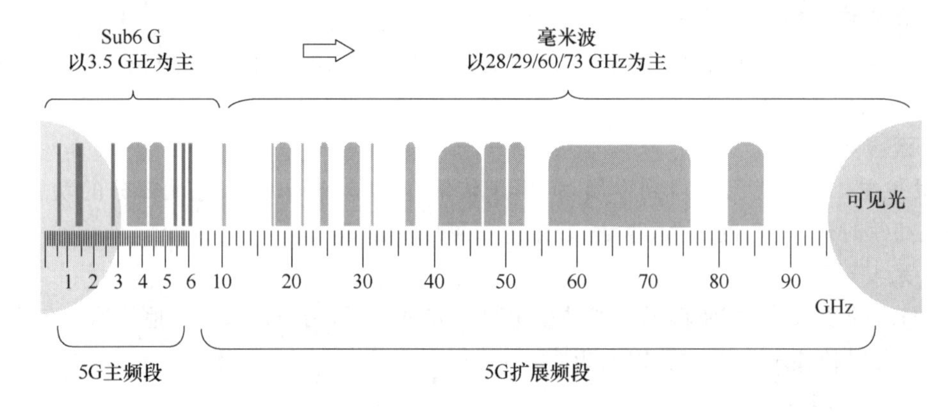

图 1-7　全球 5G 频谱的分配情况

2. 我国 5G 频谱的分配

目前，我国已向中国移动、中国联通、中国电信和中国广电发放了 5G 商业牌照。频谱分配情况如图 1-8 所示。其中，中国移动获得了 2 515～2 675 MHz 以及 4 800～4 900 MHz 共 260 MHz 带宽；中国联通获得了 3 500～3 600 MHz 共 100 MHz 带宽；中国电信获得了 3 400～3 500 MHz共 100 MHz 带宽；中国广电获得了 4 900～4 960 MHz 共 60 MHz 带宽以及 700 MHz 频段。室内无线通信使用 3 300～3 400 MHz 共 100 MHz 带宽的频谱资源。

3. 5G 频段的划分

3GPP 将 FR1 和 FR2 两个频谱范围进一步划分为频段，每个频段都有一个频段号，以“n”开头。FR1 中的频段号从 1 到 255，FR2 中的频段号从 257 到 511，如表 1-1 和表 1-2 所示。

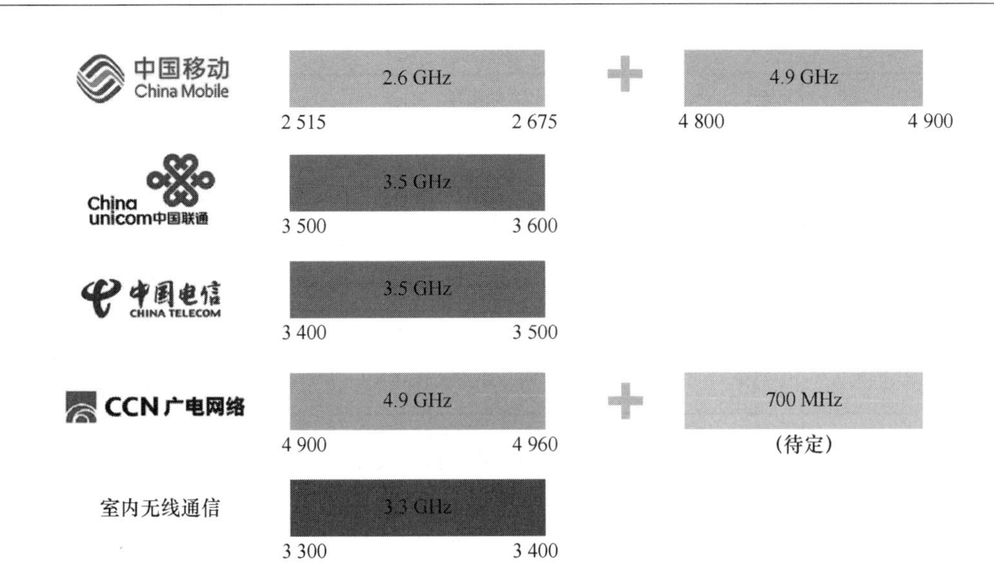

图1-8 我国5G频谱的分配情况

表1-1 FR1频谱范围内的频段

频段号	上行频段 (基站接收/UE发射)	下行频段 (基站发射/UE接收)	带宽	双工模式
n1	1 920～1 980 MHz	2 110～2 170 MHz	60 MHz	FDD
n2	1 850～1 910 MHz	1 910～1 990 MHz	60 MHz	FDD
n3	1 710～1 785 MHz	1 805～1 880 MHz	75 MHz	FDD
n5	824～849 MHz	869～894 MHz	25 MHz	FDD
n7	2 500～2 570 MHz	2 620～2 690 MHz	70 MHz	FDD
n8	880～915 MHz	925～960 MHz	35 MHz	FDD
n20	832～862 MHz	791～821 MHz	30 MHz	FDD
n28	703～748 MHz	758～803 MHz	45 MHz	FDD
n38	2 570～2 620 MHz	2 570～2 620 MHz	50 MHz	TDD
n41	2 496～2 690 MHz	2 496～2 690 MHz	194 MHz	TDD
n50	1 432～1 517 MHz	1 432～1 517 MHz	85 MHz	TDD
n51	1 427～1 432 MHz	1 427～1 432 MHz	5 MHz	TDD
n66	1 710～1 780 MHz	2 110～2 200 MHz	70/90 MHz	FDD
n70	1 695～1 710 MHz	1 995～2 020 MHz	15/25 MHz	FDD
n71	663～698 MHz	617～652 MHz	35 MHz	FDD
n74	1 427～1 470 MHz	1 475～1 518 MHz	43 MHz	FDD
n75	N/A	1 432～1 517 MHz	85 MHz	SDL
n76	N/A	1 427～1 432 MHz	5 MHz	SDL
n77	3 300～4 200 MHz	3 300～4 200 MHz	900 MHz	TDD
n78	3 300～3 800 MHz	3 300～3 800 MHz	500 MHz	TDD
n79	4 400～5 000 MHz	4 400～5 000 MHz	600 MHz	TDD

续 表

频段号	上行频段 (基站接收/UE 发射)	下行频段 (基站发射/UE 接收)	带宽	双工模式
n80	1 710～1 785 MHz	N/A	75 MHz	SUL
n81	880～915 MHz	N/A	35 MHz	SUL
n82	832～862 MHz	N/A	30 MHz	SUL
n83	703～748 MHz	N/A	45 MHz	SUL
n84	1 920～1980 MHz	N/A	60 MHz	SUL
n86	1 710～1780 MHz	N/A	70 MHz	SUL

表 1-2 FR2 频谱范围内的频段

频段号	上行频段 (基站接收/UE 发射)	下行频段 (基站发射/UE 接收)	带宽	双工模式
n257	26 500～29 500 MHz	26 500～29 500 MHz	3 000 MHz	TDD
n258	24 250～27 500 MHz	24 250～27 500 MHz	3 250 MHz	TDD
n260	37 000～40 000 MHz	37 000～40 000 MHz	3 000 MHz	TDD
n261	27 500～28 500 MHz	27 500～28 500 MHz	1 000 MHz	TDD

(1) 4G 频段与 5G 频段的关系

4G LTE 频段的划分如表 1-3 所示，频段号以"B"开头。4G 的频段与 5G 的频段并不是完全对应的。比如，4G LTE 的 B42(3.4～3.6 GHz)和 B43(3.6～3.8 GHz)，在 5G NR 里面合并成了 n78(3.4～3.8 GHz)。频率范围越大，传输速率越快。增大频段的频率范围可以满足 5G NR 大带宽的需要，进而实现高速率。

表 1-3 4G LTE 频段的划分

频段	上行频段 (基站接收/UE 发射)	下行频段 (基站发射/UE 接收)	双工模式
B1	1 920～1 980 MHz	2 110～2 170 MHz	FDD
B2	1 850～1 910 MHz	1 930～1 990 MHz	FDD
B3	1 710～1 785 MHz	1 805～1 880 MHz	FDD
B4	1 710～1 755 MHz	2 110～2 155 MHz	FDD
B5	824～849 MHz	869～894 MHz	FDD
B6	830～840 MHz	875～885 MHz	FDD
B7	2 500～2 570 MHz	2 620～2 690 MHz	FDD
B8	880～915 MHz	925～960 MHz	FDD
B9	1 749.9～1 784.9 MHz	1 844.9～1 879.9 MHz	FDD
B10	1 710～1 770 MHz	2 110～2 170 MHz	FDD
B11	1 427.9～1 452.9 MHz	1 475.9～1 500.9 MHz	FDD
B12	698～716 MHz	728～746 MHz	FDD
B13	777～787 MHz	746～756 MHz	FDD

续 表

频段	上行频段 （基站接收/UE发射）	下行频段 （基站发射/UE接收）	双工模式
B14	788～798 MHz	758～768 MHz	FDD
B15	1 900～1 920 MHz	2 600～2 620 MHz	FDD
B16	2 010～2 025 MHz	2 585～2 600 MHz	FDD
B17	704～716 MHz	734～746 MHz	FDD
B18	815～830 MHz	860～875 MHz	FDD
B19	830～845 MHz	875～890 MHz	FDD
B20	832～862 MHz	791～821 MHz	FDD
B21	1 447.9～1 462.9 MHz	1 495.9～1 510.9 MHz	FDD
B22	3 410～3 490 MHz	3 510～3 590 MHz	FDD
B23	2 000～2 020 MHz	2 180～2 200 MHz	FDD
B24	1 626.5～1 660.5 MHz	1 525～1 559 MHz	FDD
B25	1 850～1 915 MHz	1 930～1 995 MHz	FDD
B26	814～849 MHz	859～894 MHz	FDD
B27	807～824 MHz	852～869 MHz	FDD
B28	703～748 MHz	758～803 MHz	FDD
B29	—	717～728 MHz	FDD
B30	2 305～2 315 MHz	2 350～2 360 MHz	FDD
B31	452.5～457.5 MHz	462.5～467.54 MHz	FDD
B32	—	1 452～1 469 MHz	FDD
B33	1 900～1 920 MHz	1 900～1 920 MHz	TDD
B34	2 010～2 025 MHz	2 010～2 025 MHz	TDD
B35	1 850～1 910 MHz	1 850～1 910 MHz	TDD
B36	1 930～1 990 MHz	1 930～1 990 MHz	TDD
B37	1 910～1 930 MHz	1 910～1 930 MHz	TDD
B38	2 570～2 620 MHz	2 570～2 620 MHz	TDD
B39	1 880～1 920 MHz	1 880～1 920 MHz	TDD
B40	2 300～2 400 MHz	2 300～2 400 MHz	TDD
B41	2 496～2 690 MHz	2 496～2 690 MHz	TDD
B42	3 400～3 600 MHz	3 400～3 600 MHz	TDD
B43	3 600～3 800 MHz	3 600～3 800 MHz	TDD
B44	703～803 MHz	703～803 MHz	TDD
B45	1 447～1 467 MHz	1 447～1 467 MHz	TDD
B46	5 150～5 925 MHz	5 150～5 925 MHz	TDD
B65	1 920～2 010 MHz	2 110～2 200 MHz	FDD
B66	1 710～1 780 MHz	2 110～2 200 MHz	FDD
B67	—	738～758 MHz	FDD
B68	698～728 MHz	753～783 MHz	FDD

（2）5G 频段的包含现象

观察表 1-2 可以发现，在 5G NR 里面 n77 频段包含了 n78 频段。因为不同国家的运营商使用的频率范围不同，n77 频段将这些频率范围全部包含进来，如图 1-9 所示。图中实心方格代表已确定使用的频率，空心方格代表计划使用的频率。采用这种宽频方式定义频段，形成了少数几个全球统一频段，大大降低了终端（手机）支持全球漫游的复杂度。

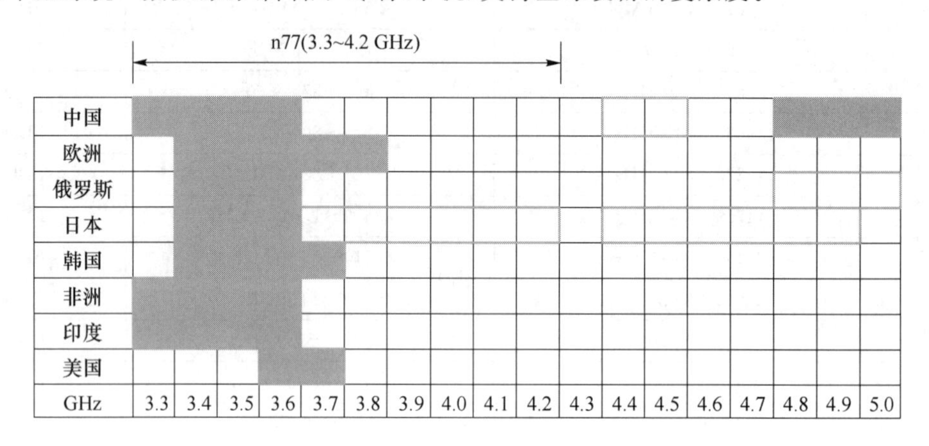

图 1-9　5G NR 里面 n77 频段

（3）上行和下行辅助频段

双工模式是指通信设备区别发射信号与接收信号的方法。如果使用不同频率区别发射与接收，则称为频分双工（Frequency Division Duplex，FDD）；如果使用不同时间区别发射与接收，则称为时分双工（Time Division Duplex，TDD）。观察表 1-2 可以发现，频段 n75、n76 以及 n80～n84 的双工模式既不是 FDD，也不是 TDD，而是上行辅助（Supplimentary Upload，SUL）和下行辅助（Supplimentary Download，SDL）。在移动通信系统中，基站与手机发射功率存在很大差异，基站可以上百瓦的功率发射，而手机的发射功率通常仅在毫瓦级，限制了小区的覆盖范围。由于电磁波频率越低，传播距离越远，因此 5G 采用了上下行解耦的部署策略，即下行使用 3.5 GHz，而上行在 3.5 GHz 基础上使用 1.8 GHz 的辅助频段，通过载波聚合或双连接的方式进行配合，弥补 3.5 GHz 上行不足的缺陷，如图 1-10 所示。

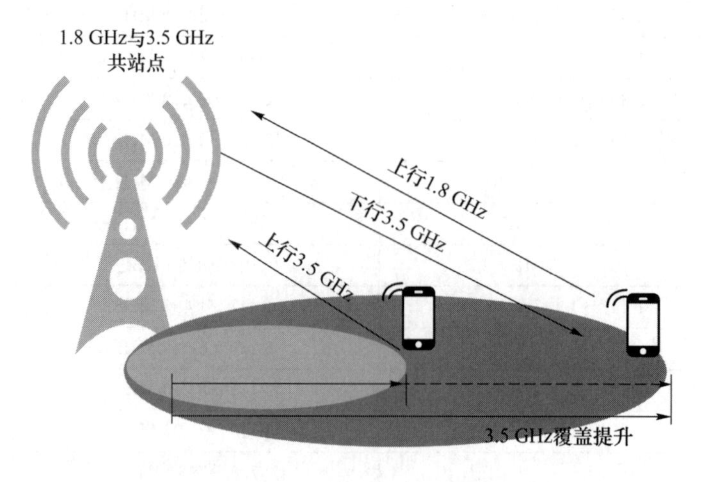

图 1-10　上、下行解耦的部署策略

随着5G时代的到来,会被最先使用的频段有n77、n78、n79、n28和n71。n77和n78是目前全球最统一的5G NR频段;n79也可能用于5G NR,推动的国家是中国、俄罗斯和日本;n28凭借其良好的覆盖性,在2015年世界无线电通信大会上被确定为全球移动通信的先锋后选频段;n71为600 MHz,目前美国运营商T-Mobile已宣布用600 MHz建5G。关于毫米波频段,美国、日本和韩国正在试验28 GHz毫米波频段,初期要实现5G固定无线接入代替光纤入户的最后几百米。不过,美、日、韩的28 GHz并不在ITU世界无线电通信大会(World Radiocomunication Conferences,WRC)的考虑范围之内。

1.2.4　5G移动网的总体架构

5G的移动网络架构与以前的几代移动通信网络类似,主要包括5G接入网(NG-RAN)和5G核心网(5GC),无线接入网与核心网之间为NG接口,如图1-11所示。5G接入网包含gNB和ng-eNB两类节点。其中,gNB可为5G用户提供NR用户及控制面协议和功能;ng-eNB可为4G用户提供NR用户及控制面协议和功能。在gNB之间以及gNB与ng-eNB之间均为Xn接口。5G核心网中的主要网元包括接入和移动管理功能(Access and Mobility Management Function,AMF)、用户平面(User Plane Function,UPF)以及会话管理功能(Session Management Function,SMF)。

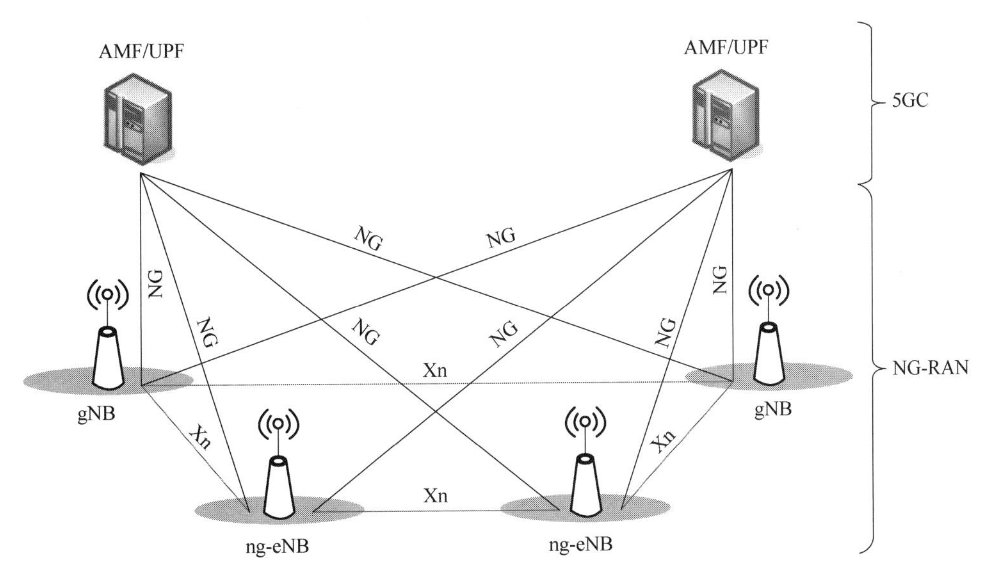

图1-11　5G的网络架构

1.2.5　5G移动网的部署方式

实现5G的应用,首先需要建设和部署5G网络。5G网络的部署涉及无线接入网(Radio Access Network,RAN)和核心网(Core Network,CN)两个部分。无线接入网主要由基站组成,为用户提供无线接入功能;核心网则主要为用户提供互联网接入服务和相应的管理功能等。由于部署新的网络投资巨大,且要分别部署无线接入网和核心网两个部分,所以3GPP将5G架构选项(Option)分为了独立组网(Standalone,SA)和非独立组网(Non-Standalone,NSA)两种模式。独立组网指的是新建一个网络,包括新基站、回程链路以及核心网;非独立组网指的是使用现有的 4G 基础设施进行 5G 网络的部署。

在 2016 年 6 月制定的标准中,3GPP 列举了 Option1、Option2、Option3/3a、Option4/4a、Option5、Option6、Option7/7a、Option8/8a 共 8 种 5G 架构选项。其中,Option1、Option2、Option5 和 Option6 属于独立组网模式,其余属于非独立组网模式。在 2017 年 3 月发布的版本中,增加了 Option3x 和 Option7x 两个子选项,同时优选出了 Option2、Option3/3a/3x、Option4/4a、Option5、Option7/7a/7x 共 5 种 5G 架构选项。其中,独立组网模式中还剩下 Option2 和 Option5 两个选项。

1. 独立组网模式下的 5G 架构选项

(1) 选项 1 和选项 2

5G 架构选项 1 和选项 2 如图 1-12 所示,图中的实线称作用户面,代表传输的数据;虚线称作控制面,代表传输管理和调度数据的命令。选项 1 是 4G 网络目前的部署方式,由 4G 的核心网和基站组成。选项 2 架构很简单,就是 5G 基站连接 5G 核心网,这是 5G 网络架构的最终形态,可以支持 5G 的所有应用,服务质量好,但成本也很高。

(2) 选项 5 和选项 6

5G 架构选项 5 和选项 6 如图 1-13 所示。选项 5 可以理解为先部署 5G 的核心网,并在 5G 核心网中实现 4G 核心网的功能。基站先使用增强型 4G 基站,随后逐步部署 5G 基站。选项 6 是先部署 5G 基站,采用 4G 核心网。但此选项会限制 5G 系统的部分功能,如网络切片,所以选项 6 已经被舍弃。

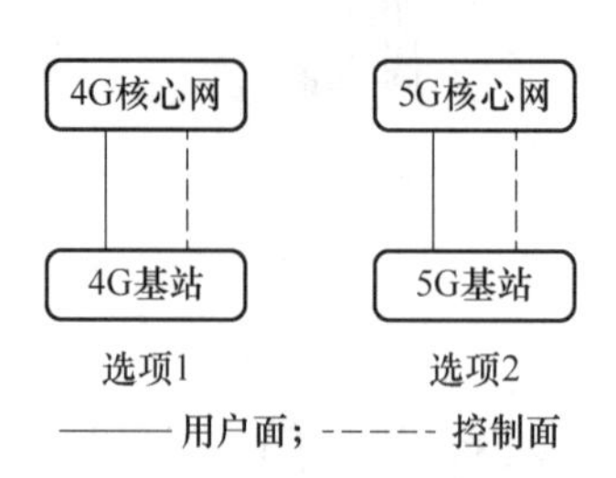

图 1-12 5G 架构选项 1 和选项 2

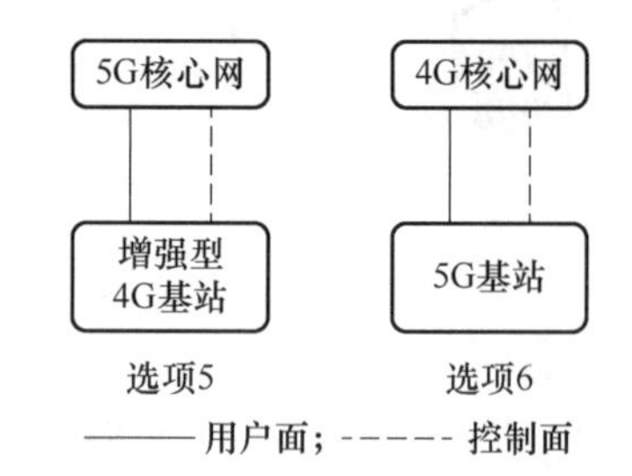

图 1-13 5G 架构选项 5 和选项 6

综上所述,5G 可能使用的独立组网模式只有选项 2 和选项 5,其中选项 2 是 5G 网络的终极架构。选项 2 具有两点优势,其一是一步到位引入 5G 基站和 5G 核心网,不依赖于现有 4G 网络,演进路径最短;其二是全新的 5G 基站和 5G 核心网能够支持 5G 网络引入的所有新功能和新业务。选项 2 也存在劣势,其一是 5G 频点相对 LTE 较高,初期部署难以实现连续覆盖,会存在大量的 5G 与 4G 系统间的切换,用户体验欠佳;其二是初期部署成本相对较高,无法有效利用现有 4G 基站资源。

2. 非独立组网模式下的 5G 架构选项

非独立组网模式比独立组网模式复杂得多,涉及的概念包括双连接、控制面锚点、分流控制点等。双连接是指手机能同时跟 4G 和 5G 进行通信,能同时下载数据。一般情况下,会有一个主连接和从连接;双连接中负责控制面的基站就叫做控制面锚点;用户数据分到双连接的两条路径上独立传送,分流的位置就叫分流控制点。

(1) 选项 3 及其子选项

5G 架构选项 3 及其子选项如图 1-14 所示。选项 3 使用 4G 的核心网络,基站分为主站和从站，与核心网进行控制面命令传输的基站为主站。由于传统的 4G 基站处理数据的能力有限，需要对基站进行硬件升级改造，变成增强型 4G 基站，该基站为主站，新部署的 5G 基站作为从站进行使用。

由于部分 4G 基站时间较久，运营商不愿意花资金进行基站改造，所以就提出了另外两种办法，即选项 3a 和选项 3x。选项 3a 就是 5G 的用户面数据直接传输到 4G 核心网；而选项 3x 是将用户面数据分为两个部分，将 4G 基站不能传输的部分数据使用 5G 基站进行传输，而剩下的数据仍然使用 4G 基站进行传输，两者的控制面命令仍然由 4G 基站进行传输。

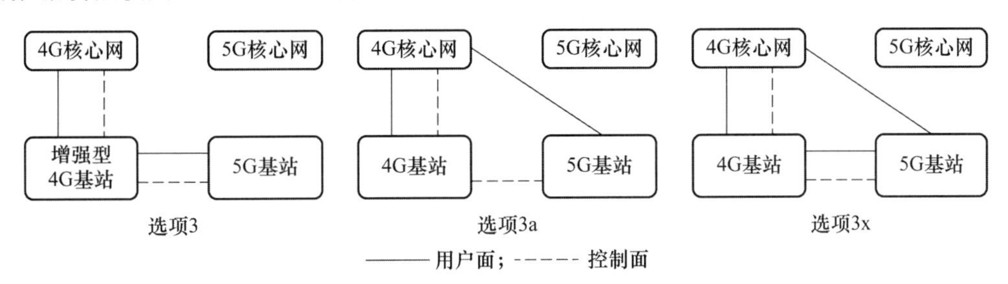

图 1-14　5G 架构选项 3 及其子选项

(2) 选项 4 及其子选项

5G 架构选项 4 及其子选项如图 1-15 所示。选项 4 与选项 3 的不同之处在于，选项 4 的 4G 基站和 5G 基站共用的是 5G 核心网，5G 基站作为主站，4G 基站作为从站。由于 5G 基站具有 4G 基站的功能，所以选项 4 中 4G 基站的用户面和控制面分别通过 5G 基站传输到 5G 核心网中，而在选项 4a 中，4G 基站的用户面直接连接到 5G 核心网，控制面仍然从 5G 基站传输到 5G 核心网。

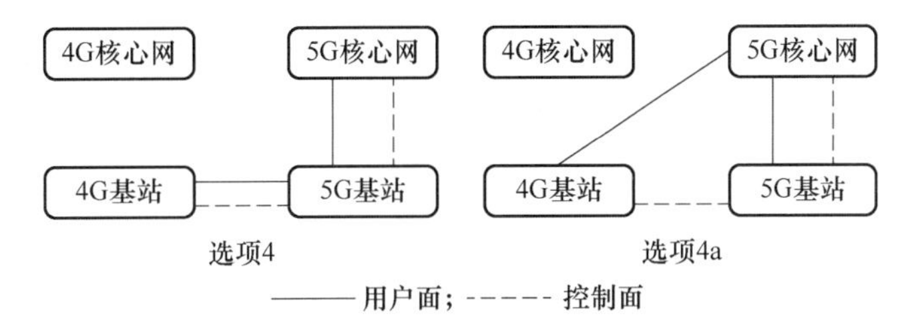

图 1-15　5G 架构选项 4 及其子选项

(3) 选项 7 及其子选项

5G 架构选项 7 及其子选项如图 1-16 所示。选项 7 和选项 3 类似，区别在于将选项 3 中的 4G 核心网变成了 5G 核心网，传输方式是一样的。

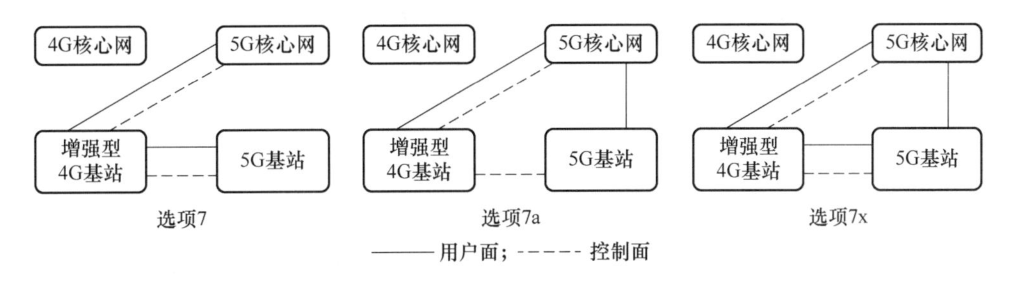

图 1-16　5G 架构选项 7 及其子选项

(4) 选项 8 及其子选项

5G 架构选项 8 及其子选项如图 1-17 所示。选项 8 和 8a 使用的是 4G 核心网,运用 5G 基站将控制面命令和用户面数据传输至 4G 核心网中,由于需要对 4G 核心网进行升级改造,成本高,改造复杂,所以这个选项在 2017 年 3 月发布的版本中被舍弃。

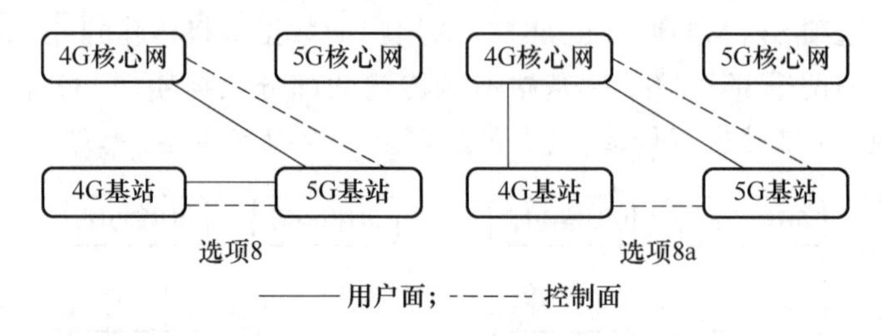

图 1-17 5G 架构选项 8 及其子选项

独立组网(SA)与非独立组网(NSA)各有优劣,应该根据实际需求选择不同的建网模式。采用 NSA 架构可以与 4G 现网深度耦合,能够快速建网,初期投资成本低且回报快,业务连续性好,但是难以引入 5G 新业务;相对于 NSA,SA 架构对 4G 现网改造更小,且便于引入 5G 新业务,但是需要 5G 基站成片连续覆盖,初期投资成本高,产业进度较晚。可见,选择 NSA 架构可以在初期实现快速 5G 建网,但后期为了实现连续覆盖和支持全部的 5G 场景,未来向 SA 架构的演进势在必行。相比直接采用 SA 架构建网而言,采用"先 NSA 后 SA"的方式建网虽快,但总体投资成本会增加。

1.2.6 基站与核心网的组成

1. 基站的组成结构

4G 基站 eNodeB 由基带处理单元(Building Base band Unit,BBU)和射频拉远单元(Radio Remote Unit,RRU)以及天馈系统组成,如图 1-18 所示。BBU 主要负责基带信号处理和控制基站;RRU 主要负责射频处理,调制和放大信号等;天线主要负责线缆上信号与空中电磁波的转换,实现发射和接收信号;馈线主要用于连接 RRU 和天线。

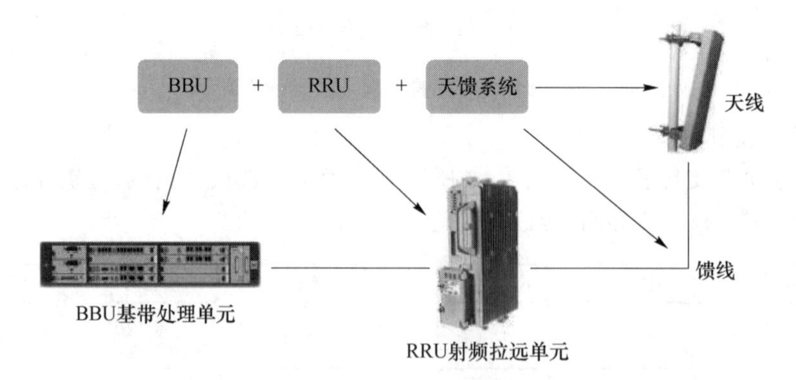

图 1-18 4G 基站的组成

5G 基站 gNodeB 将天线和 RRU 的功能集成到了有源天线单元(Active Antenna Unit,AUU)之中,并将 BBU 及部分核心网功能集成到了集中控制单元(Centralized Unit,CU)和分布单元(Distributed Unit,DU)之中,如图 1-19 所示。

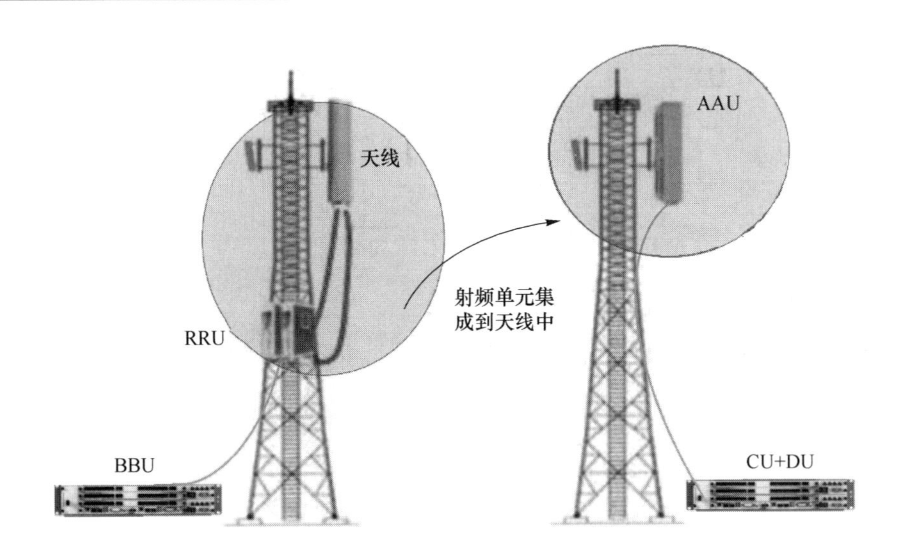

图1-19　5G基站的组成

2. 核心网的组成结构

4G核心网(Evolved Packet Core,EPC)架构设计以网元为单位,主要由移动性管理实体(Mobile Management Entity,MME)、服务网关(Serving Gateway,SGW)、分组数据网络网关(Packet Data Network Gateway,PGW)、用户归属服务器(Home Subscriber Server,HSS)、策略与计费规则功能实体(Policy and Charging Rule Functionality,PCRF)等组成,如图1-20所示。其中,SGW和PGW逻辑上分设,物理上可以合设,也可以分设。4G核心网控制管理与业务承载分离,会话控制功能分散在各个网元中。

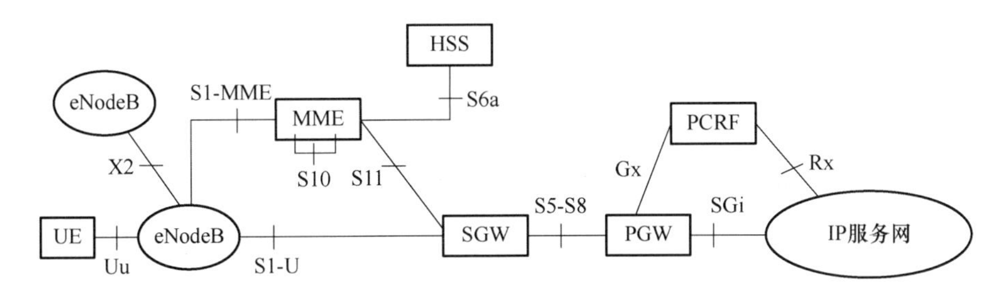

图1-20　4G核心网的组成

5G核心网架构设计以网络功能为单位,不再严格区分网元。其主要由接入及移动性管理功能(Access and Mobility Management Function,AMF)、会话管理功能(Session Management Function,SMF)、鉴权服务器功能(Authentication Server Function,AUSF)、统一数据管理(Unified Data Management,UDM)、网络开放功能(Network Exposure Function,NEF)、网络存储功能(NF Repository Function,NRF)、控制策略功能(Policy Control Function,PCF)、网络切片选择功能(Network Slice Selection Function,NSSF)、用户面功能(User Plane Function,UPF)等组成,如图1-21所示。各网络功能在逻辑上分设,物理上合设于通用服务器中。5G核心网基于服务化架构的设计思路,将网络功能进一步拆分为服务。

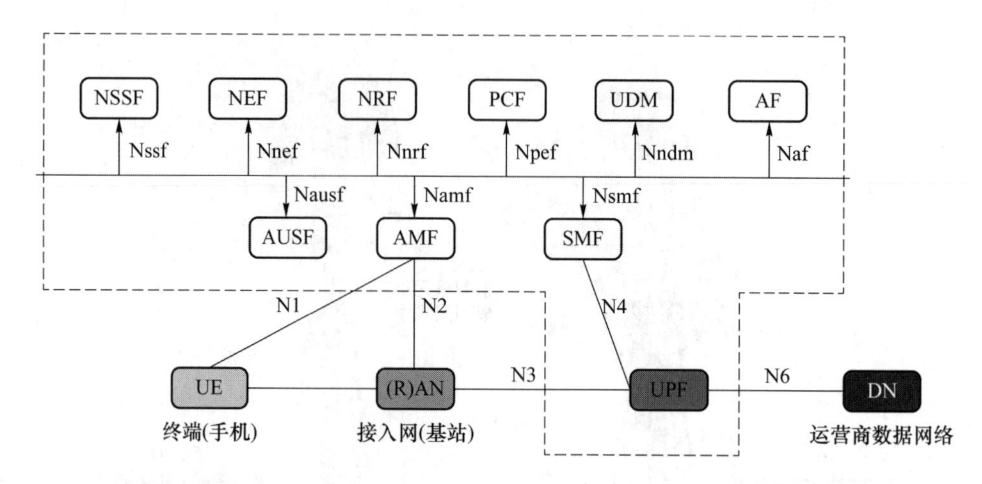

图 1-21　5G 核心网的组成

1.2.7　承载网的拓扑结构

1. 网络拓扑的种类

数据通信网按服务范围可分为局域网(Local Area Network,LAN)、城域网(Metropolitan Area Network,MAN)和广域网(Wide Area Network,WAN)。局域网通常限定在一个较小的区域之内,一般局限于一幢大楼或建筑群,一个企业或一所学校,局域网的直径通常不超过数千米;城域网的地理范围比局域网大,可跨越几个街区,甚至整个城市,有时又称都市网;广域网的服务范围通常为几十到几千千米,有时也称为远程网。数据通信网的常见拓扑结构包括星形、环形、树形、网状、复合型。

(1) 星形拓扑

星形拓扑结构是一种以中央节点为中心,把若干外围节点连接起来的辐射式互联结构,如图 1-22 所示。外围节点彼此之间无连接,相互通信需要经过中心节点的转发,中心节点执行集中的通信控制策略。星形拓扑在局域网、城域网中被广泛采用。

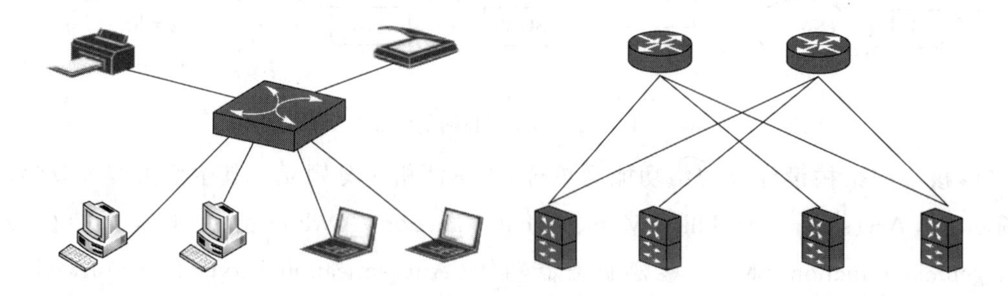

图 1-22　星形拓扑结构

星形拓扑结构的优点:安装容易,结构简单,费用低;控制简单,任何一站点只和中央节点相连接,因而介质访问控制简单,易于网络监控和管理;故障诊断和隔离容易,中央节点对连接线路可以逐一隔离进行故障检查和定位,单个连接点的故障只影响一个设备,不会影响全网。

星形拓扑结构的缺点:中央节点负担重,成为瓶颈,一旦发生故障,全网皆受影响。为解决这一问题，有的网络采用双星形拓扑，如图1-22右边所示，网络中设置两个中心节点。

(2) 环形拓扑

环形拓扑结构是将网络节点连接成闭合结构，如图1-23所示。信号顺着一个方向从一台设备传到另一台设备，在每台设备上的延时时间是固定的。当环中某个设备或链路出现故障，信号可以顺着另一个方向传送。为了提高通信效率和可靠性，常采用双环结构，即在原有的单环上再加一个环，一个作为数据传输通道，一个作为保护通道，互为备份。环形拓扑被广泛应用于城域网中的同步数字体系(Synchronous Digital Hierarchy, SDH)、密集型光波复用(Dense Wavelength Division Multiplexing, DWDM)、分组传送网(Packet Transport Network, PTN)组网，有的宽带接入网中交换机也会组成环形。

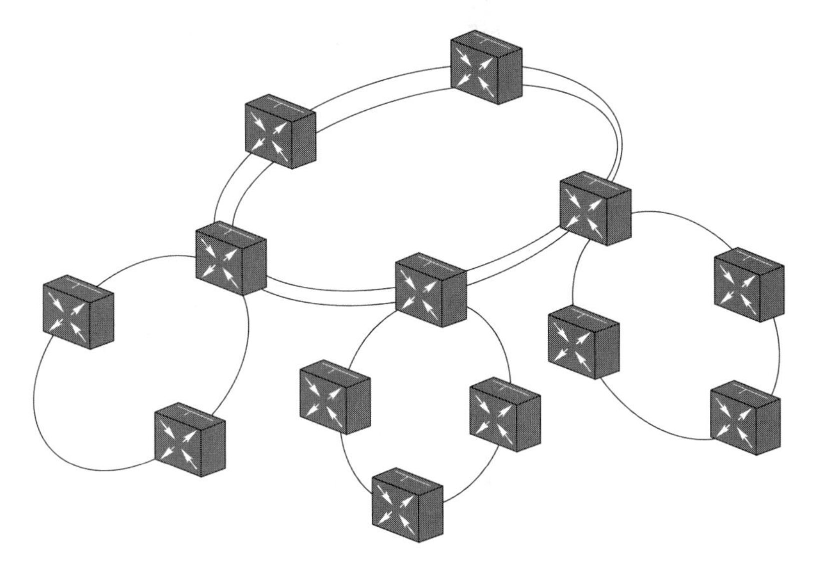

图1-23　环形拓扑结构

环形拓扑结构的优点：信号沿环单向传输，时延固定，适用于实时性要求高的业务，比如网络电视；所需光缆较少，适于长距离传输；可靠性高，当采用双环结构时能有效保障业务不间断传输；各节点负载比较平均。

环形拓扑结构的缺点：在环上增加节点会对运行的业务带来延时或中断，因而灵活性不够高。

(3) 树形拓扑

树形拓扑结构可以看成是星形结构的扩展，是一种多层次的星形结构，如图1-24所示。节点按层次连接，信息交换主要在上、下节点之间进行，相邻节点或同层节点之间一般不进行直接数据交换。树形拓扑结构常用于多层的大型局域网中。

树形拓扑结构的优点：层次清晰，易于扩展，新增节点只需接入新的分支；适用于逐层汇集信息的应用要求；易于故障隔离。

树形拓扑结构的缺点：由于同层节点不能直接通信，需要经过上一层的节点来转接，资源共享能力稍低；树形上面一个节点的故障往往会影响其下属节点的通信，可靠性方面存在较大风险。有的树形网络为了提高可靠性，会将关键节点作冗余备份设计。

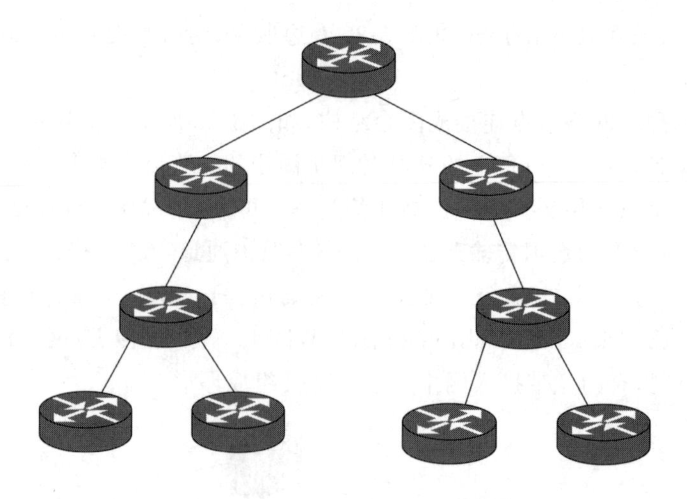

图 1-24 树形拓扑结构

(4) 网状拓扑

网状拓扑结构通常利用冗余的设备和线路来提高网络的可靠性,结点设备可以根据当前网络信息流量有选择地将数据发往不同的线路,如图 1-25 所示。网状拓扑的极端是全网状结构,即任何两个节点间都有直接连接,这种结构以冗余链路确保了网络的安全。但这种结构成本非常高,因此常用的网状结构是非全网状的。由于网络结构复杂,所以必须采用适当的寻路算法和流量控制方法来管理数据包的走向。网状结构主要应用于大型网络的核心骨干连接。

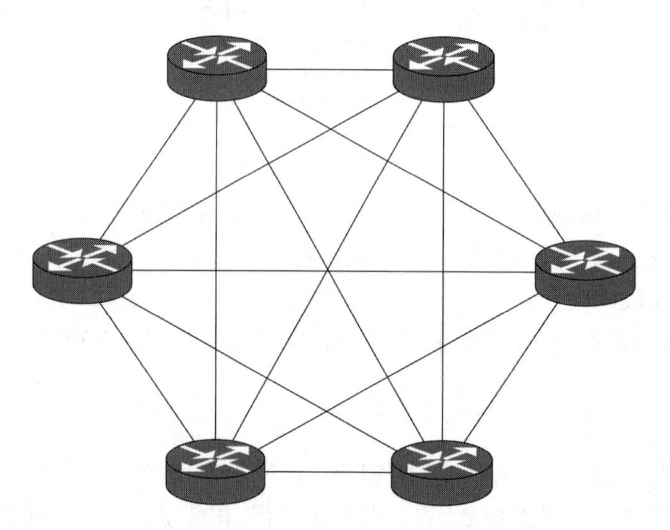

图 1-25 网状拓扑结构

网状拓扑结构的优点:可靠性非常高。其缺点:大量的冗余链路和设备造成网络建设成本很高;网络复杂度很高,维护难度较大。

(5) 复合型拓扑

复合型拓扑结构就是同时使用两种或两种以上的拓扑结构,因地制宜、取长补短,从而获得较高的性价比,如图 1-26 所示。

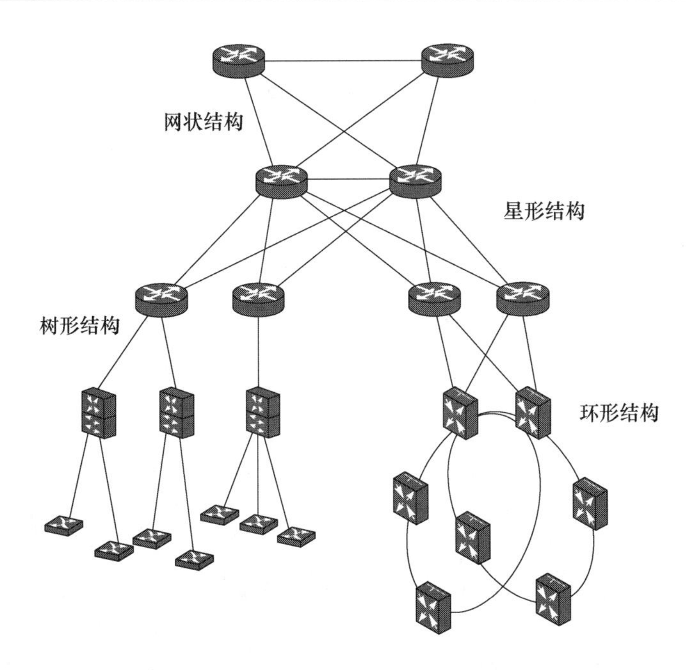

图1-26　复合型拓扑结构

在大型网络中采用复合型拓扑是普遍的做法。一般情况下，对于网络的物理拓扑结构，在接入层面上往往采用星形或树形结构，以满足网络末端用户动态变化频繁、网络调整频繁等要求。但如果接入层面上网络变化很小，对网络保护要求较高或者需要部署网络电视之类的实时业务，也可以考虑环形拓扑。而在核心网络，特别是运营商的核心网络，往往采用环形、网状、双星形等结构，用冗余的节点和设备来提升网络的安全性、可用性。

2. 承载网的分层结构

承载网根据功能可分为三层，即接入层、汇聚层、核心层，如图1-27所示。接入层负责用户信号的处理，汇聚层完成信息的汇总复用，核心层实现传输与交换。

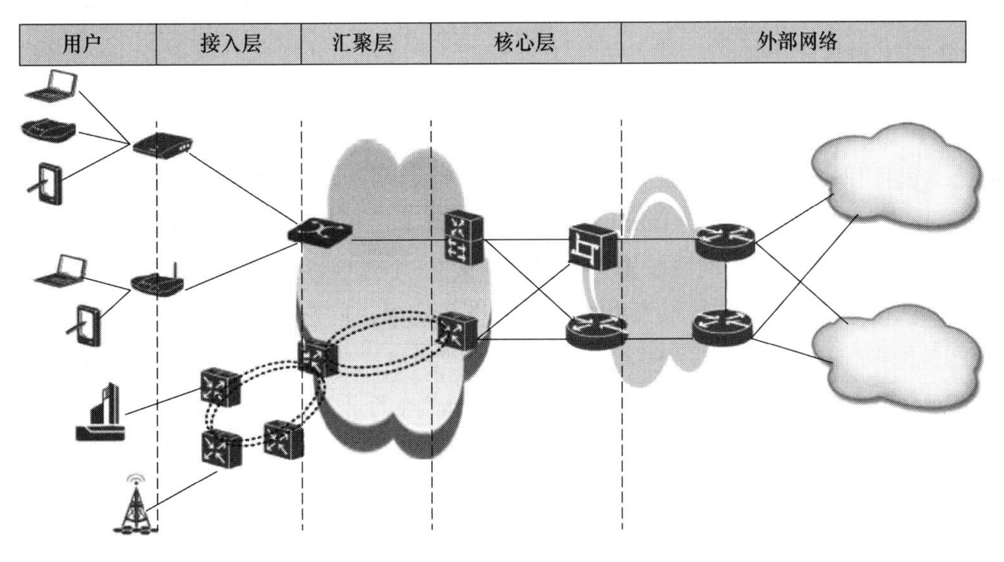

图1-27　承载网的分层结构

1.3 任务实施过程

1.3.1 5G 组网仿真软件简介

目前,5G 网络建设仿真软件的种类较多,本书使用深圳市艾优威科技有限公司的 5G 全网部署与优化仿真系统来完成 5G 网络的规划、组建与业务调试工作。启动软件后出现登录界面,如图 1-28 所示。

图 1-28　软件登录界面

输入用户名和密码,单击“登录”按钮,进入软件界面,如图 1-29 所示。界面上侧为城市选择标签栏,包含“四水市”“建安市”和“兴城市”三个选项,用于城市间切换。界面中部为 5G 组网模式选择,可在 Option3X、Option2 和 Option4a(暂未商用)之间切换。界面下侧为操作选择标签栏,包含“网络规划”“网络配置”和“网络调试”三个选项,用于选择执行不同的任务。其中,“网络规划”包含“规划计算”和“站点选址”两个子选项,“网络配置”包含“设备配置”和“数据配置”两个子选项,“网络调试”包含“业务调试”和“网络优化”两个子选项。选择不同的子选项后,界面会发生相应变化。软件启动后默认显示出“规划计算”子选项的操作界面。点击界面右下方的“下一步”按钮,可进入数据规划界面。界面左上角为当前用户名称、当前工作模式以及“拓扑规划”按钮和“配置报告”按钮。界面右上角提供了数据保存与加载、消息发布、系统设置等功能。

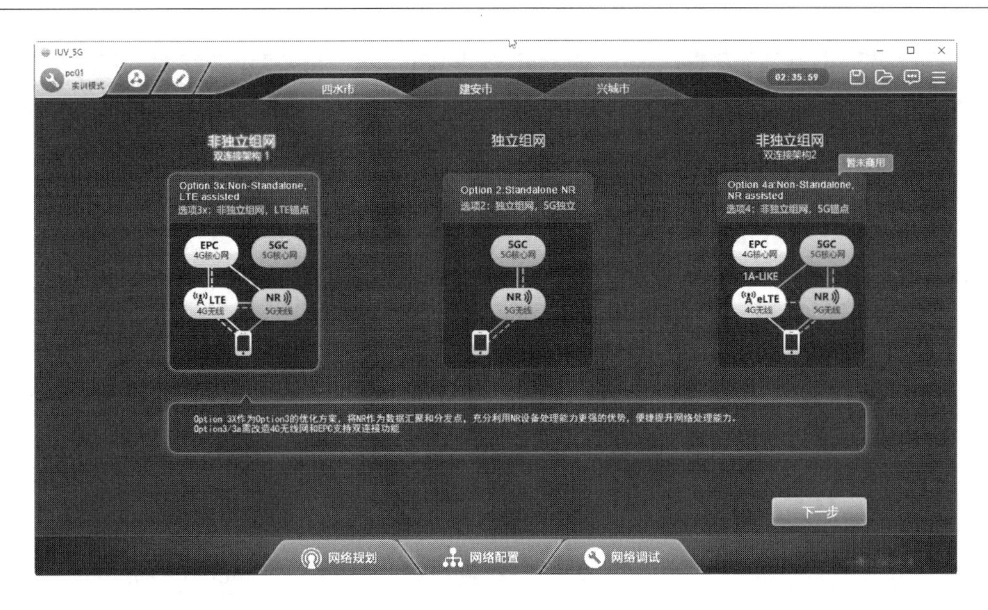

图 1-29　规划计算界面

1.3.2　规划 5G 网络拓扑结构

启动并登录仿真软件，点击界面左上角“拓扑规划”按钮，进入网络拓扑规划界面，如图 1-30所示。从操作区左侧资源池中拖动设备图标放入机房空闲位置，按顺序点击两个设备，可在两者之间增加连接线。

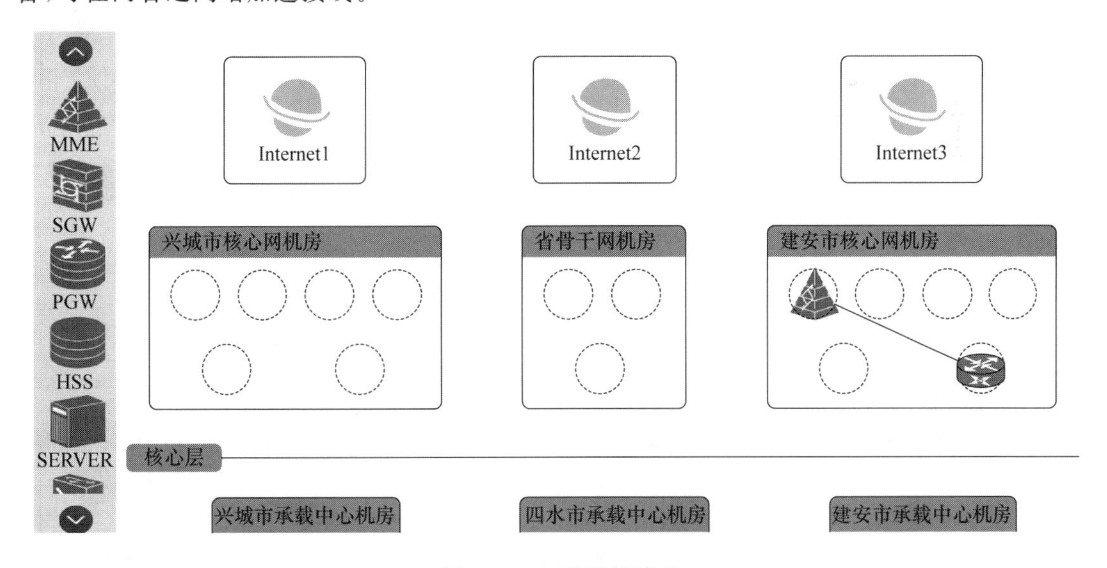

图 1-30　拓扑规划界面

使用仿真软件完成四水市、建安市和兴城市 5G 全网拓扑结构规划，结果如图 1-31 所示。建安市采用 Option3X 组网方式，兴城市采用 Option2 组网方式。四水市没有核心网，其基站连接到建安市核心网。5G 基站采用 CUDU 合设方式。核心网机房与承载中心机房以及站点机房与汇聚机房之间距离较近，交换设备(SW 或 SPN)直接相连，不用通过光传输设备 OTN。承载网核心层机房、骨干汇聚层机房、汇聚层机房以及省骨干网机房相距较远，交换设备(SW 或 SPN)需要通过光传输设备 OTN 连接。

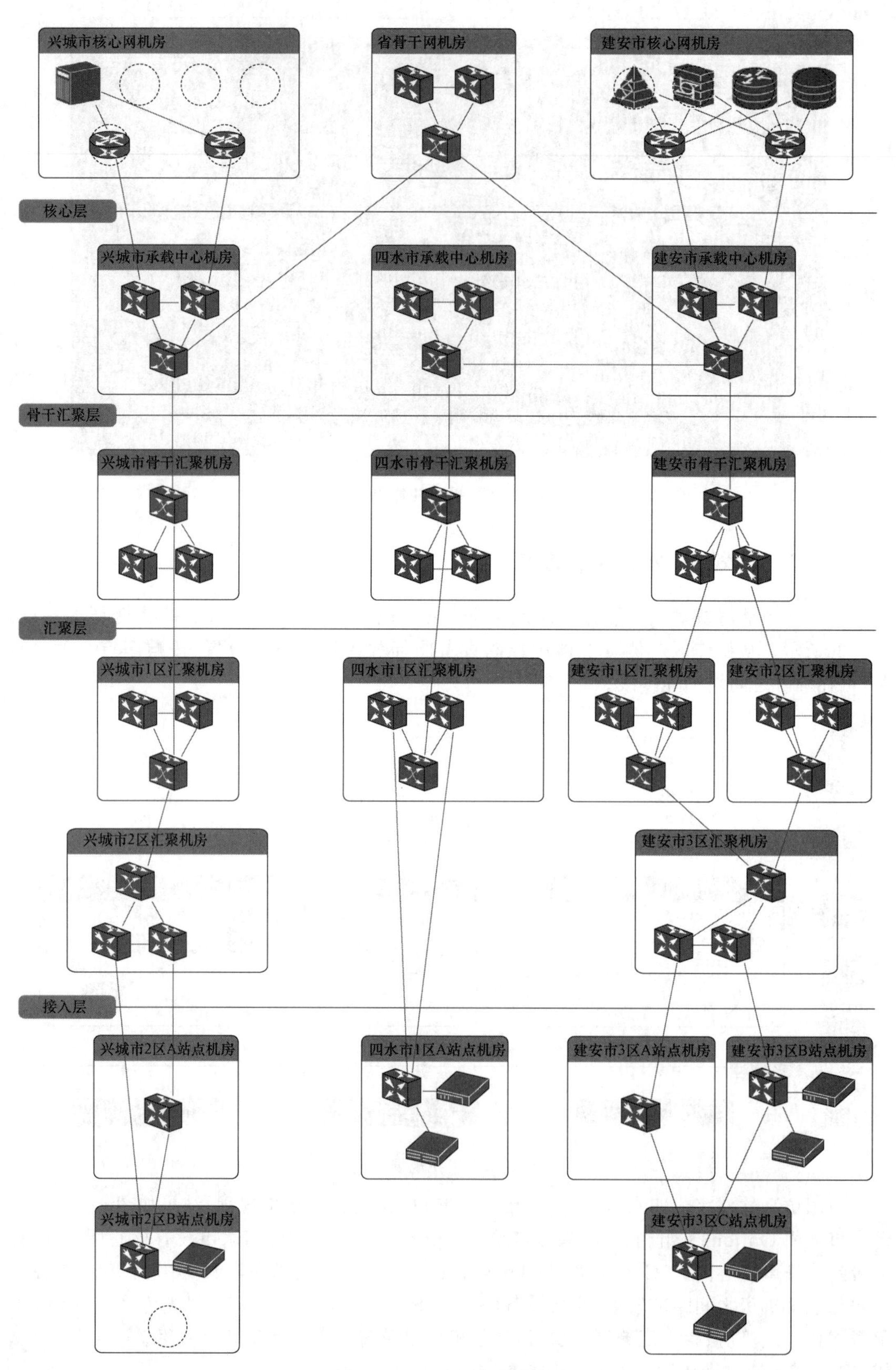

图 1-31　5G 全网拓扑结构

1.4　成果验收评价

1.4.1　任务实施评价

“规划5G全网拓扑结构”任务评价表如表1-4所示。

表1-4　“规划5G全网拓扑结构”任务评价表

任务1　规划5G全网拓扑结构				
班级		小组		
评价要点	评价内容	分值	得分	备注
专业知识（45分）	移动通信的发展历程	5		
	5G的标准演进与应用	5		
	5G的频谱范围和频段	5		
	5G移动网的总体架构	5		
	5G移动网的部署方式	10		
	基站与核心网的组成	10		
	承载网的拓扑结构	5		
任务实施（45分）	明确工作任务和目标	5		
	熟悉5G组网仿真软件	5		
	规划5G网络拓扑结构	35		
操作规范（10分）	按规范操作，防止损坏设备	5		
	保持环境卫生，注意用电安全	5		
合计		100		

1.4.2　思考与练习题

1. 从1G到5G，每一代移动通信系统的发展目标是什么？
2. 与4G相比，5G具有哪些特点？
3. 未来5G主要有哪些应用场景？
4. 什么是虚拟现实和增强现实？
5. 5G新空口(NR)包括了哪两大频谱范围？哪个属于毫米波？
6. 简述我国5G频谱的分配情况。
7. 5G为什么采用了上下行解耦的部署策略？
8. 简述5G移动网的总体架构。
9. 5G移动网有哪两种部署方式，它们有什么优缺点？
10. 简述4G和5G基站的组成结构。
11. 简述4G和5G核心网的组成结构。
12. 数据通信网有哪些常见拓扑结构？它们有什么优缺点？
13. 简述承载网的分层结构。

任务2　安装 Option3X 基站及核心网设备

【学习目标】

- 熟悉 Option3X 模式下 5G 网络结构
- 了解 Option3X 模式下 5G 核心网中各网元功能
- 完成 Option3X 模式下 5G 核心网设备的安装
- 完成 Option3X 模式下 5G 基站设备的安装

2.1　工作背景描述

根据规划正确选购、安装并连接基站及核心网设备是移动通信网络建设的基础步骤，也是实现移动业务的关键。本次任务使用 5G 组网仿真软件完成基站及核心网机房的设备安装与连接，为后续配置业务打下基础。设备安装与连接针对建安市进行，采用 Option3X 组网模式，基站部署在人口密集的高层住宅区，如图 2-1 所示。

图 2-1　人口密集的高层住宅区

本次 5G 基站及核心设备安装与连接工作共涉及 2 个机房。无线接入侧为建安市 B 站点机房，核心网侧为建安市核心网机房。采用 Option3X 组网模式，建安市核心网机房安装有

MME、SGW、PGW、HSS 和交接机等设备；建安市 B 站点机房中安装有 BBU 和 ITBBU，其中，ITBBU 包含 CU 和 DU，采用合设方式。

2.2　专业知识储备

2.2.1　Option3X 网络结构

Option3X 的网络结构如图 2-2 所示，使用 4G 的核心网络，基站分为主站和从站。4G 基站作为主站，与核心网进行控制面命令传输，新部署的 5G 基站作为从站。5G 基站由集中控制单元(CU)和分布单元(DU)组成，其中 CU 又可划分为用于控制管理的 CUCP 和处理用户数据的 CUUP 两个部分。

2.2.2　Option3X 核心网

1. 核心网的网元功能

Option3X 模式下的 5G 系统采用 4G 核心网实现对用户终端的全面控制和相关承载的建立，主要逻辑节点包括移动性管理实体(MME)、服务网关(SGW)、分组数据网络网关(PGW)、用户归属服务器(HSS)、策略与计费规则功能实体(PCRF)等，如图 2-2 所示。各网元节点功能如下。

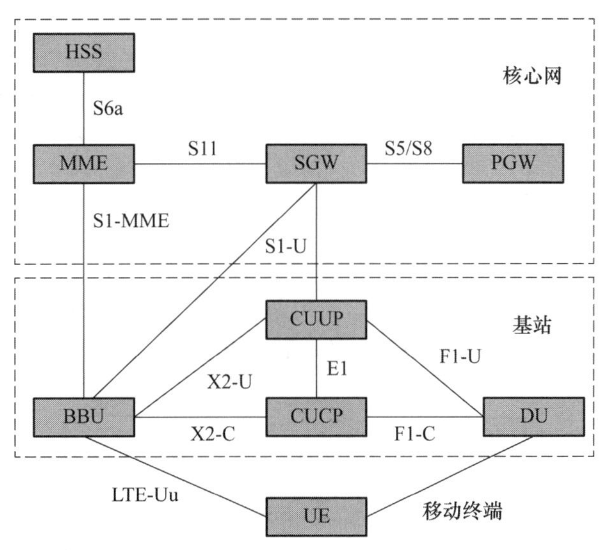

图 2-2　Option3X 的网络结构

(1) MME 的功能

MME 为控制面功能实体，临时存储用户数据的服务器，负责管理和存储 UE 相关信息，比如 UE 用户标识、移动性管理状态、用户安全参数，为用户分配临时标识等。当 UE 驻扎在 MME 所在网络时负责对该用户进行鉴权，处理 MME 和 UE 之间的所有非接入层消息。

(2) SGW 的功能

SGW 为用户面功能实体，负责用户面数据路由处理，终结处于空闲状态的 UE 的下行数据，管理和存储 UE 的承载信息，比如 IP 承载业务参数和网络内部路由信息。

(3) PGW 的功能

PGW 是 UE 接入分组数据网络(Packet Data Network,PDN)的网关,负责分配用户 IP 地址,同时也是 3GPP 和非 3GPP 接入系统的移动性锚点。用户在同一时刻能够接入多个 PDN。

(4) HSS 的功能

HSS 存储、管理用户签约数据,包括用户鉴权信息、位置信息及路由信息。

(5) PCRF 的功能

PCRF 主要根据业务信息、用户签约信息以及运营商的配置信息产生控制用户数据传递的服务质量(Quality of Service,QoS)及计费规则。该功能实体也可以控制接入网中承载的建立和释放。

2. 核心网的主要接口

4G 核心网接口主要包括 S1(包括 S-MME 和 S-U)、S11、S6a、S10、S5/S8 等,各接口功能以及与网元的对应关系如表 2-1 所示。

表 2-1 4G 核心网的主要接口

名称	协议	位置	功能
S1-MME	S1AP	eNodeB - MME	用于传送会话管理和移动性管理信息
S1-U	GTPv1	eNodeB - SGW	在 SGW 与 eNodeB 间建立隧道,传送数据
S11	GTPv2	MME - SGW	在 MME 和 SGW 间建立隧道,传送信令
S6a	Diameter	MME - HSS	完成用户位置信息的交换和用户签约信息的管理
S10	GTPv2	MME - MME	在 MME 间建立隧道,传送信令
S5/S8	GTPv2	SGW - PGW	在 SGW 和 PGW 间建立隧道,传送数据

2.2.3 Option3X 基站

1. 4G 基站

Option3X 模式下的主基站为 4G 基站,是由基带处理单元(BBU)和射频拉远单元(RRU)构成的分布式系统,其结构和在移动网络架构中的位置如图 2-3 所示。

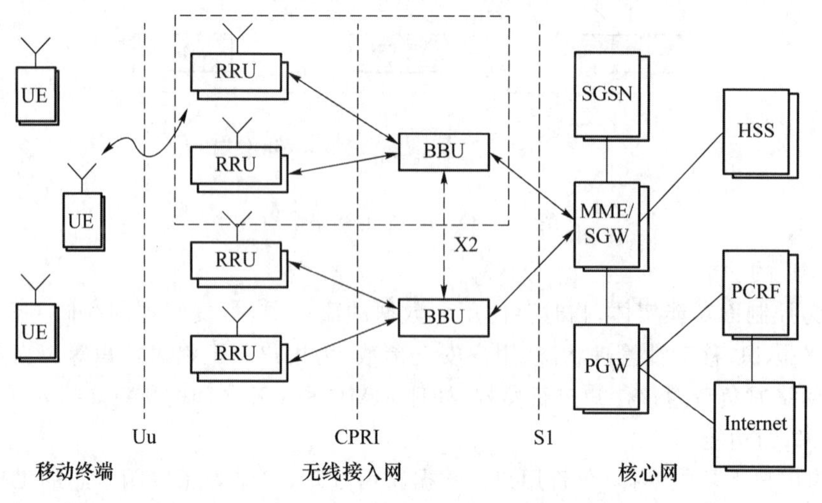

图 2-3 4G 基站的结构

(1) BBU 基带单元功能

BBU 实现 Uu 接口基带处理功能(编码、复用、调制和扩频等)、基站接口功能、信令处理、本地和进程操作维护功能,以及基站系统工作状态监控和告警信息上报功能。

(2) RRU 射频单元功能

RRU 功能主要包括信号调制解调、数字上下变频、A/D 转换等;完成中频信号到射频信号的变换,然后经过功放和滤波模块,将射频信号通过天线口发射出去。

分布式基站系统可采用 BBU+多 RRU 的分布式结构,支持基带和射频之间的星形、链形组网模式。其优点包括:节省建网的人工费用和工程实施费用;既可快速建网,又可节约机房租赁费用;升级扩容方便,节约网络初期的成本;有效利用运营商的网络资源。

2. 5G 基站

Option3X 模式下的基站为功能上重构的 5G 基站,包括集中控制单元(Centralized Unit,CU)和分布单元(Distributed Unit,DU)两个功能实体,两者功能以处理内容的实时性进行区分,如图 2-4 所示。其中,CU 主要包括非实时的无线高层协议栈功能,同时也支持部分核心网功能下沉和边缘应用业务的部署。一个 CU 可以与一个或多个 DU 相关联,分为 CU 控制面(CU Control Plane,CUCP)和 CU 用户面(CU User Plane,CUUP)两个逻辑节点;DU 主要处理物理层功能和实时性需求的层 2 功能,一个 DU 支持一个或多个小区,一个小区只能属于一个 DU。5G 基站的天线较小,与 RRU 一起并入 AAU 中。为节省 AAU 与 DU 之间的传输资源,BBU 的部分物理层功能也上移至 AAU 中实现。

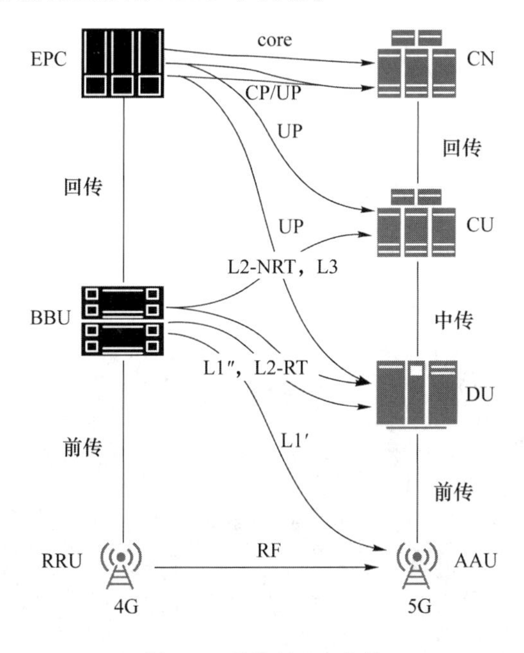

图 2-4　重构的 5G 基站

5G 基站重构为 CU、DU 和 AAU 后,可以有三种 RAN 部署方式,分别是 D-RAN、CU 云化 &DU 分布式部署、CU 云化 &DU 集中,如图 2-5 所示。

当业务的容量需求变高时,可采用“CU 云化 &DU 集中”方式。基于理想前传条件,多个 DU 可以聚合部署,形成基带池,优化站资源的利用率,并且可以多个小区协作传输和处理,以提高网络的覆盖和容量。对于语音业务,带宽和时延要求不高,可采用“CU 云化 &DU 分布式部署”方式,实时功能 DU 可以部署在站点侧,非实时功能可以部署在中心机房。对于大带宽低时延业务(如视频或虚拟现实),可采用"D-RAN"方式,用高速传输网络或光纤直接连AAU与中心机房,并在中心机房部署缓存服务器,以降低时延并提升用户体验。

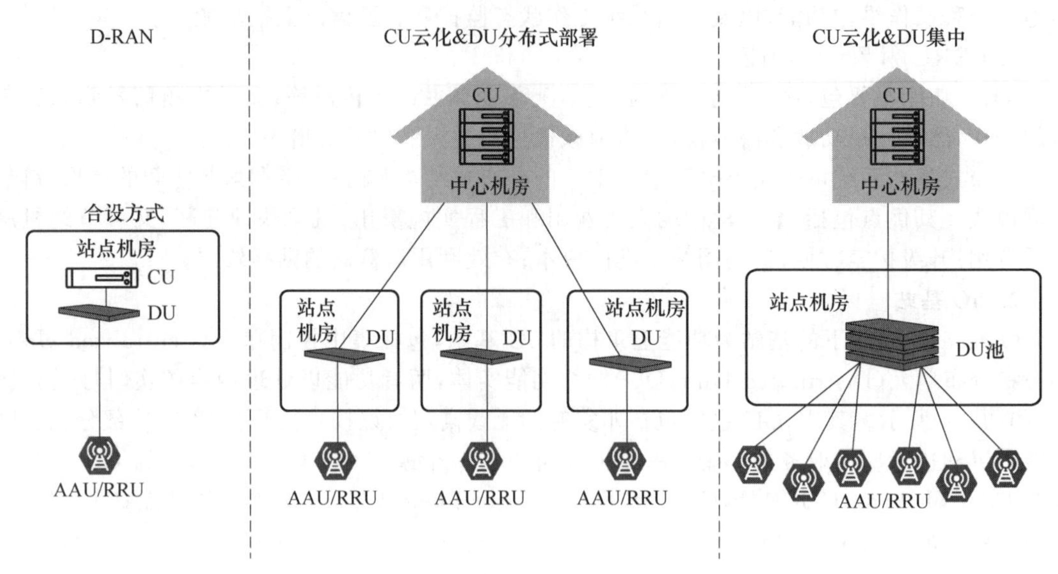

图 2-5　5G 的 RAN 部署方式

2.3　任务实施过程

2.3.1　安装 Option3X 核心网设备

启动并登录 5G 组网仿真软件,点击界面上侧城市选择标签栏中"建安市"选项,从界面中部组网模式中选择"Option3X",如图 2-6 所示。

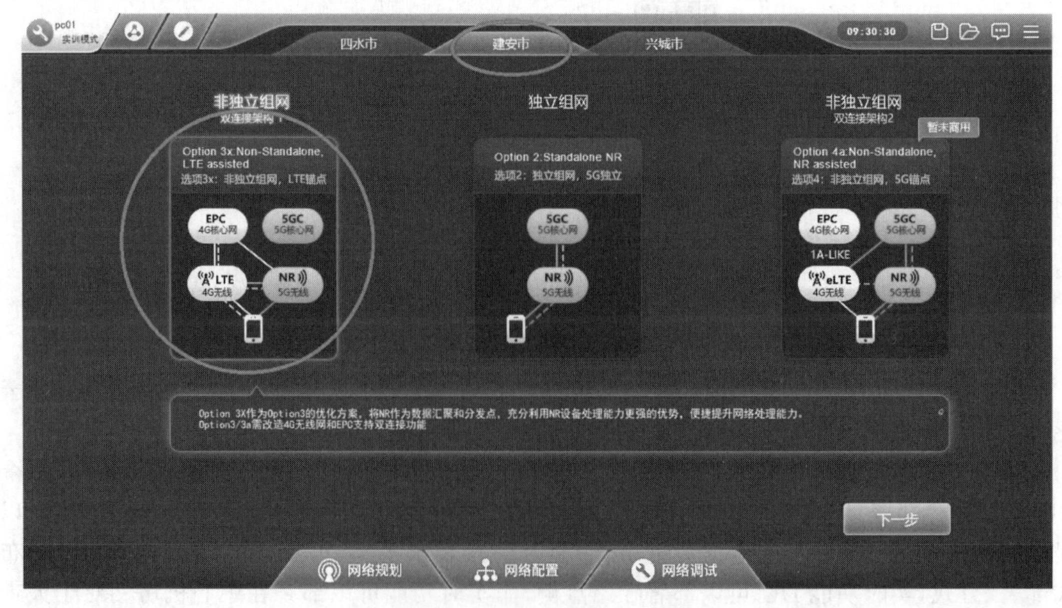

图 2-6　城市及组网模式选择

点击界面下侧操作选择标签栏中的“网络配置”，展开子选项。点击“设备配置”子选项，显示机房地理位置分布，如图 2-7 所示。鼠标移到机房图标上时，图标会放大显示，以便于观察；点击机房图标即可进入相应机房。

图 2-7　机房地理位置分布

点击“建安市核心网机房”图标，显示建安市核心网机房内部场景，如图 2-8 所示。仿真系统默认安装了两台交换机（Switch，SW）以及光纤配线架（Optical Distribution Frame，ODF）。

图 2-8　建安市核心网机房内部场景

若在设备指示中没有显示出 ODF 图标，可通过点击机房内部场景中的光纤配线架，使其图标出现在设备指示中，如图 2-9 所示。

图 2-9　光纤配线架 ODF

1. 安装核心网机房设备

(1) 安装 MME、SGW 和 PGW

点击建安市核心网机房内部场景右侧机柜(箭头指示区域),进入 MME、SGW 和 PGW 安装界面,如图 2-10 所示。从设备资源池中分别拖动“大型 MME”“大型 SGW”和“大型 PGW”到机柜中即可完成安装。安装成功后,设备指示中会出现 MME、SGW 和 PGW 的图标。

图 2-10　安装 MME、SGW 和 PGW

(2) 安装 HSS

点击操作区左上角的返回箭头,返回建安市核心网机房内部场景。点击左侧机柜(箭头指示区域),进入 HSS 安装界面,如图 2-11 所示。从设备资源池中拖动“大型 HSS”到机柜中即可完成安装。安装成功后，设备指示中会出现 HSS 的图标。

图 2-11　安装 HSS

2. 连接核心网机房设备

(1) 连接 MME 与 SW

点击设备指示中的任一图标显示线缆池。从线缆池中选择成对 LC-LC 光纤；点击设备指示中的 MME 图标打开 MME 面板，点击 7 槽位单板最上方的 10G 光纤端口；点击设备指示中的 SW1 图标打开 SW1 面板，点击端口 1(10G)。连接结果如图 2-12 所示。

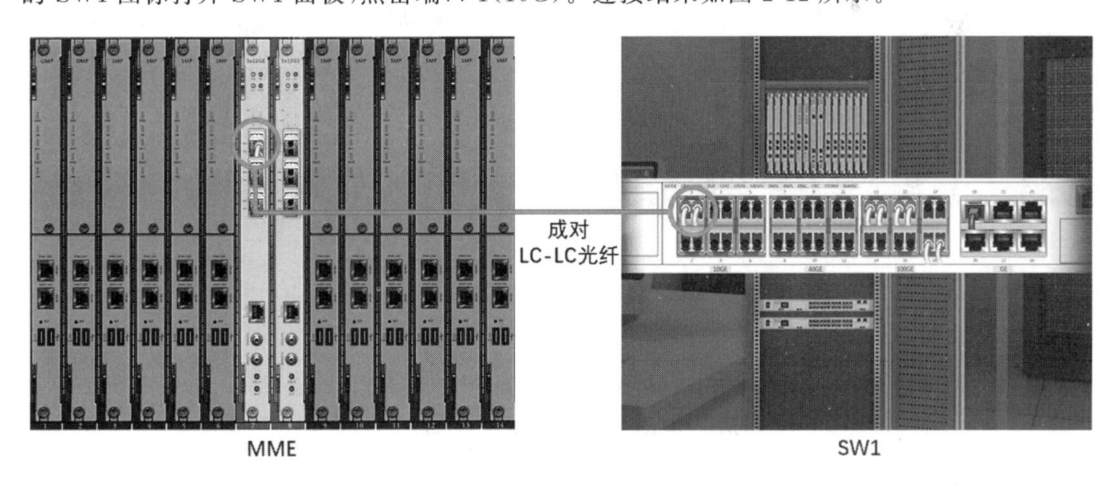

图 2-12　连接 MME 与 SW

(2) 连接 SGW 与 SW

从线缆池中选择成对 LC-LC 光纤；点击设备指示中的 SGW 图标打开 SGW 面板，点击 7 槽位单板上的 100G 光纤端口；点击设备指示中的 SW1 图标打开 SW1 面板，点击端口 13 (100G)。连接结果如图 2-13 所示。

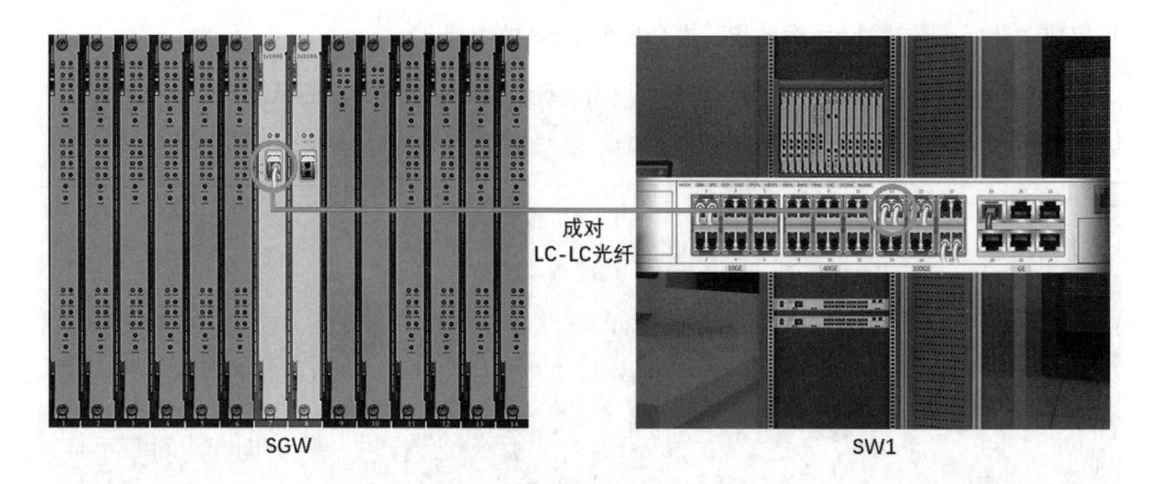

图 2-13　连接 SGW 与 SW

(3) 连接 PGW 与 SW

从线缆池中选择成对 LC-LC 光纤；点击设备指示中的 PGW 图标打开 PGW 面板，点击 7 槽位单板上的 100G 光纤端口；点击设备指示中的 SW1 图标打开 SW1 面板，点击端口 15(100G)。连接结果如图 2-14 所示。

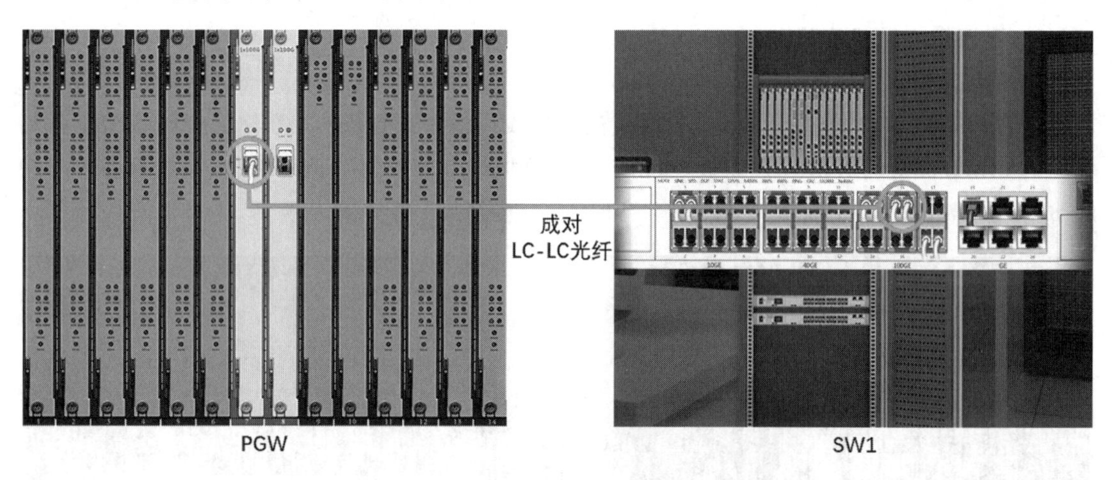

图 2-14　连接 PGW 与 SW

(4) 连接 HSS 与 SW

从线缆池中选择以太网线；点击设备指示中的 HSS 图标打开 HSS 面板，点击 7 槽位单板上的 1G 以太网端口；点击设备指示中的 SW1 图标打开 SW1 面板，点击端口 19(1G 以太网口)。连接结果如图 2-15 所示。

(5) 连接 SW 与 ODF

从线缆池中选择成对 LC-FC 光纤；点击设备指示中的 SW1 图标打开 SW1 面板，点击端口 18(100G)；点击设备指示中的 ODF 图标打开 ODF 配线架，点击连接建安市承载中心机房的端口。连接结果如图 1-16 所示。

到这里，建安市核心网机房的设备已经安装、连接完毕，操作区右上方设备指示中会显示当前机房的设备连接情况，如图 2-17 所示。

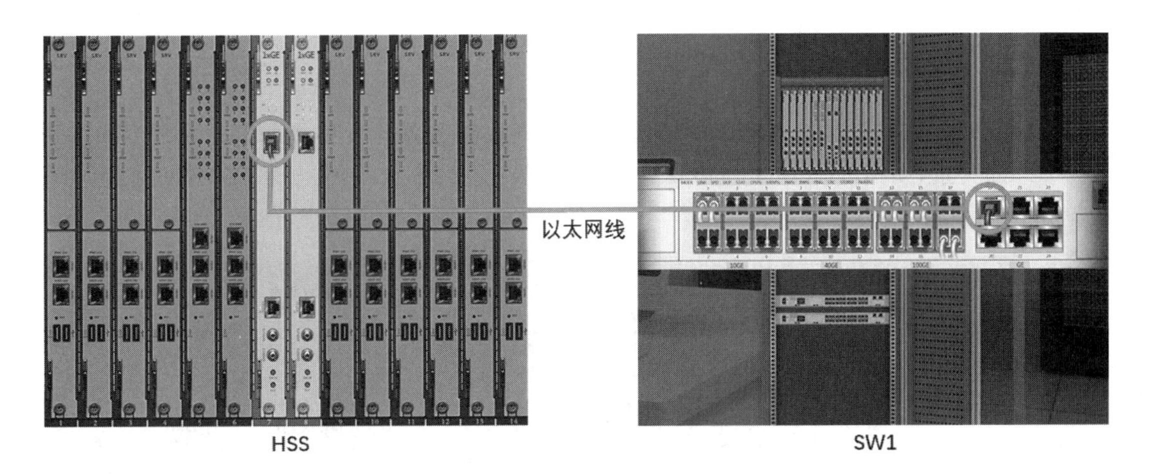

图 2-15　连接 HSS 与 SW

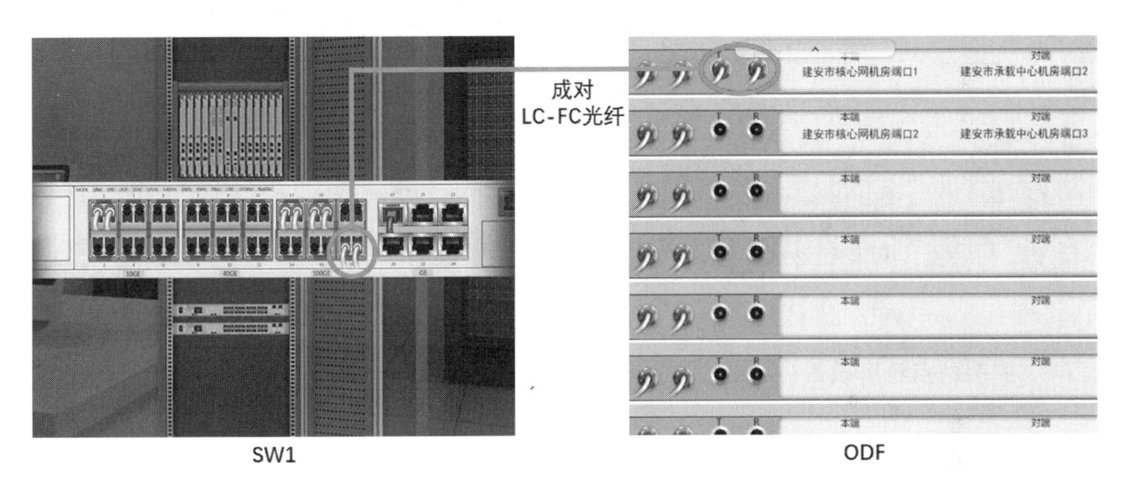

图 2-16　连接 SW 与 ODF

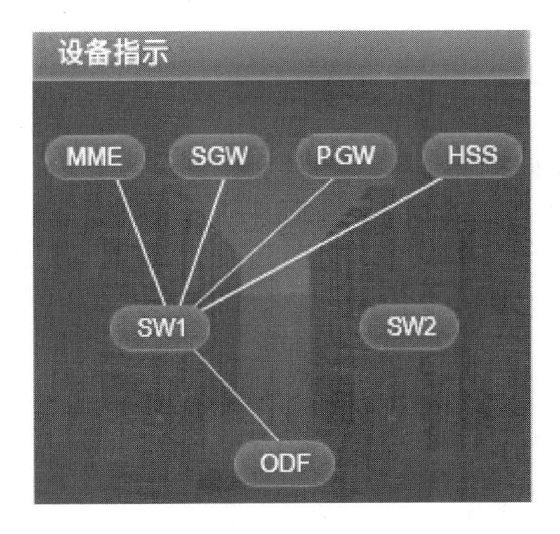

图 2-17　建安市核心网机房的设备连接情况

2.3.2 安装 Option3X 基站设备

从操作区上侧的下拉菜单中选择“无线网”→“建安市 B 站点无线机房”，显示建安市 B 站点机房外部场景，如图 2-18 所示。仿真系统默认安装了 GPS 天线，并显示在操作区右上角的设备指示中。

图 2-18 建安市 B 站点机房外部场景

1. 安装站点机房设备

(1) 安装 AAU

点击建安市 B 站点机房外部场景中发射塔顶部(箭头指示区域)，进入射频单元安装界面，如图 2-19 所示。从设备资源池中分别拖动三个“AAU 4G”和三个“AAU 5G 低频”到发射塔相应位置即可完成安装。安装成功后，设备指示中会出现 AAU 的图标。

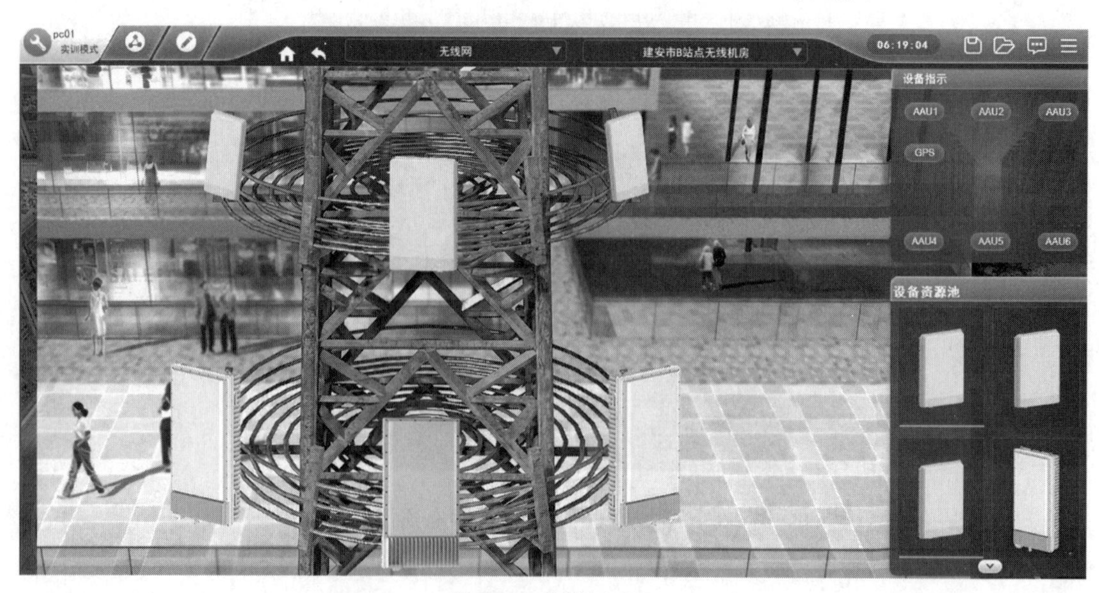

图 2-19 安装 AAU

(2) 安装 BBU 和 ITBBU

点击操作区左上角的返回箭头，返回建安市 B 站点机房外部场景，如图 2-18 所示。点击机房门(箭头指示区域)，进入机房内部，如图 2-20 所示。

图 2-20　建安市 B 站点机房内部场景

点击左侧机柜(箭头指示区域)，进入基带单元安装界面，如图 2-21 所示。分别从设备资源池中拖动“BBU”和“5G 基带处理单元”到机柜中即可完成 4G BBU 和 5G ITBBU 的安装。安装成功后，设备指示中会出现 BBU 和 ITBBU 的图标。

图 2-21　安装 BBU 和 ITBBU

(3) 安装 ITBBU 上的单板

点击设备指示中的 ITBBU 图标打开 ITBBU 面板，进入单板安装界面，如图 2-22 所示。分别从设备池中拖动“5G 基带处理板”“虚拟通用计算板”“虚拟电源分配板”“虚拟环境监控板”“5G 虚拟交换板”到 ITBBU 面板相应位置即可完成单板安装。

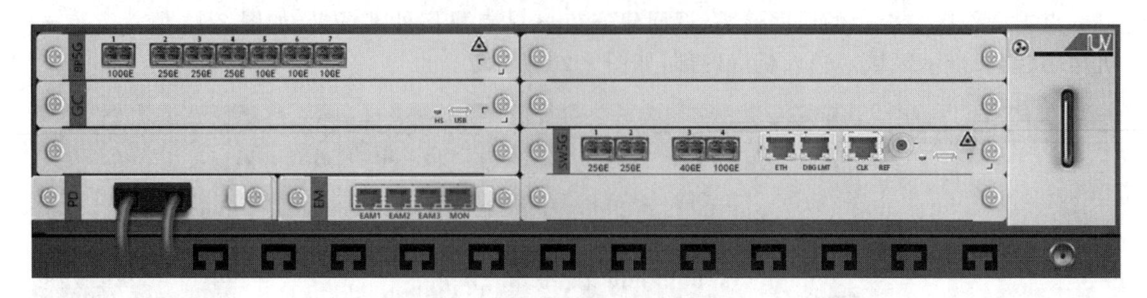

图 2-22 安装 ITBBU 上的单板

(4) 安装 SPN

点击操作区左上角的返回箭头,返回建安市 B 站点机房内部场景。点击右侧机柜(箭头指示区域),进入传输设备安装界面,如图 2-23 所示。从设备资源池中拖动“小型 SPN”到机柜中即可完成安装。安装成功后,设备指示中会出现切片分组网(Slicing Packet Network,SPN)的图标。

图 2-23 安装 SPN

2. 连接站点机房设备

(1) 连接 AAU 与 BBU

点击设备指示中的任一图标显示线缆池。从线缆池中选择成对 LC-LC 光纤;点击设备指示中的 AAU4 图标打开 4G 的 AAU 面板,点击 OPT1 端口;点击设备指示中的 BBU 图标打开 BBU 面板,点击 TX0 RX0 端口,连接结果如图 2-24 所示。用同样的方法分别将 AAU5、AAU6 面板中的 OPT1 端口与 BBU 面板中的 TX1 RX1、TX2 RX2 端口相连。

(2) 连接 AAU 与 ITBBU

从线缆池中选择成对 LC-LC 光纤;点击设备指示中的 AAU1 图标打开 5G 的 AAU 面板,点击 1 号端口(25GE);点击设备指示中的 ITBBU 图标打开 ITBBU 面板,点击 PB5G 板 2 号端口(25GE),连接结果如图 2-25 所示。用同样的方法分别将 AAU2、AAU3 面板中的 1 号端口(25GE)与 ITBBU 面板中 PB5G 板 3 号端口(25GE)和 4 号端口(25GE)相连。

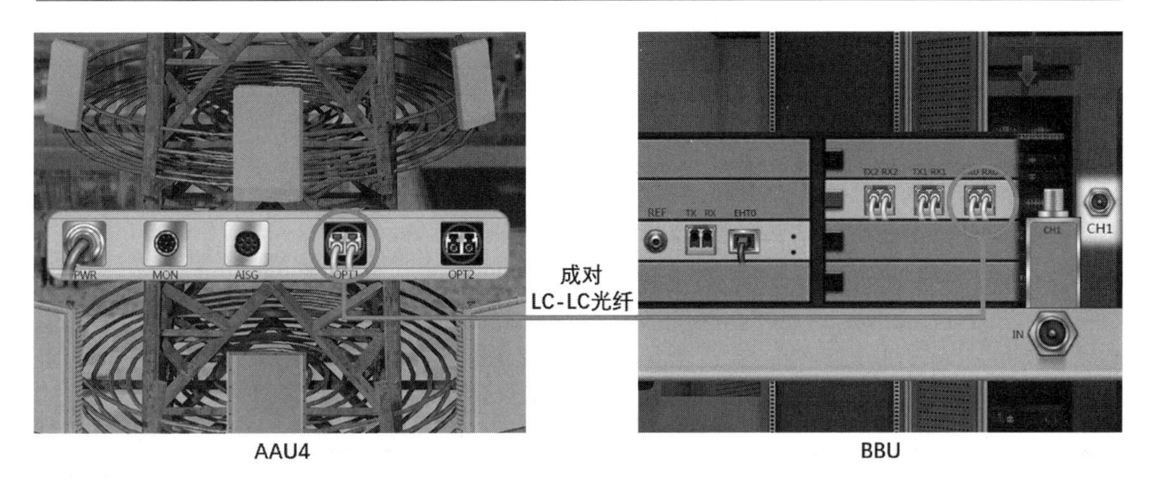

图 2-24　连接 AAU 与 BBU

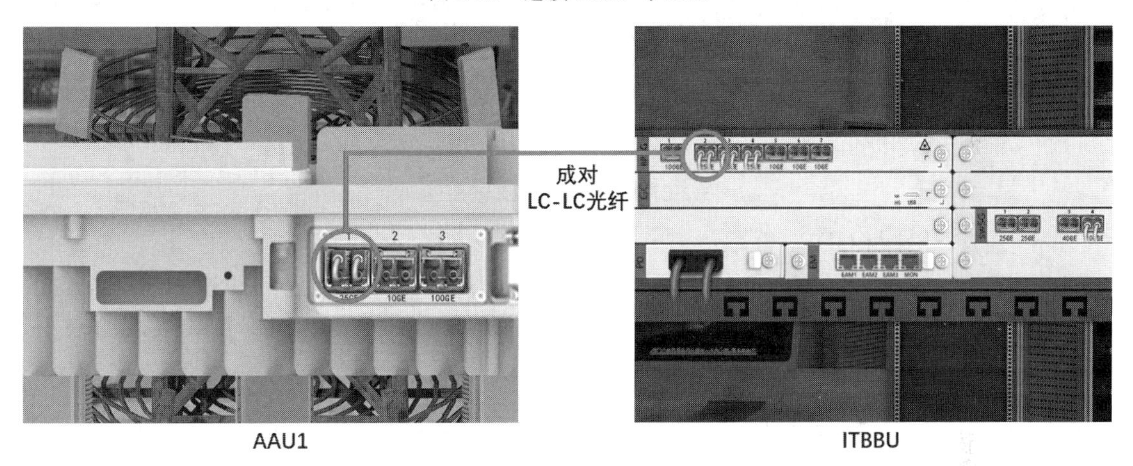

图 2-25　连接 AAU 与 ITBBU

(3) 连接 BBU 与 SPN

从线缆池中选择以太网线;点击设备指示中的 BBU 图标打开 BBU 面板,点击 EHT0 端口;点击设备指示中的 SPN1 图标打开 SPN1 面板,点击 10 槽位单板上的 FE/GE1 端口。连接结果如图 2-26 所示。

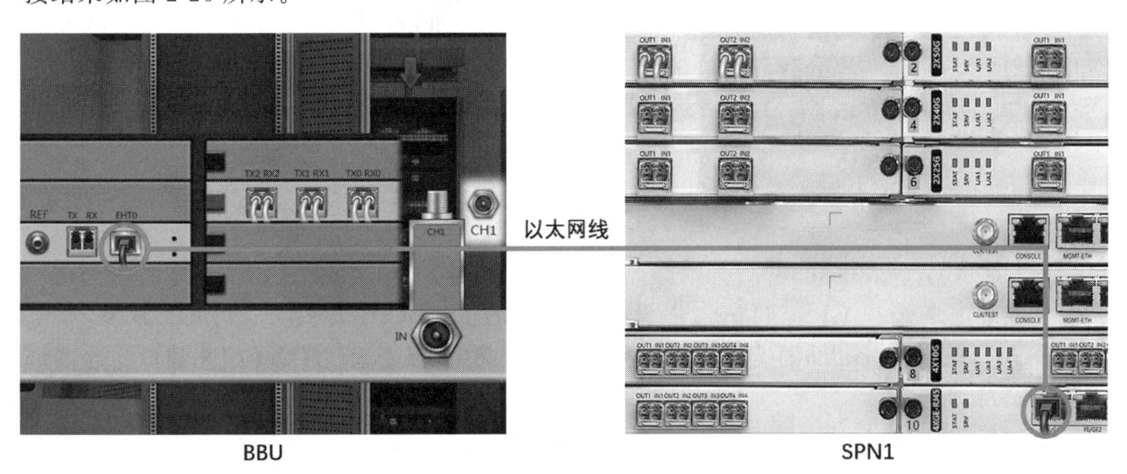

图 2-26　连接 BBU 与 SPN

(4) 连接 ITBBU 与 SPN

从线缆池中选择成对 LC-LC 光纤；点击设备指示中的 ITBBU 图标打开 ITBBU 面板，点击 SW5G 单板上的 4 号端口(100GE)；点击设备指示中的 SPN1 图标打开 SPN1 面板，点击 1 槽位单板上的 1 号端口(100GE)。连接结果如图 2-27 所示。

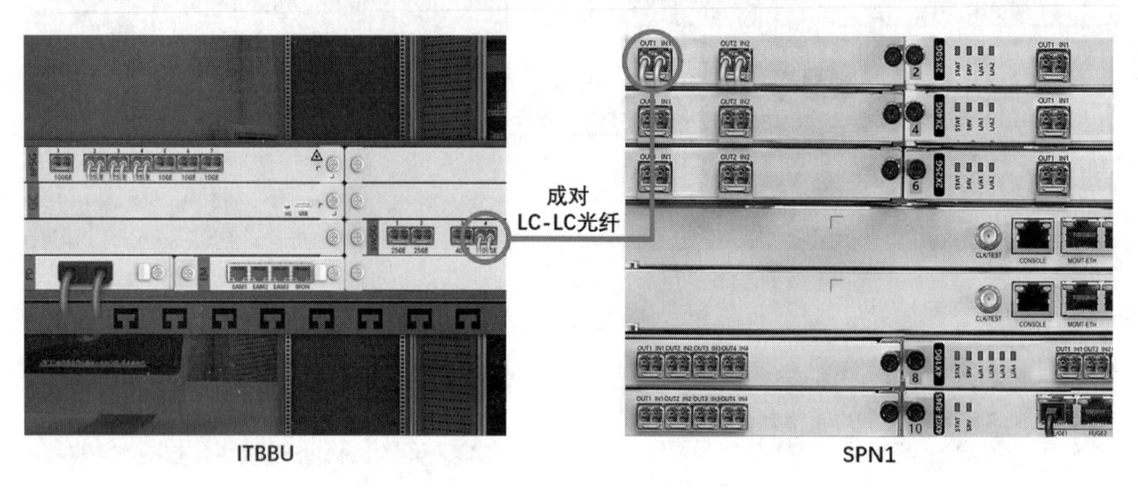

图 2-27　连接 ITBBU 与 SPN

(5) 连接 SPN 与 ODF

从线缆池中选择成对 LC-FC 光纤；点击设备指示中的 SPN1 图标打开 SPN1 面板，点击 1 槽位单板上的 2 号端口(100GE)；点击设备指示中的 ODF 图标打开 ODF 配线架，点击去往建安市 3 区汇聚机房的端口。连接结果如图 2-28 所示。

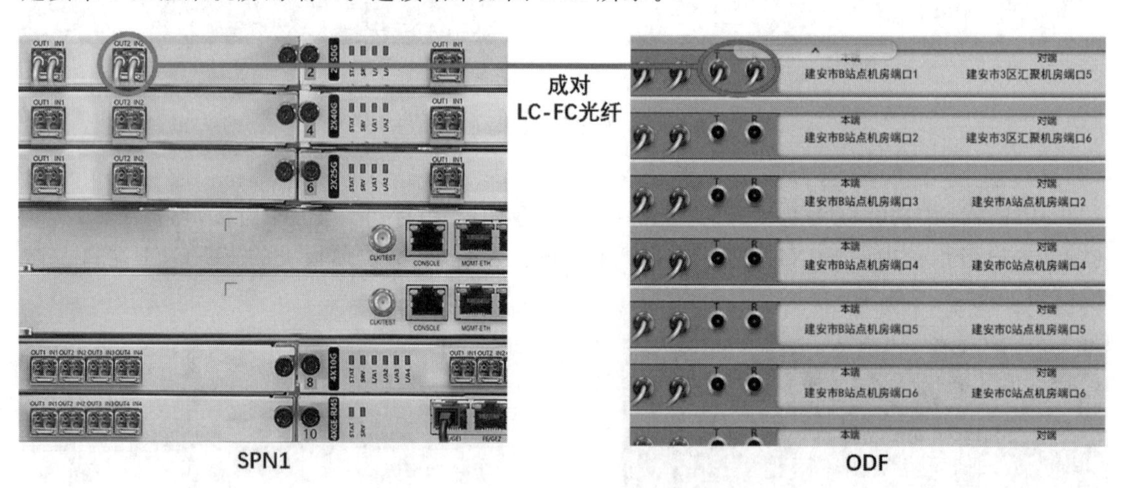

图 2-28　连接 SPN 与 ODF

(6) 连接 GPS 天线

从线缆池中选择 GPS 馈线；点击设备指示中的 ITBBU 图标打开 ITBBU 面板，点击 ITGPS 端口；点击设备指示中的 GPS 图标显示 GPS 天线，点击天线下方的 IN 端口。连接结果如图 2-29 所示。

到这里，建安市 B 站点机房的设备已经安装、连接完毕，操作区右上方设备指示中会显示出当前机房的设备连接情况，如图 2-30 所示。

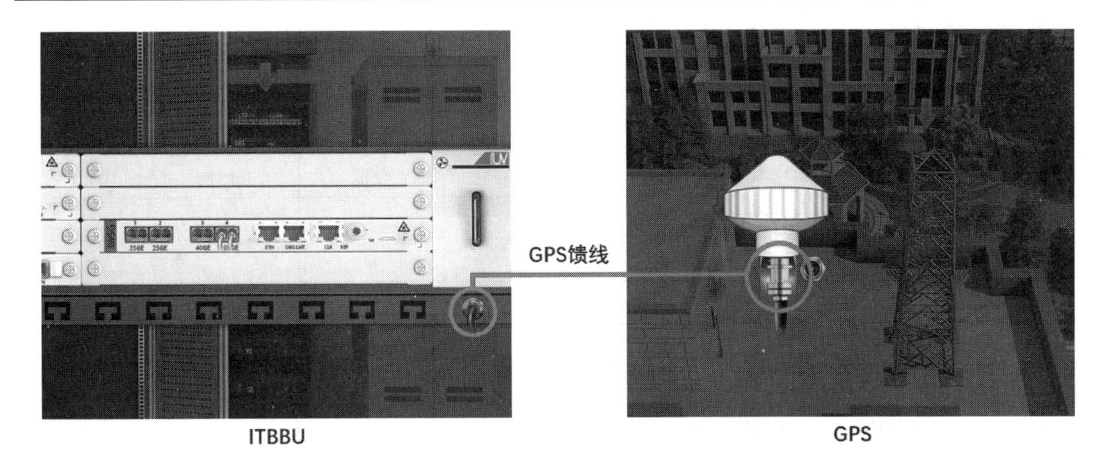

图 2-29　连接 GPS 天线

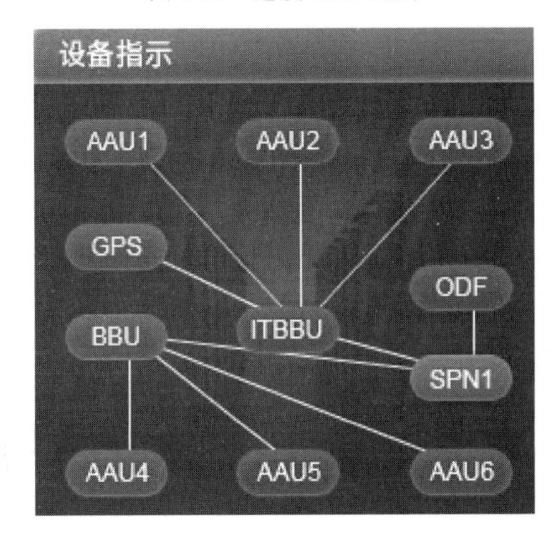

图 2-30　建安市 B 站点机房的设备连接情况

2.4　成果验收评价

2.4.1　任务实施评价

“安装 Option3X 基站及核心网设备”任务评价表如表 2-2 所示。

表 2-2　“安装 Option3X 基站及核心网设备”任务评价表

任务 2　安装 Option3X 基站及核心网设备				
班级		小组		
评价要点	评价内容	分值	得分	备注
专业知识（45 分）	Option3X 的网络结构	5		
	Option3X 核心网中网元功能	15		
	4G 基站的结构和各部分功能	5		
	5G 基站的结构和各部分功能	20		

续表

任务 2　安装 Option3X 基站及核心网设备				
班级		小组		
评价要点	评价内容	分值	得分	备注
任务实施（45 分）	明确工作任务和目标	5		
	安装 Option3X 核心网设备	5		
	连接 Option3X 核心网设备	15		
	安装 Option3X 基站设备	5		
	连接 Option3X 基站设备	15		
操作规范（10 分）	按规范操作，防止损坏设备	5		
	保持环境卫生，注意用电安全	5		
合计		100		

2.4.2 思考与练习题

1. 简述 Option3X 模式下 5G 网络的结构。
2. Option3X 模式下核心网由哪些网元组成？
3. Option3X 模式下核心网中的 MME 有什么功能？
4. Option3X 模式下核心网中的 SGW 有什么功能？
5. Option3X 模式下核心网中的 PGW 有什么功能？
6. Option3X 模式下核心网中的 HSS 有什么功能？
7. 简述增强型 4G 基站的结构和各部分功能。
8. 简述 5G 基站的结构和各部分功能。
9. 5G 有哪几种 RAN 部署方式？
10. 简述 5G 不同 RAN 部署方式所适用的业务场景。

任务3　配置 Option3X 基站及核心网数据

【学习目标】

- 了解 F-OFDM 和 5G 新空口协议栈结构
- 掌握 5G 新空口的帧结构和资源分配
- 完成 Option3X 模式下 5G 核心网数据的配置
- 完成 Option3X 模式下 5G 基站数据的配置

3.1　工作背景描述

根据规划正确配置基站及核心网数据，开通并测试各种移动业务是 5G 移动网络建设过程中最重要的一步，也是拓展移动业务的关键。本次任务使用 5G 组网仿真软件完成基站和核心网机房的数据配置及业务测试，为后续与承载网对接打下基础。数据配置与测试针对建安市进行，采用 Option3X 组网模式，基站部署在人口密集的高层住宅区。

本次 5G 基站及核心网数据配置与业务测试工作共涉及 2 个机房。无线接入侧为建安市 B 站点机房，核心网侧为建安市核心网机房。建安市核心网机房中安装有 MME、SGW、PGW、HSS 和交换机，B 站点机房中安装有 BBU 和 ITBBU。其中，ITBBU 包含 CU 和 DU，采用合设方式。建安市核心网和基站 IP 地址规划如图 3-1 所示，图中承载网与 DU、CUCP 和 CUUP 之间的 3 条虚线为 1 条物理连接线上的 3 条逻辑链路。

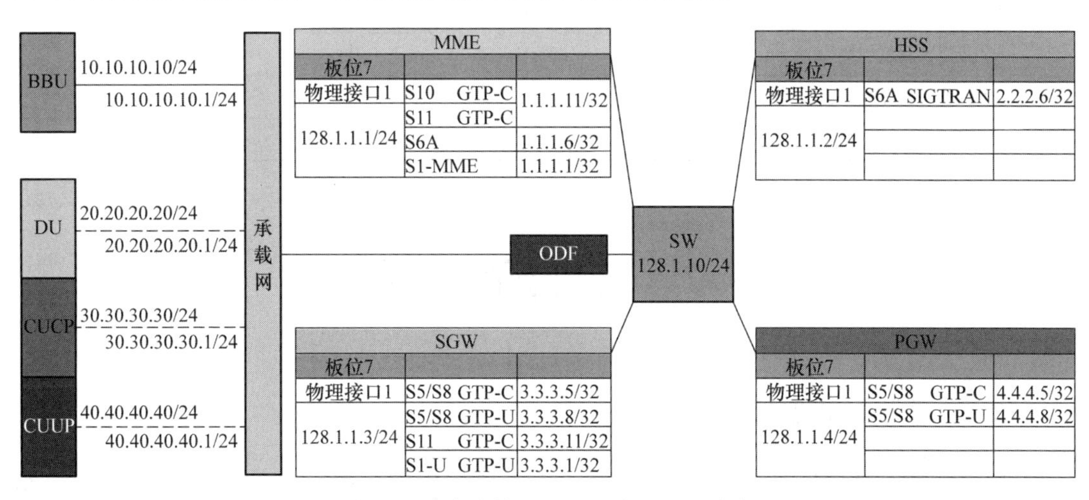

图 3-1　建安市核心网和基站 IP 地址规划

由于采用 Option3X 组网模式，建安市 B 站点包含 4G 基站和 5G 基站，既覆盖有 5G NR 小区，又覆盖有 4G LTE 小区，无线参数规划如表 3-1 所示。

表 3-1　建安市无线参数规划

参数名称	5G NR 小区	4G LTE 小区
移动国家号(MCC)	460	460
移动网号(MNC)	00	00
公共陆地移动通信网(PLMN)	46 000	46 000
无线制式	TDD	TDD
网络模式	NSA	/
AAU 频段	3 400～3 800 MHz	3 400～3 800 MHz
AAU 收发模式	16×16	16×16
基站标识	2	1
CU 小区标识	1	/
DU 标识	1	/
DU 小区标识	1、2、3	/
BBU 小区标识	/	1、2、3
跟踪区域码(TAC)	1234	1234
物理小区 ID(PCI)	7、8、9	1、2、3
频段指示	78	43
中心载频(绝对频点)	630 000	/
中心载频(实际频点)	3 450	3 610
下行 Point A 频点	626 760	/
上行 Point A 频点	626 760	/
系统带宽(RB)	270	/
系统带宽(MHz)	/	20
SSB 测量频点	630 000	/
测量子载波间隔	30 kHz	/
系统子载波间隔	30 kHz	/
小区 RE 参考功率(0.1 dBm)	156	/
UE 最大发射功率	23	23

3.2　专业知识储备

3.2.1　灵活的正交频分复用

多址接入是指基站与多个用户之间通过公共传输媒质建立多条无线信道连接。移动通信系统中常见的多址接入技术包括频分多址(Frequency Division Multiple Access，FDMA)、时分多址(Time Division Multiple Access,TDMA)、码分多址(Code Division Multiple Access,CDMA)。FDMA 以不同的载波频率作为信道实现多址接入,TDMA 以不同的时隙作为信道实现多址接入,CDMA 以不同的码序列作为信道实现多址接入,如图 3-2 所示。

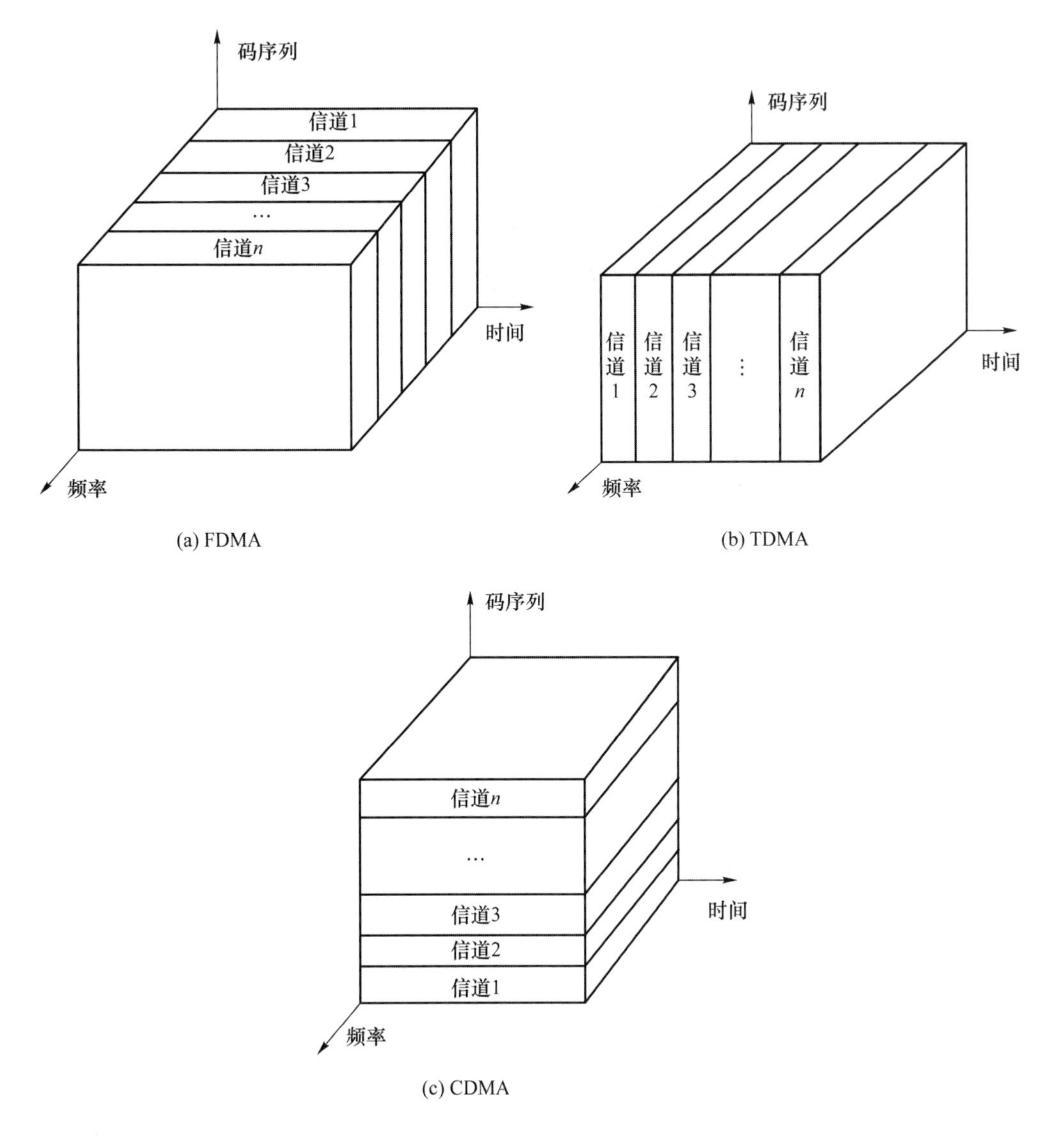

图 3-2　多址接入技术

正交频分多址接入技术(Orthogonal Frequency Division Multiple Access,OFDMA)是 4G 关键技术之一。其基本思想是把高速数据流分散到多个正交的子载波上传输,从而使单个子载波上的符号速率大大降低,符号持续时间大大加长,对因多径效应产生的时延扩展有较强的抵抗力,减少了符号间干扰的影响。通常在 OFDMA 符号前加入保护间隔,只要保护间隔大于信道的时延扩展则可以完全消除符号间干扰。在 FDMA 系统中,为了避免各载波间的干扰,相邻载波之间需要较大的保护频带,频谱效率较低。OFDMA 系统允许各子载波之间紧密相邻,甚至部分重合,通过正交复用避免频率间干扰,降低了保护间隔的要求,提高了频谱使用效率,如图 3-3 所示。

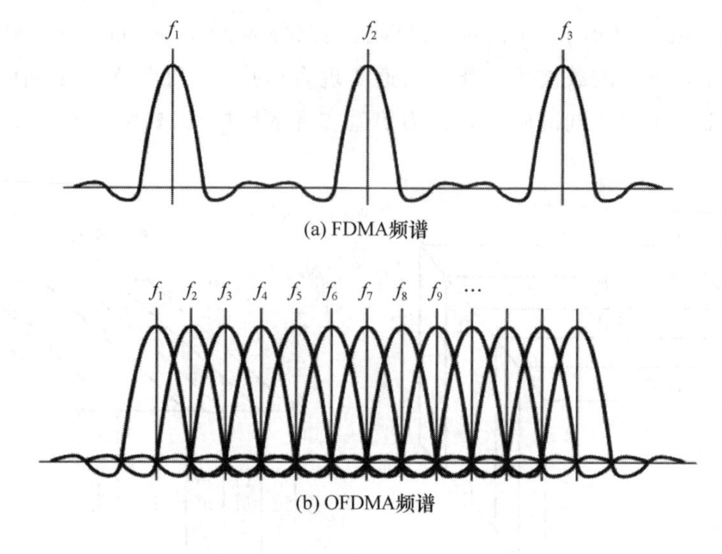

图 3-3　FDMA 与 OFDMA 的频谱

灵活的正交频分复用(Filtered-Orthogonal Frequency Division Multiplexing,F-OFDM)能为不同业务提供不同的子载波带宽和循环前缀(Cyclic Prefix,CP)配置,以满足不同业务的时频资源需求。OFDMA 与 F-OFDM 的时频资源分配方式如图 3-4 所示。

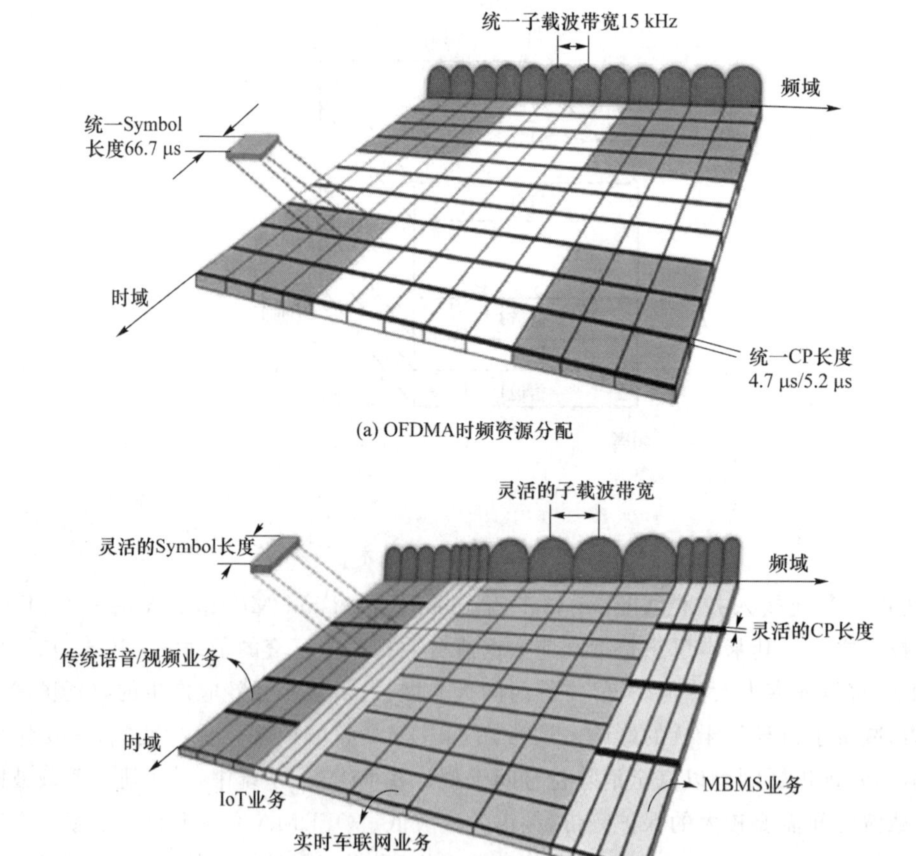

图 3-4　OFDMA 与 F-OFDM 的时频资源分配方式

3.2.2　5G新空口的协议栈

1. 协议栈的结构

空中接口(Uu)是终端和无线接入网之间的接口,也称为无线接口。手机和基站之间的通信需要遵循空口协议栈来实现信息的交互。处理控制信息的设备和链接称为控制面,处理用户数据的设备和链接称为用户面,如图3-5所示。

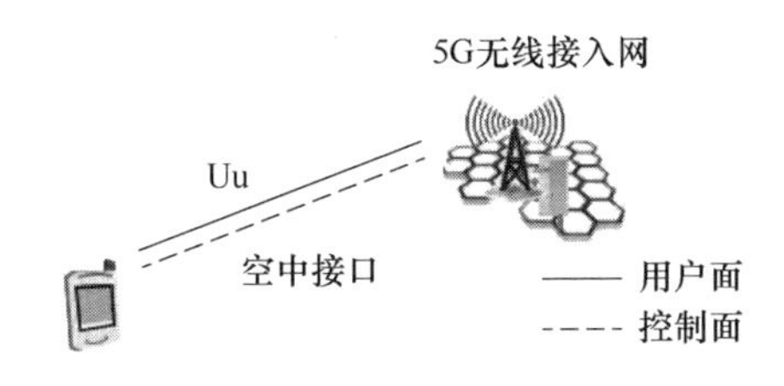

图3-5　5G的空中接口

控制面负责用户无线资源的管理、无线连接的建立、业务的服务质量(Quality of Service, QoS)保证和最终的资源释放,协议栈如图3-6所示。由物理(Physical,PHY)层、数据链路层和网络层组成。其中,数据链路层包括媒体接入控制(Media Access Control,MAC)子层、无线链路控制(Radio Link Control,RLC)子层、分组数据汇聚协议(Packet Date Convergence Protocol,PDCP)子层;网络层包括无线资源控制(Radio Resource Control,RRC)子层、非接入子层(Non-Access Stratum,NAS)。

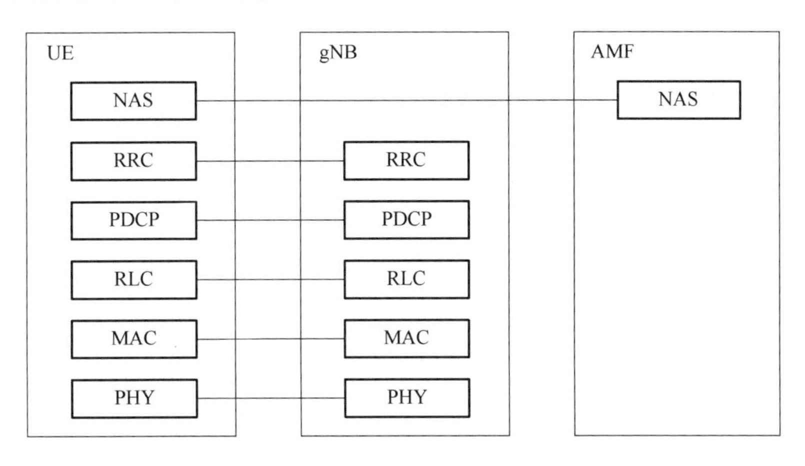

图3-6　空口控制面协议栈

用户面用于执行无线接入承载业务,主要负责用户发送和接收的所有信息的处理,协议栈如图3-7所示,主要由PHY、MAC RLC、PDCP和简单分布式文件传输系统访问协议(Simple DFS Access Protocol,SDAP)组成。

5G空口协议栈包括3层,如图3-8所示。层1为高层的数据提供无线资源及物理层的处理;层2对不同的层3数据进行区分标示,并提供不同的服务;层3是空中接口服务的使用者,即RRC信令及用户面数据。与4G相比,5G用户面协议栈增加了新的协议层SDAP,能完成QoS映射功能,提供精细的业务差异化保障。

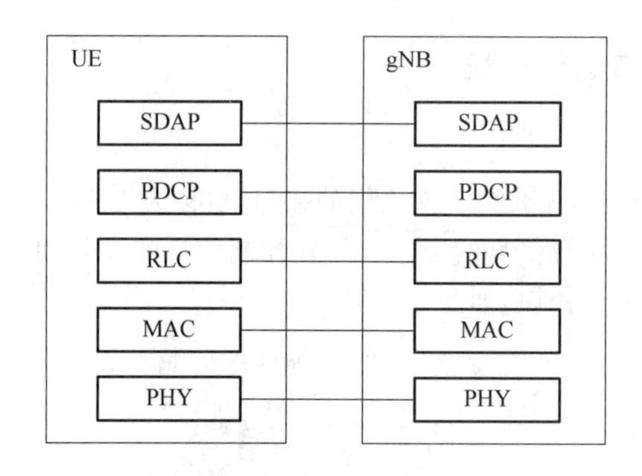

图 3-7　空口用户面协议栈

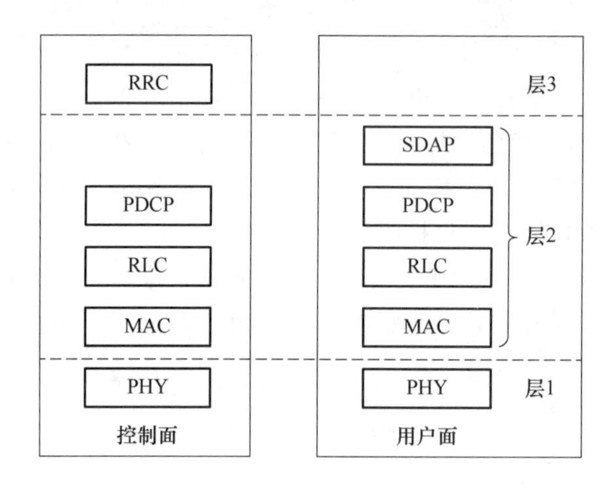

图 3-8　空口协议栈的层次

2. 信道的分类及映射关系

协议栈中各协议之间是通过信道传输数据的，信道是为便于理解而人为设定的概念，是对一系列数据流或调制后信号的分类，其名称是以信号的作用来确定的。信道共有三类，分别是逻辑信道、传输信道和物理信道。

逻辑信道用于指示“传输什么内容”，定义传输信息的类型。这些信息可能是独立成块的数据流，也可能是夹杂在一起但有确定起始位的数据流，这些数据流包括所有用户的数据。传输信道用于指示“怎样传”，是在对逻辑信道信息进行特定处理后再加上传输格式等指示信息后的数据流，这些数据流仍然包括所有用户的数据。物理信道是指“信号在空中传输的承载”，是将属于不同用户、不同功用的传输信道数据流分别按照相应的规则进行相应的操作，并最终调制为模拟射频信号发射出去。不同物理信道上的数据流分别属于不同的用户或不同的功用。比如，某人写信给朋友，逻辑信道相当于“信的内容”，传输信道相当于“平信、挂号信、航空快件等”，物理信道相当于“写上地址并贴好邮票后的信件”。

(1) 逻辑信道

逻辑信道定义了传输的内容。MAC 子层使用逻辑信道与高层进行通信。逻辑信道通常分为两类，即用来传输控制面信息的控制信道和用来传输用户面信息的业务信道。根据传输信息种类又可划分为多种逻辑信道类型，并根据不同的数据类型，提供不同的传输服务。

5G NR 定义的控制信道主要有如下 4 种。

① 广播控制信道(Broadcast Control Channel,BCCH):该信道属于下行信道,用于传输广播系统控制信息。

② 寻呼控制信道(Paging Control Channel,PCCH):该信道属于下行信道,用于传输寻呼信息和改变通知消息的系统信息。当网络侧没有用户终端所在小区信息的时候,使用该信道寻呼终端。

③ 公共控制信道(Common Control Channel,CCCH):该信道包括上行和下行,当终端和网络间没有 RRC 连接时,终端级别控制信息的传输使用该信道。

④ 专用控制信道(Dedicated Control Channel,DCCH):该信道为点到点的双向信道,用于传输终端侧和网络侧存在 RRC 连接时的专用控制信息。

5G NR 定义的业务信道主要是专用业务信道(Dedicated Traffic Channel,DTCH),该信道可以是单向的,也可以是双向的,针对单个用户提供点到点的业务传输。

(2) 传输信道

物理层通过传输信道向 MAC 子层或更高层提供数据传输服务,传输信道特性由传输格式定义。传输信道描述了数据在无线接口上是如何进行传输的,以及所传输的数据特征。如数据如何被保护以防止传输错误、信道编码类型,循环冗余校验(Cyclic Redundancy Check,CRC)保护或交织、数据包的大小等。所有的这些信息集就是“传输格式”。传输信道也有上行和下行之分。

5G NR 定义的下行传输信道主要有如下 3 种。

① 广播信道(Broadcast Channel,BCH):用于广播系统信息和小区的特定信息。使用固定的预定义格式,能够在整个小区覆盖区域内广播。

② 下行共享信道(Downlink Shared Channel,DL-SCH):用于传输下行用户控制信息或业务数据。能够使用 HARQ;能够通过各种调制模式、编码、发送功率来实现链路适应;能够在整个小区内发送;能够使用波束赋形;支持动态或半持续资源分配;支持终端非连续接收以达到节电目的;支持 MBMS 业务传输。

③ 寻呼信道(Paging Channel,PCH):当网络不知道 UE 所处小区位置时,用于给 UE 发送的控制信息。能够支持终端非连续接收以达到节电目的;能在整个小区覆盖区域发送;能够映射到用于业务或其他动态控制信道使用的物理资源上。

5G NR 定义的上行传输信道主要有如下 2 种。

① 上行共享信道(Uplink Shared Channel,UL-SCH):用于传输上行用户控制信息或业务数据。能够使用波束赋形;有通过调整发射功率、编码和潜在调制模式适应链路条件变化的能力;能够使用 HARQ;动态或半持续资源分配。

② 随机接入信道(Random Access Channel,RACH):能够承载有限的控制信息,例如在早期建立连接的时候或 RRC 状态改变的时候。

(3) 物理信道

物理层位于无线接口协议的最底层,提供物理介质中比特流传输所需要的所有功能。物理信道可分为上行物理信道和下行物理信道。

5G NR 定义的下行物理信道主要有如下 3 种。

① 物理广播信道(Physical Broadcast Channel,PBCH):用于承载主系统信息块信息,传

输用于初始接入的参数。

② 物理下行控制信道(Physical Downlink Control Channel,PDCCH):用于承载下行控制的信息,如上行调度指令、下行数据传输是指、公共控制信息等。

③ 物理下行共享信道(Physical Downlink Shared Channel,PDSCH):用于承载下行用户信息和高层信令。

5G NR 定义的上行物理信道主要有如下 3 种。

① 物理上行控制信道(Physical Uplink Control Channel,PUCCH):用于承载上行控制信息。

② 物理上行共享信道(Physical Uplink Shared Channel,PUSCH):用于承载上行用户信息和高层信令。

③ 物理随机接入信道(Physical Random Access Channel,PRACH):用于承载随机接入前道序列的发送,基站通过对序列的检测以及后续的信令交流,建立起上行同步。

(4) 上下行信道的映射关系

5GNR 中上下行信道的映射关系如图 3-9 和图 3-10 所示。

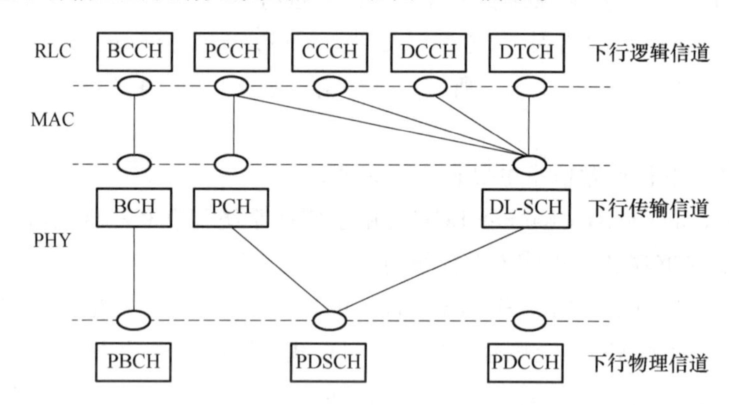

图 3-9 下行信道映射关系

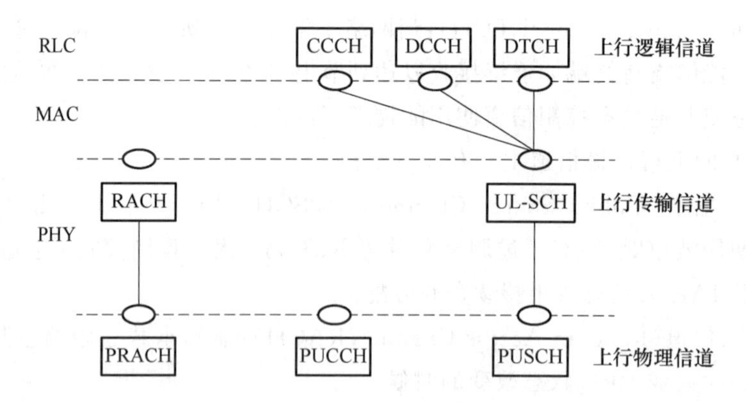

图 3-10 上行信道映射关系

3. 上下行信号及作用

(1) 下行信号

5G NR 定义的下行信号主要有如下 6 种。

① 主同步信号(Primary Synchronization Signal,PSS)。

② 辅同步信号(Secondary Synchronization Signal,SSS)。

③ 解调参考信号(Demodulation Reference Signal,DMRS):PDSCH、PDCCH、PBCH 信道的解调参考信号。

④ 信道状态指示参考信号(Channel State Information-Reference Signal,CSI-RS):用于 RSRP、SINR 和 PMI/CQI/RI 测量。

⑤ 同步信号和 PBCH 块参考信号(Synchronization Signal and PBCH block -Reference Signal,SSB-RS):用于 RSRP、SINR 测量。

⑥ 相位跟踪参考信号(Phase Tracking-Reference Signal,PT-RS):用于高频场景。

(2) 上行信号

5G NR 定义的上行信号主要有如下 4 种。

① 主同步信号(Primary Synchronization Signal,PSS)。

② 解调参考信号(Demodulation Reference Signal,DMRS):PUSCH、PUCCH 信道的解调参考信号。

③ 探测参考信号(Sounding Reference Symbol,SRS):提供给基站作为下行 MIMO 预编码的输入;用于估计上行信道频域信息,做频率选择性调度 ;用于估计上行信道,做下行波束赋形。

④ 相位跟踪参考信号(Phase Tracking-Reference Signal,PT-RS): 用于高频场景。

3.2.3　5G 新空口的帧结构

1. 空口的时域资源

(1) 无线帧和子帧

5G 的 1 个无线帧(Frame)长度为 10 ms,分为 10 个 1 ms 的子帧(Subframe),这与 4G 的参数相同,如图 3-11 所示。

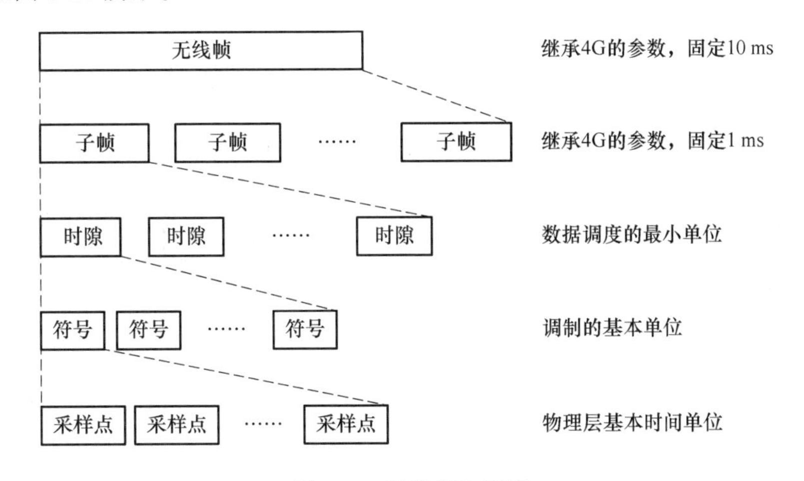

图 3-11　无线帧和子帧

(2) 时隙和符号

每个子帧包含若干个时隙(Solt),时隙个数取决于子载波间隔(15 kHz、30 kHz、60 kHz 或 120 kHz)。时隙是调度的最小单位,每个时隙包含 14 个符号(Symbol)。符号是调制的基本单位,每个 OFDM 符号包含 4 096 个采样点,如图 3-12 所示。

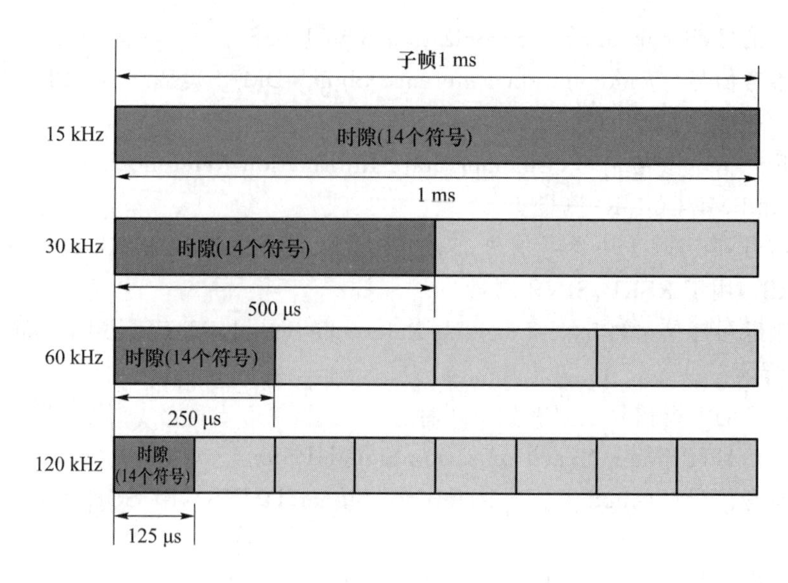

图 3-12　时隙和符号

(3) 循环前缀和采样点

循环前缀(Cyclic Prefix,CP)在符号之间,起到降低干扰的作用。不同的子载波间隔的CP长度不同。CP包括常规CP(Normal CP)和扩展CP(Extended CP)两种类型,其中Extended CP只有子载波间隔为60 kHz时可以支持,抗干扰力更强。在NR中,1个OFDM符号包含4 096个采样点,1个常规CP包含288个采样点,如图3-13所示。

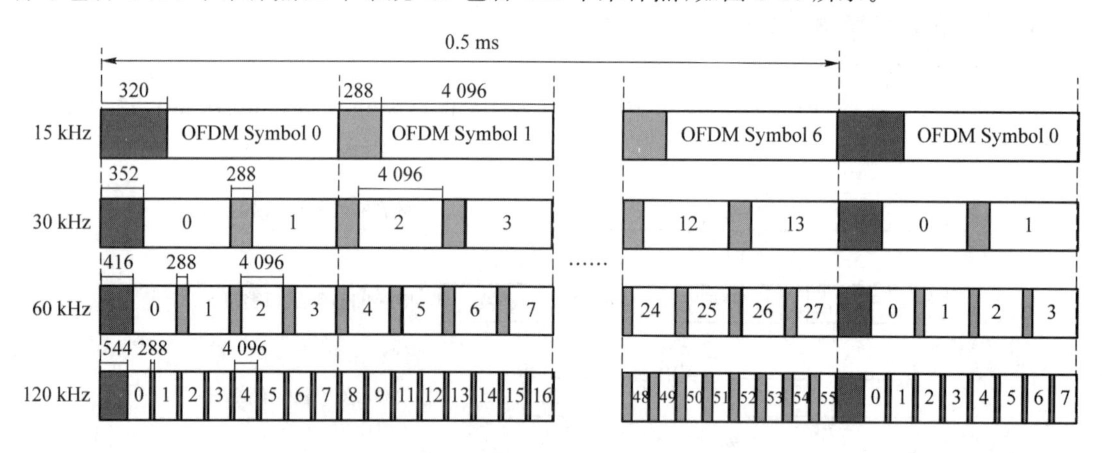

图 3-13　循环前缀和采样点

(4) 时隙的结构

在每个时隙内的OFDM符号可能包括3种类型,下行(Downlink,D)用于下行传输,上行(Uplink,U)用于上行传输,灵活(Flexible,F)可用于下行传输、上行传输以及保护间隔(Guard Period,GP)。若时隙中所有OFDM符号均为"D",则这个时隙为下行时隙"D";若时隙中所有OFDM符号均为"U",则这个时隙为上行时隙"U";若时隙中OFDM符号既有"D",又有"U",还有"GP",则这个时隙为特殊时隙"S"。图3-14所示为2.5 ms双周期帧结构,每5 ms里面包含5个全下行时隙,3个全上行时隙和2个特殊时隙,时隙类型为"DDDSUDDSUU"。其中,Slot3和Slot7为特殊时隙,时隙内OFDM符号类型配比为10:2:2(总数为14),可以调整。

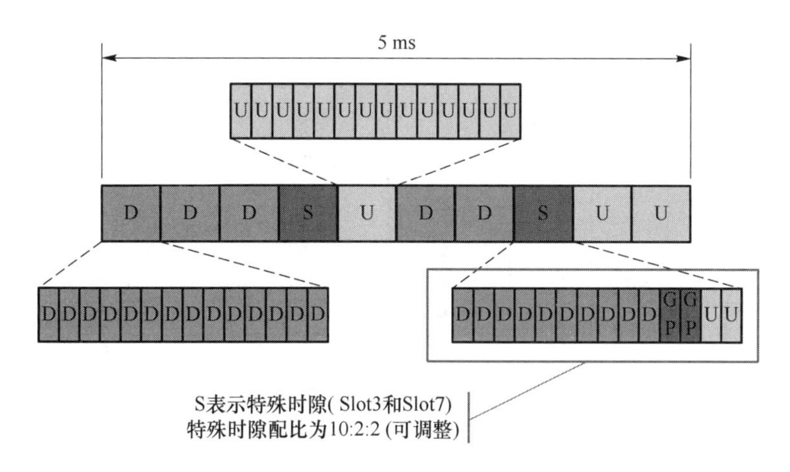

图 3-14　时隙的结构

2. 空口的频域资源

(1) 资源块和资源粒子

资源块(Resource Block,RB)是数据信道资源分配的频域基本调度单位,为 12 个连续子载波。资源粒子(Resource Element,RE)是物理层资源的最小粒度,频域占 1 个子载波、时域占 1 个 OFDM 符号,如图 3-15 所示。

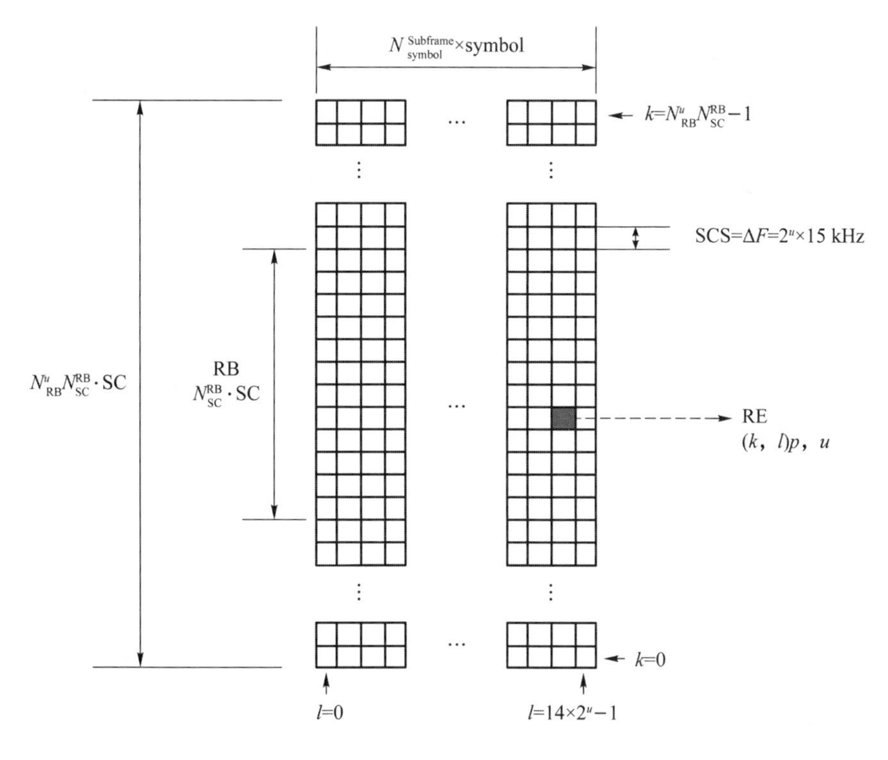

图 3-15　资源块和资源粒子

(2) 同步信号和 PBCH 块

PBCH 和 PSS/SSS 作为一个整体出现,称为同步信号和 PBCH 块(Synchronization Signal and PBCH block,SSB)。时域上,PBCH 和 PSS/SSS 共占用 4 个符号;频域上,PBCH 和 PSS/SSS 共占用了 240 个子载波,如图 3-16 所示。SSB 是 5G 设计使用的导频信号之一,

UE 只有通过 SSB 与小区同步才能完成小区搜索操作。

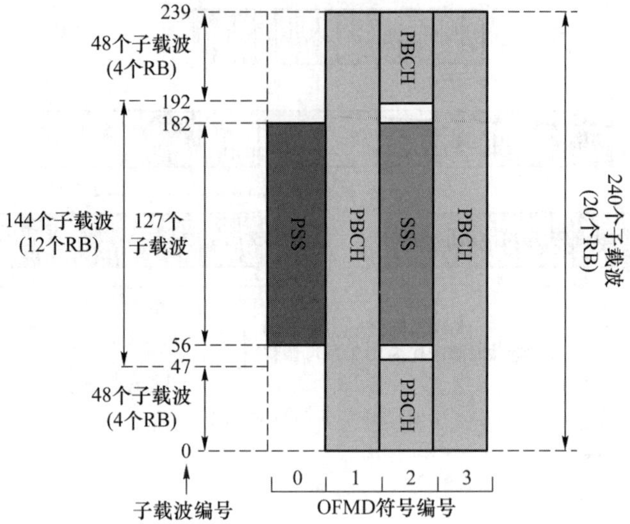

图 3-16　同步信号和 PBCH 块

（3）小区带宽的表现形式

频域位置连续正交的不同子载波可承载用户信息。子载波间隔（Subcarrier spacing, SCS）是指两个波峰之间的间隔。在 5G 系统中，FR1 频谱范围内子载波间隔有 15 kHz、30 kHz、60 kHz；FR2 频谱范围内子载波间隔有 60 kHz、120 kHz。载波带宽指的是在一个基站小区上分配的带宽，覆盖范围是一个扇区。FR1（Sub6G）中最大小区带宽为 100 MHz；FR2（毫米波）中最大小区带宽为 400 MHz。5G 的载波带宽用 RB 的个数来表示，如表 3-2 和表 3-3 所示。例如 SCS 为 30 kHz 时，分配 100 MHz 表示成 273 个 RB。

表 3-2　FR1 频谱范围内的小区带宽

SCS (kHz)	5 MHz	10 MHz	15 MHz	20 MHz	25 MHz	30 MHz	40 MHz	50 MHz	60 MHz	80 MHz	100 MHz
15	25	52	79	106	133	160	216	270	N/A	N/A	N/A
30	11	24	38	51	65	78	106	133	162	217	273
60	N/A	11	18	24	31	38	51	65	79	107	135

表 3-3　FR2 频谱范围内的小区带宽

SCS(kHz)	50 MHz	100 MHz	200 MHz	400 MHz
60	66	132	264	N/A
120	32	66	132	264

3. 空口的时频分布

（1）下行时频分布

下行时频分布如图 3-17 所示。

① PDCCH：时域占用 Slot 的 1～3 符号，频域使用资源可配置，支持 PDCCH 和 PDSCH 相同符号上 FDM 资源共享。

② DMRS for PDSCH：时域位置可配置；频域密度和使用资源可配置，支持 DMRS 和 PDSCH 相同符号上 FDM 资源共享。

③ SSB：时域位置固定；频域占用 20RB，频域位置可配置，支持 SSB 和 PDSCH 相同符号上 FDM 终源共享。

④ CSI-RS：时域位置可配置，频域位置和带宽可配置，支持 CSI-RS 和 PDSCH 相同符号上 FDM 终源共享。

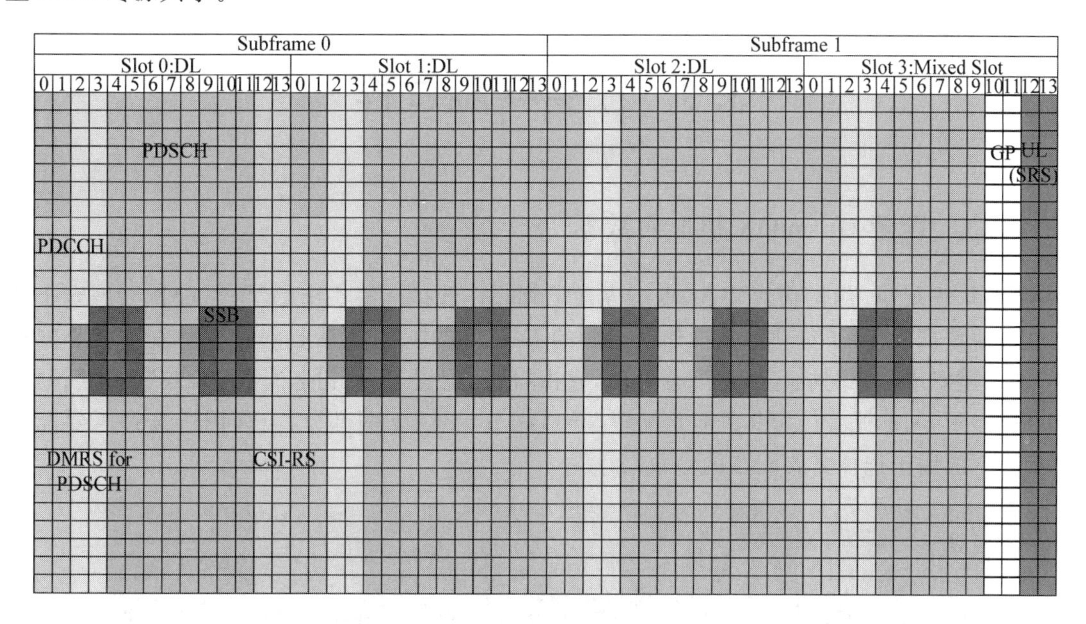

图 3-17 下行时频分布

(2) 上行时频分布

上行时频分布如图 3-18 所示。

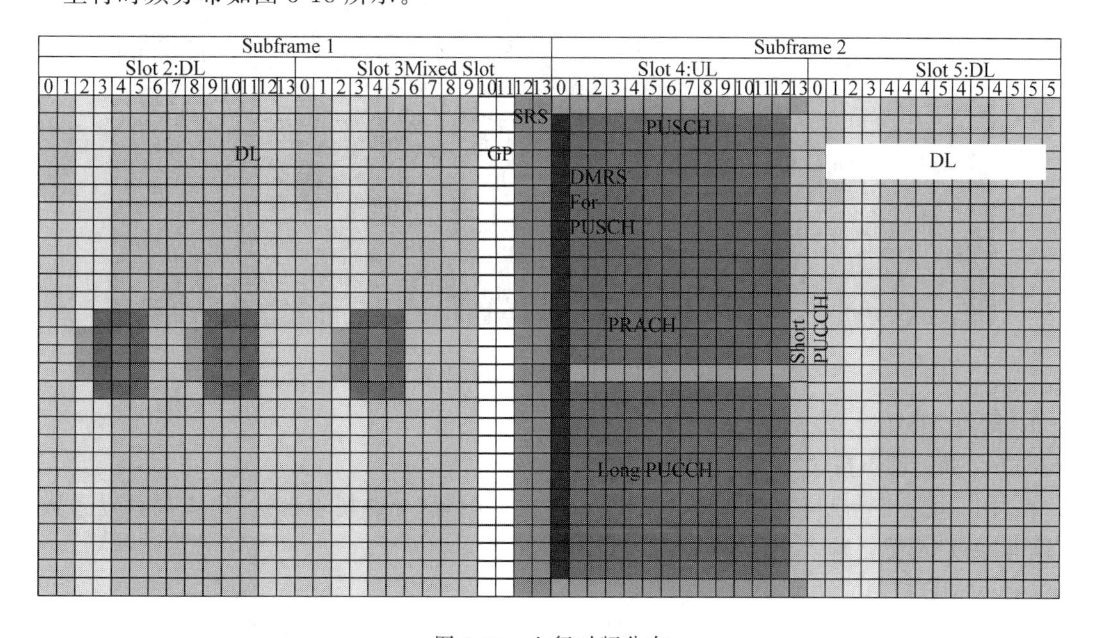

图 3-18 上行时频分布

① Long PUCCH：时域占用 4～14 个符号，时频域位置和使用资源可配置。

② Short PUCCH：时域占用 1～2 个符号，时频域位置和使用资源可配置。

③ DMRS for PUSCH：时域位置可配置，频域密度和使用资源可配置；支持 DMRS 和 PUSCH 相同符号上 FDM 资源共享。

④ PRACH：时频域位置和使用资源可配置。

⑤ SRS：时域位置可配置，频域位置和带宽可配置。

3.3 任务实施过程

3.3.1 配置 Option3X 核心网数据

启动并登录 5G 组网仿真软件，点击界面下侧操作选择标签栏中的“网络配置”，展开子选项。点击“数据配置”子选项。从操作区上侧的下拉菜单中选择“核心网”→“建安市核心网机房”，进入建安市核心网机房数据配置界面，它由“网元配置”导航树和“网元参数”配置区两部分组成，如图 3-19 所示。其中，“网元配置”导航树分为上、下两部分，上部用于选择需要配置的网元，下部用于选择需要配置的参数。

图 3-19 建安市核心网机房数据配置界面

1. 配置 MME

(1) 全局移动参数

在“网元配置”导航树上部选择“MME”，在“网元配置”导航树下部选择“全局移动参数”，在“网元参数”配置区输入全局移动参数，如图 3-20 所示。

(2) MME 控制面地址

在“网元配置”导航树下部选择“MME 控制面地址”，在“网元参数”配置区输入 MME 控制面地址，即 MME 的 S10、S11 接口地址，如图 3-21 所示。

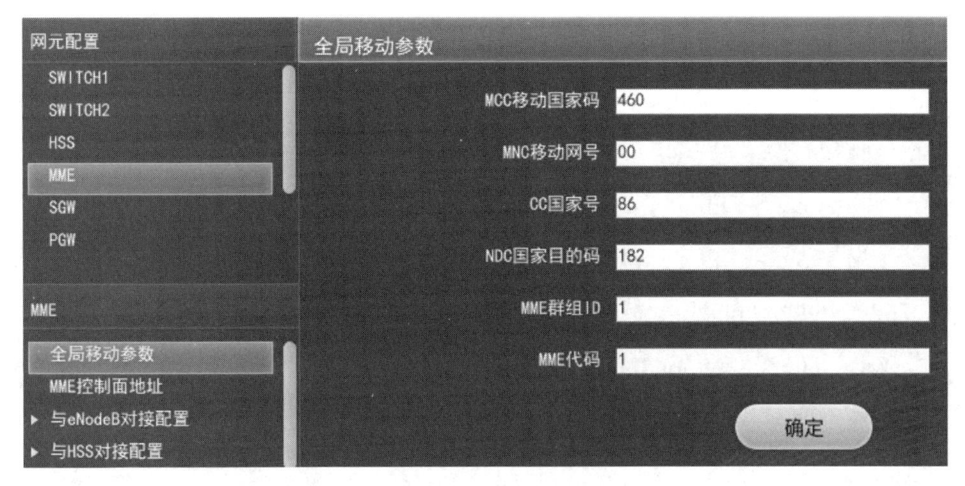

图 3-20　全局移动参数

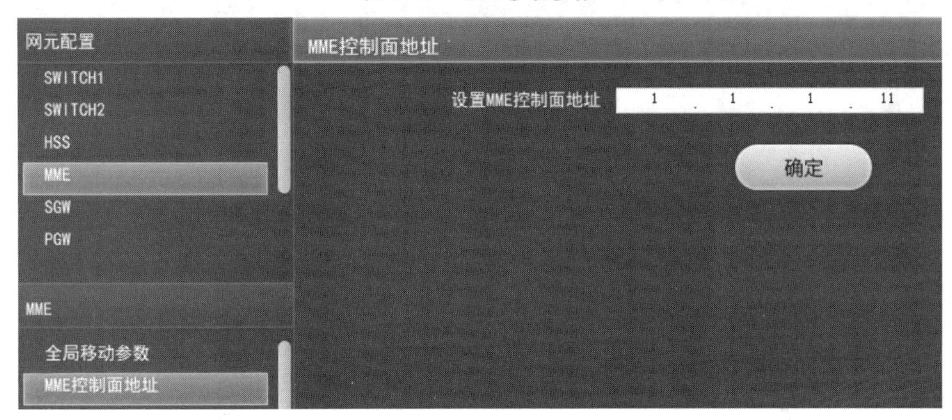

图 3-21　MME 控制面地址

(3) 与 eNodeB 对接配置

在"网元配置"导航树下部选择"与 eNodeB 对接配置",打开 2 级参数选项,选择"eNodeB 偶联配置",点击"网元参数"配置区中的"+"号,添加"偶联 1",输入偶联数据,如图 3-22 所示。其中,本地偶联 IP 是 MME 的 S1-U 接口地址,对端偶联 IP 是建安市 B 站点机房中 BBU 的 IP 地址。

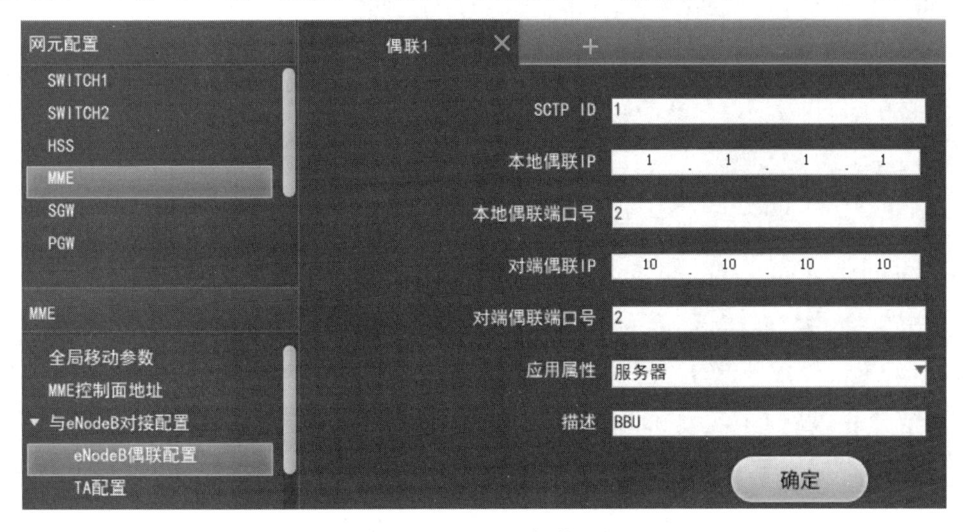

图 3-22　eNodeB 偶联配置

在 2 级参数选项中选择“TA 配置”，点击“网元参数”配置区中的“+”号，添加“增加TA1”，输入 TA 数据，如图 3-23 所示。TAC 为 4 位十六进制数，这里设为“1234”。

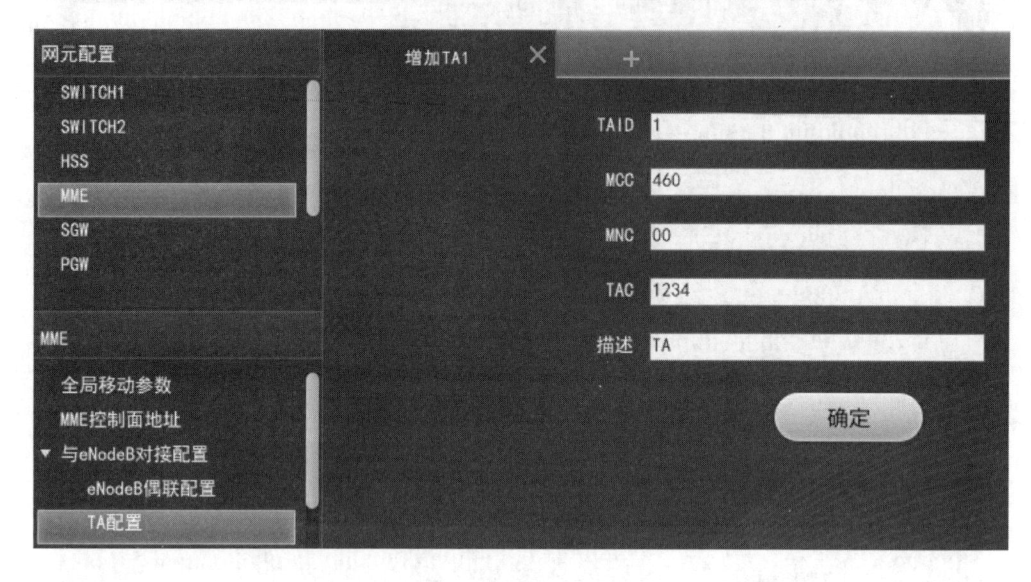

图 3-23　TA 配置

(4) 与 HSS 对接配置

在“网元配置”导航树下部选择“与 HSS 对接配置”，打开 2 级参数选项，选择“增加diameter 连接”，点击“网元参数”配置区中的“+”号，添加“Diameter 连接 1”，输入 Diameter 连接数据，如图 3-24 所示。其中，Diameter 偶联本端 IP 是 MME 的 S6a 接口地址，对端 IP 是 HSS 的 S6a 接口地址。

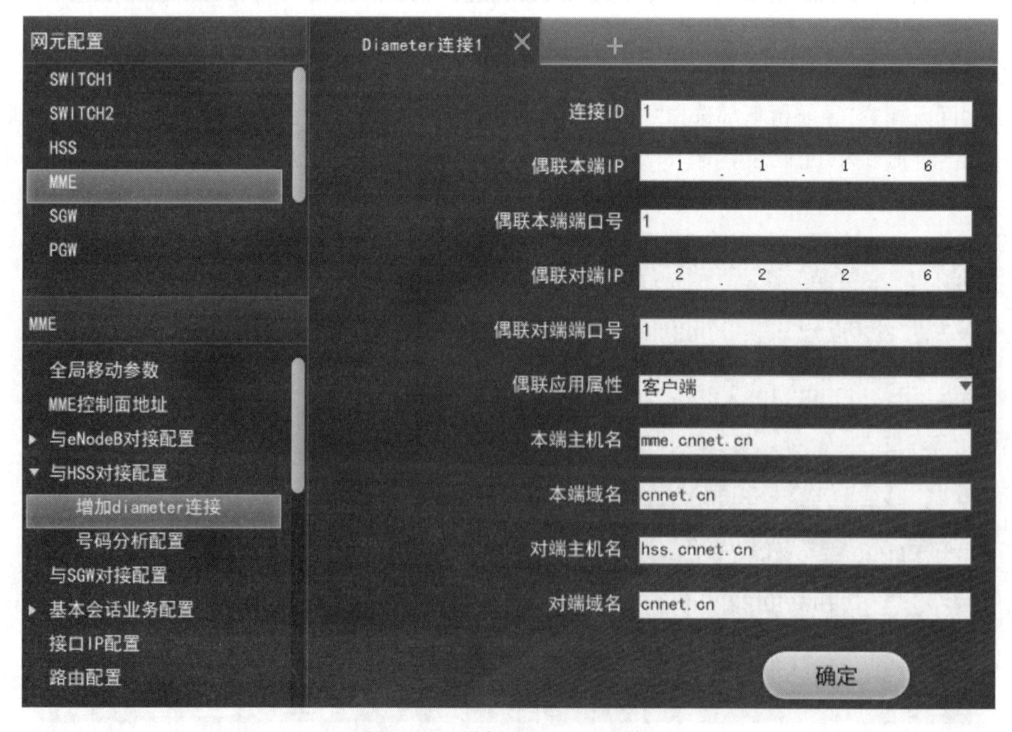

图 3-24　增加 diameter 连接

在 2 级参数选项中选择“号码分析配置”，点击“网元参数”配置区中的“+”号，添加“号码分析 1”，输入分析号码“46000”，即 MCC+MNC，如图 3-25 所示。

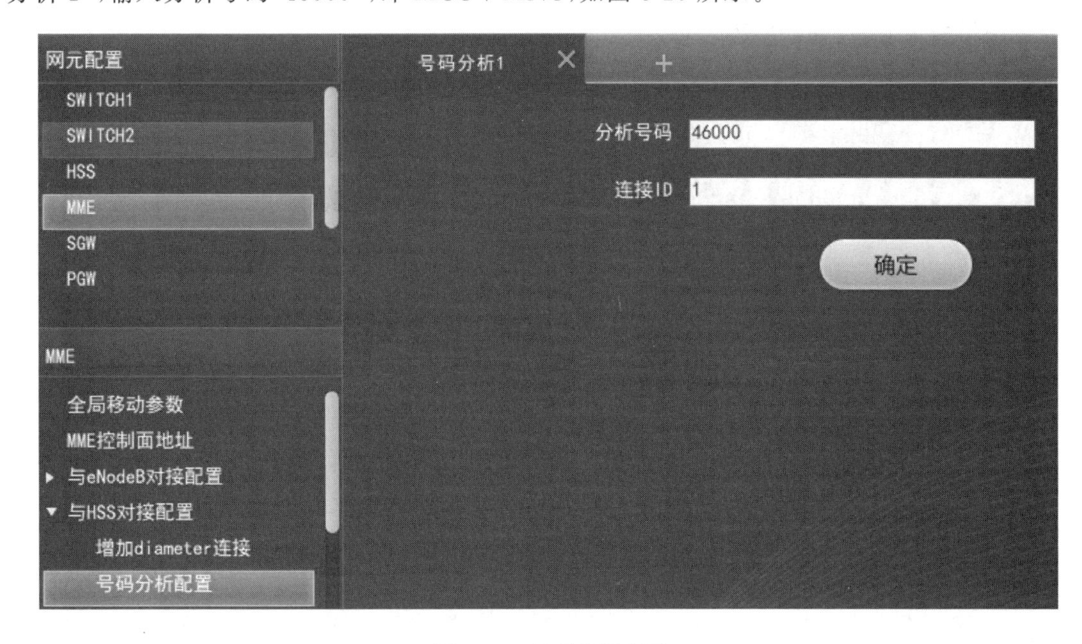

图 3-25　号码分析配置

(5) 与 SGW 对接配置

在“网元配置”导航树下部选择“与 SGW 对接配置”，在“网元参数”配置区输入 SGW 对接数据，如图 3-26 所示。其中，MME 控制面地址是 S11 的接口地址。

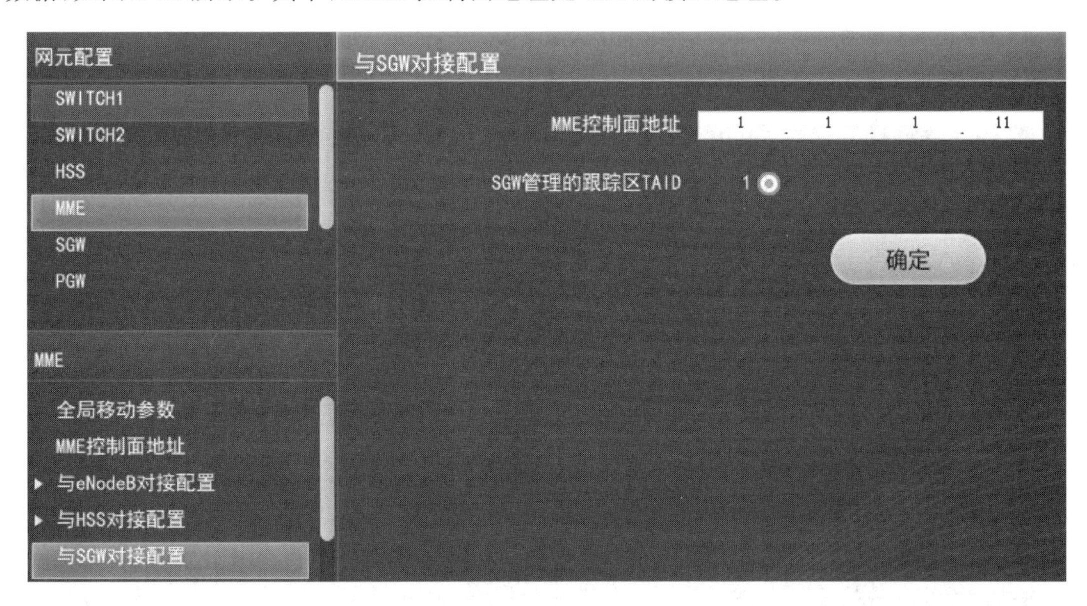

图 3-26　与 SGW 对接配置

(6) 基本会话业务配置

在“网元配置”导航树下部选择“基本会话业务配置”，打开 2 级参数选项，选择“APN 解析配置”，点击“网元参数”配置区中的“+”号，添加“APN 解析 1”，输入 APN 解析数据，如

图 3-27所示。其中,参数“APN”为“test. apn. epc. mnc000. mcc460. 3gppnetwork. org”;解析地址为 PGW 的 S5/S8 接口控制面地址。APN 解析是对 PGW 地址的解析,也就为用户连接到互联网指明了所使用的 PGW。

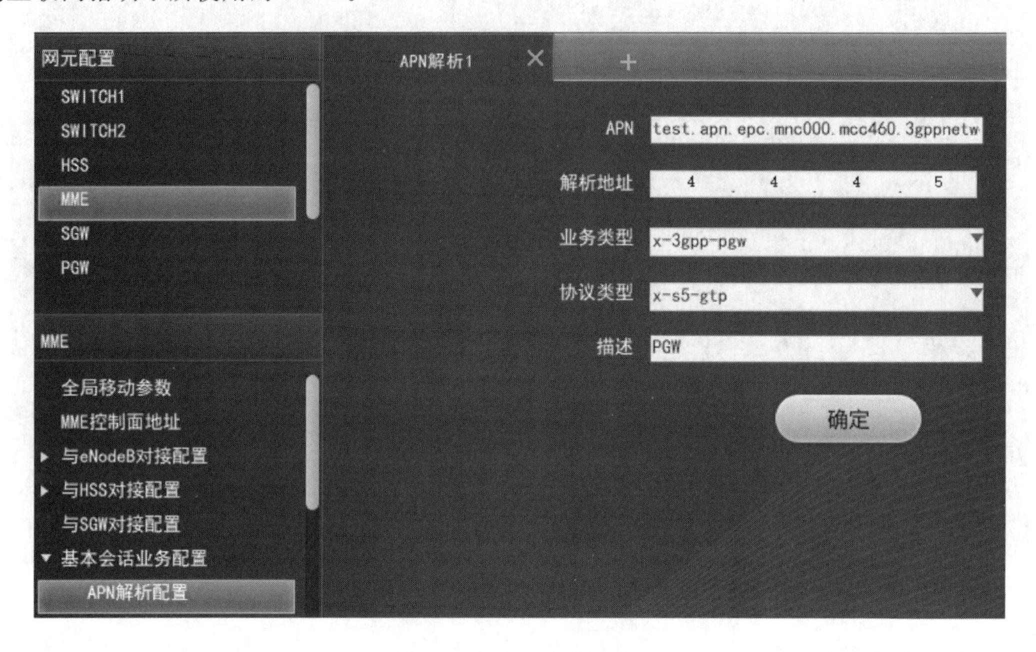

图 3-27　APN 解析配置

在 2 级参数选项中选择“EPC 地址解析配置”,点击“网元参数”配置区中的“+”号,添加“EPC 地址解析 1”,输入 EPC 地址解析数据,如图 3-28 所示。其中,参数“名称”为“tac-lb34. tac-hb12. tac. epc. mnc000. mcc460. 3gppnetwork. org”;EPC 地址解析是对 SGW 地址的解析,因此解析地址为 SGW 的 S11 接口控制面地址。

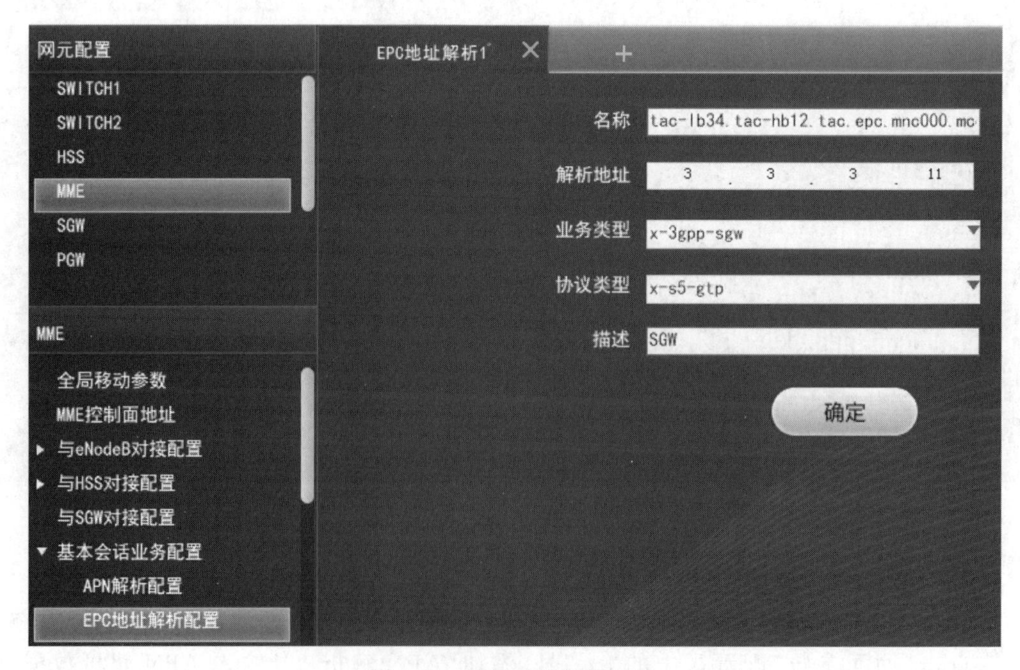

图 3-28　EPC 地址解析配置

(7) 接口 IP 配置

在“网元配置”导航树下部选择“接口 IP 配置”，点击“网元参数”配置区中的“+”号，添加“接口 1”，输入 MME 物理接口数据，如图 3-29 所示。

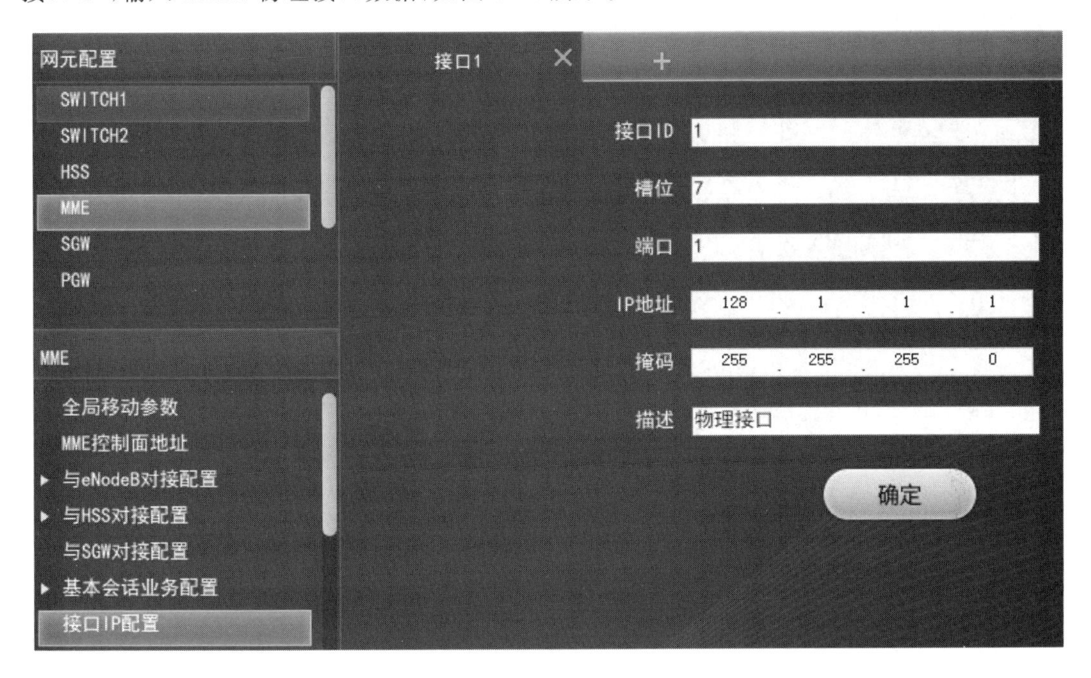

图 3-29　接口 IP 配置

(8) 路由配置

在“网元配置”导航树下部选择“路由配置”，点击“网元参数”配置区中的“+”号，添加“路由 1”，输入 MME 路由数据，如图 3-30 所示。为简化问题，此处使用缺省路由。

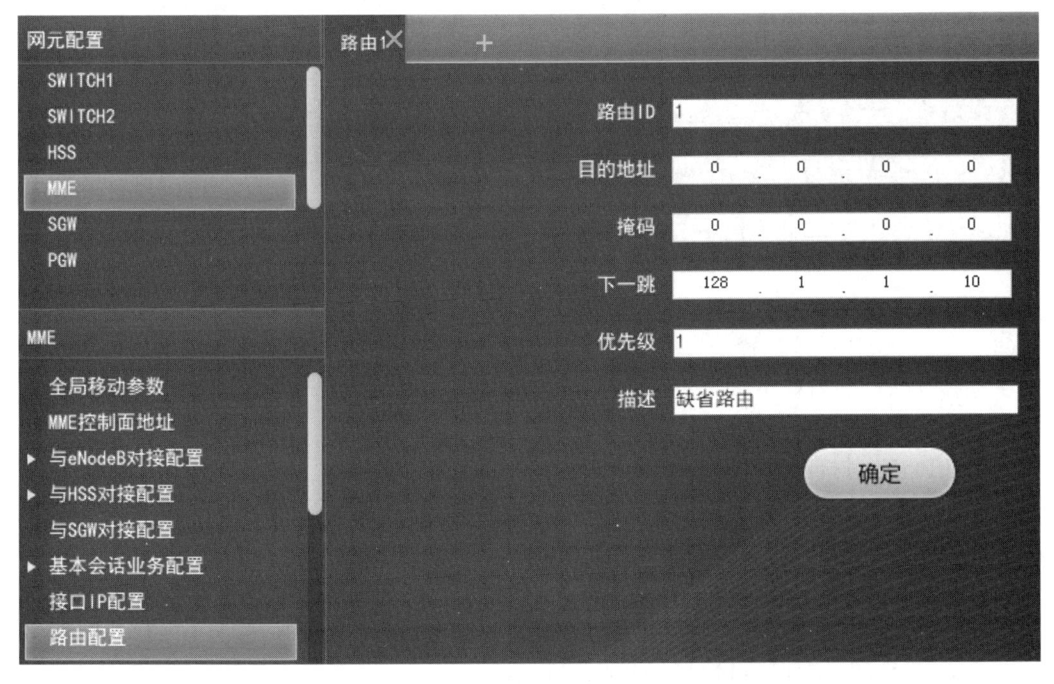

图 3-30　路由配置

2. 配置 SGW

(1) PLMN 配置

在“网元配置”导航树上部选择“SGW”,在“网元配置”导航树下部选择“PLMN 配置”,在“网元参数”配置区输入 PLMN,如图 3-31 所示。

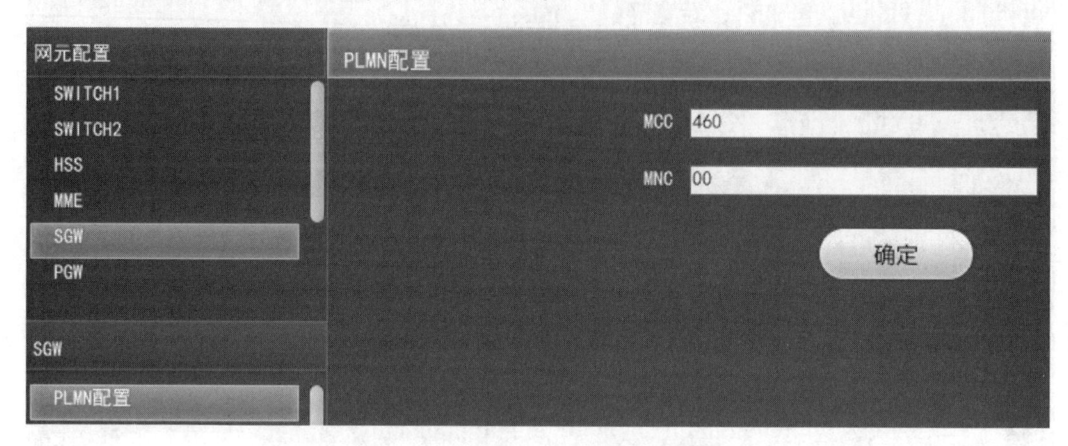

图 3-31　PLMN 配置

(2) 与 MME 对接配置

在“网元配置”导航树下部选择“与 MME 对接配置”,在“网元参数”配置区输入 SGW 侧与 MME 对接的 S11 接口地址,如图 3-32 所示。

图 3-32　与 MME 对接配置

(3) 与 eNodeB 对接配置

在“网元配置”导航树下部选择“与 eNodeB 对接配置”,在“网元参数”配置区输入 SGW 侧与 eNodeB 对接的 S1-U 接口地址,如图 3-33 所示。

(4) 与 PGW 对接配置

在“网元配置”导航树下部选择“与 PGW 对接配置”,在“网元参数”配置区输入 SGW 侧与 PGW 对接的 S5/S8 接口地址,如图 3-34 所示。

(5) 接口 IP 配置

在“网元配置”导航树下部选择“接口 IP 配置”,点击“网元参数”配置区中的“+”号,添加“接口 1”,输入 SGW 物理接口数据,如图 3-35 所示。

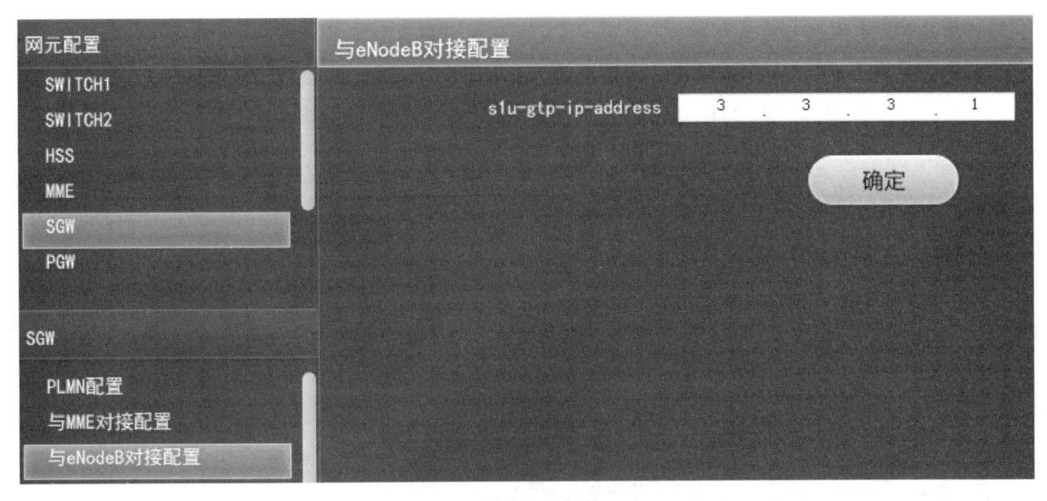

图 3-33　与 eNodeB 对接配置

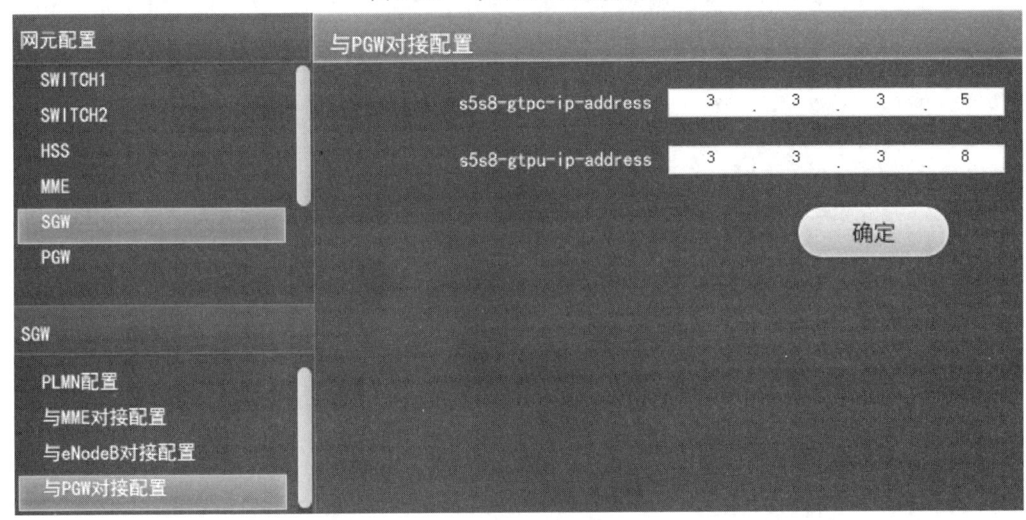

图 3-34　与 PGW 对接配置

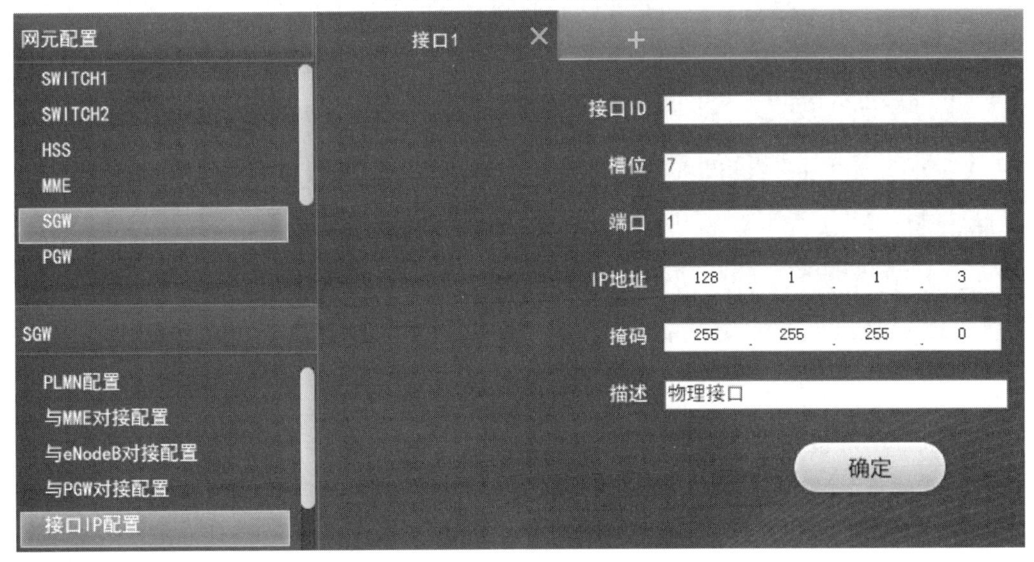

图 3-35　接口 IP 配置

(6) 路由配置

在“网元配置”导航树下部选择“路由配置”,点击“网元参数”配置区中的“+”号,添加“路由 1”,输入 SGW 路由数据,如图 3-36 所示。为简化问题,此处使用缺省路由。

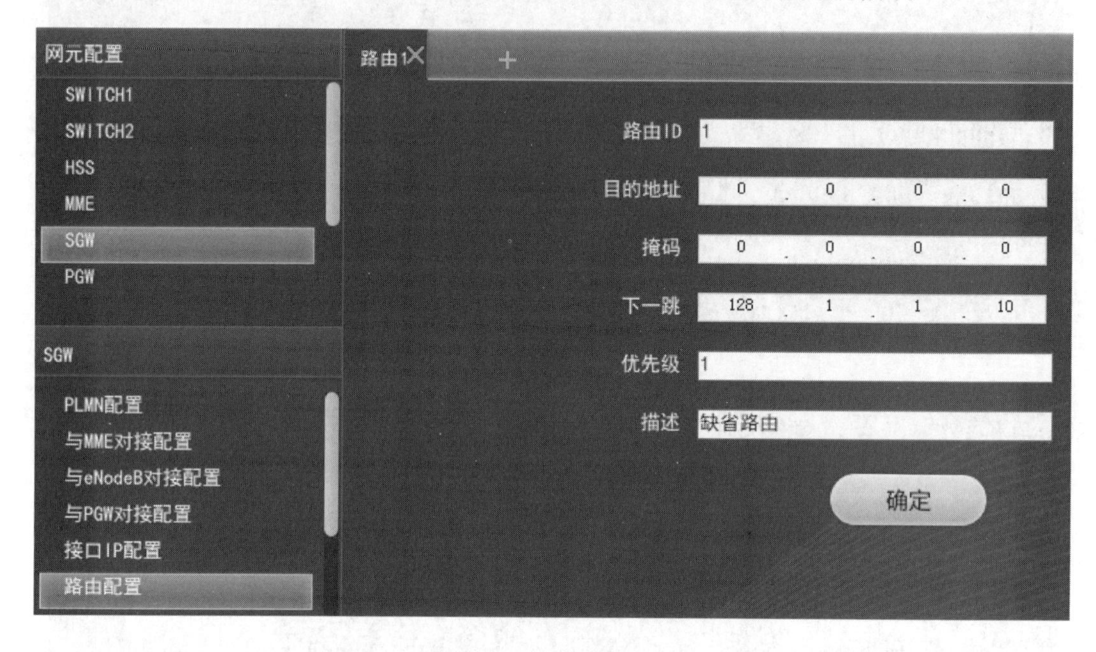

图 3-36　路由配置

3. 配置 PGW

(1) PLMN 配置

在“网元配置”导航树上部选择“PGW”,在“网元配置”导航树下部选择“PLMN 配置”,在“网元参数”配置区输入 PLMN,如图 3-37 所示。

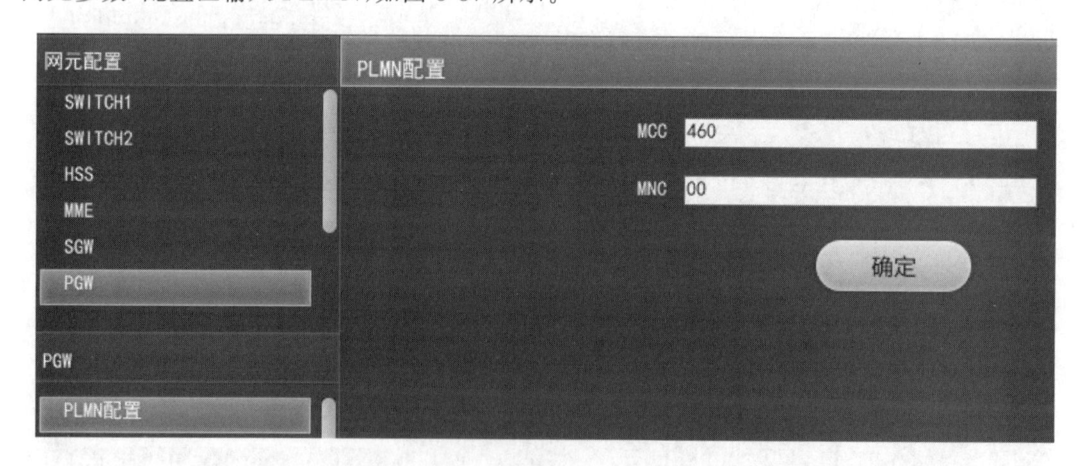

图 3-37　PLMN 配置

(2) 与 SGW 对接配置

在“网元配置”导航树下部选择“与 SGW 对接配置”,在“网元参数”配置区输入 PGW 侧与 SGW 对接的 S5/S8 接口地址,如图 3-38 所示。

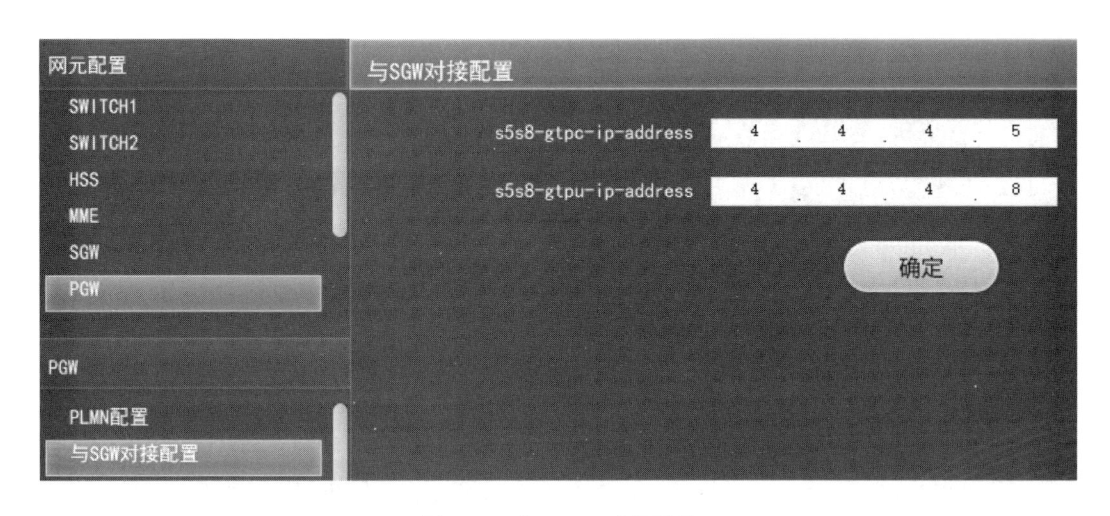

图 3-38　与 SGW 对接配置

（3）地址池配置

在分组数据通信网络中，用户必须获得一个 IP 地址才能接入公用数据网（Public Data Network，PDN）。在现网中，PGW 支持多种为用户分配 IP 地址的方法，常用的为"PGW 本地分配方式"。当 PGW 使用本地地址池为用户分配 IP 地址时，需要首先创建本地地址池，并为地址池分配对应的地址段。在"网元配置"导航树下部选择"地址池配置"，在"网元参数"配置区输入地址池数据，如图 3-39 所示。

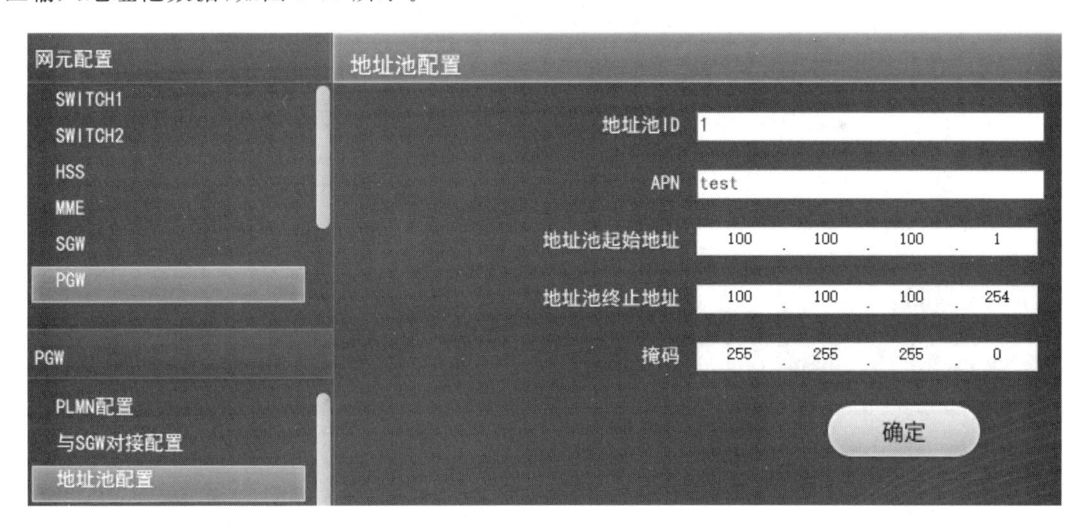

图 3-39　地址池配置

（4）接口 IP 配置

在"网元配置"导航树下部选择"接口 IP 配置"，点击"网元参数"配置区中的"＋"号，添加"接口 1"，输入 PGW 物理接口数据，如图 3-40 所示。

（5）路由配置

在"网元配置"导航树下部选择"路由配置"，点击"网元参数"配置区中的"＋"号，添加"路由 1"，输入 PGW 路由数据，如图 3-41 所示。为简化问题，此处使用缺省路由。

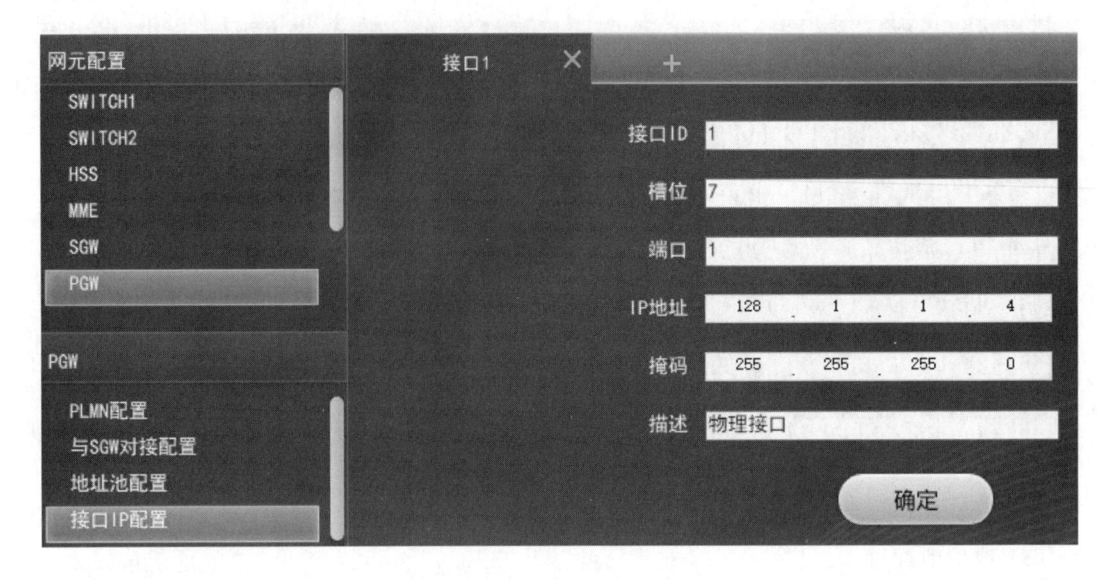

图 3-40 接口 IP 配置

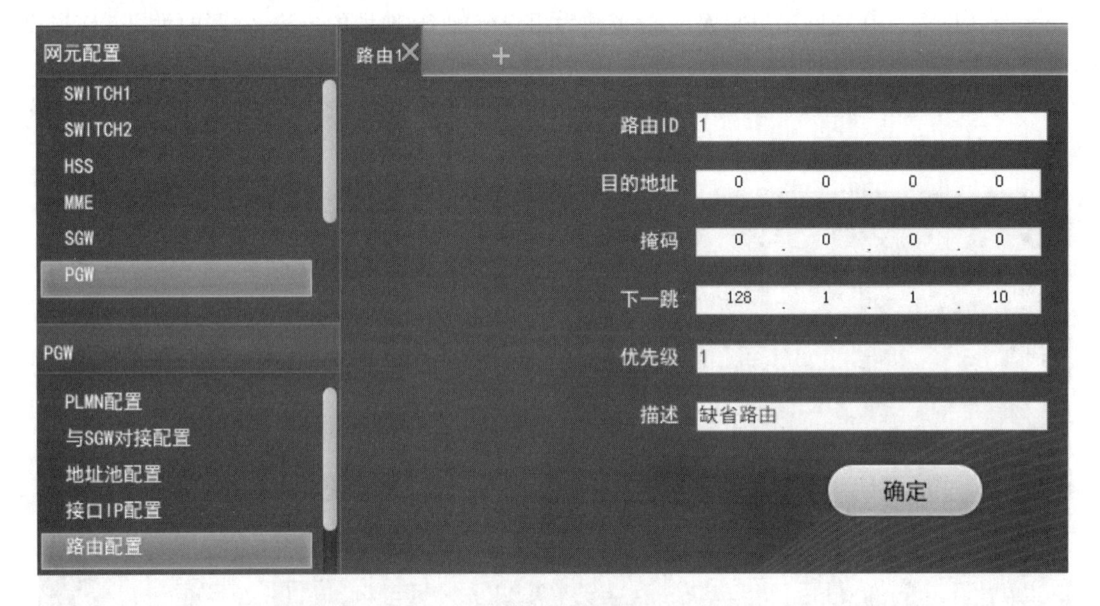

图 3-41 路由配置

4. 配置 HSS

(1) 与 MME 对接配置

在“网元配置”导航树上部选择“HSS”，在“网元配置”导航树下部选择“与 MME 对接配置”，点击“网元参数”配置区中的“+”号，添加“与 MME 对接配置 1”，输入对接数据，如图 3-42所示。其中，Diameter 偶联本端 IP 是 HSS 的 S6a 接口地址，对端 IP 是 MME 的 S6a 接口地址。

(2) 接口 IP 配置

在“网元配置”导航树下部选择“接口 IP 配置”，点击“网元参数”配置区中的“+”号，添加“接口 1”，输入 HSS 物理接口数据，如图 3-43 所示。

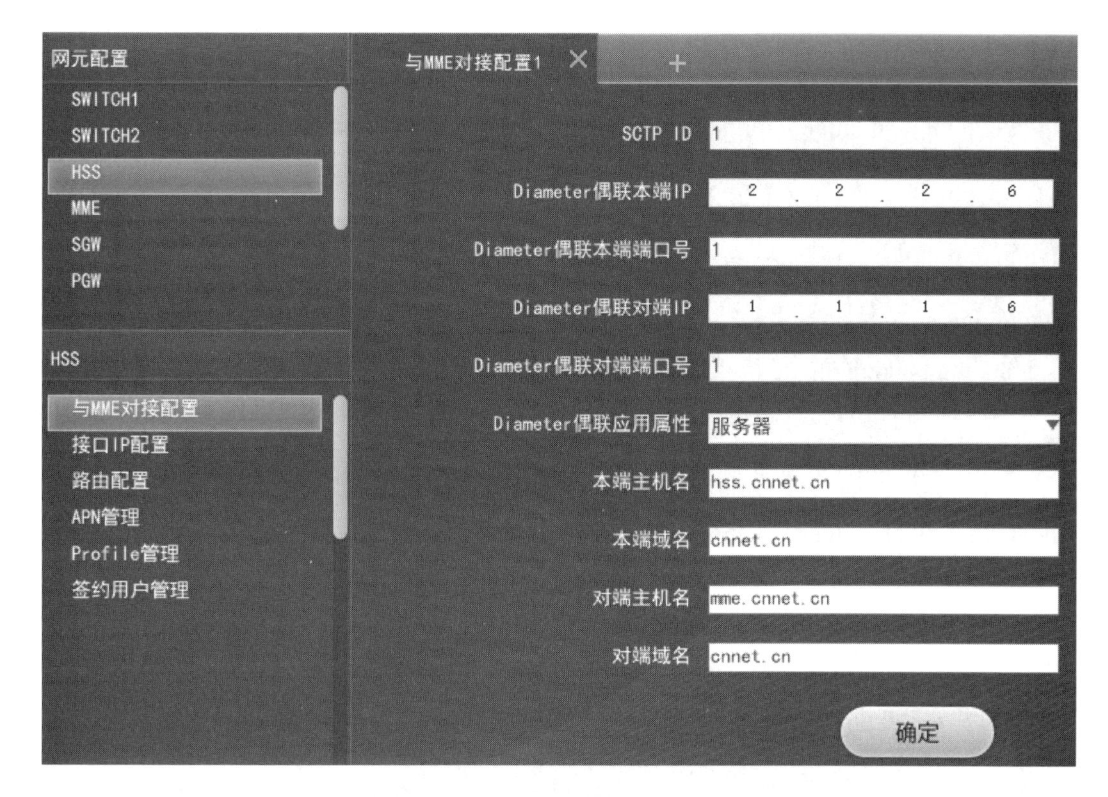

图 3-42　与 MME 对接配置

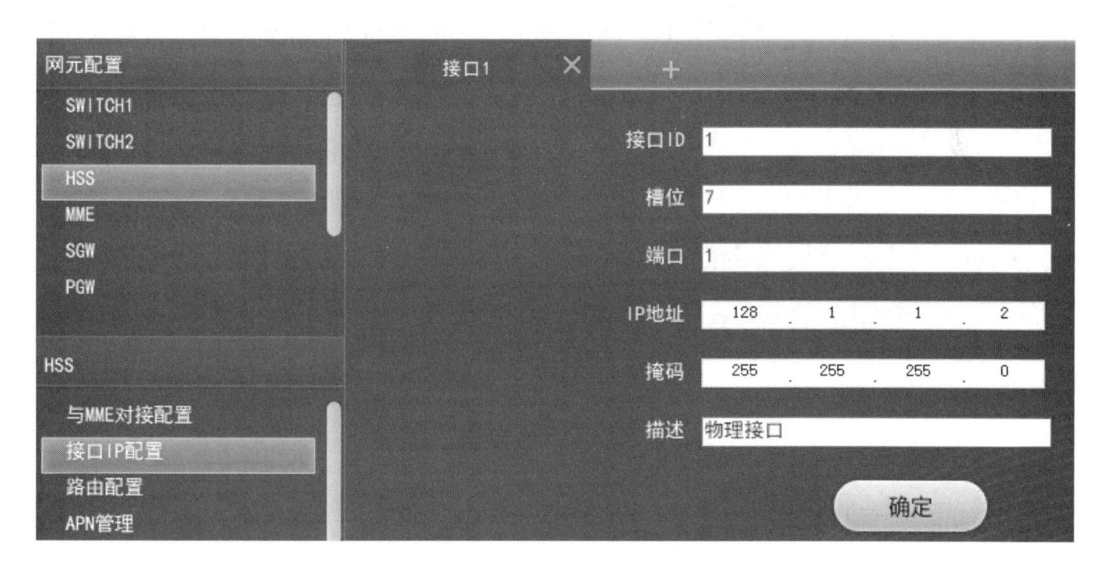

图 3-43　接口 IP 配置

(3) 路由配置

在“网元配置”导航树下部选择“路由配置”，点击“网元参数”配置区中的“+”号，添加“路由 1”，输入 HSS 路由数据，如图 3-44 所示。为简化问题，此处使用缺省路由。

(4) APN 管理

在“网元配置”导航树下部选择“APN 管理”，点击“网元参数”配置区中的“+”号，添加“APN1”，输入 APN 数据，如图 3-45 所示。

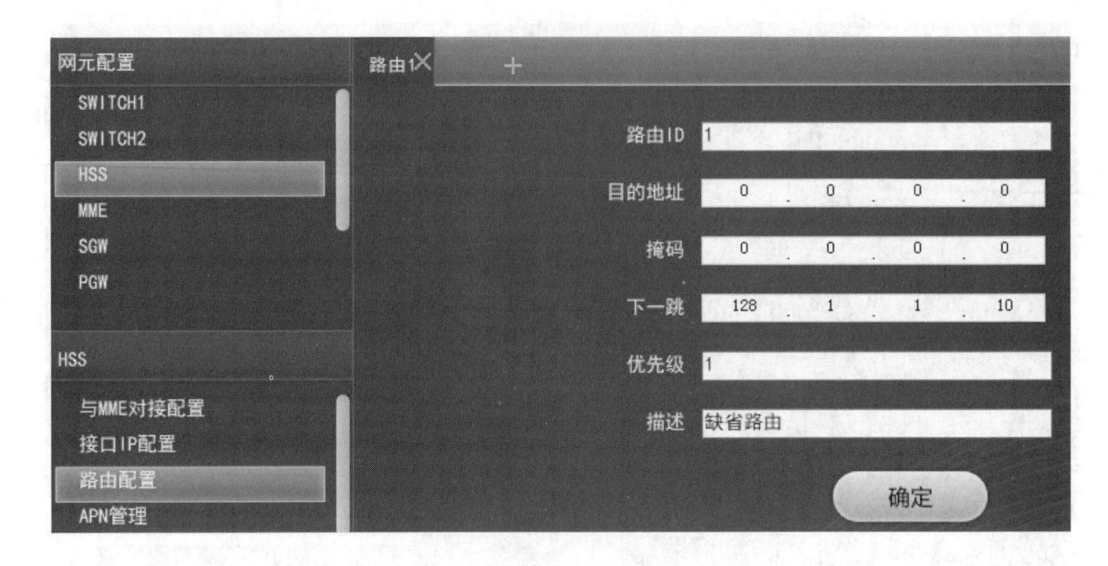

图 3-44 路由配置

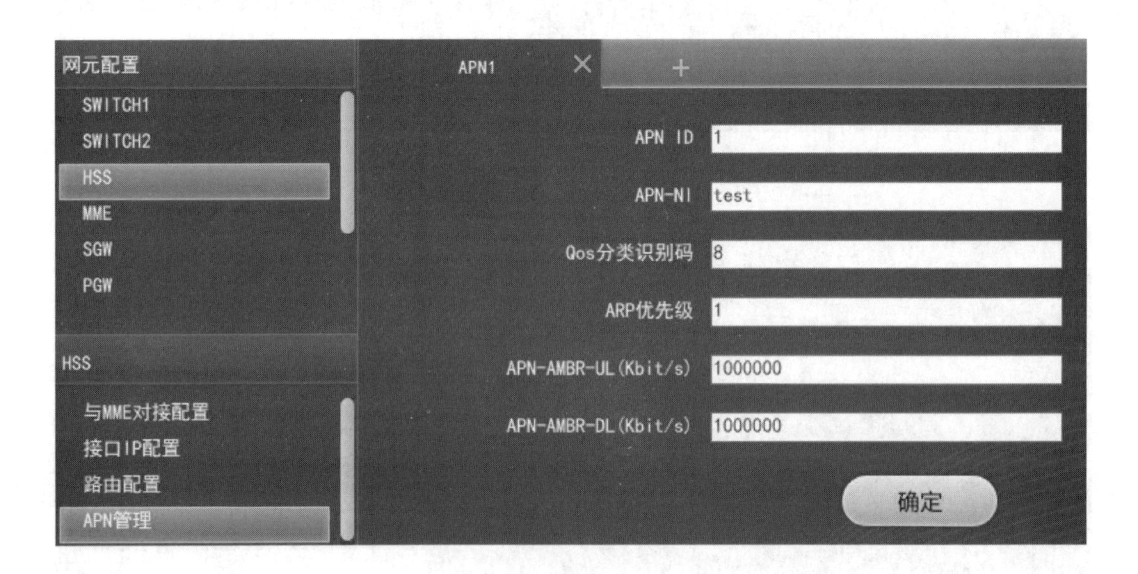

图 3-45 APN 管理

(5) Profile 管理

在“网元配置”导航树下部选择“Profile 管理”，点击“网元参数”配置区中的“+”号，添加“profile1”，输入 Profile 数据，如图 3-46 所示。KI 为 32 位十六进制数，本例中为“11112222333344445555666677778888”。

(6) 签约用户管理

在“网元配置”导航树下部选择“签约用户管理”，点击“网元参数”配置区中的“+”号，添加“用户 1”，输入用户数据，如图 3-47 所示。

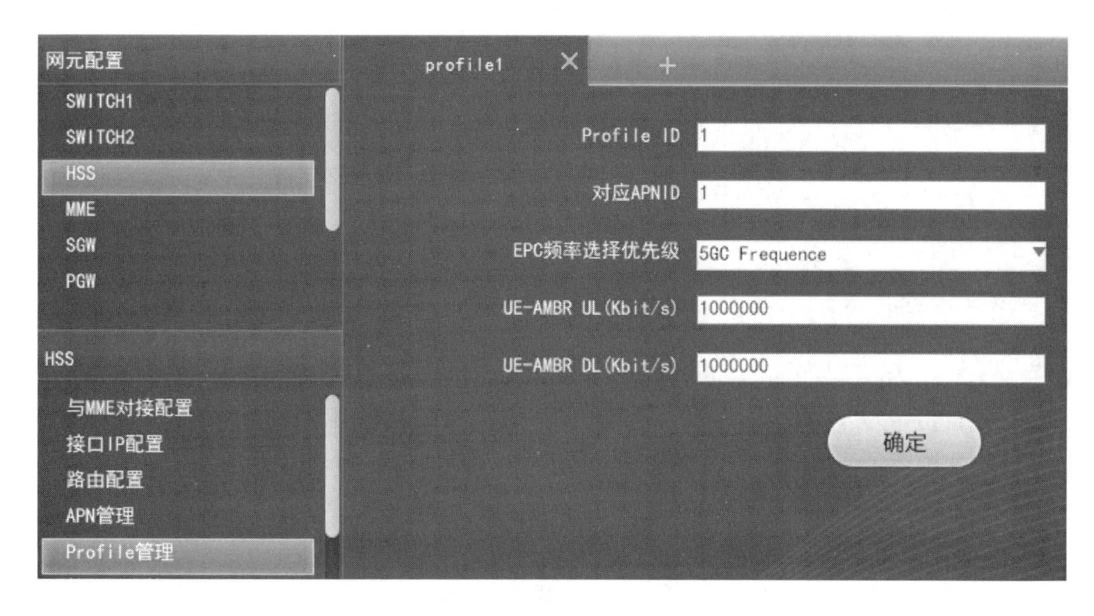

图 3-46　Profile 管理

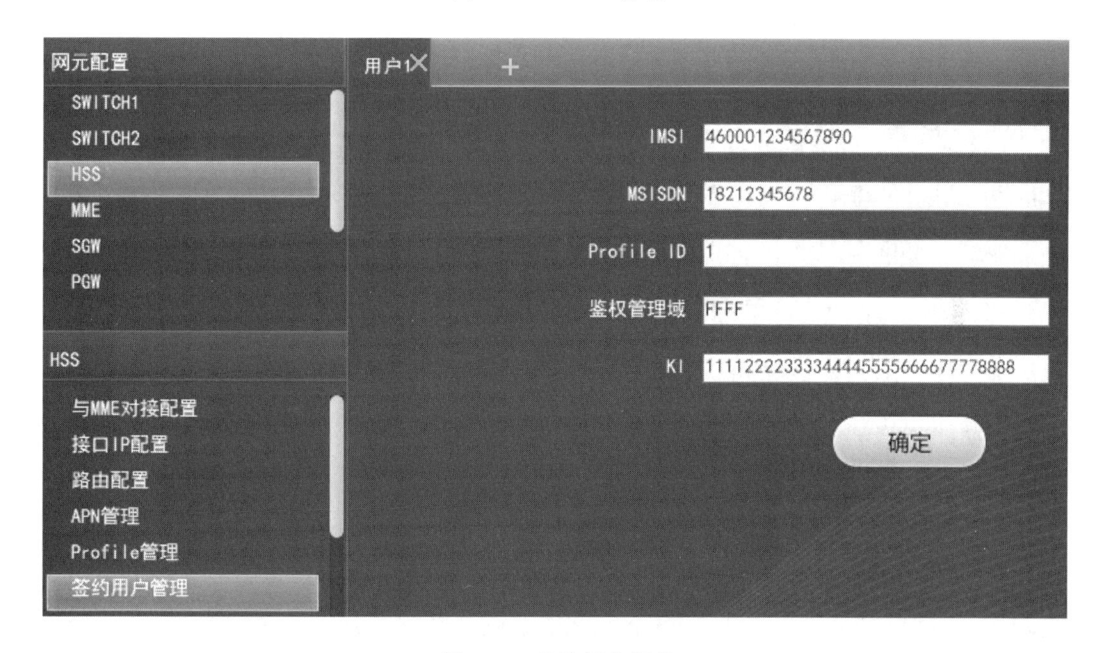

图 3-47　签约用户管理

5. 配置 SWITCH

(1) 物理接口配置

在"网元配置"导航树上部选择"SWITCH1",在"网元配置"导航树下部选择"物理接口配置"。根据设备硬件连接情况,在"网元参数"配置区中状态为"up"的端口后输入 VLAN 号,如图 3-48 所示。

(2) 逻辑接口配置

在"网元配置"导航树下部选择"逻辑接口配置",打开 2 级参数选项,选择"VLAN 三层接口”，点击“网元参数”配置区中的“＋”号，创建 VLAN 并输入 VLAN 参数，如图 3-49 所示。

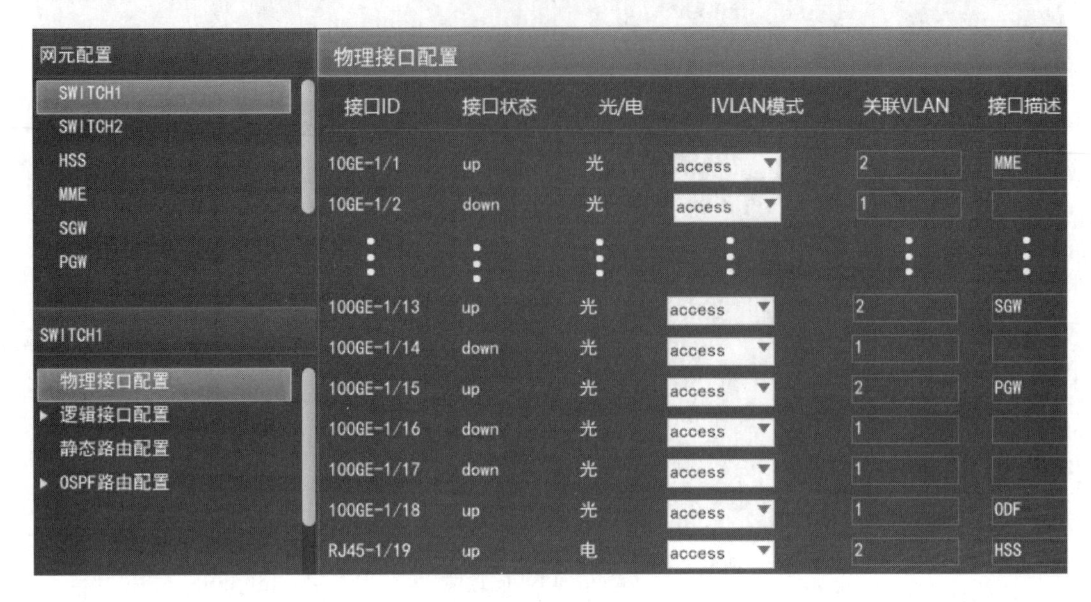

图 3-48　物理接口配置

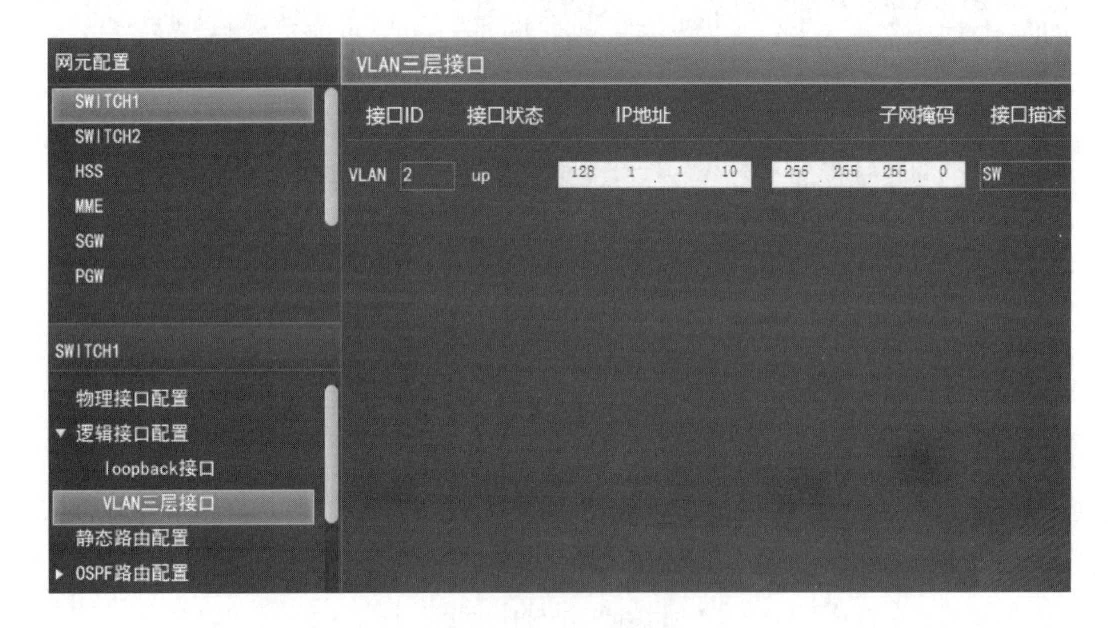

图 3-49　VLAN 三层接口

3.3.2　配置 Option3X 基站数据

从操作区上侧的下拉菜单中选择“无线网”→“建安市 B 站点无线机房”，进入建安市 B 站点无线机房数据配置界面。

1. 配置 AAU

在“网元配置”导航树上部选择“AAU1”，在“网元配置”导航树下部选择“射频配置”，在“网元参数”配置区输入射频参数，如图 3-50 所示。AAU2 到 AAU6 的射频配置方法和参数与 AAU1 相同。

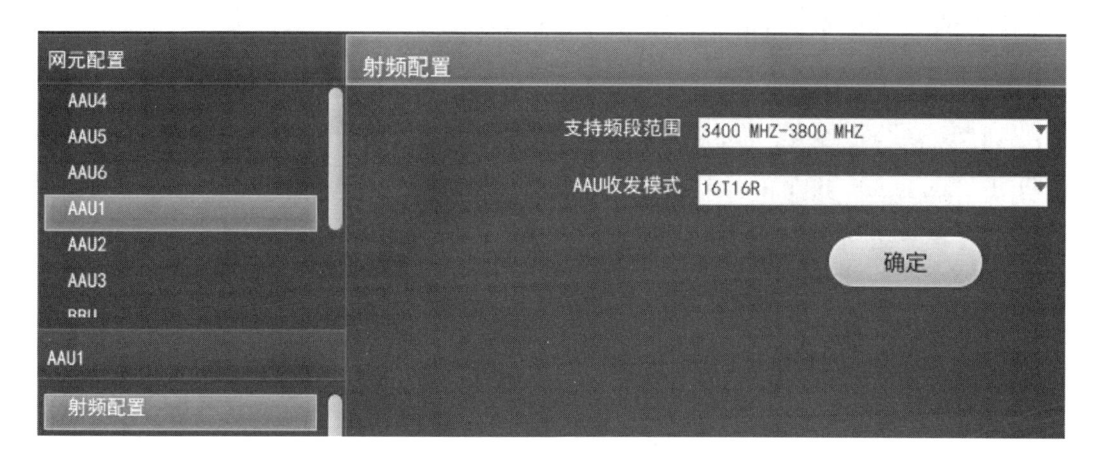

图 3-50　频率配置

2. 配置 ITBBU

（1）NR 网元管理

在“网元配置”导航树上部选择“ITBBU”，在“网元配置”导航树下部选择“NR 网元管理”，在“网元参数”配置区输入 NR 网元管理参数，如图 3-51 所示。

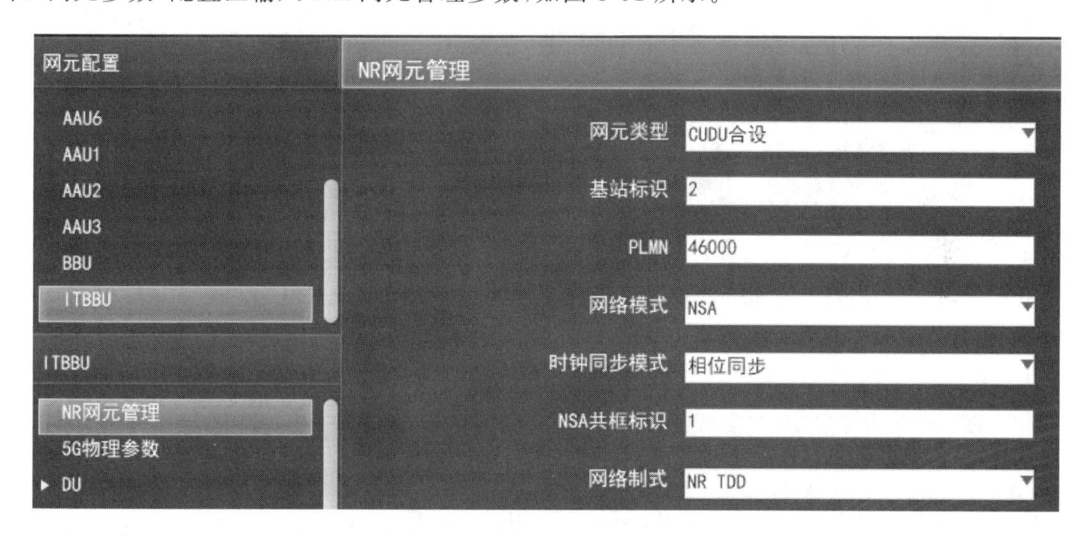

图 3-51　NR 网元管理

（2）5G 物理参数

在“网元配置”导航树下部选择“5G 物理参数”，在“网元参数”配置区输入 5G 物理参数，如图 3-52 所示。

（3）DU

① DU 对接配置。在“网元配置”导航树下部选择“DU”，打开 2 级参数选项，选择“DU 对接配置”，打开 3 级参数选项，选择“以太网接口”，在“网元参数”配置区输入以太网接口参数，如图 3-53 所示。

在 3 级参数选项中选择“IP 配置”，在“网元参数”配置区输入 IP 配置参数，如图 3-54 所示。

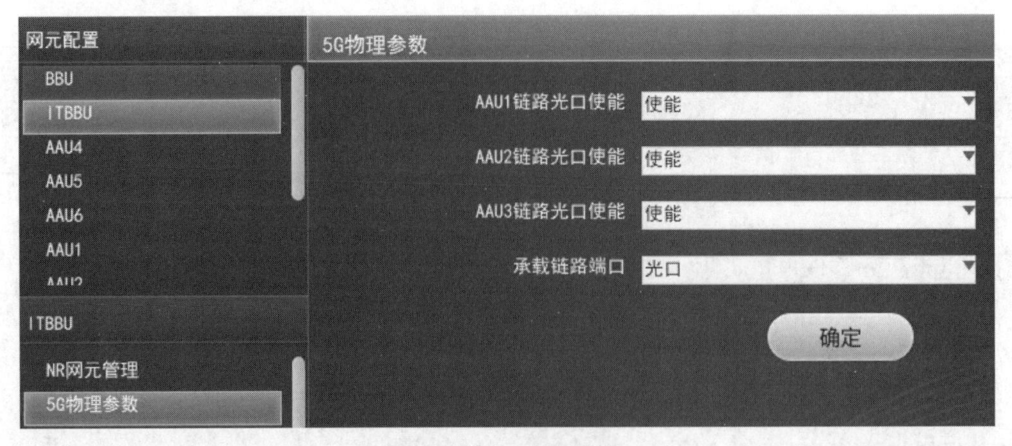

图 3-52　5G 物理参数

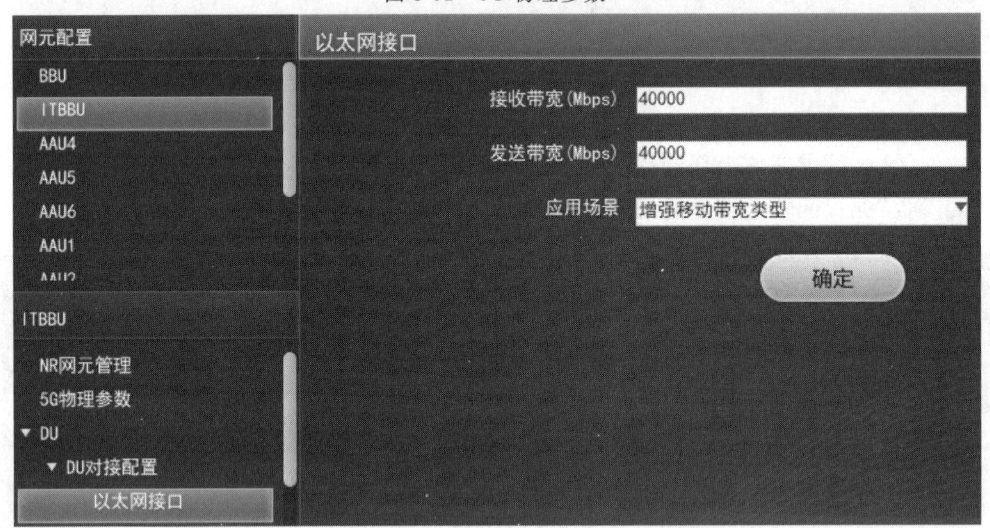

图 3-53　以太网接口

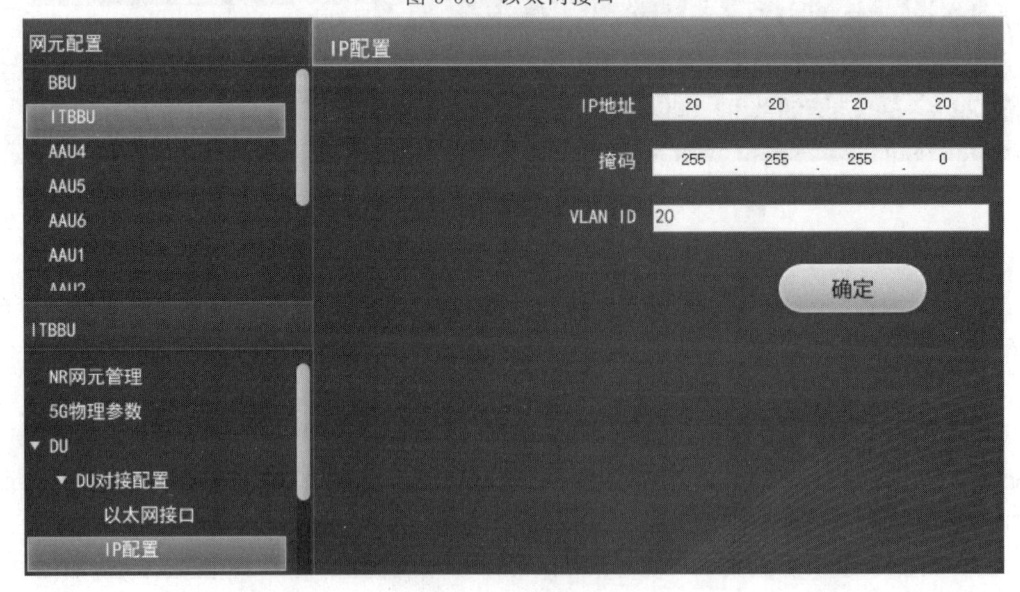

图 3-54　IP 配置

在 3 级参数选项中选择“SCTP 配置”，点击“网元参数”配置区中的“+”号，添加“SCTP1”，输入 SCTP 数据，如图 3-55 所示。

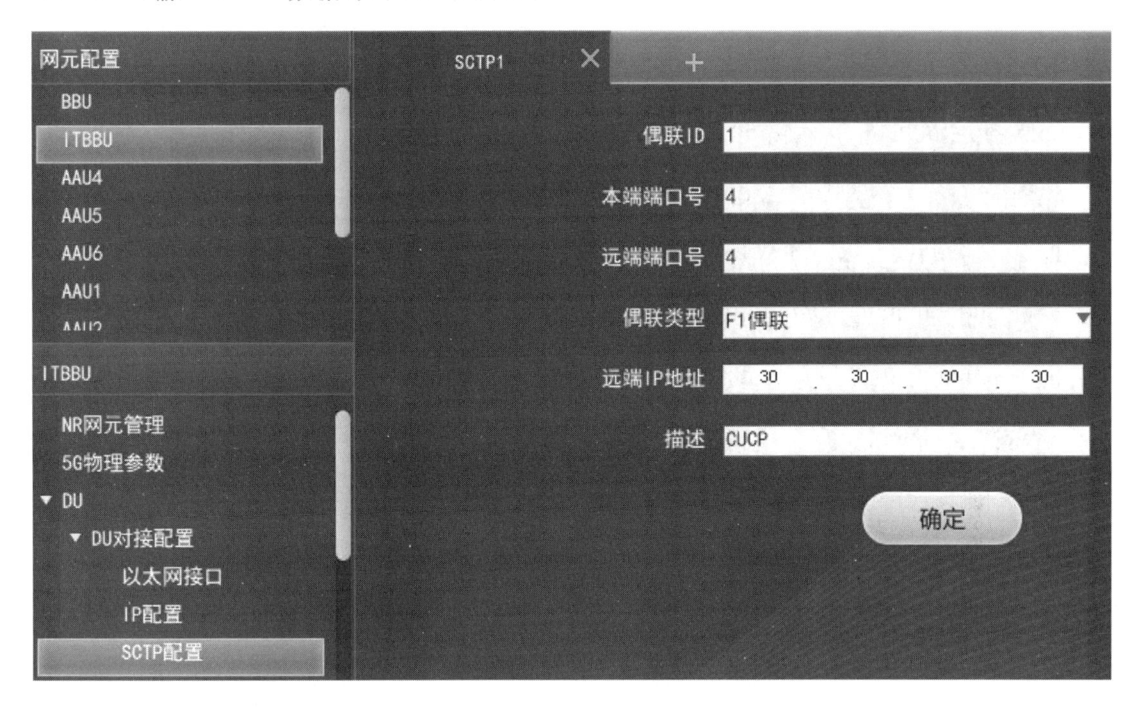

图 3-55　SCTP 配置

② DU 功能配置。在 2 级参数选项中选择“DU 功能配置”，打开 3 级参数选项，选择“DU 管理”，在“网元参数”配置区输入 DU 管理参数，如图 3-56 所示。

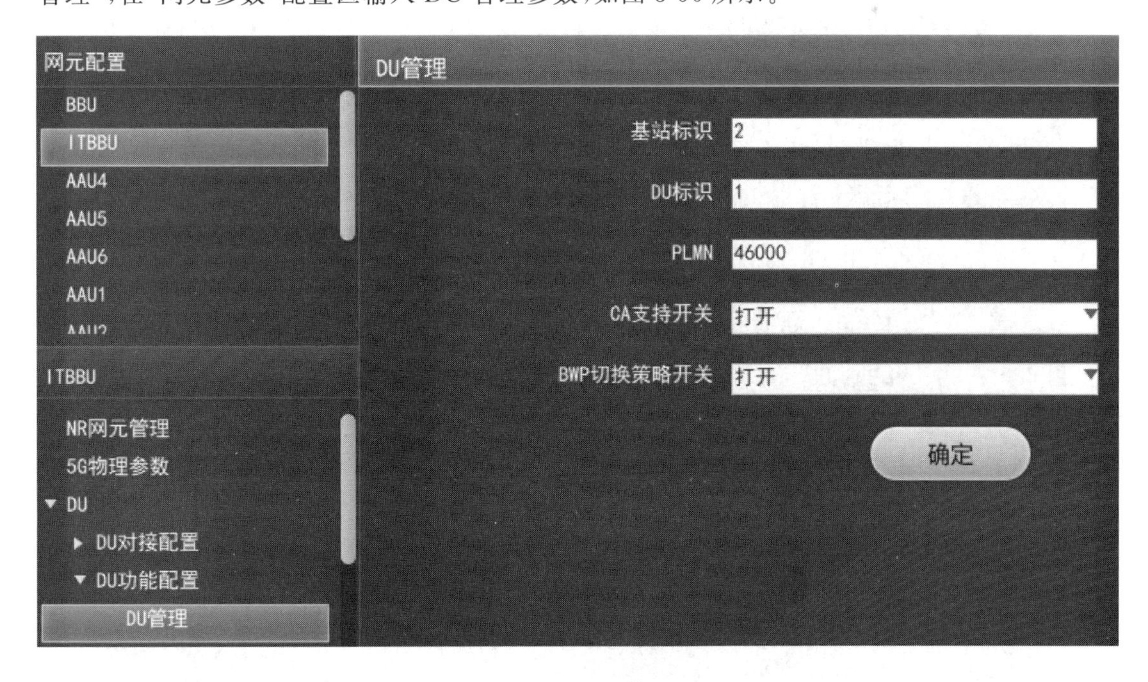

图 3-56　DU 管理

在 3 级参数选项中选择“Qos 业务配置”，点击“网元参数”配置区中的“+”号，添加“qos1”，输入 Qos 业务数据，如图 3-57。

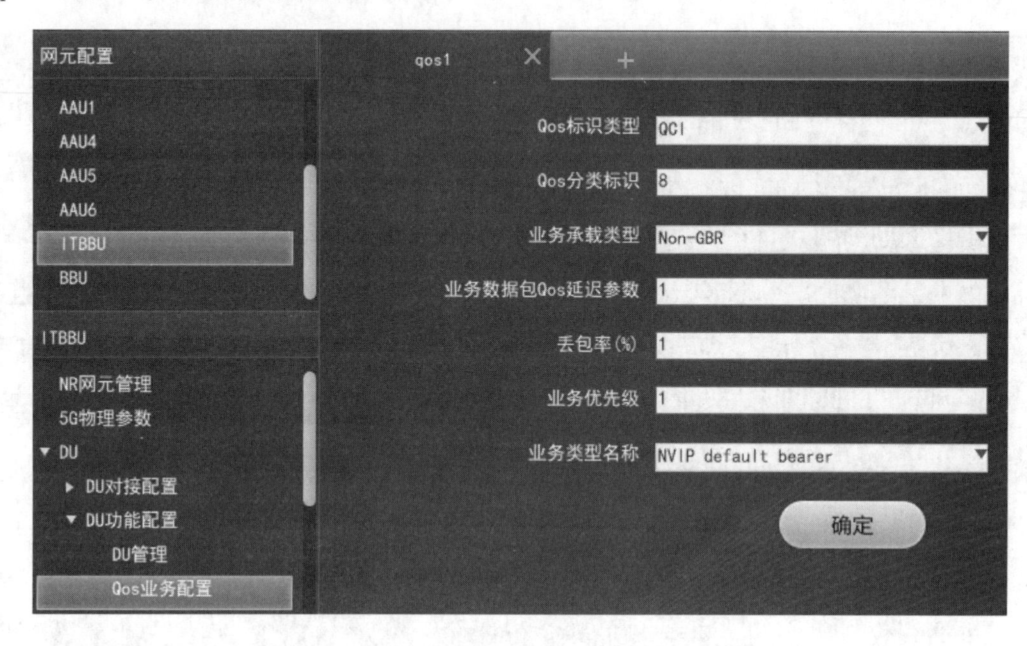

图 3-57　Qos 业务配置

在 3 级参数选项中选择“扇区载波”，点击“网元参数”配置区中的“+”号，添加“扇区载波 1”，输入扇区载波数据，如图 3-58 所示。继续点击“+”号，可添加扇区载波 2 和扇区载波 3。扇区载波 2 和扇区载波 3 的“小区标识”分别为“2”和“3”，其他参数与扇区载波 1 相同。

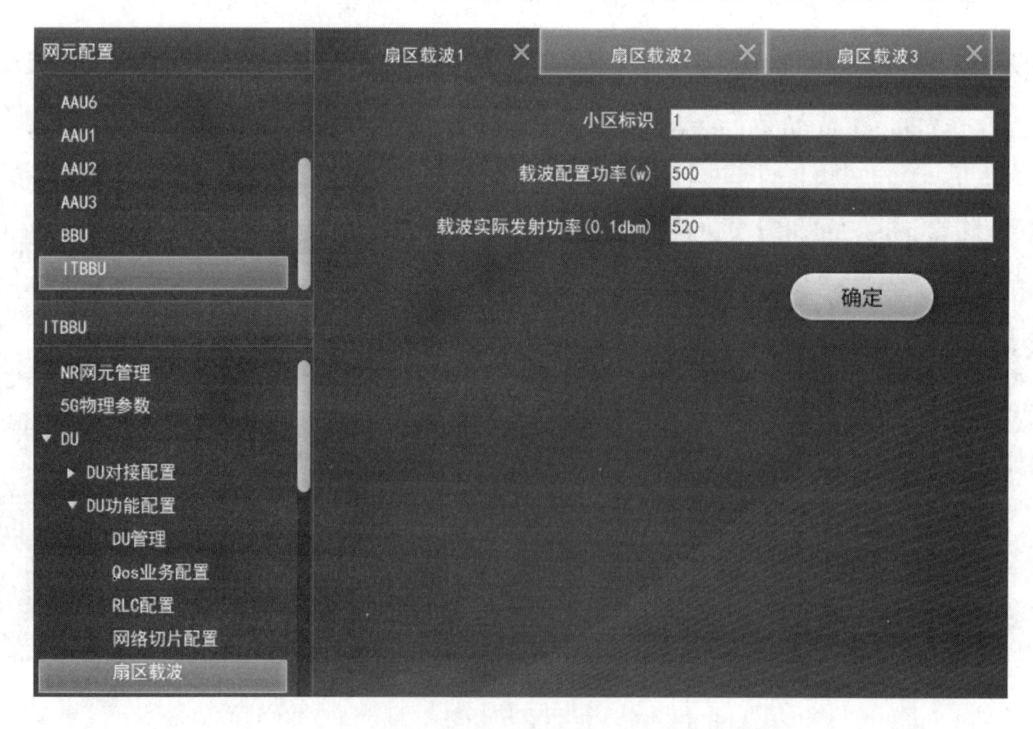

图 3-58　扇区载波

在3级参数选项中选择“DU小区配置”，点击“网元参数”配置区中的“+”号，添加“DU小区1”，输入DU小区数据，如图3-59和图3-60所示。继续点击“+”号，可添加小区2和小区3。小区2和小区3的“DU小区标识”分别为“2”和“3”，“AAU链路光口”分别为“2”和“3”，“物理小区ID”分别为“8”和“9”，其他参数与小区1相同。

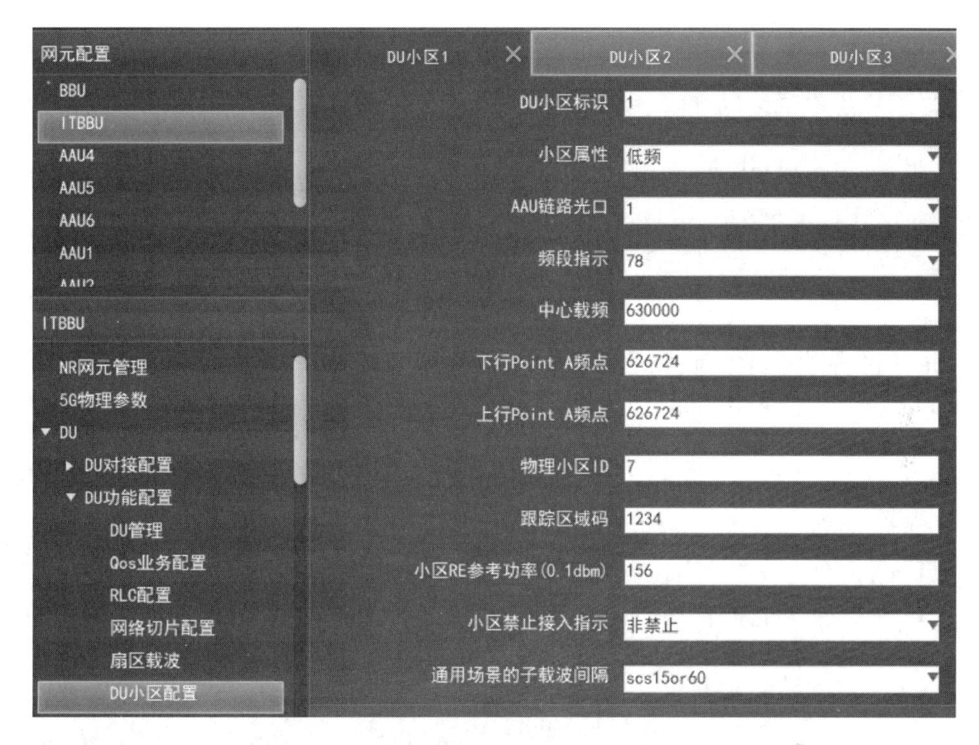

图3-59　DU小区配置(1)

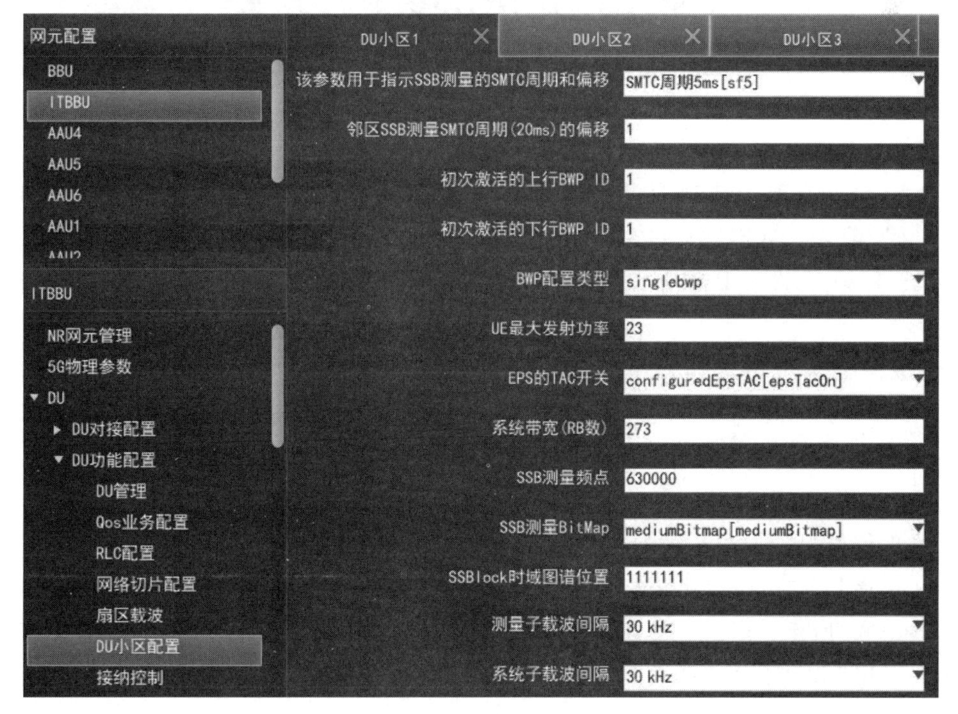

图3-60　DU小区配置(2)

在 3 级参数选项中选择“接纳控制配置”，点击“网元参数”配置区中的“+”号，添加“接纳控制 1”，输入接纳控制参数，如图 3-61 所示。继续点击“+”号，添加接纳控制 2 和接纳控制 3。接纳控制 2 和接纳控制 3 的“DU 小区标识”分别为“2”和“3”，其他参数与接纳控制 1 相同。

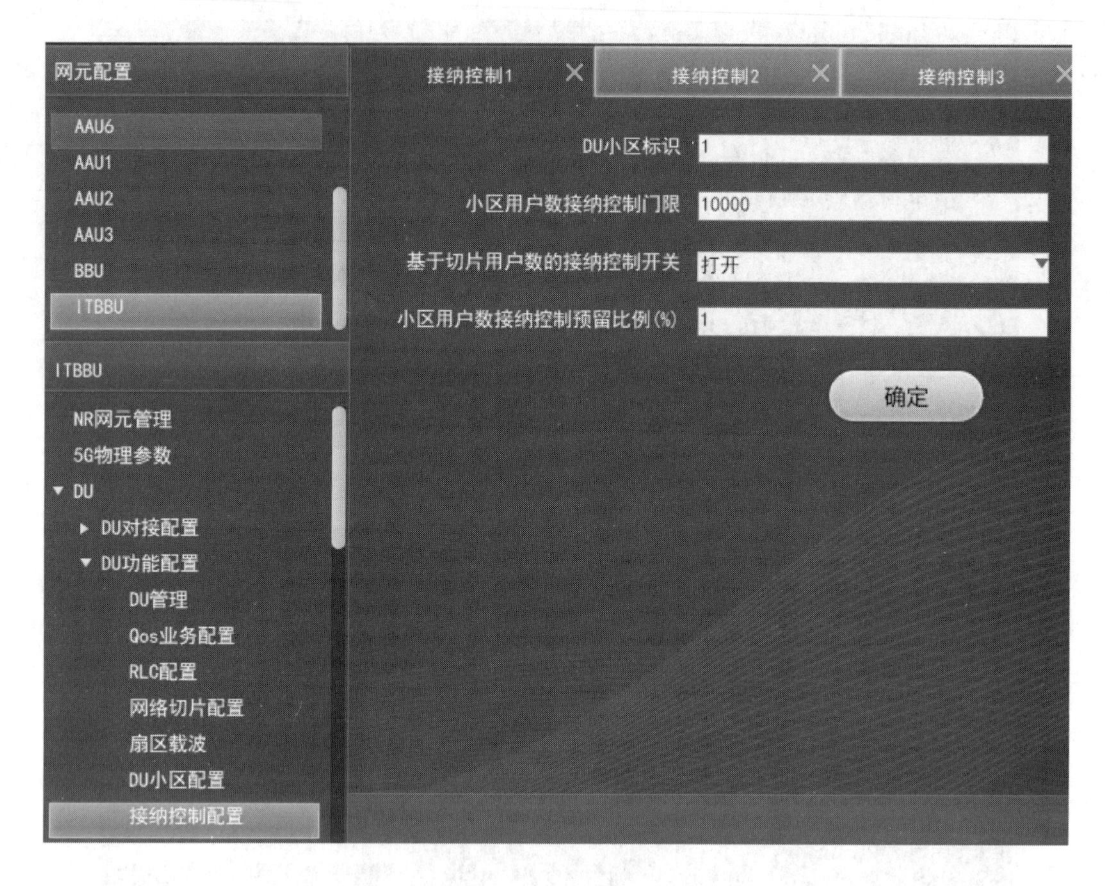

图 3-61　接纳控制配置

在 3 级参数选项中选择“BWPUL 参数”，点击“网元参数”配置区中的“+”号，添加“BWPUL1”，输入 BWPUL 参数，如图 3-62 所示。继续点击“+”号，添加 BWPUL2 和 BWPUL3。BWPUL2 和 BWPUL3 的“DU 小区标识”分别为“2”和“3”，其他参数与 BWPUL1 相同。

在 3 级参数选项中选择“BWPDL 参数”，点击“网元参数”配置区中的“+”号，添加“BWPDL1”，输入 BWPDL 参数，如图 3-63 所示。继续点击“+”号，添加 BWPDL2 和 BWPDL3。BWPDL2 和 BWPDL3 的“DU 小区标识”分别为“2”和“3”，其他参数与 BWPDL1 相同。

③ 物理信道配置。在 2 级参数选项中选择“物理信道配置”，打开 3 级参数选项，选择“PRACH 信道配置”，点击“网元参数”配置区中的“+”号，添加“RACH1”，输入 PRACH 信道参数，如图 3-64 所示。继续点击“+”号，添加 RACH2 和 RACH3。RACH2 和 RACH3 的“DU 小区标识”分别为“2”和“3”，“起始逻辑根序列索引”分别为“2”和“3”，其他参数与 RACH1 相同。

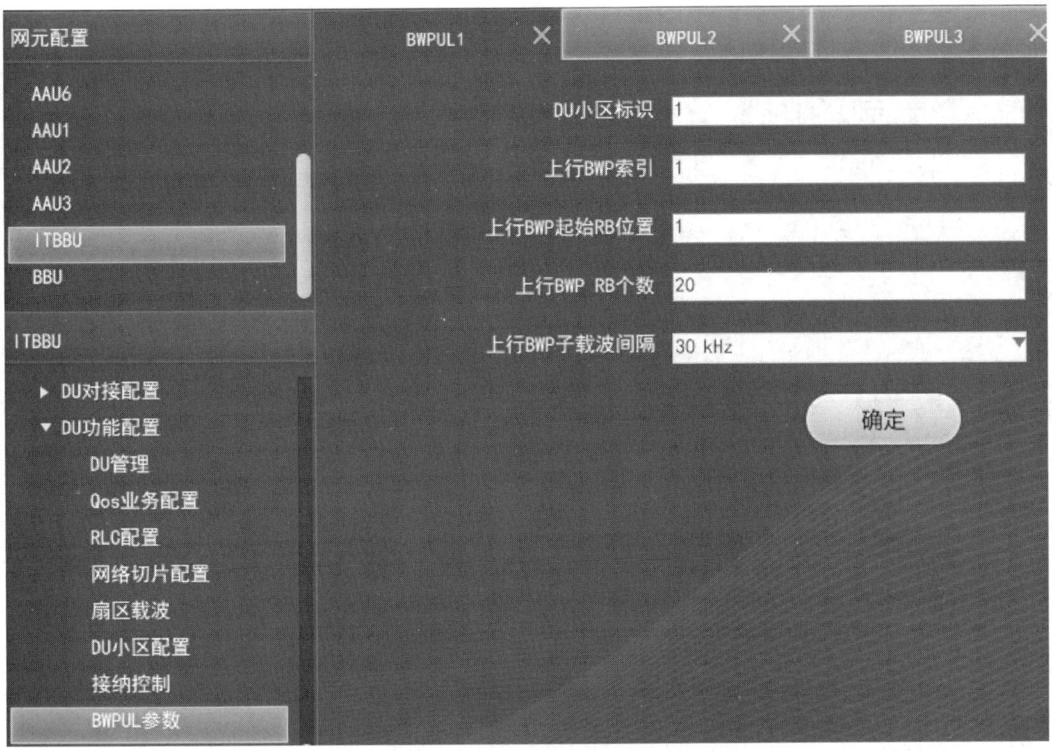

图 3-62　BWPUL 参数

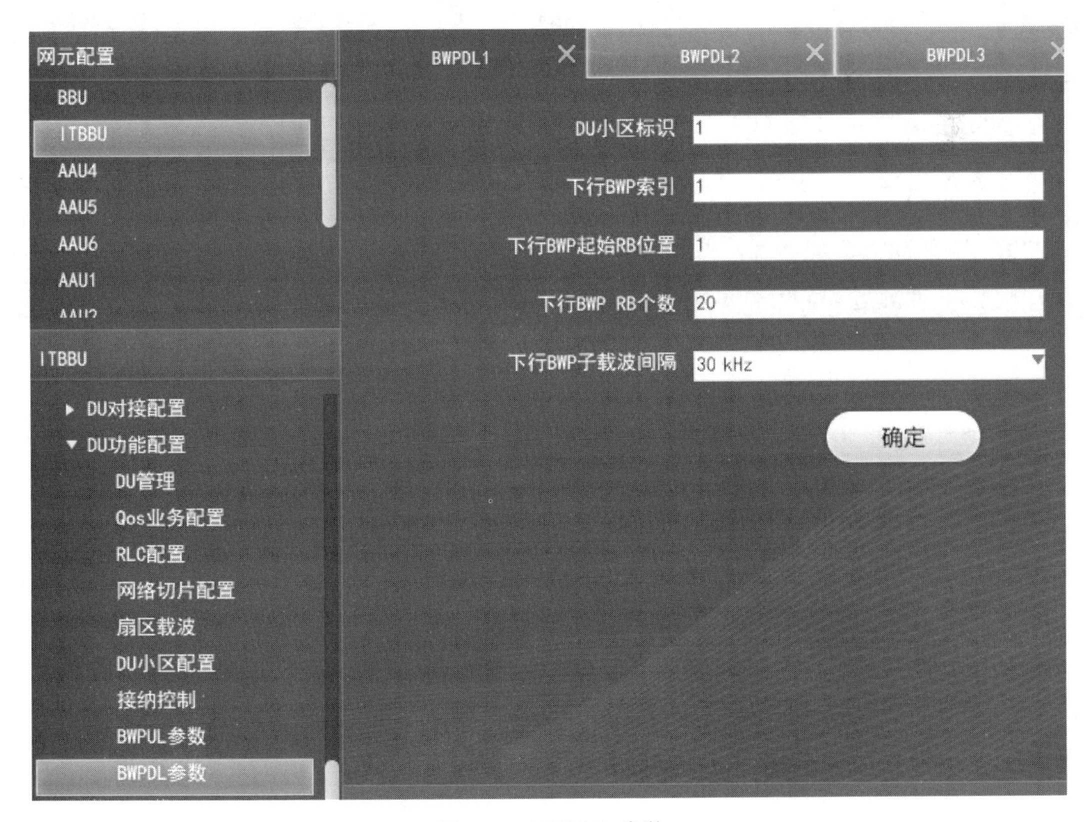

图 3-63　BWPDL 参数

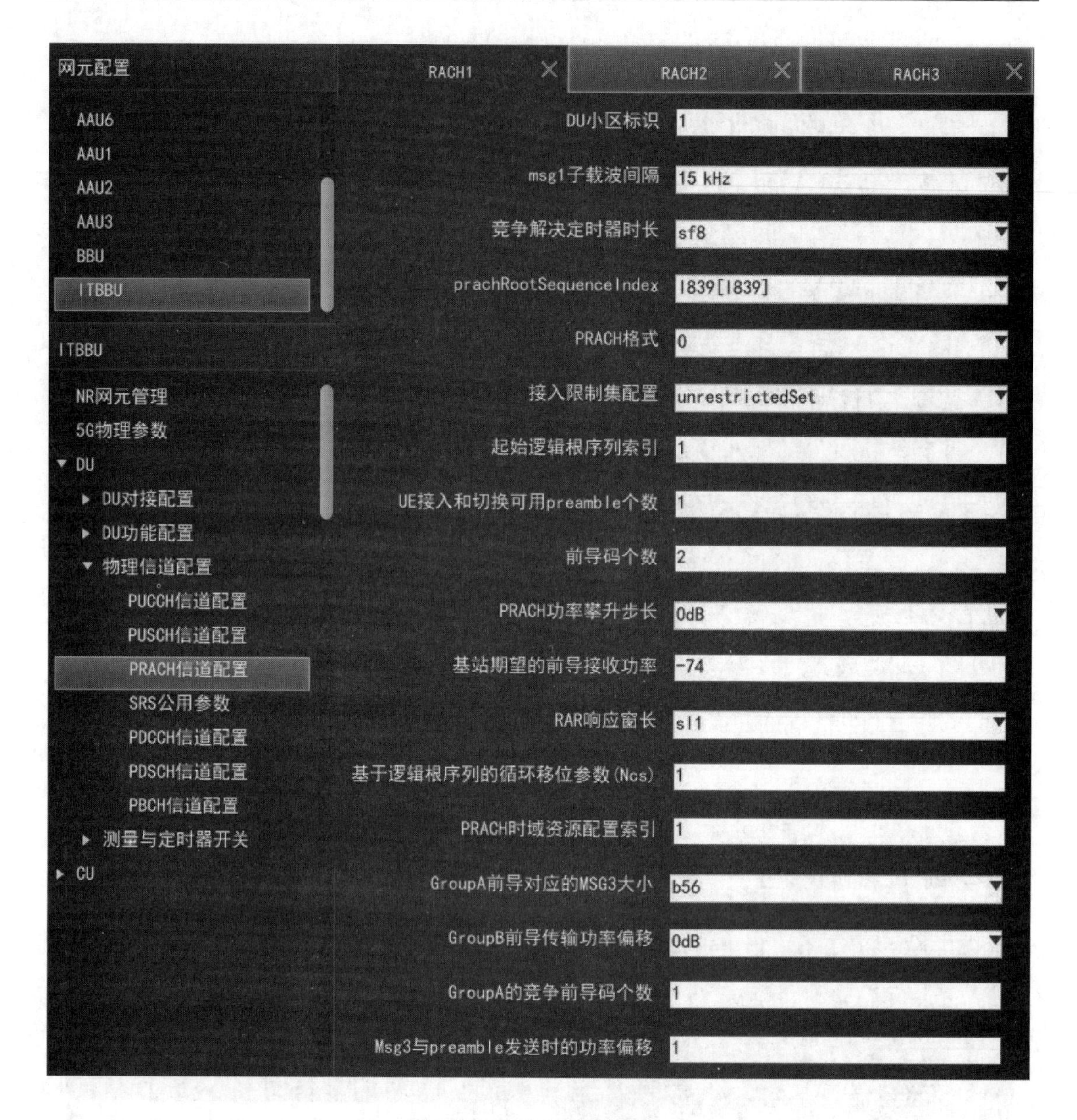

图 3-64　PRACH 信道配置

在 3 级参数选项中选择"SRS 公用参数"，点击"网元参数"配置区中的"+"号，添加"SRS1"，输入 SRS 公用参数，如图 3-65 所示。继续点击"+"号，添加 SRS2 和 SRS3。SRS2 和 SRS3 的"DU 小区标识"分别为"2"和"3"，其他参数与 SRS1 相同。

④ 测量与定时器开关。在 2 级参数选项中选择"测量与定时器开关"，打开 3 级参数选项，选择"小区业务参数配置"，点击"网元参数"配置区中的"+"号，添加"小区业务参数配置1"，输入小区业务参数，如图 3-66 和图 3-67 所示。继续点击"+"号，添加小区业务参数配置 2 和小区业务参数配置 3。小区业务参数配置 2 和小区业务参数配置 3 的"DU 小区标识"分别为"2"和"3"，其他参数与小区业务参数配置 1 相同。

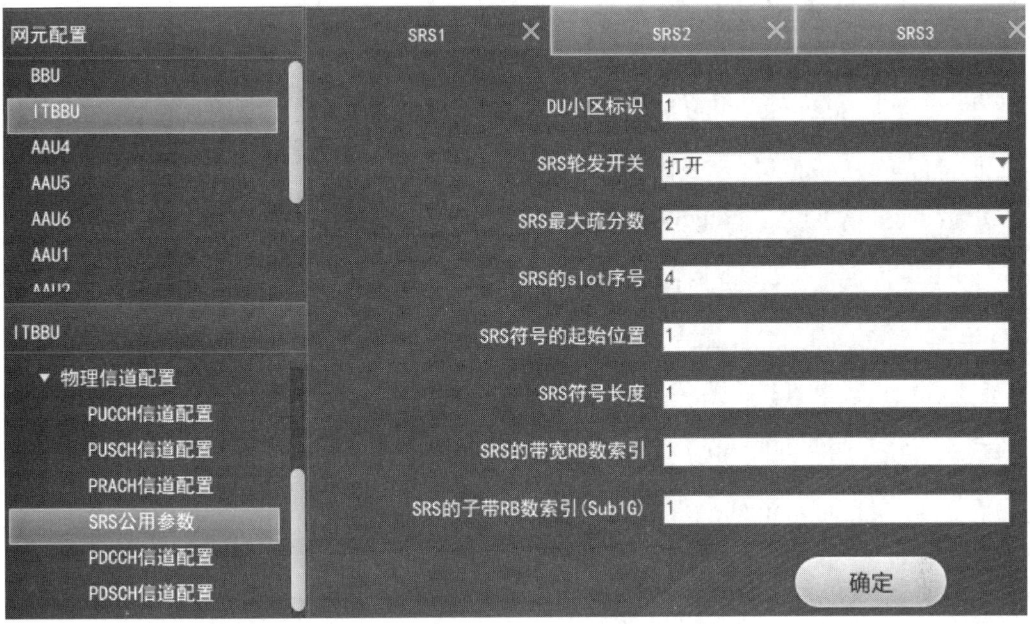

图 3-65　SRS 公用参数

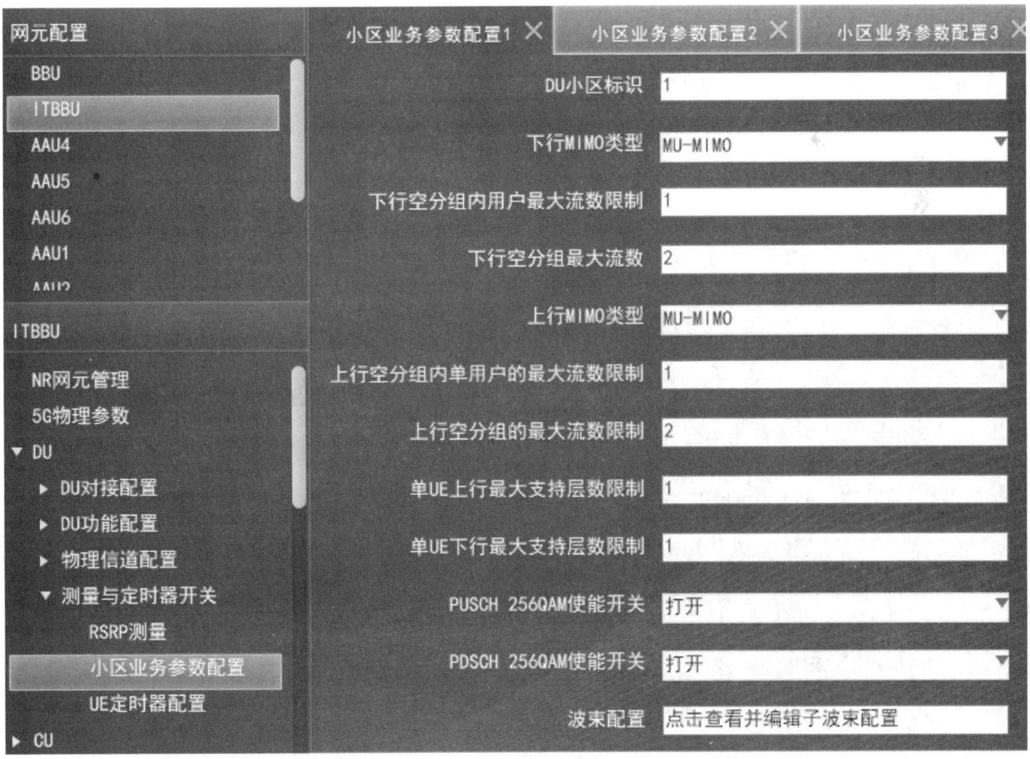

图 3-66　小区业务参数配置(1)

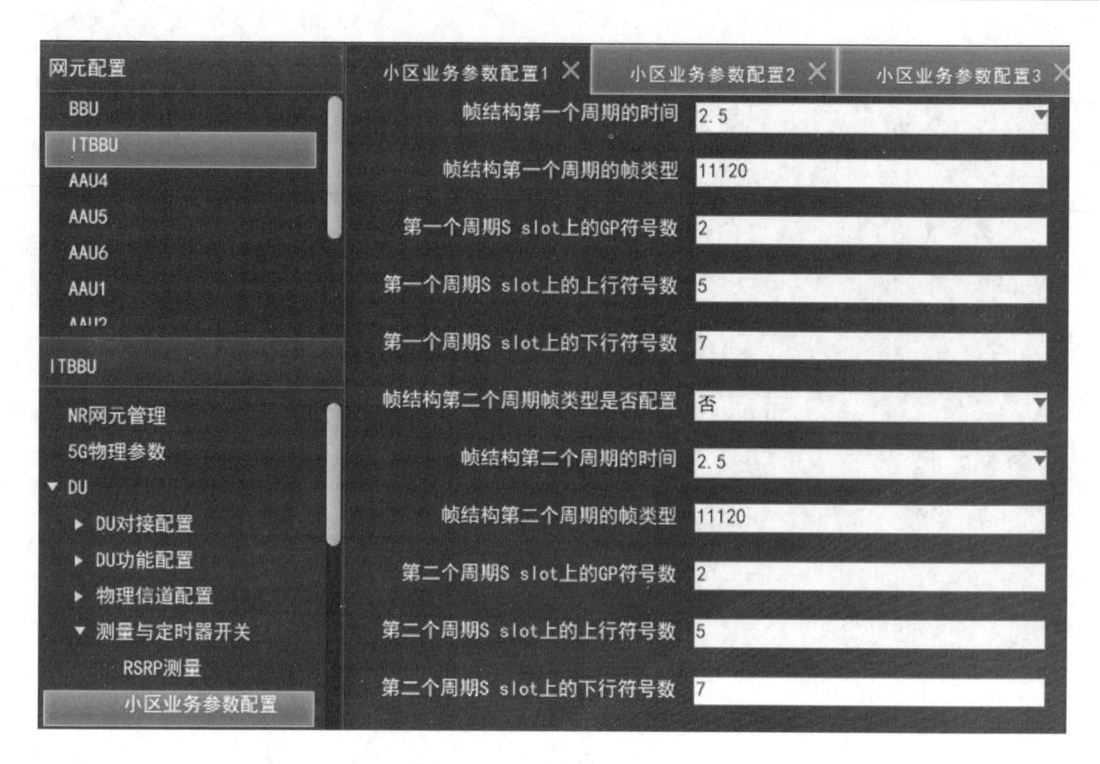

图 3-67　小区业务参数配置(2)

(4) CU

① gNBCUCP 功能。在“网元配置”导航树下部选择“CU”,在 2 级参数选项中选择“gNBCUCP 功能”,打开 3 级参数选项,选择“CU 管理”,在“网元参数”配置区输入 CU 管理参数,如图 3-68 所示。

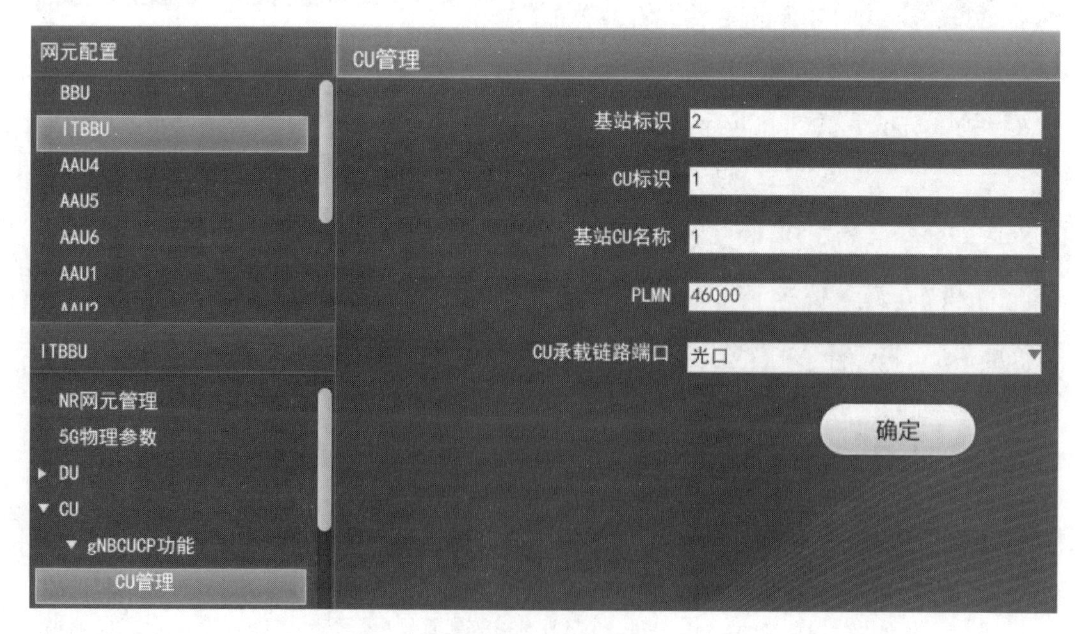

图 3-68　CU 管理

在 3 级参数选项中选择“IP 配置”，在“网元参数”配置区输入 IP 配置参数，如图 3-69 所示。

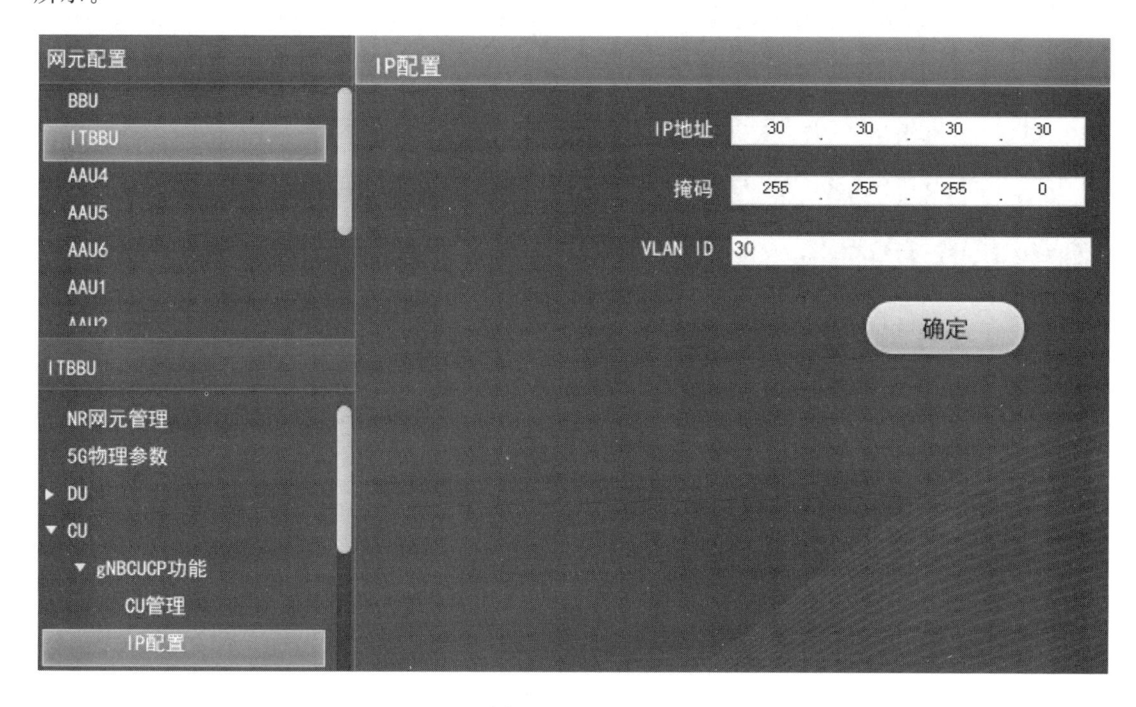

图 3-69　IP 配置

在 3 级参数选项中选择“SCTP 配置”，点击“网元参数”配置区中的“+”号，添加“SCTP1”，输入 SCTP 数据，如图 3-70 所示。

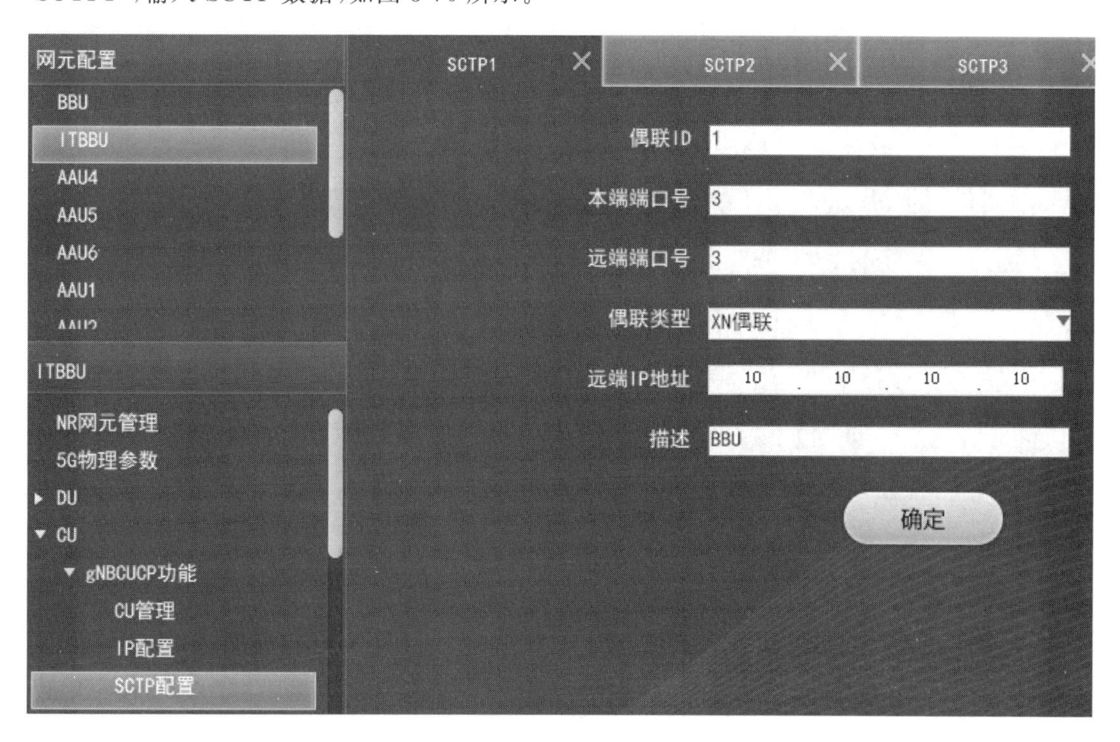

图 3-70　SCTP 配置(1)

继续点击“网元参数”配置区中的“＋”号，添加“SCTP2”，输入 SCTP 数据，如图 3-71 所示。

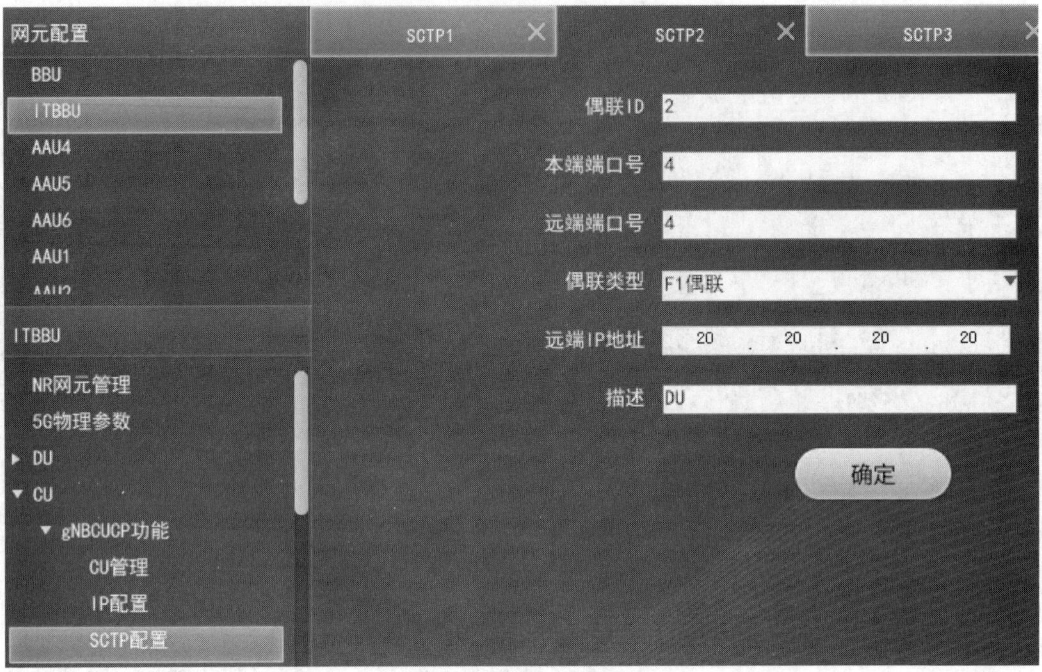

图 3-71　SCTP 配置(2)

继续点击“网元参数”配置区中的“＋”号，添加“SCTP3”，输入 SCTP 数据，如图 3-72 所示。

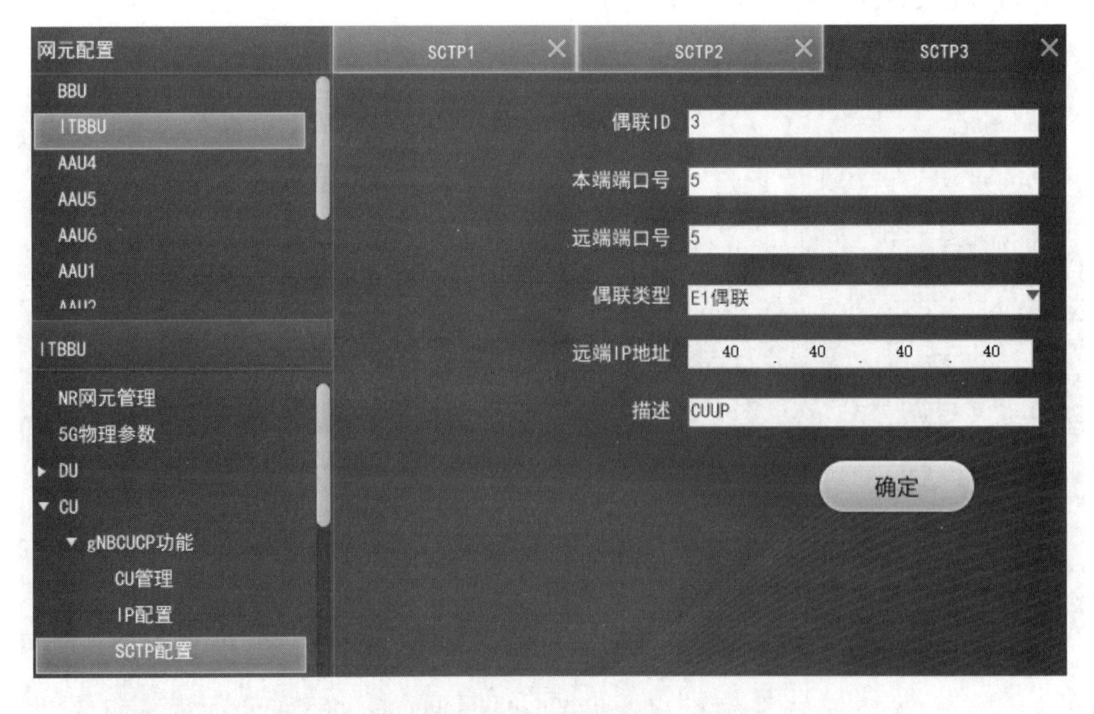

图 3-72　SCTP 配置(3)

在 3 级参数选项中选择“静态路由”，点击“网元参数”配置区中的“＋”号，添加“路由 1”，输入静态路由参数，如图 3-73 示。

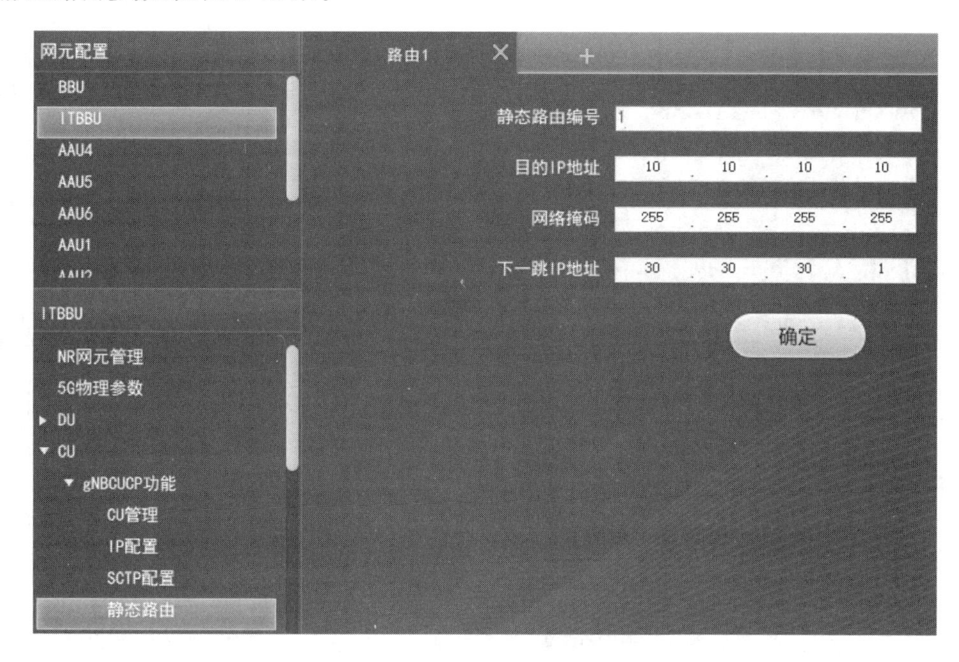

图 3-73　静态路由

在 3 级参数选项中选择“CU 小区配置”，点击“网元参数”配置区中的“＋”号，添加“CU 小区 1”，输入 CU 小区参数，如图 3-74 示。继续点击“＋”号，添加 CU 小区 2 和 CU 小区 3。CU 小区 2 和 CU 小区 3 的“CU 小区标识”分别为“2”和“3”，“对应 DU 小区 ID”分别为“2”和“3”，其他参数与 CU 小区 1 相同。

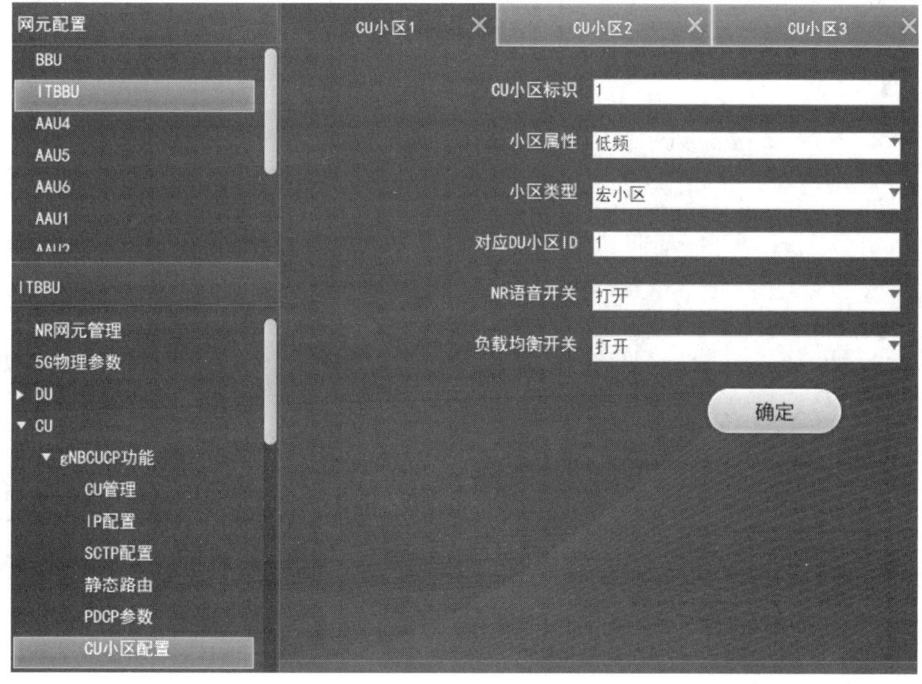

图 3-74　CU 小区配置

② gNBCUUP 功能。在 2 级参数选项中选择“gNBCUUP 功能”，打开 3 级参数选项，选择“IP 配置”，在“网元参数”配置区输入 IP 配置参数，如图 3-75 所示。

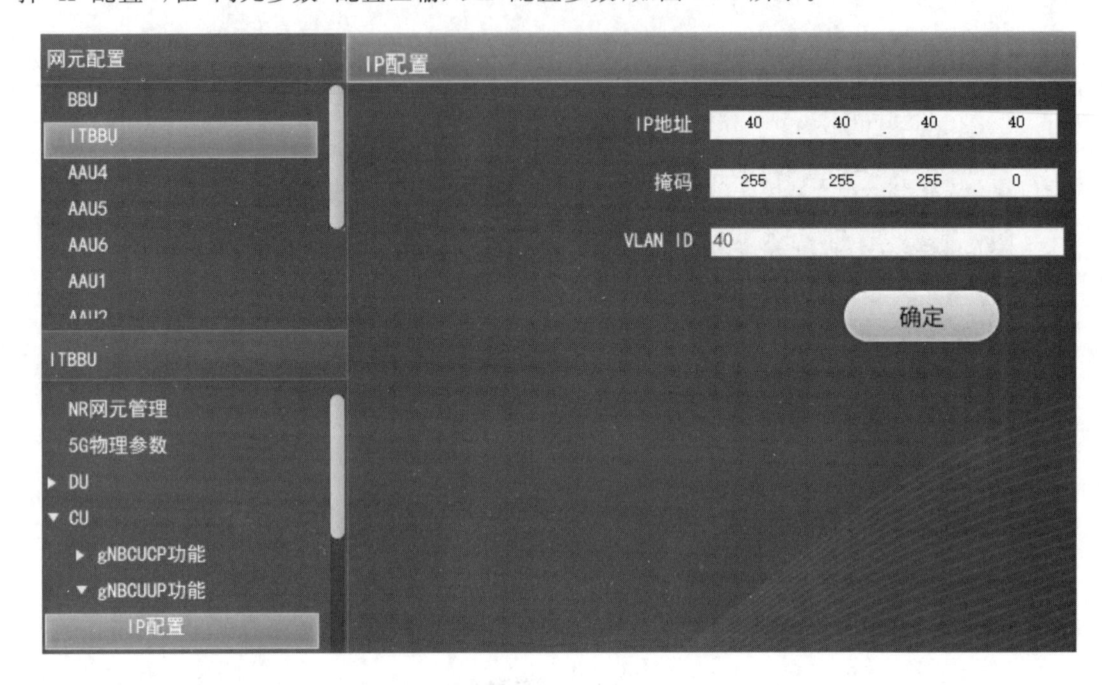

图 3-75　IP 配置

在 3 级参数选项中选择“SCTP 配置”，点击“网元参数”配置区中的“+”号，添加“SCTP1”，输入 SCTP 数据，如图 3-76 所示。

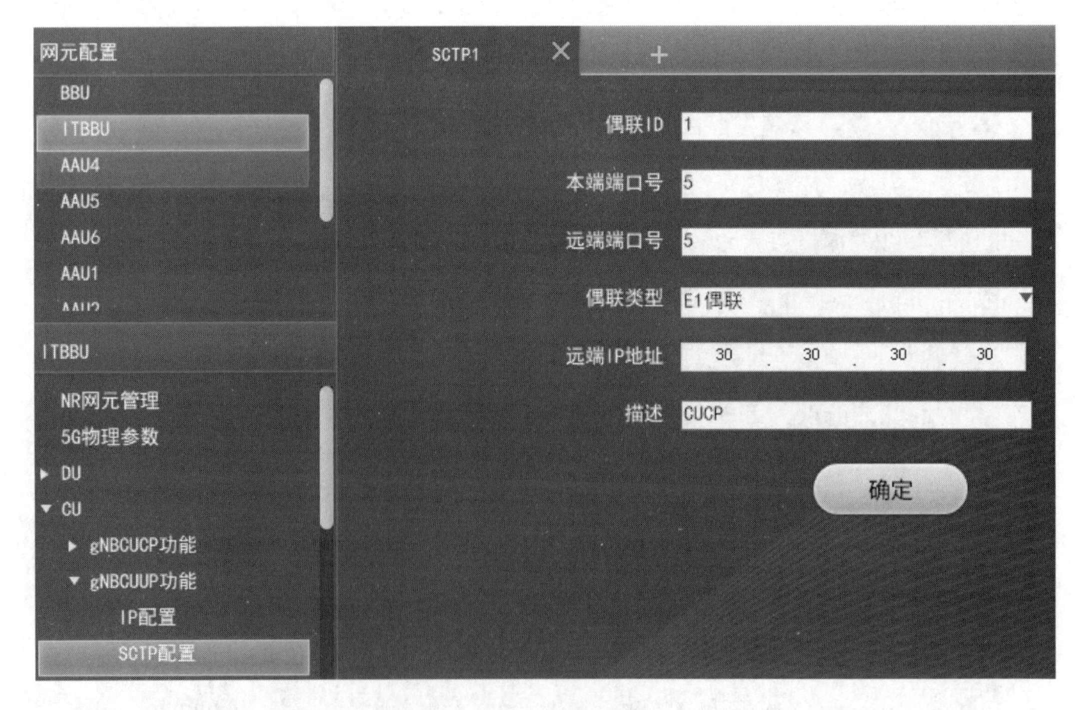

图 3-76　SCTP 配置

在3级参数选项中选择“静态路由”，点击“网元参数”配置区中的“+”号，添加“路由1”，输入静态路由参数，如图3-77示。

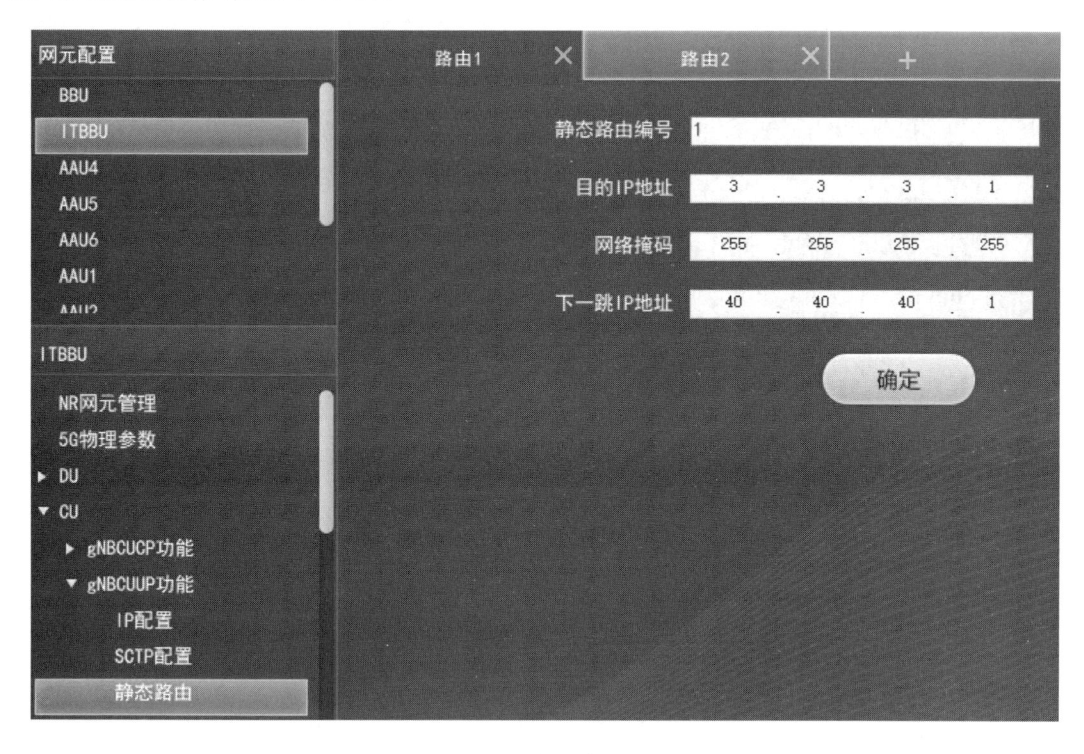

图3-77　静态路由(1)

继续点击“网元参数”配置区中的“+”号，添加“路由2”，输入静态路由参数，如图3-78示。

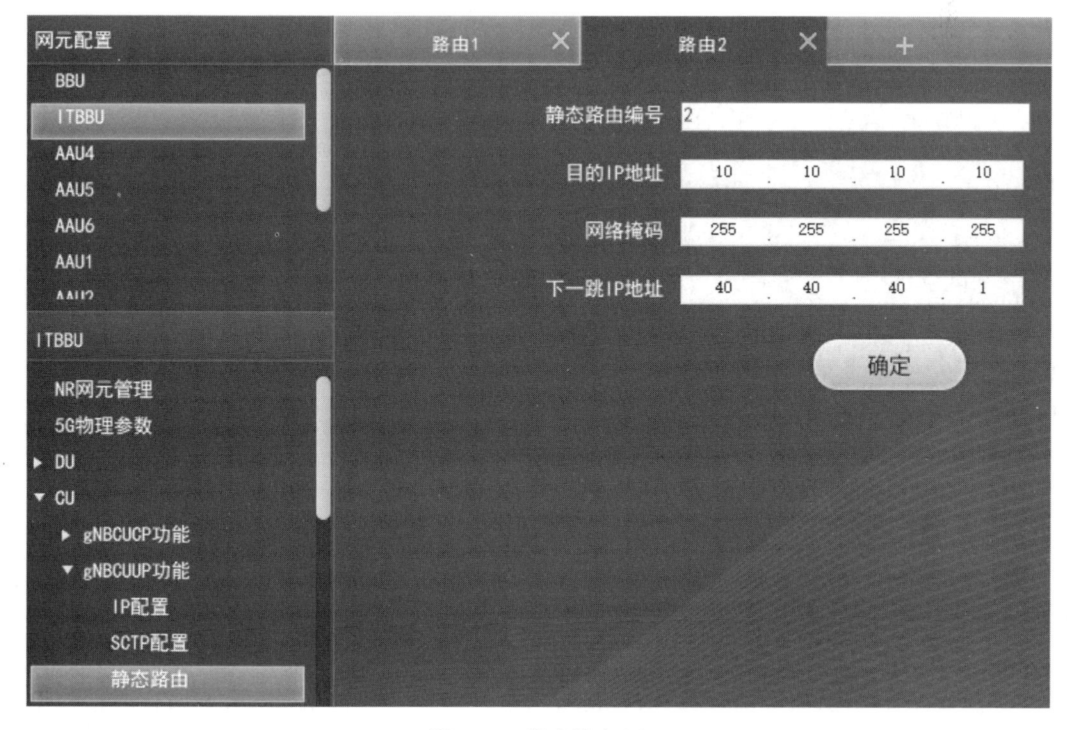

图3-78　静态路由(2)

3. 配置 BBU

(1) 网元管理

在“网元配置”导航树上部选择“BBU”,在“网元配置”导航树下部选择“网元管理”,在“网元参数”配置区输入网元管理参数,如图 3-79 所示。

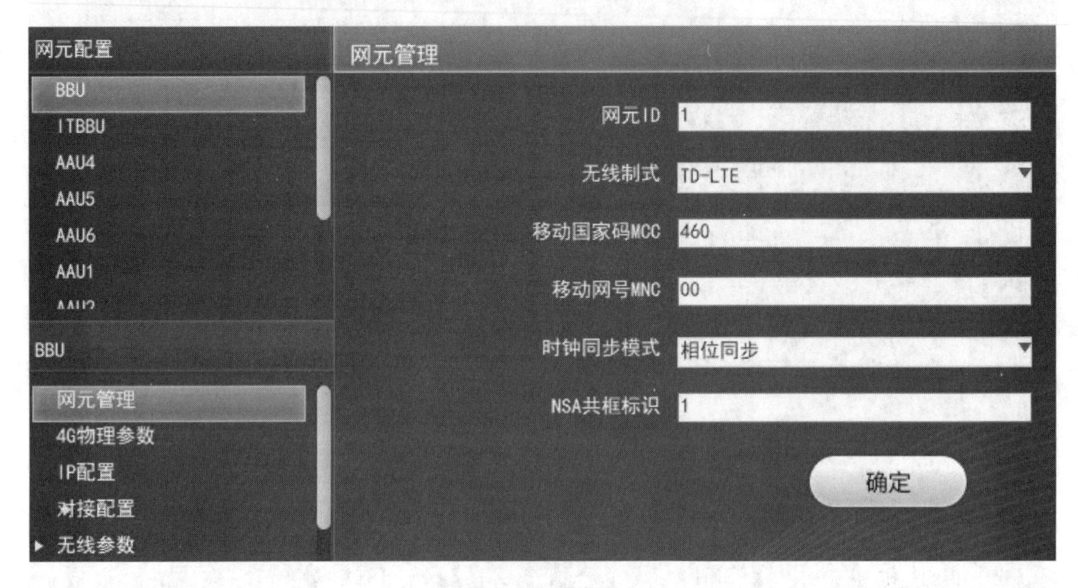

图 3-79 网元管理

(2) 4G 物理参数

在“网元配置”导航树下部选择“4G 物理参数”,在“网元参数”配置区输入 4G 物理参数,如图 3-80 所示。

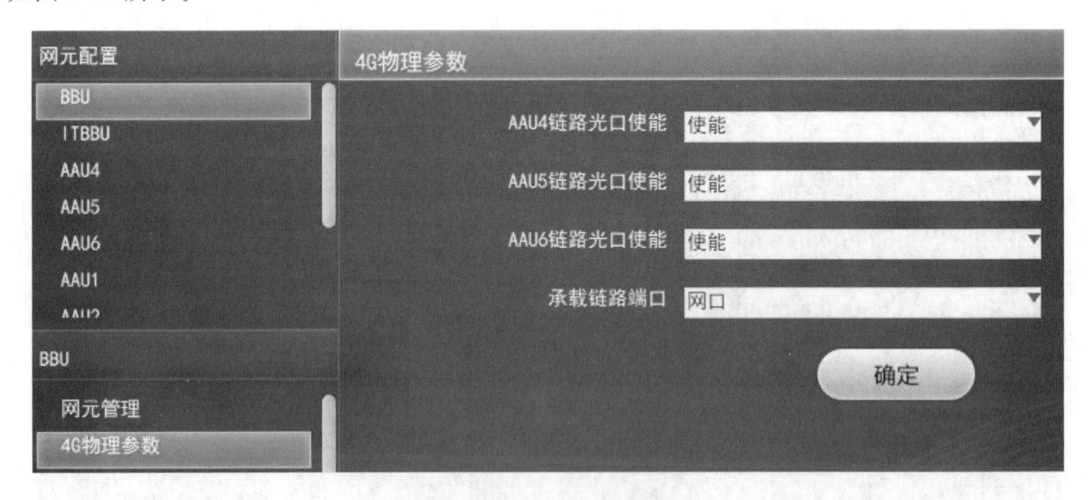

图 3-80 4G 物理参数

(3) IP 配置

在“网元配置”导航树下部选择“IP 配置”,在“网元参数”配置区输入 IP 配置参数,如图 3-81所示。

(4) 对接配置

在“网元配置”导航树下部选择“对接配置”,打开 2 级参数选项,选择“SCTP 配置”,点击“网元参数”配置区中的“+”号,添加“SCTP1”,输入 SCTP 数据,如图 3-82 所示。

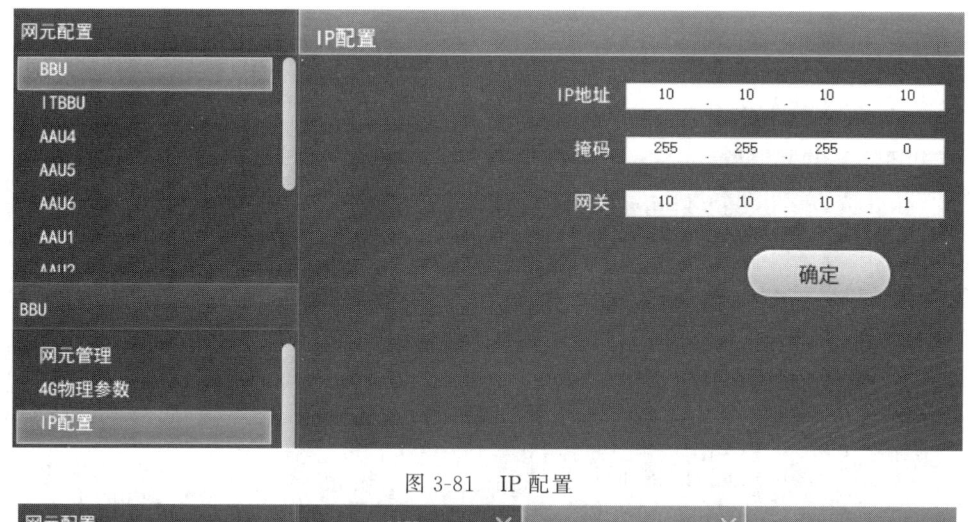

图 3-81　IP 配置

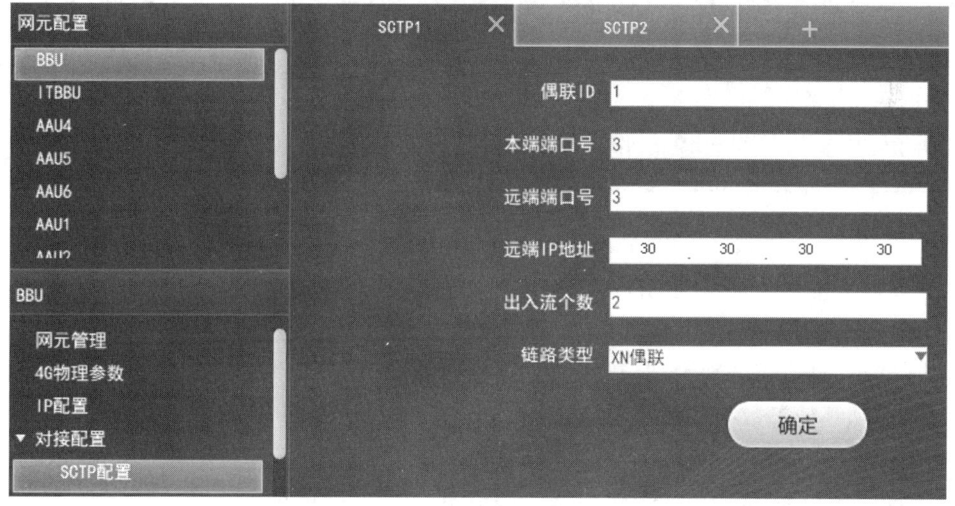

图 3-82　SCTP 配置(1)

继续点击“网元参数”配置区中的“+”号,添加“SCTP2”,输入 SCTP 数据,如图 3-83 所示。

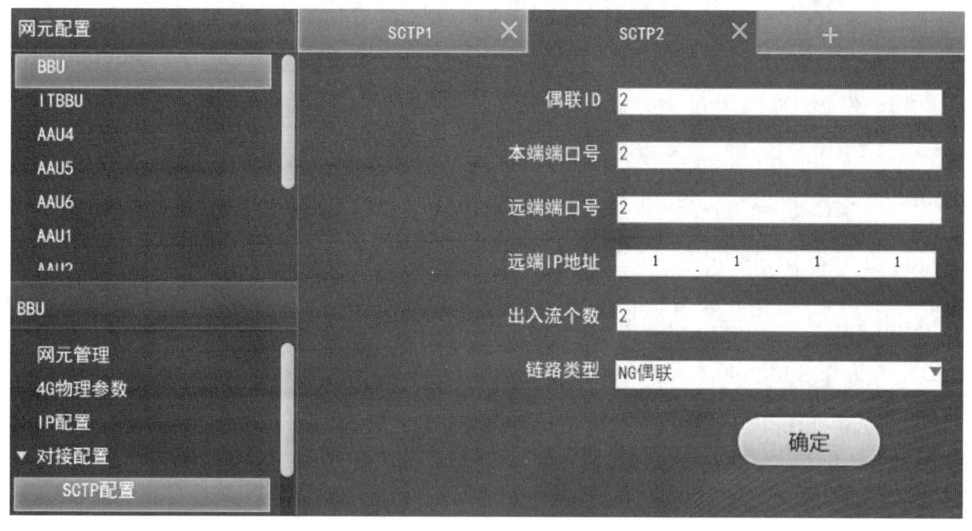

图 3-83　SCTP 配置(2)

(5) 无线参数

在"网元配置"导航树下部选择"无线参数",打开 2 级参数选项,选择"eNodeB 配置",在"网元参数"配置区输入 eNodeB 配置参数,如图 3-84 所示。

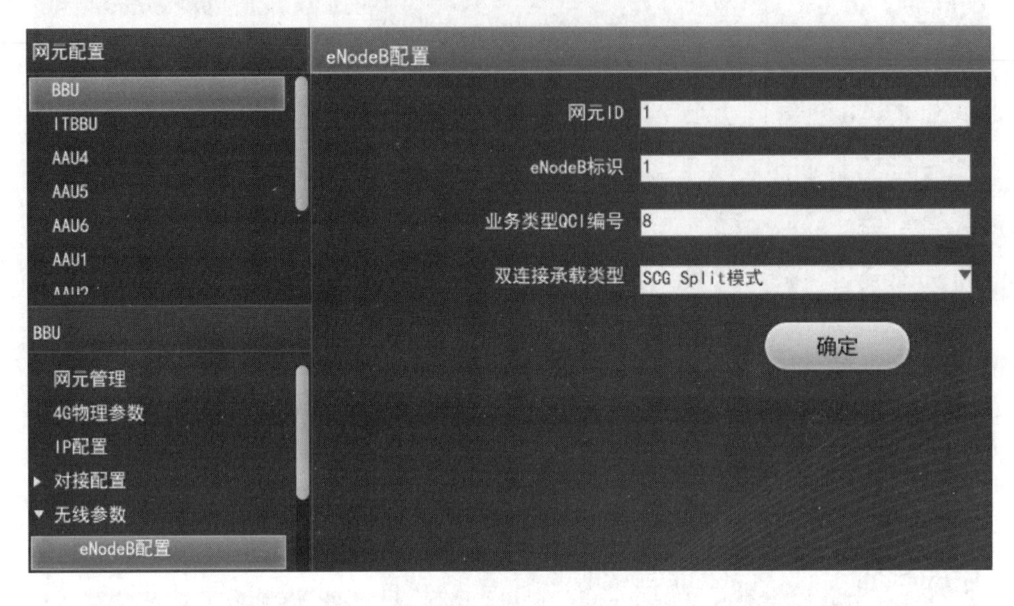

图 3-84　eNodeB 配置

在 2 级参数选项中选择"TDD 小区配置",点击"网元参数"配置区中的"+"号,添加"TDD 小区 1",输入 TDD 小区参数,如图 3-85 示。继续点击"+"号,可添加小区 2 和小区 3。小区 2 和小区 3 的"小区标识"分别为"2"和"3","AAU 链路光口"分别为"5"和"6","物理小区 ID"分别为"2"和"3",其他参数与小区 1 相同。

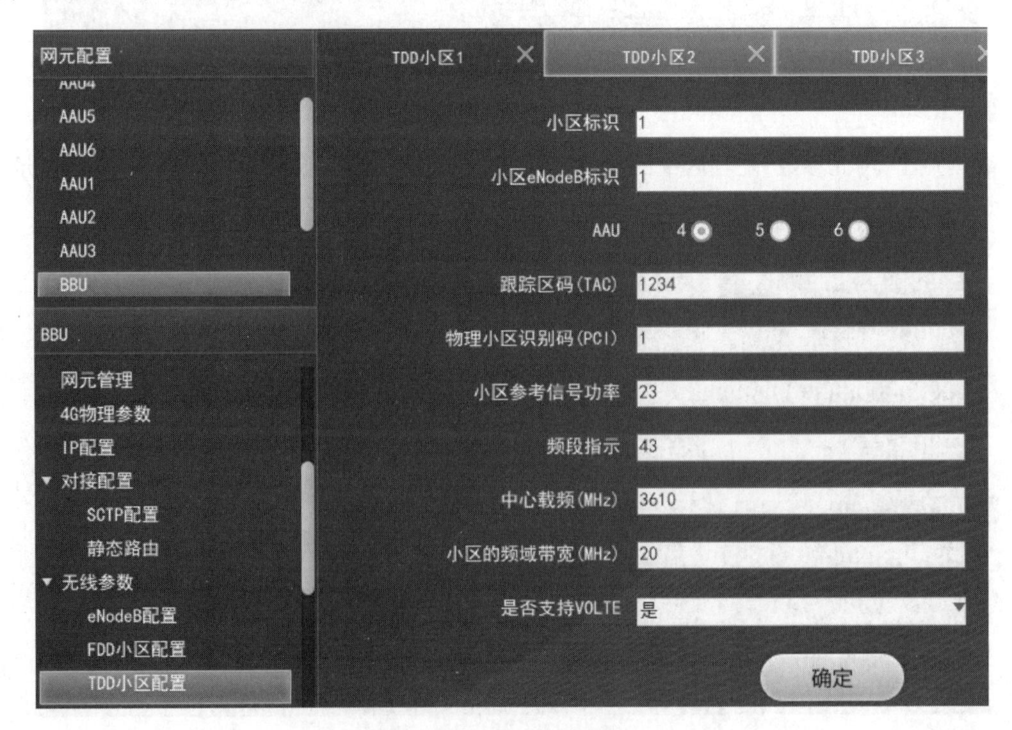

图 3-85　TDD 小区配置

在2级参数选项中选择“NR 邻接小区配置”，点击“网元参数”配置区中的“＋”号，添加“NR 邻接小区1”，输入 NR 邻接小区参数，如图3-86示。继续点击“＋”号，可添加小区2和小区3。小区2和小区3的“邻接 DU 小区标识”分别为“2”和“3”，“物理小区标识”分别为“8”和“9”，其他参数与小区1相同。

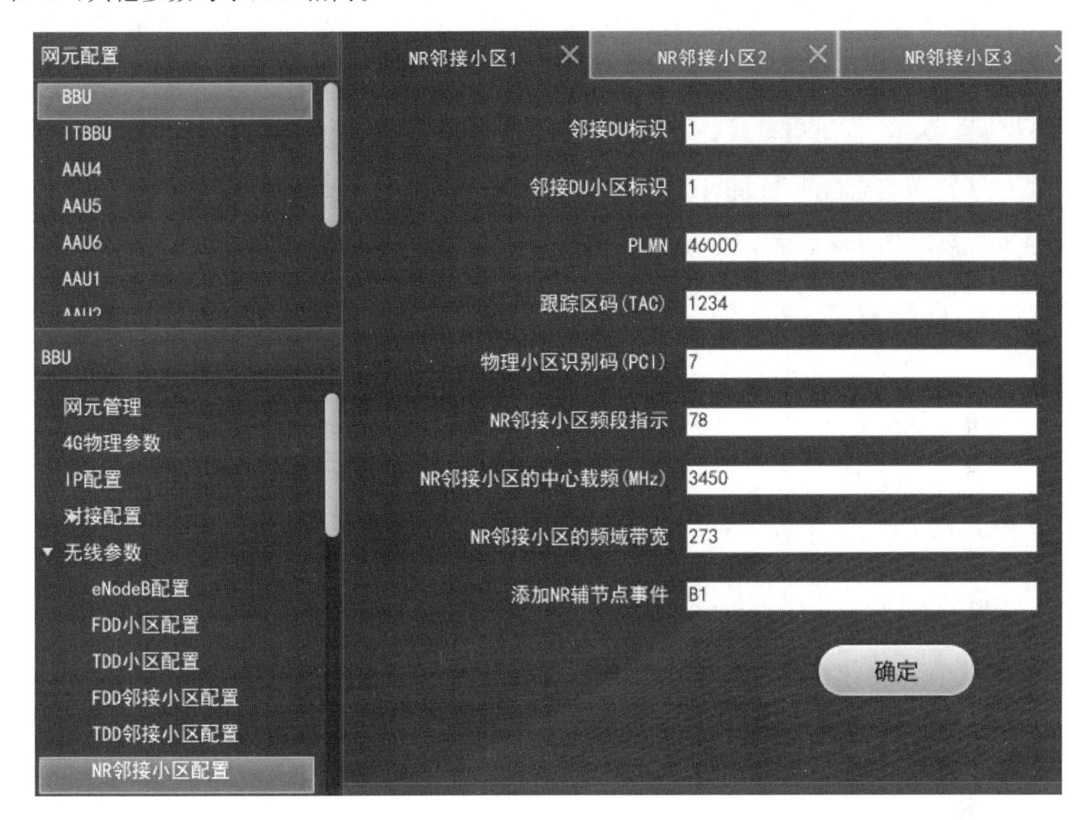

图3-86　NR 邻接小区配置

在2级参数选项中选择“邻接关系表配置”，点击“网元参数”配置区中的“＋”号，添加“关系表1”，输入关系表参数，如图3-87示。继续点击“＋”号，可添加关系表2和关系表3。关系表2和关系表3的“本地小区标识”分别为“2”和“3”，“NR 邻接小区”分别为“1-2”和“1-3”，其他参数与关系表1相同。

4. 配置 SPN

从操作区上侧的下拉菜单中选择“承载网”→“建安市 B 站点机房”，进入建安市 B 站点机房数据配置界面。

(1) 物理接口配置

在“网元配置”导航树上部选择“SPN1”，在“网元配置”导航树下部选择“物理接口配置”。根据设备硬件连接情况，在“网元参数”配置区中状态为“up”的端口后输入 IP 地址和子网掩码，如图3-88所示。

(2) 逻辑接口配置

在“网元配置”导航树下部选择“逻辑接口配置”，打开2级参数选项，选择“配置子接口”，在“网元参数”配置区输入子接口的 VLAN 号和 IP 地址，如图3-89所示。

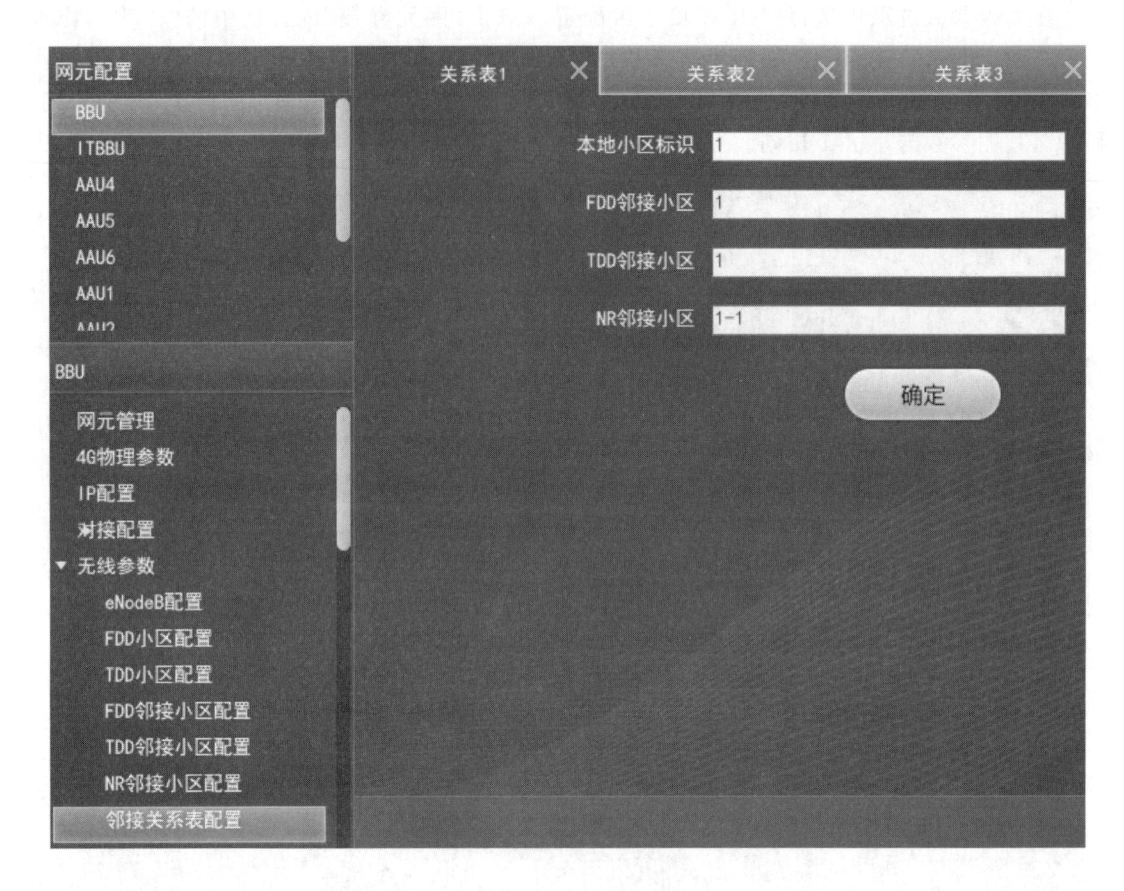

图 3-87　邻接关系表配置

接口ID	接口状态	光/电	IP地址	子网掩码	接口描述
100GE-1/1	up	光			ITBBU
100GE-1/2	up	光			ODF
50GE-2/1	down	光			
50GE-2/2	down	光			
⋮	⋮	⋮	⋮	⋮	⋮
1GE-9/3	down	光			
1GE-9/4	down	光			
RJ45-10/1	up	电	10.10.10.1	255.255.255.0	BBU
RJ45-10/2	down	电			

图 3-88　物理接口配置

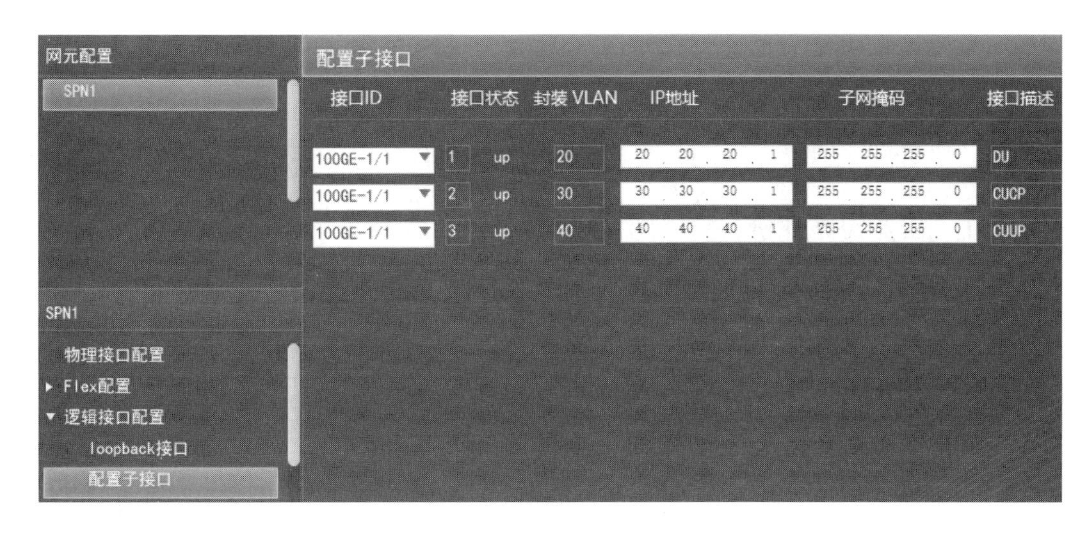

图 3-89　配置子接口

3.3.3　测试 Option3X 基站及核心网

点击界面下侧操作选择标签栏中的"网络调试",展开子选项。点击"业务调试"子选项,进入业务调试界面。点击界面上侧网络选择标签栏中的"核心网 & 无线网",界面右上角的模式选择设定为"实验"。实验模式下系统假设承载网已经配通,使用者可集中精力调试基站及核心网。拖动界面右上方的"移动终端"到建安市 B 站点的一个小区(如 JAB1)中,界面右侧会显示出当前小区的配置参数。点击"终端信息"标签,可配置终端数据。点击界面右下角的测试按钮,可完成业务测试,如图 3-90 所示。

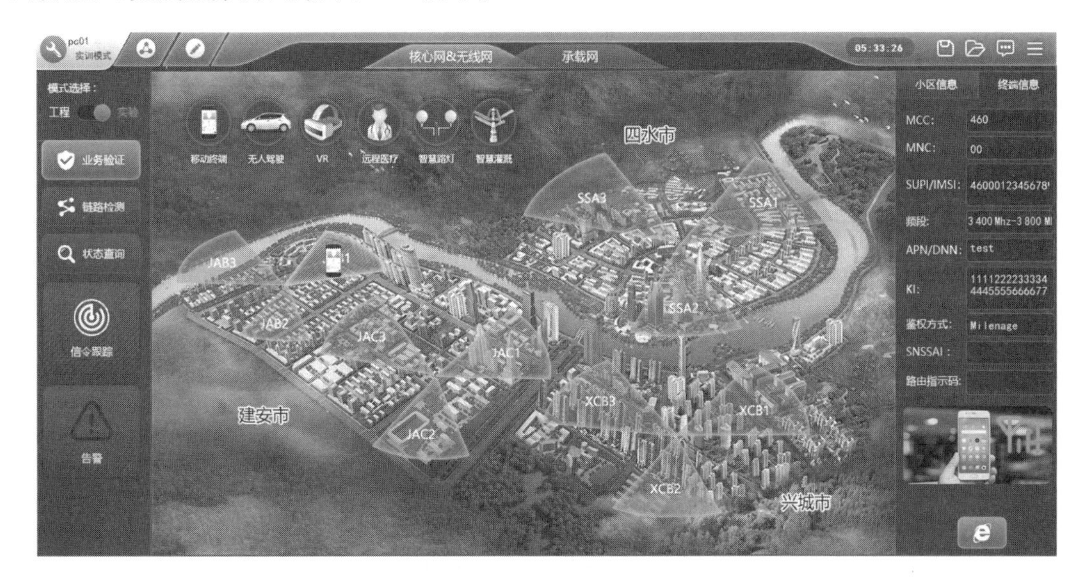

图 3-90　业务测试界面

3.4 成果验收评价

3.4.1 任务实施评价

“配置 Option3X 基站及核心网数据”任务评价表如表 3-4 所示。

表 3-4 “配置 Option3X 基站及核心网数据”任务评价表

任务 3 配置 Option3X 基站及核心网数据				
班级		小组		
评价要点	评价内容	分值	得分	备注
基础知识 (45 分)	灵活正交频分复用技术(F-OFDM)	10		
	5G 新空口的协议栈结构	5		
	5G 新空口信道的分类及映射关系	5		
	5G 新空口上下行信号及作用	5		
	5G 新空口的帧结构和资源分配	20		
任务实施 (45 分)	明确工作任务和目标	5		
	配置核心网数据	15		
	配置基站数据	20		
	测试基站及核心网	5		
操作规范 (10 分)	按规范操作,防止损坏设备	5		
	保持环境卫生,注意用电安全	5		
合计		100		

3.4.2 思考与练习题

1. 什么是多址接入？移动通信系统中常见的多址接入技术有哪些？
2. 什么是正交频分多址接入？它与传统频分多址接入相比有何优势？
3. 什么是灵活正交频分复用？它与正交频分复用相比有何优势？
4. 什么是空中接口？什么是控制面和用户面？
5. 5G 新空口的控制面和用户面包括哪些协议层？
6. 什么是信道？信道可归纳为哪 3 大类？
7. 简述 5G 新空口的帧结构。
8. 5G 新空口的循环前缀(CP)有什么作用？包括哪些类型？
9. 5G 新空口的时隙及其所包含的 OFDM 符号有哪些类型？
10. 什么是资源块和资源粒子？

任务4　安装 Option2 基站及核心网设备

【学习目标】

- 熟悉 Option2 模式下 5G 网络结构
- 了解 Option2 模式下 5G 核心网中各网元功能
- 完成 Option2 模式下 5G 核心网设备的安装
- 完成 Option2 模式下 5G 基站设备的安装

4.1　工作背景描述

根据规划正确选购、安装并连接基站及核心网设备是移动通信网络建设的基础步骤，也是实现移动业务的关键。本次任务使用5G组网仿真软件完成基站及核心网机房的设备安装与连接，为后续配置业务打下基础。设备安装与连接针对兴城市进行，采用 Option2 组网模式，基站部署在繁华的中心商务区，如图4-1所示。

图4-1　繁华的中心商务区

本次 5G 基站及核心设备安装与连接工作共涉及 2 个机房。无线接入侧为兴城市 B 站点机房，核心网侧为兴城市核心网机房。采用 Option2 组网模式，兴城市核心网机房安装有通用服务器和交换机等设备；兴城市 B 站点机房中安装有 ITBBU 和 SPN，其中，ITBBU 包含 CU 和 DU，采用合设方式。

4.2 专业知识储备

4.2.1 Option2 网络结构

在 Option2 组网模式下，5G 系统采用服务化架构(Service Based Architecture，SBA)的表现形式，如图 4-2 所示。系统架构以网络功能(Network Function，NF)为单位，不再严格区分网元，各网络功能物理上均位于通用服务器中，Nxxx 是基于服务的接口。5G 的这种网络架构借鉴了 IT 系统服务化和微服务化架构的成功经验，通过模块化实现网络功能间的解耦和整合，解耦后的网络功能可独立扩容、独立演进、按需部署；控制面所有 NF 之间的交互采用服务化接口，同一种服务可以被多种 NF 调用，降低 NF 之间接口定义的耦合度，最终实现整网功能的按需定制，灵活支持不同的业务场景和需求。除采用服务化架构外，5G 网络结构还有另外一种基于参考点的表示形式，即传统的点到点架构，如图 4-3 所示。在 Option2 组网模式下 5G 基站由集中控制单元(CU)和分布单元(DU)组成，其中 CU 又可划分为用于控制管理的 CUCP 和处理用户数据的 CUUP 两个部分。

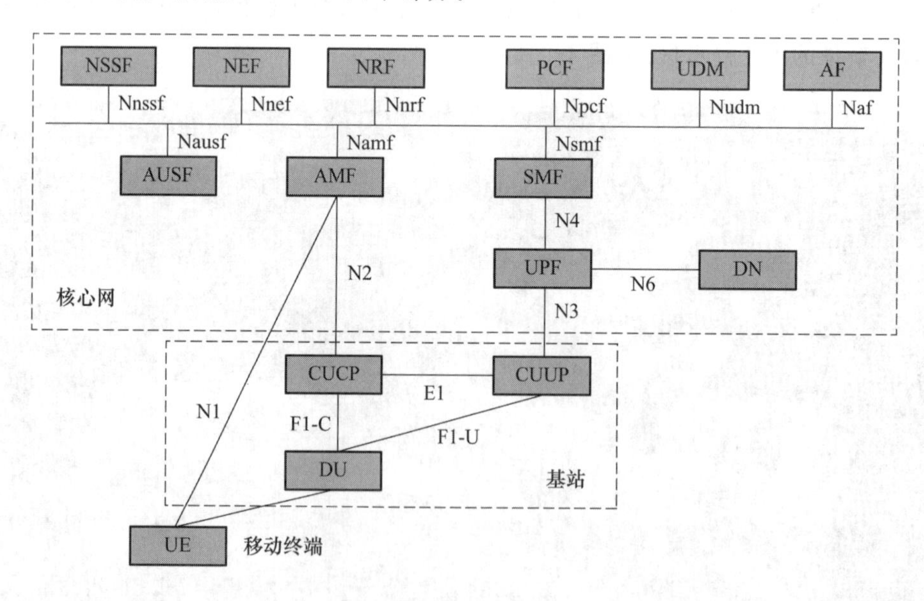

图 4-2　5G 核心网的服务化架构

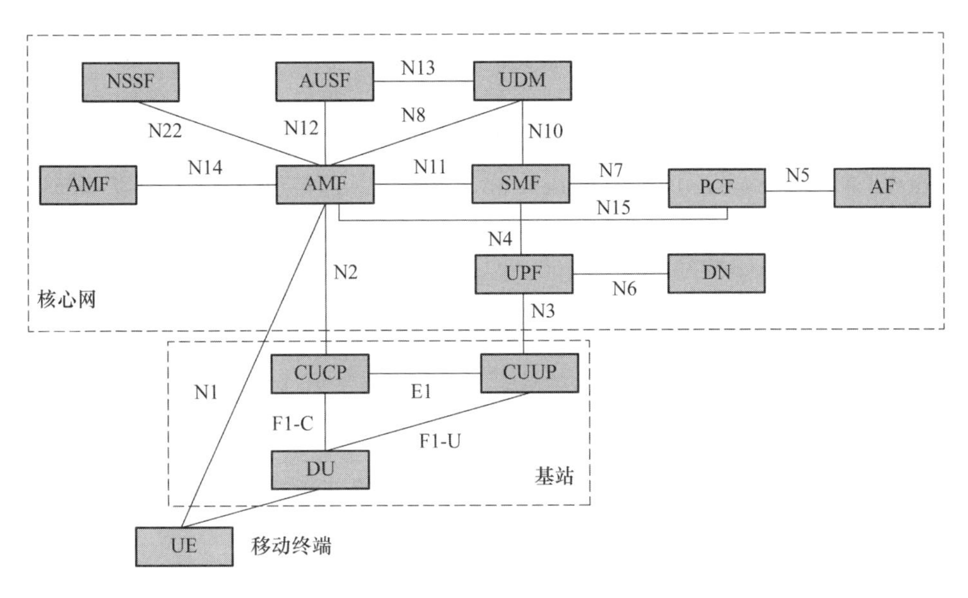

图 4-3　5G 核心网的点到点架构

4.2.2　Option2 核心网

1. 5G 核心网的组成架构

Option2 模式下的 5G 核心网主要由接入及移动性管理功能(AMF)、会话管理功能(SMF)、鉴权服务器功能(AUSF)、统一数据管理(UDM)、用户面功能(UPF)、控制策略功能(PCF)、网络开放功能(NEF)、网络存储功能(NRF)、网络切片选择功能(NSSF)等组成,5G 网络功能的介绍及与 4G 网元的类比如表 4-1 所示。

表 4-1　5G 网络功能与 4G 网元的类比

5G 网络功能	功能简介	4G 中类似的网元
AMF	接入管理功能:注册管理/连接管理/可达性管理/移动管理/访问身份验证、授权、短消息等,终端和无线侧的核心网控制面接入点	MME 中的接入管理功能
SMF	会话管理功能:隧道维护、IP 地址分配和管理、UP 功能选择、策略实施和 QoS 中的控制部分、计费数据采集、漫游功能等	MME+SGW+PGW 中会话管理等控制面功能
AUSF	认证服务器功能:实现 3GPP 和非 3GPP 的接入认证	MME 中鉴权部分+EPC 的 AAA
UDM	统一数据管理功能:3GPP AKA 认证/用户识别/访问授权/注册/移动/订阅/短信管理等	HSS+SPR
UDF	用户面功能:分组路由转发、策略实施、流量报告、QoS 处理	SGW－U+PGW－U
PCF	策略控制功能:统一的政策框架、提供控制平面功能的策略规则	PCRF
NRF	NF 库功能:服务发现、维护可用的 NF 实例的信息以及支持的服务	无
NEF	网络开放功能:开放各网络功能的能力、内外部信息的转换	SCEF 中的能力开放部分
NSSF	网络切片选择功能:选择为 UE 服务的一组网络切片实例	无

2. 5G 用户与设备标识

(1) 用户永久标识

用户永久标识(Subscription Permanent Identifier,USPI)类似 4G 的国际移动用户标识(International Mobile Subscriber Identification,IMSI),是在移动网中唯一识别一个移动用户的号码。其为 15 位,结构如图 4-4 所示。

图 4-4　用户永久标识

① 移动国家码(MCC)长度为 3 位十进制,用于标识移动用户所属的国家,由国际电信联盟(International Telecommunications Union,ITU)统一分配。

② 移动网络号(MNC)长度为 2 位或 3 位十进制,用于标识移动用户的归属公共陆地移动网络(Public Land Mobile Network,PLMN),由各个运营商或国家政策部门负责分配。

③ 移动用户识别码(MSIN)长度为 10 位十进制,用于标识一个 PLMN 内的移动用户。

(2) 移动用户综合业务数字网络标识

移动用户综合业务数字网络标识(Mobile Subscriber Integrated Services Digital Network Number,MSISDN)由三部分组成,结构为 CC+NDC+SN。它是国际电信联盟——电信标准部(International Telecommunication Union Telecommunication Standardization Sector,ITU-T)分配给移动用户的唯一的识别号,采取 E. 164 编码方式。

① 国家码(Country Code,CC)长度为 3 位十进制,用于标识移动用户所属的国家。

② 国内接入号(National Destination Code,NDC)长度为 3 位十进制,用于标识移动用户归属的运营商。

③ 用户号码(Subscriber Number,SN)长度为 8 位十进制,用于标识一个移动用户。

(3) 国家移动终端设备标识

国家移动终端设备标识(International Mobile station Equipment Identity,IMEI)用于标识终端设备,可以用于验证终端设备的合法性。它由三部分组成,结构为 TAC+SNR+Spare。可拨打"*#06#"显示在手机屏幕上。

① 设备型号核准号码(Type Approval Code,TAC)由型号批准中心分配。

② 出厂序号(Serial Number,SNR)表示生产厂家或最后装配所在地,由厂家编码。

③ 备用(Spare)为 0。

(4) 跟踪区标识

跟踪区标识(Tracking Area Identity,TAI)在整个 PLMN 网络中唯一,用于标识跟踪区(Tracking Area,TA)。它由三部分组成,格式为 TAC+MNC+MCC。

① 跟踪区代码(Tracking Area Code,TAC)用于标识跟踪区。一个或多小区组成一个跟踪区,用于用户的移动性管理,跟踪区之间没有重叠区域。

② 移动网络号(MNC)长度为 2 位十进制,用于标识移动用户的归属 PLMN。

③ 移动国家码(MCC)长度为 3 位十进制,用于标识移动用户所属的国家。

4.2.3 Option2基站

5G基站是5G网络的核心设备，提供无线覆盖，实现有线通信网络与无线终端之间的无线信号传输。基站的架构、形态直接影响5G网络的部署。因为频率越高，信号传播过程中的衰减也越大，所以5G网络的基站密度将更高。

1. 5G基站的组成架构

5G基站主要用于提供5G空口协议功能，支持与用户设备、核心网之间的通信。按照逻辑功能划分，5G基站可分为5G基带单元(BBU)与5G射频单元(AAU)。基带单元负责NR基带协议处理，包括用户面(UP)及控制面(CP)协议处理功能，并提供与核心网之间的回传接口(NG接口)以及基站间互连接口(Xn接口)；射频单元主要完成NR基带信号与射频信号的转换及NR射频信号的收发处理功能。

为了支持灵活的组网架构，适配不同的应用场景，5G无线接入网存在多种不同架构、不同形态的基站设备。从设备架构角度划分，5G基站可分为BBU-AAU、CU-DU-AAU、BBU-RRU-天线、CU-DU-RRU-天线、一体化gNB等不同的架构。从设备形态角度划分，5G基站可分为基带设备、射频设备、一体化gNB设备以及其他形态的设备。

2. 5G基站的建设技术

5G基站建设组网多采用混合分层网络，这样就可以保证5G网络的易管理、可扩展、高可靠性，能够满足5G基站的高速数据传输业务。同时，由于5G主要是实现数据业务传输，因此5G基站需要适应高楼大厦、河流湖泊、山区峡谷的复杂应用环境。为了保证5G基站建设的良好性和完整性，建设过程中要加强相关技术的应用。

(1) MR技术

测量报告(Measurement Report，MR)是一种无线通信环境评估技术，其可以将采集到的信息发送给网络管理员，由网络管理员评判报告的价值，以便优化无线网络通信性能。MR技术应用包括覆盖评估、网络质量分析、越区覆盖分析、网络干扰分析、话务热点区域分析和载频隐性故障分析。MR可以渲染移动通信上下行信号强度，发现网络覆盖弱盲区，不仅客观准确，还可以节省大量的时间、资源，能够及时发现网络覆盖问题，为网络覆盖优化提供进一步的依据。无线网络建设时，如果越区覆盖范围过大，将会干扰其他小区通信质量，MR可以直观地发现小区覆盖边界，判断是否存在越区覆盖，调整无线网络结构。话务热点区域分析可以实现话务密度、分布和资源利用率指标分析，实现关联性综合分析，制定容量站点、扩容站点的精确规划。

(2) 64QAM技术

64相正交振幅调制(64 Quadrature Amplitude Mobulation，64QAM)能够合理提升信号与干扰加噪声比(Signal to Interference plus Noise Ratio，SINR)，针对5G网络进行科学规划和设计，可降低5G网络部署的复杂度和重叠覆盖引起的同频干扰及弱覆盖问题。在满足5G网络广覆盖的要求下，增加覆盖的深度，提升5G网络的综合覆盖率，从而实现热点区域连续覆盖、无缝覆盖。该技术不仅能够让更多的用户接入5G网络，而且还可以使其享受到高质量的通信服务。

(3) 抗干扰技术

在5G网络基站建设时，需要部署大量的无线设备，这些无线设备的数量非常多，安装部署地点也非常复杂，彼此之间可能会产生干扰。造成干扰的原因包括两方面：其一是设备本身存在故障，使5G网络运行时发射错误信号，影响自身信号质量；其二是5G网络设备安装与配置严重不规范，影响5G信号发射的灵敏度。在5G基站建设时，设计、施工人员需要从源头上解决信号存在干扰的问题，这样既可以保障信号的稳定性，又可以大大地提高控制管理效率。具体做法是：首先，对基站无线电发射设备进行全电磁检测，将设备自身造成的干扰降到最低；其次，定期检查发电设备，一旦发现问题，及时处理，减少信号存在的干扰。

(4) 大规模MIMO技术

多入多出(Multiple-Input Multiple-Output，MIMO)技术，亦称为多天线技术。该技术通过在通信链路的收、发两端设置多个天线而充分利用空间资源，可提供分集增益以提升系统的可靠性，可提供复用增益以增加系统的频谱效率，可提供阵列增益以提高系统的功率效率。近年来，MIMO技术一直是无线通信领域的主流技术之一。4G系统基站配置天线数较少(一般不超过8个)，MIMO性能增益受到极大限制。针对传统MIMO技术的不足，美国贝尔实验室的Marzetta于2010年提出了大规模MIMO(Massive MIMO或Very Large MIMO)的概念。在大规模MIMO系统中，基站配置数十至数百个天线，较传统MIMO系统天线数增加1～2个数量级。基站可充分利用系统的空间自由度，在同一时频资源中服务若干用户。

4.3 任务实施过程

4.3.1 安装Option2核心网设备

启动并登录5G组网仿真软件，点击界面上侧城市选择标签栏中“兴城市”选项，从界面中部组网模式中选择“Option2”，如图4-5所示。

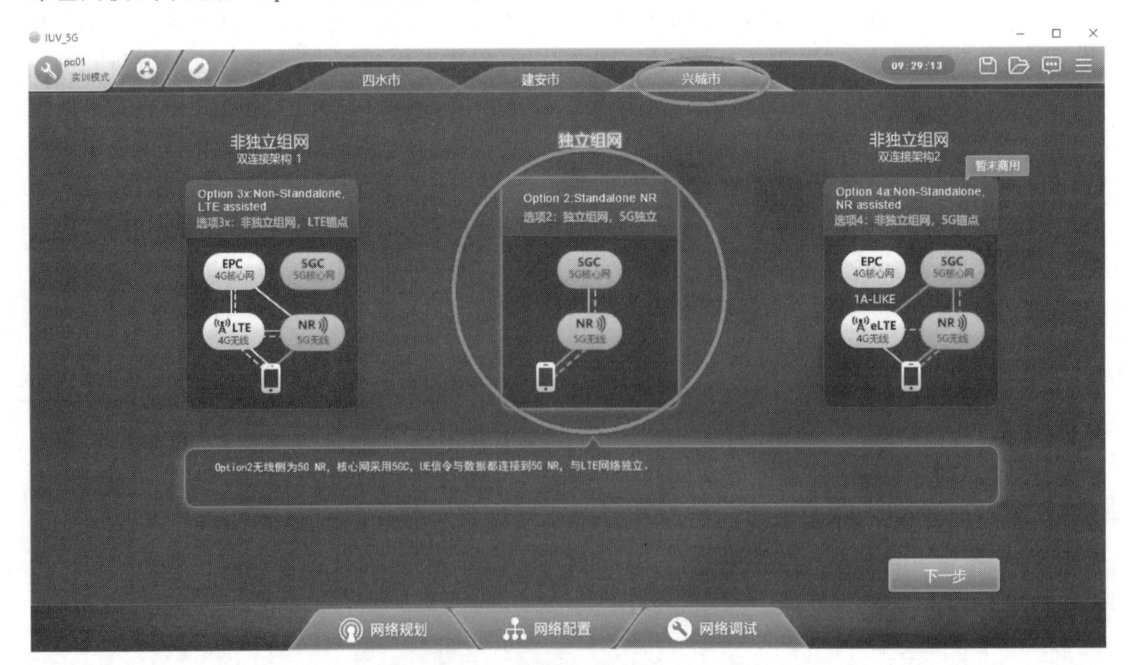

图4-5　城市及组网模式选择

点击界面下侧操作选择标签栏中的“网络配置”，展开子选项。点击“设备配置”子选项，显示机房地理位置分布，如图 4-6 所示。鼠标移到机房图标上时，图标会放大显示，以便于观察。点击机房图标即可进入相应机房。

图 4-6　机房地理位置分布

点击“兴城市核心网机房”的图标，显示兴城市核心网机房内部场景，如图 4-7 所示。仿真系统默认安装了两台交换机（Switch，SW）以及光纤配线架（Optical Distribution Frame，ODF）。

图 4-7　兴城市核心网机房内部场景

若在设备指示中没有显示出 ODF 图标，可通过点击机房内部场景中的光纤配线架，使其图标出现在设备指示中，如图 4-8 所示。

图 4-8　光纤配线架 ODF

1. 安装核心网机房设备

点击兴城市核心网机房内部场景右侧机柜(箭头指示区域),进入通用服务器安装界面,如图 4-9 所示。从设备资源池中拖动“通用服务器”到机柜中即可完成安装。安装成功后,设备指示中会出现通用服务器的图标。

图 4-9　安装通用服务器

2. 连接核心网机房设备

(1) 连接通用服务器与 SW

点击设备指示中的任一图标显示线缆池。从线缆池中选择成对 LC-LC 光纤;点击设备指示中的通用服务器图标打开通用服务器面板,点击左下角的光纤端口 1(10G);点击设备指示中的 SW1 图标打开 SW1 面板,点击端口 1(10G)。连接结果如图 4-10 所示。

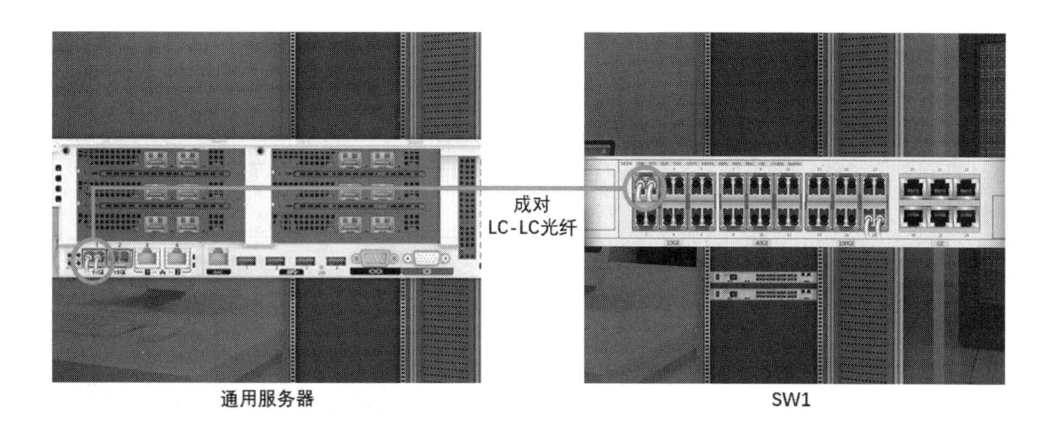

图 4-10　连接通用服务器与 SW

(2) 连接 SW 与 ODF

从线缆池中选择成对 LC-FC 光纤;点击设备指示中的 SW1 图标打开 SW1 面板,点击端口 18(100G);点击设备指示中的 ODF 图标打开 ODF 配线架,点击连接兴城市承载中心机房的端口。连接结果如图 4-11 所示。

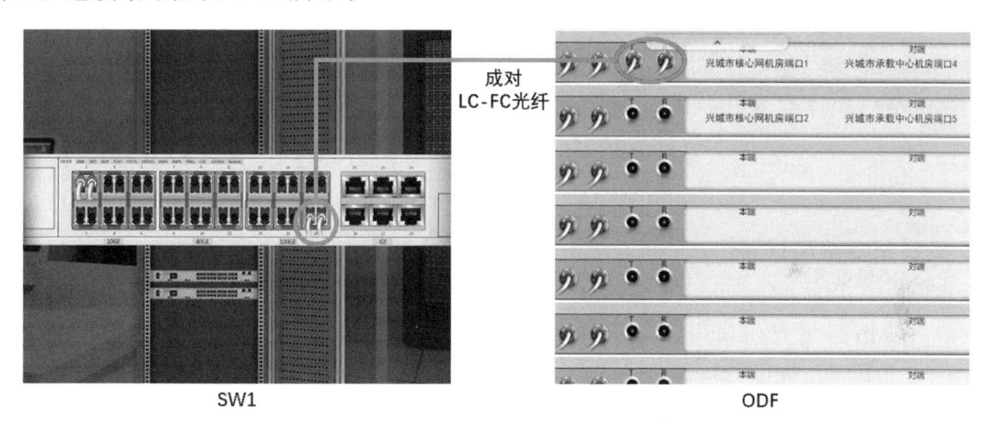

图 4-11　连接 SW 与 ODF

到这里,兴城市核心网机房的设备已经安装、连接完毕,操作区右上方设备指示中会显示出当前机房的设备连接情况,如图 4-12 所示。

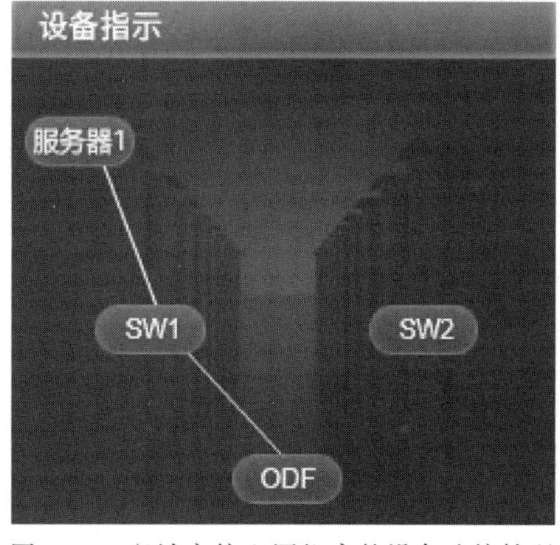

图 4-12　兴城市核心网机房的设备连接情况

4.3.2 安装 Option2 基站设备

从操作区上侧的下拉菜单中选择“无线网”→“兴城市 B 站点无线机房”，显示兴城市 B 站点机房外部场景，如图 4-13 所示。仿真系统默认安装了 GPS 天线，并显示在操作区右上角的设备指示中。

图 4-13 兴城市 B 站点机房外部场景

1. 安装站点机房设备

(1) 安装 AAU

点击兴城市 B 站点机房外部场景中发射塔顶部(箭头指示区域)，进入射频单元安装界面，如图 4-14 所示。从设备资源池中分别拖动三个“AAU 5G 低频”到发射塔相应位置即可完成安装。安装成功后，设备指示中会出现 AAU 的图标。

图 4-14 安装 AAU

(2) 安装 ITBBU

点击操作区左上角的返回箭头，返回兴城市 B 站点机房外部场景，如图 4-13 所示。点击机房门(箭头指示区域)，进入机房内部，如图 4-15 所示。

图 4-15　兴城市 B 站点机房内部场景

点击左侧机柜(箭头指示区域)，进入基带单元安装界面，如图 4-16 所示。从设备资源池中拖动“5G 基带处理单元”到机柜中即可完成 5G ITBBU 的安装。安装成功后，设备指示中会出现 ITBBU 的图标。

图 4-16　安装 ITBBU

(3) 安装 ITBBU 上的单板

点击设备指示中的 ITBBU 图标打开 ITBBU 面板，进入单板安装界面，如图 4-17 所示。

分别从设备池中拖动“5G 基带处理板”“虚拟通用计算板”“虚拟电源分配板”“虚拟环境监控板”“5G 虚拟交换板”到 ITBBU 面板相应位置即可完成单板安装。

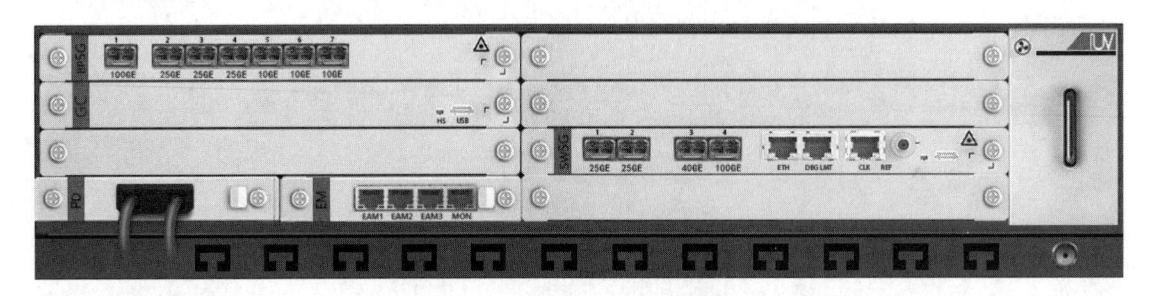

图 4-17　安装 ITBBU 上的单板

(4) 安装 SPN

点击操作区左上角的返回箭头，返回兴城市 B 站点机房内部场景。点击右侧机柜(箭头指示区域)，进入传输设备安装界面，如图 4-18 所示。从设备资源池中拖动“小型 SPN”到机柜中即可完成安装。安装成功后，设备指示中会出现切片分组网(Slicing Packet Network，SPN)的图标。

图 4-18　安装 SPN

2. 连接站点机房设备

(1) 连接 AAU 与 ITBBU

从线缆池中选择成对 LC-LC 光纤；点击设备指示中的 AAU1 图标打开 5G 的 AAU 面板，点击 1 号端口(25GE)；点击设备指示中的 ITBBU 图标打开 ITBBU 面板，点击 PB5G 板 2 号端口(25GE)，连接结果如图 4-19 所示。用同样的方法分别将 AAU2、AAU3 面板中的 1 号端口(25GE)与 ITBBU 面板中 PB5G 板 3 号端口(25GE)和 4 号端口(25GE)相连。

(2) 连接 ITBBU 与 SPN

从线缆池中选择成对 LC-LC 光纤；点击设备指示中的 ITBBU 图标打开 ITBBU 面板，点击 SW5G 单板上的 1 号端口(25GE)；点击设备指示中的 SPN1 图标打开 SPN1 面板，点击 5 槽位单板上的 1 号端口(25GE)。连接结果如图 4-20 所示。

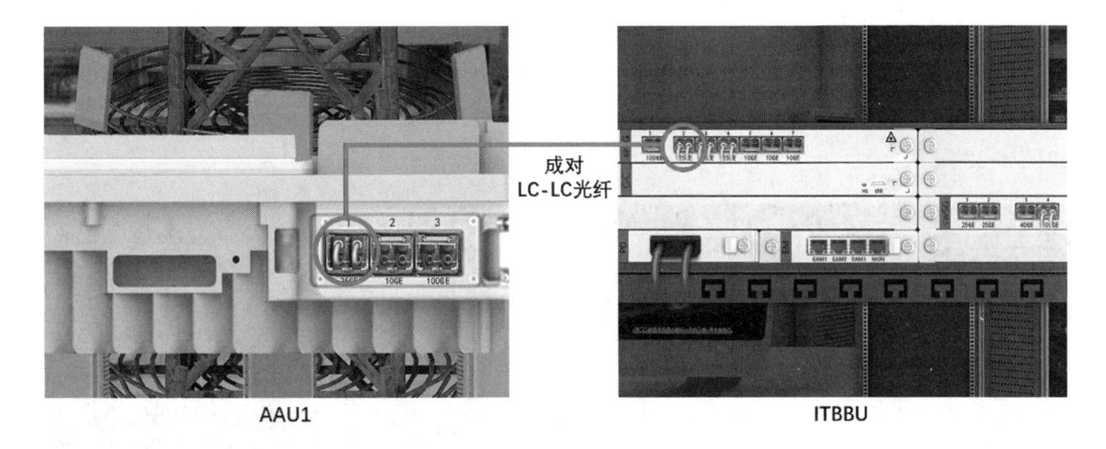

图 4-19　连接 AAU 与 ITBBU

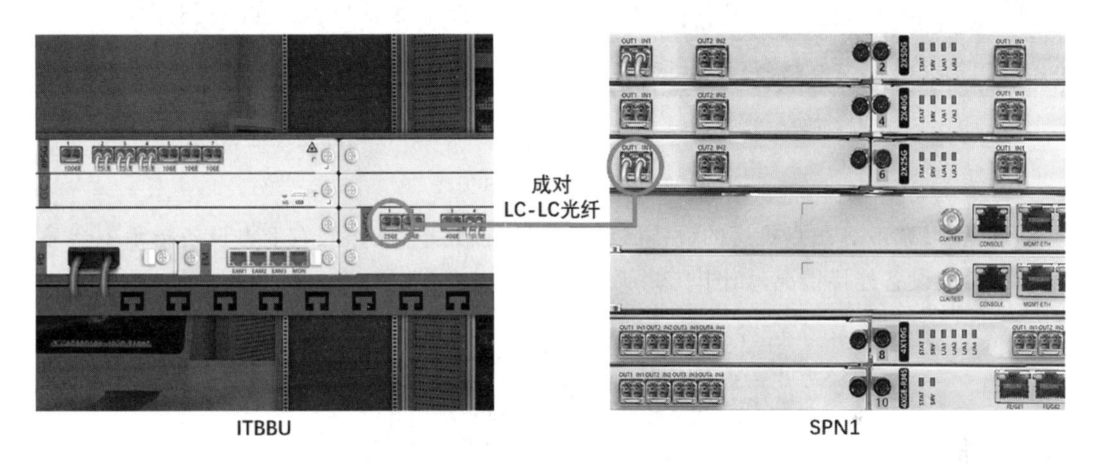

图 4-20　连接 ITBBU 与 SPN

(3) 连接 SPN 与 ODF

从线缆池中选择成对 LC-FC 光纤；点击设备指示中的 SPN1 图标打开 SPN1 面板，点击 1 槽位单板上的 1 号端口(100GE)；点击设备指示中的 ODF 图标打开 ODF 配线架，点击去往兴城市 2 区汇聚机房的端口。连接结果如图 4-21 所示。

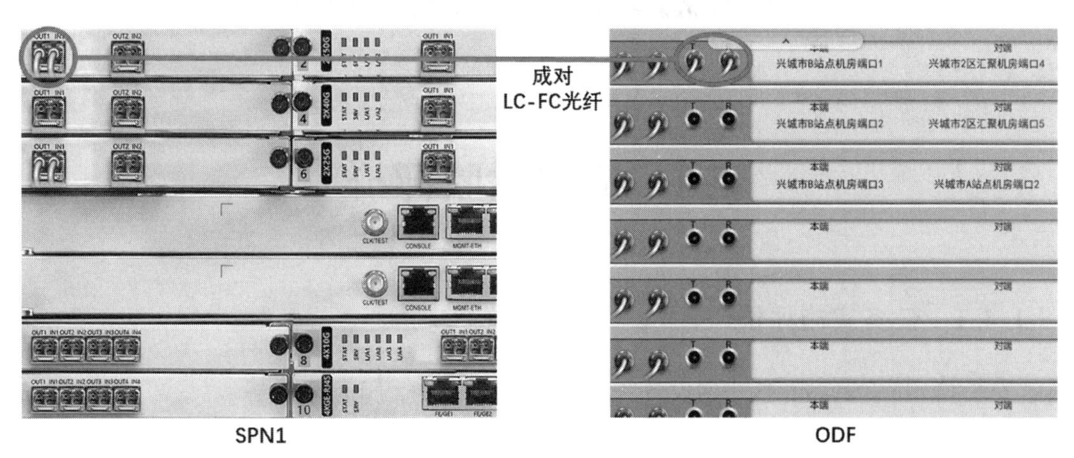

图 4-21　连接 SPN 与 ODF

(4) 连接 GPS 天线

从线缆池中选择 GPS 馈线；点击设备指示中的 ITBBU 图标打开 ITBBU 面板，点击 ITGPS 端口；点击设备指示中的 GPS 图标显示 GPS 天线，点击天线下方的 IN 端口。连接结果如图 4-22 所示。

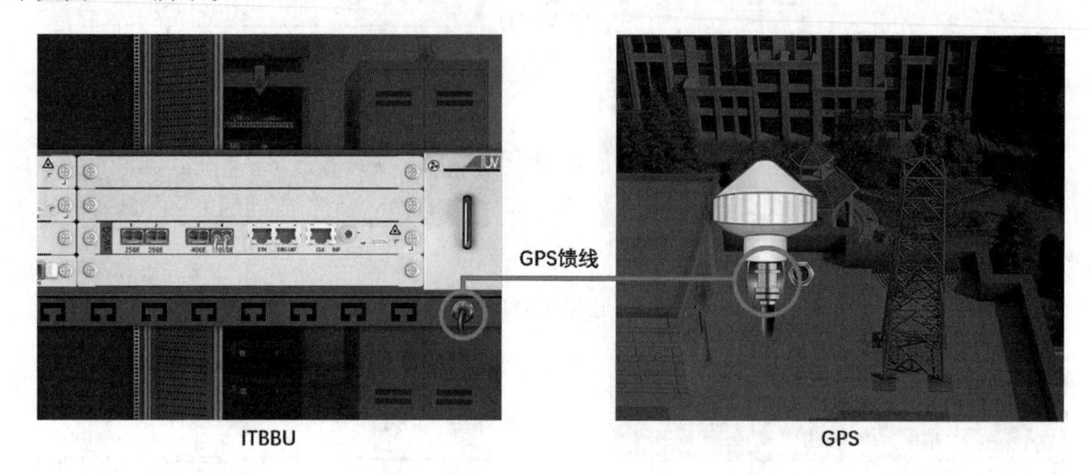

图 4-22 连接 GPS 天线

到这里，兴城市 B 站点机房的设备已经安装、连接完毕，操作区右上方设备指示中会显示出当前机房的设备连接情况，如图 4-23 所示。

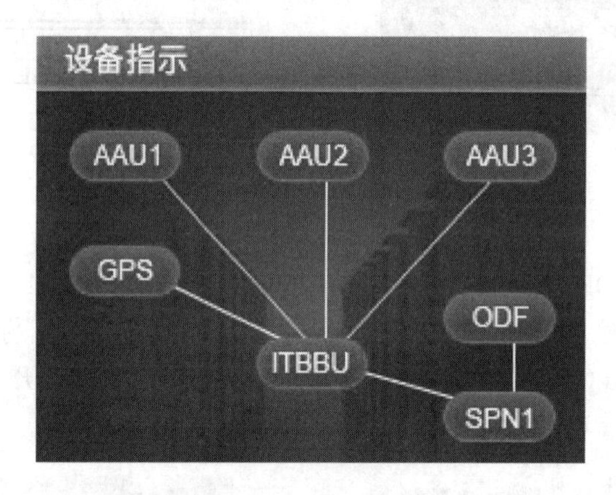

图 4-23 兴城市 B 站点机房的设备连接情况

4.4 成果验收评价

4.4.1 任务实施评价

“安装 Option2 基站及核心网设备”任务评价表如表 4-2 所示。

表 4-2　"安装 Option2 基站及核心网设备"任务评价表

任务 4　安装 Option2 基站及核心网设备				
班级		小组		
评价要点	评价内容	分值	得分	备注
专业知识 (45 分)	Option2 的网络结构	5		
	Option2 核心网中各网络功能	15		
	5G 核心网的编码方案	10		
	5G 基站的组成和建设技术	15		
任务实施 (45 分)	明确工作任务和目标	5		
	安装 Option2 核心网设备	5		
	连接 Option2 核心网设备	15		
	安装 Option2 基站设备	5		
	连接 Option2 基站设备	15		
操作规范 (10 分)	按规范操作，防止损坏设备	5		
	保持环境卫生，注意用电安全	5		
合计		100		

4.4.2　思考与练习题

1. 在 Option2 组网模式下，5G 系统采用什么架构？有什么优点？
2. 在 Option2 组网模式下，5G 核心网由哪些网络功能组成？
3. 简述 Option2 组网模式下 5G 核心网中的各个网络功能。
4. 简述用户永久标识(USPI)的作用和结构。
5. 简述移动用户综合业务数字网络标识(MSISDN)的作用和结构。
6. 简述国家移动终端设备标识(IMEI)的作用和结构。
7. 简述跟踪区标识(TAI)的作用和结构。
8. 什么是 MR 技术？
9. 什么是 64QAM 技术？
10. 5G 基站产生干扰的原因是什么？如何减小干扰？

任务 5　配置 Option2 基站及核心网数据

【学习目标】

➢ 了解 5G 关键技术(速率提升、频效提升、覆盖增强、低延时、灵活部署)
➢ 完成 Option2 模式下 5G 核心网数据的配置
➢ 完成 Option2 模式下 5G 基站数据的配置
➢ 完成 Option2 模式下 5G 基础优化数据的配置

5.1　工作背景描述

根据规划正确配置基站及核心网数据，开通并测试各种移动业务是 5G 移动网络建设过程中最重要的一步，也是拓展移动业务的关键。本次任务使用 5G 组网仿真软件完成基站和核心网机房的数据配置及业务测试，为后续与承载网对接打下基础。数据配置与测试针对兴城市进行，采用 Option2 组网模式，基站部署在繁华的中心商务区。

本次 5G 基站及核心网数据配置与业务测试工作共涉及 2 个机房。无线接入侧为兴城市 B 站点机房，核心网侧为兴城市核心网机房。兴城市核心网机房中安装有通用服务器和交换机，B 站点机房中安装有 ITBBU 和 SPN。其中，ITBBU 包含 CU 和 DU，采用合设方式。兴城市核心网和基站 IP 地址规划如图 5-1 所示，图中承载网与 DU、CUCP 和 CUUP 之间的3 条虚线为 1 条物理连接线上的 3 条逻辑链路；同样，交换机与核心网中各个网络功能之间的 8 条虚线也为 1 条物理连接线上的 8 条逻辑链路。

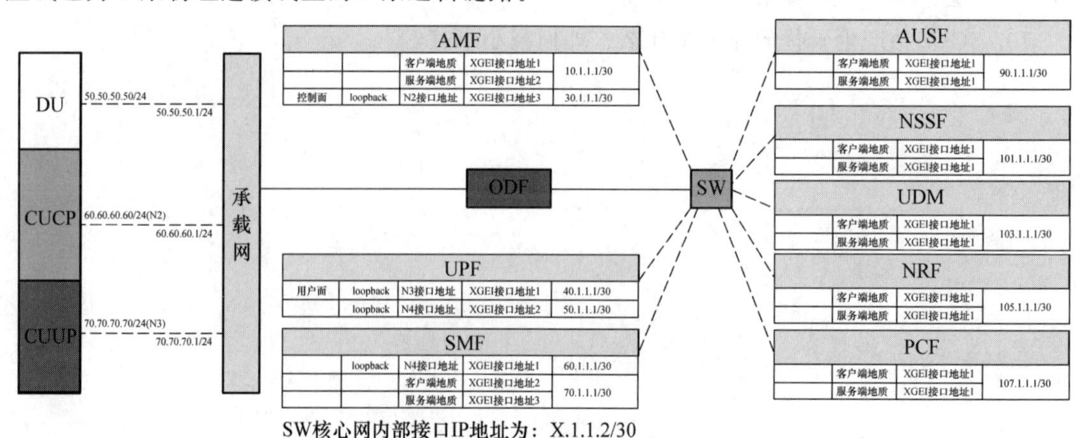

图 5-1　兴城市核心网和基站 IP 地址规划

由于采用 Option2 组网模式，兴城市 B 站点只包含 5G 基站，5G NR 小区无线参数规划如表 5-1 所示。

表 5-1　兴城市 5G NR 小区无线参数规划

参数名称	5G NR 小区 1	5G NR 小区 2	5G NR 小区 3
移动国家号(MCC)	460	460	460
移动网号(MNC)	01	01	01
公共陆地移动通信网(PLMN)	46 001	46 001	46 001
无线制式	TDD	TDD	TDD
网络模式	SA	SA	SA
AAU 频段	3 400～3 800 MHz	3 400～3 800 MHz	3 400～3 800 MHz
AAU 收发模式	16×16	16×16	16×16
基站标识	3	3	3
CU 小区标识	1	2	3
DU 标识	2	2	2
DU 小区标识	1	2	3
跟踪区域码(TAC)	1111	1111	1111
物理小区 ID(PCI)	4	5	6
频段指示	78	78	78
中心载频(绝对频点)	630 000	630 000	630 000
下行 Point A 频点	626 760	626 760	626 760
上行 Point A 频点	626 760	626 760	626 760
系统带宽(RB)	270	270	270
SSB 测量频点	630 000	630 000	630 000
测量子载波间隔	30 kHz	30 kHz	30 kHz
系统子载波间隔	30 kHz	30 kHz	30 kHz
小区 RE 参考功率(0.1 dBm)	156	156	156
UE 最大发射功率	23	23	23

5.2　专业知识储备

5.2.1　速率提升技术

随着移动通信从 1G 到 5G 不断演进，数据传输速率也不断提升，如图 5-2 所示。1G 模拟时代，典型终端设备是大哥大，不能上网；2G 时代初期，终端设备不能直接上网。直到 2.5G 技术出现(中国移动 GSM 网引入的 GPRS 技术，中国联通 CDMA 引入的 CDMA 1x 技术)，手机才能实现低速上网；3G 时代，网速最快的是 WCDMA，建设后期，中国联通宣称推出 21 Mbit/s的速率；4G LTE 时代，刚开始就实现了 100 Mbit/s 的速率，由于后面采用多天线技术，理论速率可以达到 400 Mbit/s；5G 时代，速率直接按 Gbit/s 计算。理论峰值可达到 10 Gbit/s(等于 10 240 Mbit/s)。目前，实测的 5G 网速基本上可以达到 4G 网速的 20 倍以上。

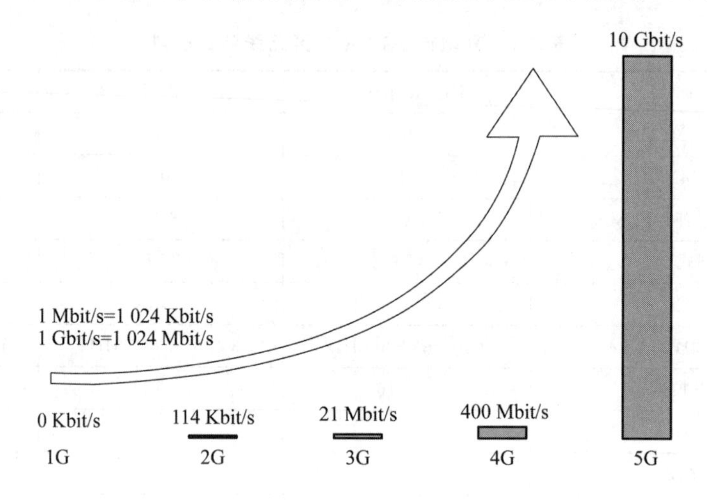

图 5-2　移动通信系统网络速率对比

1. 高频段传输(毫米波)

无线上网的"网速"，与通信专业中的"信道容量"有关。所谓信道，是指信号在通信系统中的传输通道，可以是电线、光纤，也可以是空气中的电磁波。"信道容量"即信息在通道中传输速率的上限。任何信道不可能无限增加信息的传输速率。比如，信道就像城市道路，信号就像汽车。一条道路上的车流量会受到道路宽度、车辆速度等因素的影响，任何道路都不能无限增加车流量。

1948 年，美国的信息论专家香农(Shannon)发表了划时代论文《通信的数学理论》。在论文中，香农提出并严格证明了在被高斯白噪声干扰的信道中，计算最大信息传送速率 C 的公式为

$$C=W\log_2(1+S/N)$$

式中：W 是信道带宽(单位为 Hz)，S 是信道内所传信号的平均功率(单位为 W)，N 是信道内部的高斯噪声功率(单位为 W)。显然，信道容量与信道带宽成正比，同时还取决于系统信噪比以及编码技术种类。

5G 对数据传输速率的要求较 4G 大幅提高，需要大带宽作为支撑。一般而言，增加无线传输的传输速率有两种方法，即增加频谱带宽和增加频谱利用率。如今，常用的中低频段已十分拥挤，提高频谱利用率较为困难。通过使用毫米波(mmWave)增加频谱带宽的方法更加简单。毫米波是指波长在毫米数量级的电磁波，其频率大约在 30～300 GHz 之间。根据通信原理，无线通信的最大信号带宽大约是载波频率的 5%。因此，载波频率越高，可实现的信号带宽也就越大。在毫米波频段中，以 28 GHz 频段为例，其可用频谱带宽达到了 1 GHz，而 60 GHz 频段每个信道的可用信号带宽则为 2 GHz。相比之下，4G LTE 频段在 2 GHz 左右，可以使用的最大带宽是 100 MHz，数据速率不超过 1 Gbit/s。因此，如果使用毫米波频段，频谱带宽轻轻松松就翻了 10 倍，传输速率也可得到巨大提升。

信道带宽(Bandwidth)是指信道允许通过的频率通带范围；不是所有的信道带宽都可以用来传输数据资源，由于信道外的辐射要求限制，实际有效的传输资源带宽是小于信道带宽的，最大的传输资源带宽称为传输带宽配置(Transmission Bandwidth Configuration，TBC)；保护带是存在于信道带宽和传输带宽配置之间的频谱。信道带宽和传输带宽配置的定义如图 5-3所示。

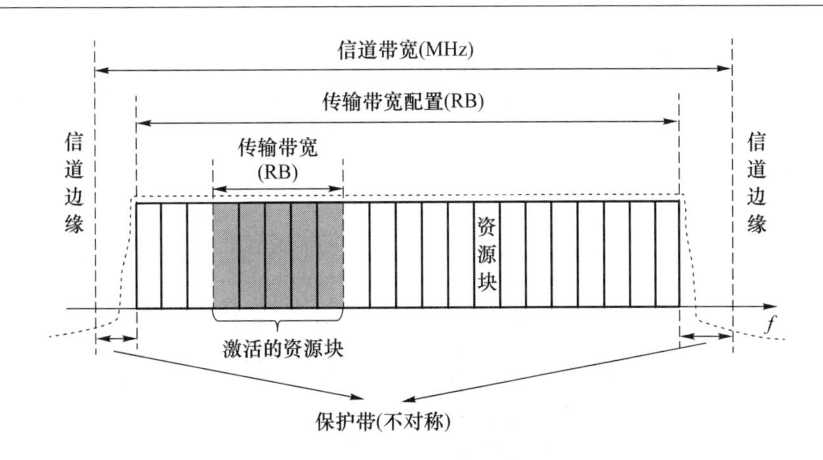

图 5-3　信道带宽和传输带宽配置

频谱利用率是指传输带宽配置在信道带宽中的占比,即:TBC/信道带宽。5G 使用毫米波后,不仅可以获得大带宽,而且还能够获得更高的频谱利用率,如图 5-4 所示。

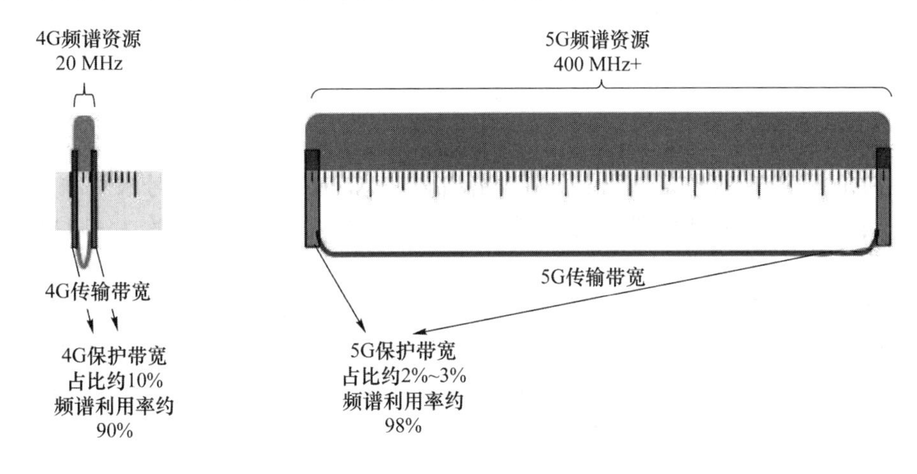

图 5-4　4G 和 5G 频谱利用率的对比

2. 大规模 MIMO

多进多出(Multiple-Input Multiple-Output,MIMO)就是用多根天线发送,用多根天线接收。大规模 MIMO(Massive MIMO)或称大规模天线阵列是第五代移动通信技术(5G)中提高系统容量和频谱利用率的关键技术,如图 5-5 所示。大规模 MIMO 最早由美国贝尔实验室研究人员提出,研究发现,当小区的基站天线数目趋于无穷大时,加性高斯白噪声和瑞利衰落等负面影响全都可以忽略不计,数据传输速率能得到极大提高。

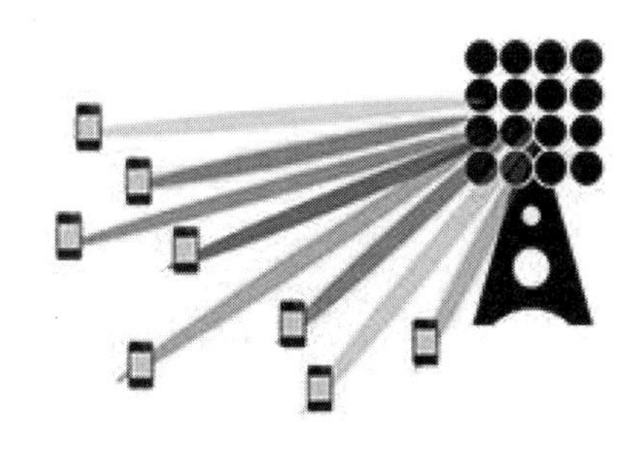

图 5-5　大规模 MIMO

(1) 大规模 MIMO 的特点

① 天线数量多:传统 TDD 网络的天线基本是 2/4/8 个天线,而大规模 MIMO 天线数可以达到 64/128/256 个。

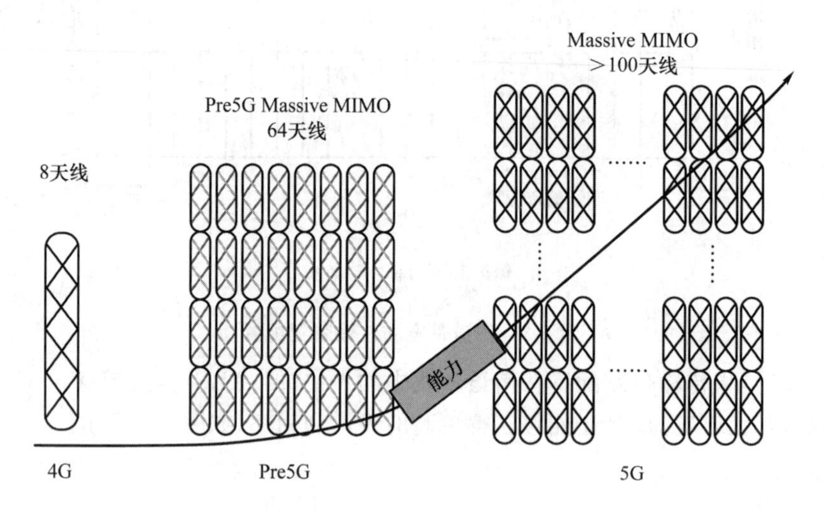

图 5-6 天线数量

② 三维覆盖:传统的 MIMO 称为 2D-MIMO,实际信号在做覆盖时,只能在水平方向移动,垂直方向是不动的,信号类似一个平面发射出去;大规模 MIMO 在信号水平维度空间的基础上引入了垂直维度空域进行利用,信号的辐射状是个电磁波束,因此也称为 3D-MIMO。

(2) 大规模 MIMO 的类型

① 采用"空间复用技术":不同天线传输不同信号,实现速率提升,是提升容量的关键技术之一。基站能实现 64T64R 支持 16 流并行传输,手机能支持 2T4R 上行双流、下行四流。

② 采用"分集技术":通过多个天线传输相同信号,当一路信号丢失,其他天线的信号继续传输,且可在空中传播环境差的情况下采用。

③ 采用"波束赋形技术":通过多个波束使能量集中在特定用户上,多个波束传输相同的信号,可提升信号质量,增强覆盖。

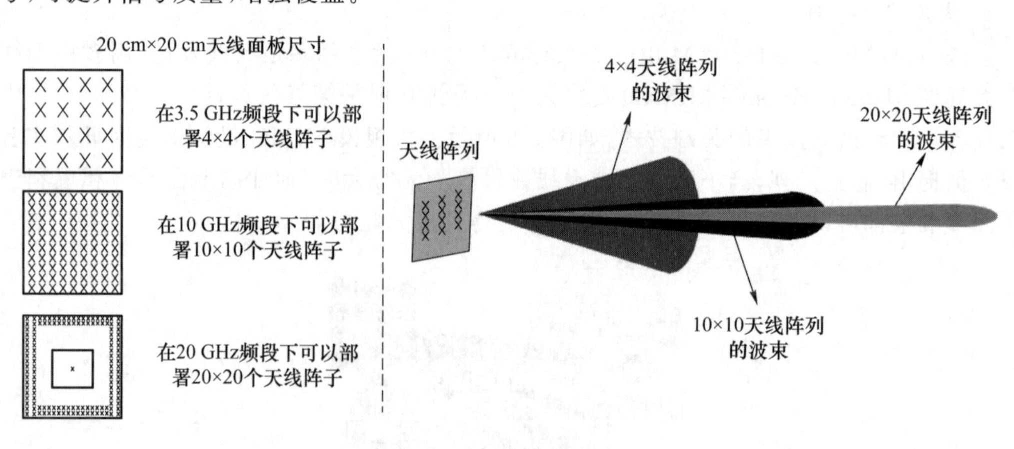

图 5-7 波束赋形

(3) 大规模 MIMO 的优势

① 高能量效率:大规模 MIMO 系统可形成更窄的波束,集中辐射于更小的空间区域内,

从而使基站与 UE 之间的射频传输链路上的能量效率更高，减少基站发射功率损耗，是构建未来高能效绿色宽带无线通信系统的重要技术。

② 高复用增益和分集增益：大规模 MIMO 系统的空间分辨率与传统 MIMO 系统相比显著提高，它能深度挖掘空间维度资源，使得基站覆盖范围内的多个用户在同一时频资源上利用大规模 MIMO 提供的空间自由度与基站同时进行通信，提升频谱资源在多个用户之间的复用能力，从而在不需要增加基站密度和带宽的条件下大幅度提高频谱效率。

③ 高空间分辨率：大规模 MIMO 系统具有更好的鲁棒性能。由于天线数目远大于 UE 数目，系统具有很高的空间自由度和很强的抗干扰能力。当基站天线数目趋于无穷时，加性高斯白噪声和瑞利衰落等负面影响全都可以忽略不计。

相比 4G LTE 的传输载波，毫米波带来了诸多好处，当然也有不少的缺陷。其中，最大的缺陷就是毫米波的路损（Path-Loss）和雨衰（Rain-Attenuation）。简而言之，毫米波"传不远"。这对于毫米波在 5G 通信中的实际应用无疑是一个极大的挑战。解决这一问题的途径就是利用大规模 MIMO。使用大规模 MIMO，可以在空间中将信号能量集中在极窄的波束里并精确指向下行用户，从而最大化在该方向的传播距离。另外，由于天线尺寸与信号波长成正比，大规模 MIMO 天线阵列可以很容易地布置在毫米波系统中，而不占用太大的空间。

3. 高阶调制

调制解调就是常说的 Modem，其实是 Modulator（调制器）与 Demodulator（解调器）的简称，中文称为调制解调器。简单理解，调制是把数字信号转换为相应的模拟信号，也叫 D/A 转换；解调是把模拟信号还原为数字信号，也称 A/D 转换。

调制有调幅，调相，调频三种方式。正交振幅调制（Quadrature Amplitude Modulation，QAM）的幅度和相位同时变化，其优点是每个符号包含的比特个数较多，从而可获得更高的系统效率，如图 5-8 所示。从 4G 到 5G，数据传输速率提升的重要原因之一就是 QAM 调制率的增加。当调制率从 64QAM 提高到 256QAM，速率可在原有基础上提高 1/3，能够把小区的容量最大化。

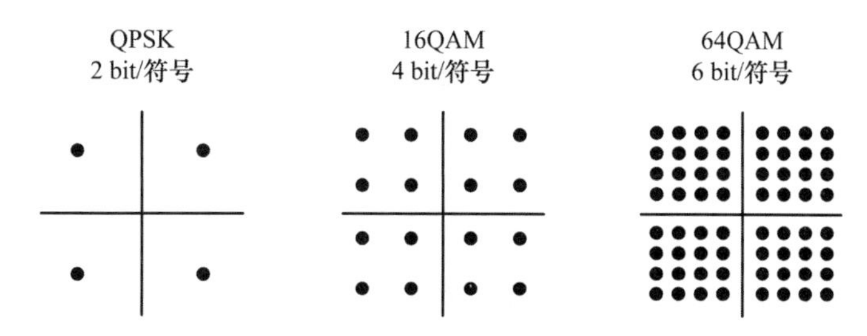

图 5-8　正交振幅调制星座图

4. LDPC 码

低密度奇偶校验码（Low-density Parity-check，LDPC）是由麻省理工学院 Robert Gallager 博士于 1962 年提出的一种高效前向信道纠错码。LDPC 码是线性分组码，校验矩阵有一定的稀疏性，具有逼近香农极限的良好性能。译码过程高效，复杂度和时延都比较低。LDPC 码、极化码（Polar）、涡轮码（Turbo）性能比较如表 5-2 所示。3GPP 最终确定了 5G eMBB 场景的信道编码技术方案。其中，Polar 码作为控制信道的编码方案，LDPC 码作为数据信道的编码方案。

表 5-2 三种编码的性能比较

编码类型	纠错能力	扩展性	延时	复杂度
LDPC 码	连续的突发差错对译码的影响不大，编码本身就具有抗突发错误的特性	只有检错和纠错能力	需要在码长比较长的情况才能充分体现性能上的优势，所以编码时延也比较大	低
极化码(Polar)	不具备纠错能力，但理论上可极化出绝对干净的信道	无，需要结合循环冗余码、奇偶校验码等实现检错和纠错	低延时	高
涡轮码(Turbo)	最低，在 5G 标准投票中已被淘汰	只有检错和纠错能力	依靠反复迭代进行译码，延时较大	高

5. 全双工

全双工是指设备的发射机和接收机占用相同的频率资源同时进行工作，使得通信两端的上下行可以在相同时间使用相同的频率，突破了现有的频分双工（Frequency Division Duplexing，FDD）和时分双工（Time Division Duplexing，TDD）模式，这是通信节点实现双向通信的关键之一，也是 5G 所需的高吞吐量和低延迟的关键技术，如图 5-9 所示。

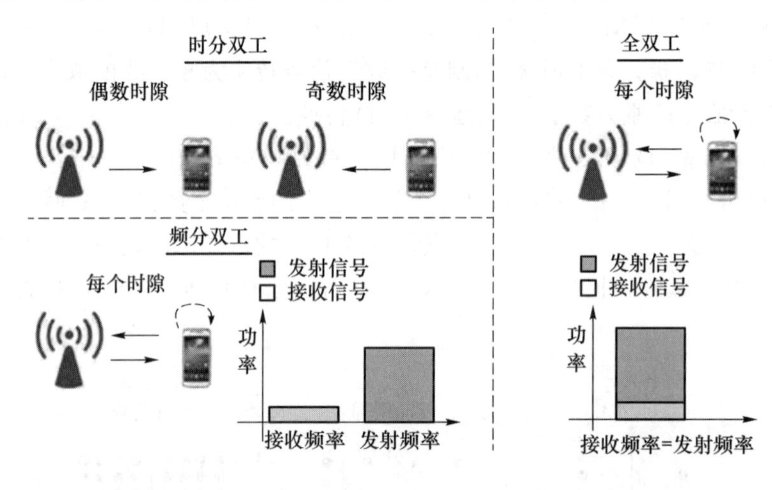

图 5-9 全双工

6. 设备到设备

设备到设备(Device to Device，D2D)是两个对等的用户节点之间直接进行通信的一种通信方式。在由 D2D 通信用户组成的分布式网络中，每个用户节点都能发送和接收信号，并具有自动路由的功能。网络的参与者共享它们所拥有的一部分硬件资源，包括信息处理、存储以及网络连接能力等。这些共享资源向网络提供服务和资源，能被其他用户直接访问而不需要经过中间实体。在 D2D 通信网络中，用户节点同时扮演服务器和客户端的角色，用户能够意识到彼此的存在，构成一个虚拟或者实际的群体。

在目前的移动通信网络中，即使是两个人面对面拨打手机(或手机对传照片)，信号也是通过基站进行中转的，包括控制信令和数据包。而在 5G 时代，这种情况就不一定了。如果是同一基站下的两个用户进行通信，他们的数据将不再通过基站转发，而是直接手机到手机，也就是“设备到设备”，如图 5-10 所示。这样就节约了大量的空中资源，降低了用户通信的成本，也减轻了基站的压力。当然，控制消息还是要通过基站占用频谱资源进行传输。

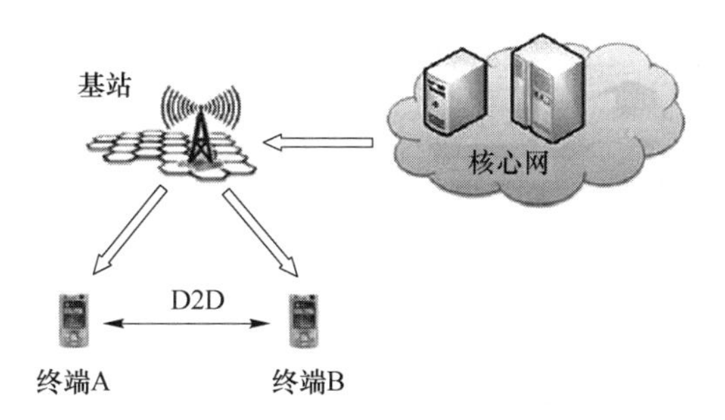

图5-10 设备到设备

5.2.2 频效提升技术

1. 灵活的正交频分复用

频分多址(Frequency Division Multiplexing Access，FDMA)是给不同用户分配不同频率资源(GSM，WCDMA制式使用)。由于不同用户频率之间有保护间隔，因此频率使用效率不高。正交频分多址(Orthogonal Frequency Division Multiplexing Access，OFDMA)给不同用户分配不同频率资源，子载波之间是正交重叠的，极大提高了频率使用效率，已经在4G LTE系统中得到了广泛应用。

但由于OFDM空口技术在整个系统带宽上只支持一种固定的参数配置(如循环前缀长度、子载波间隔等)，所以对频率偏差敏感。灵活的正交频分复用(Filtered-Orthogonal Frequency Division Multiplexing，F-OFDM)是基于OFDM的改进方案，既能兼容4G LTE系统，又能满足未来5G发展的需求。F-OFDM能为不同业务提供不同的子载波带宽和CP配置，以满足不同业务的时频资源需求。

2. 灵活的帧结构

5G的帧由固定结构和灵活结构两部分组成，如图5-11所示。与LTE相同，无线帧(Radio Frame)和子帧(Subframe)的长度固定，从而允许更好保持LTE与NR间共存。这样的固定结构有利于LTE和NR共同部署模式下时隙与帧结构的同步，简化小区搜索和频率测量。不同的是，为了支持5G多种多样的部署场景，适应从低于1 GHz到毫米波的频谱范围，5G NR定义了灵活的子构架，时隙(Slot)和符号(Symbol)长度可根据子载波间隔灵活定义。也就是说，其子载波间隔可以在15～240 kHz之间选择，时隙和相应的循环前缀(CP)同时进行成比例的调整。另外，5G定义了一种子时隙构架(Mini-Slot)，主要用于超高可靠低时延(URLLC)应用场景。

5.2.3 覆盖增强技术

5G大带宽是通过较高频段实现的，比如我国分配给5G的频段分别是2.6 GHz、3.5 GHz以及4.9 GHz。相对4G使用的频段，5G的高频路径损耗大，覆盖范围小。连续广域覆盖是移动通信最基本的覆盖方式，要求保证用户业务连续性，无论静止还是高速移动，无论覆盖中心还是覆盖边缘，用户都能够随时随地获得100 Mbit/s以上的体验速率。为了实现连续广域覆盖，5G在覆盖方面做了增强设计。

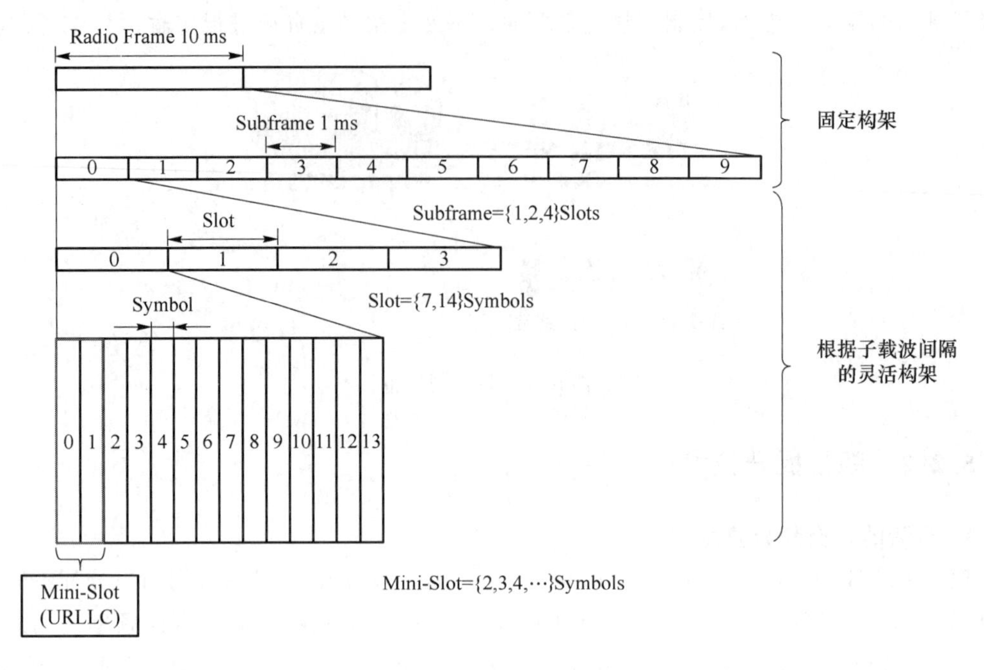

图 5-11　5G 的灵活帧结构

1. 密集网络(微基站)

电磁波频率越高,波长越短,绕射能力越差,趋近于直线传播。为避免出现盲区,必须将基站变小并增加基站数量。同时,高频信号在传播介质中衰减大,传输距离短,覆盖能力减弱。覆盖同一个区域,需要的 5G 基站数量将大大超过 4G,只能采用微基站,如图 5-12 所示。

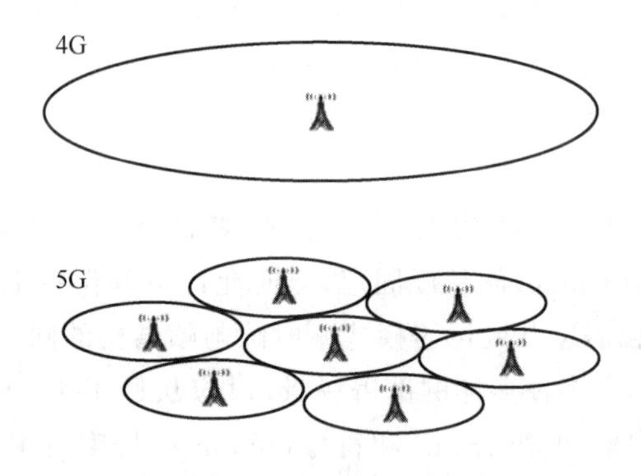

图 5-12　5G 基站数量超过 4G

移动通信具有远近效应,即距离基站近的用户信号太强,而距离基站远的用户信号又太弱。为了解决这一问题,必须采用小基站。这与冬天一群人在房子里取暖相似,使用一个大功率取暖器没有使用几个小功率取暖器舒服,如图 5-13 所示。

根据大小,基站可分为微基站和宏基站两类。顾名思义,微基站很小,宏基站很大。微基站主要用在城区和室内,最小的只有手掌那么大;宏基站常见于室外,建一个覆盖一大片区域。

2. 辅助上行链路(上下行解耦)

下行链路的基站与上行链路的手机发射功率具有很大差异,基站可以上百瓦的功率发射,而手机的发射功率通常仅在毫瓦级,限制了小区覆盖范围。众所周知,当电磁波的频率越高,随传播距离的衰减越严重。在 5G 时代,使用的频段越来越高,加上基站因大规模阵列天线增益,会导致上下行覆盖不平衡的现象越发严重。

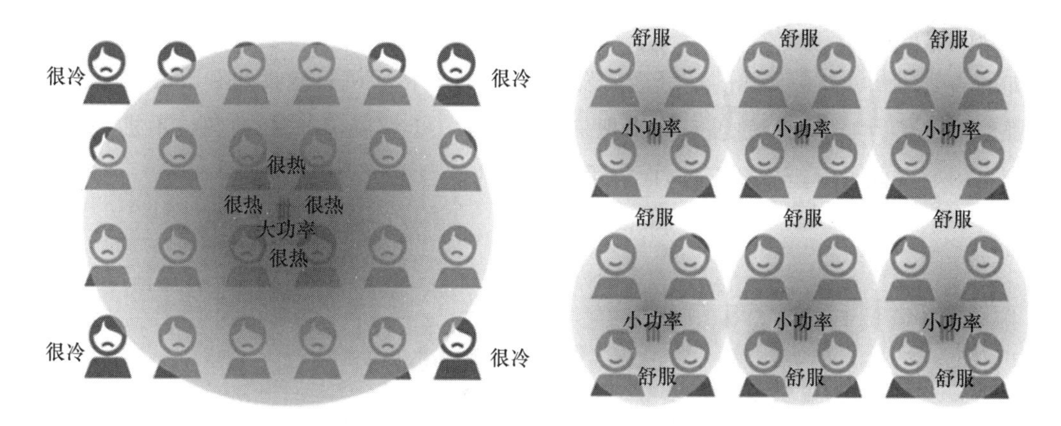

图 5-13　微基站有利于解决远近效应

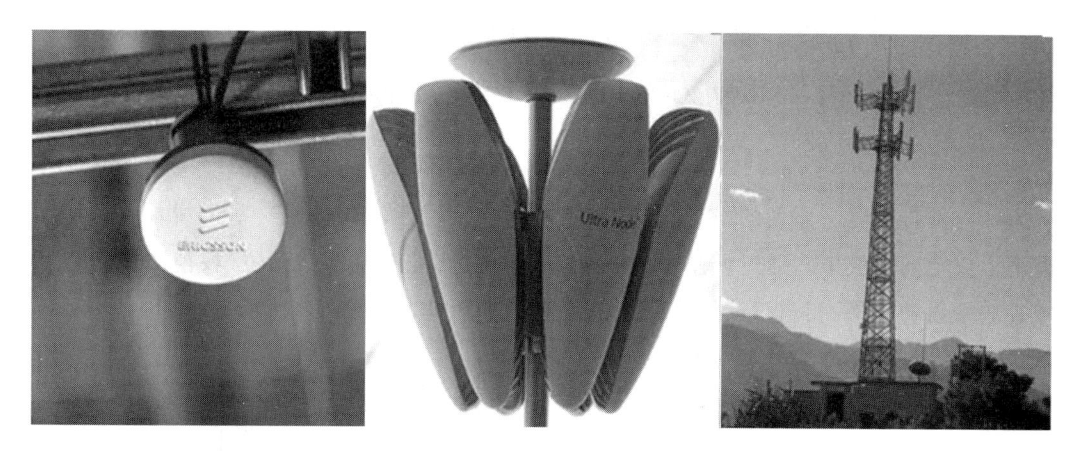

图 5-14　微基站与宏基站

为解决这一问题，5G 采用了上下行解耦的部署策略，通过补充提供一个辅助上行链路(Supplementary Uplink，SUL)来保证手机的上行覆盖。辅助上行链路一般处于低频段，如 LTE 频段。因此，5G 定义了新的频谱配对方式，使下行数据在 3.5 GHz、3.7 GHz、4.9 GHz 等高频段传输，而上行数据在 1.8 GHz、2.1 GHz 等低频段传输，从而提升了上行覆盖，如图 5-15 所示。

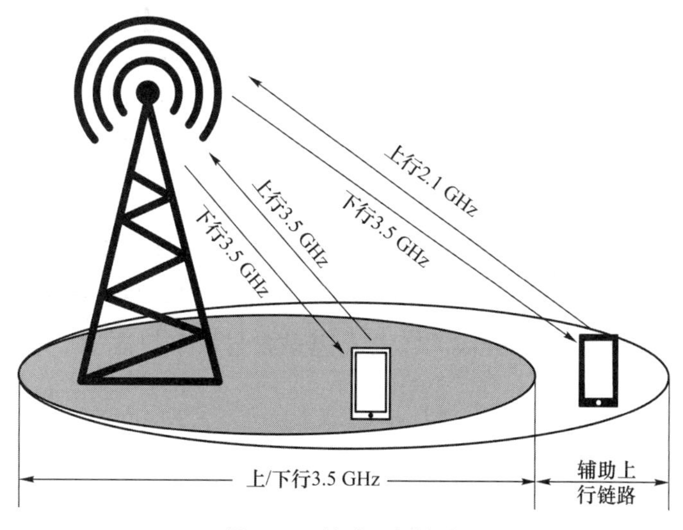

图 5-15　辅助上行链路

3. 波束赋形

如图 5-16 所示,如果天线的信号全向发射的话,这几台手机只能收到有限的信号,大部分能量都浪费掉了。如果能通过波束赋形把信号聚焦成几个波束,专门指向各台手机发射的话,承载信号的电磁能量就能传播更远,而且手机收到的信号也就会更强。

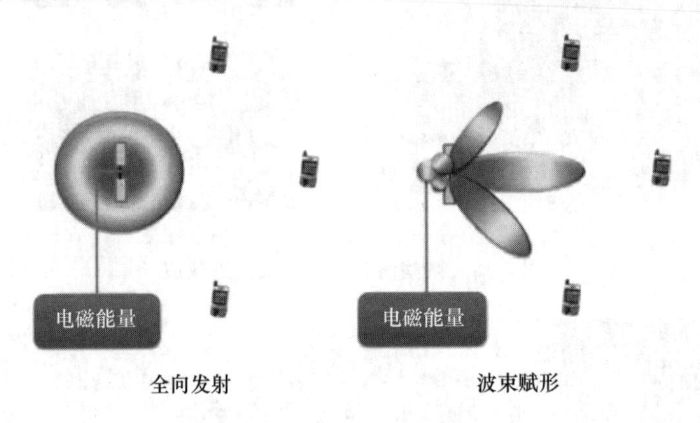

图 5-16　全向发射与波束赋形

天线内部排布着一系列的电磁波源,称作振子(或者天线单元)。这些天线单元利用干涉原理来形成定向的波束。通过调整不同天线单元发射信号的振幅和相位(权值),就可以达到信号叠加增强的结果,相当于天线阵列把信号对准了手机,如图 5-17 所示。

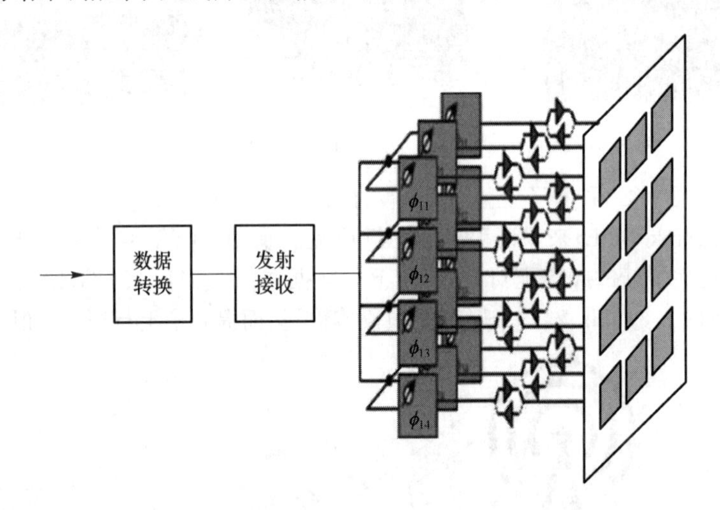

图 5-17　波束赋形的实现方法

5G 高频基站的覆盖是由多个不同指向的波束所组成,同时 UE 的天线也会具有指向性,波束管理的核心任务是找到具有最佳性能的发射-接收波束对。波束管理有 3 类过程,分别是"基站发射与 UE 接收都进行波束扫描""只进行基站发射波束扫描"和"只进行 UE 接收波束扫描",如图 5-18 所示。

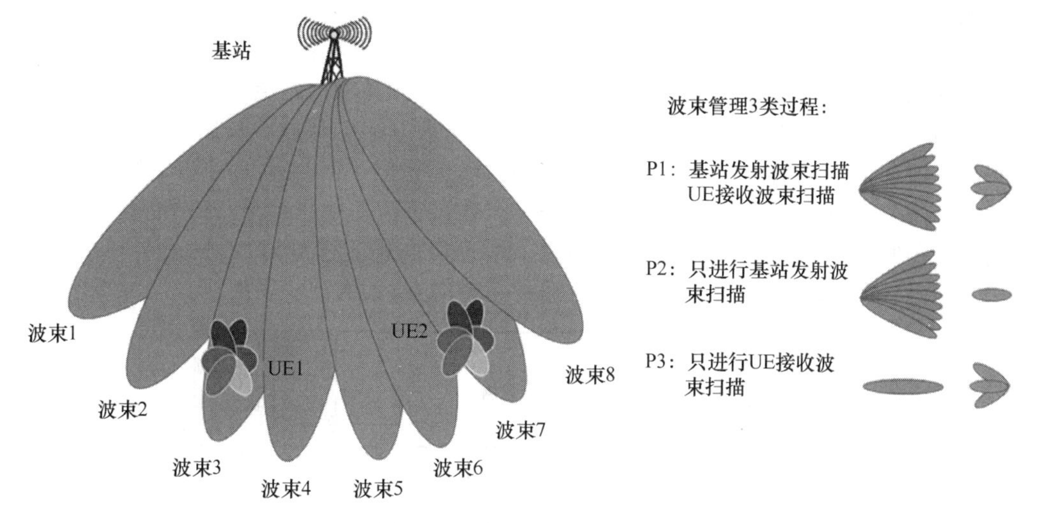

图 5-18　波束管理 3 类过程

5.2.4　低延时技术

1. CU 与 DU 分离

为实现数据的低延时传输，5G 基站功能重构为集中控制单元(Centralized Unit，CU)和分布单元(Distributed Unit，DU)两个功能实体。两者功能以处理内容的实时性进行区分，如图 5-19所示。其中，CU 主要包括非实时的无线高层协议栈功能，同时也支持部分核心网功能下沉和边缘应用业务的部署；DU 主要处理物理层功能和实时性需求的层 2 功能；5G 基站的天线较小，与 RRU 一起并入 AAU 中。5G 基站重构为 CU、DU 和 AAU 后，可以有 3 种部署方式，分别是 D-RAN、CU 云化 &DU 分布式部署、CU 云化 &DU 集中，如图 2-5 所示，以便适应不同的应用场景，实现低延时传输。

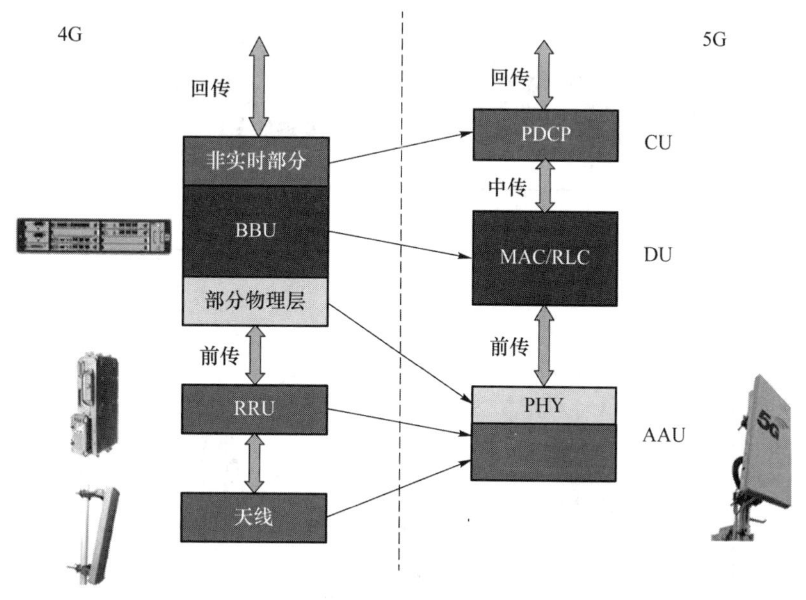

图 5-19　CU 与 DU 的分离

2. 自包含时隙

为实现低延时传输，5G NR 采用了自包含时隙结构，如图 5-20 所示。在新的自包含时隙结构中，每个 5G NR 传输都是模块化处理，具备独立解码的能力，避免了跨时隙的静态时序关系。在 TDD 制式的 5G NR 无线帧中，参考信号、下行控制信息都放在长度为 14 个 OFDM 符号的时隙的前部。当终端接收到下行数据负荷时，已经完成了对参考信号和下行控制信息的解码，能够立刻开始解码下行数据负荷。根据下行数据负荷的解码结果，终端能够在下行到上行切换的保护间隙期间，准备好上行控制信息。一旦切换成上行链路，就发送上行控制信息。这样，基站和终端能够在一个时隙内完成数据的完整交互，大大减少了时延。

图 5-20　自包含时隙

5.2.5　灵活部署技术

1. 集中化无线接入网

集中化无线接入网(Centralized Radio Access Network，C-RAN)除了把 RRU 拉远外，还把 BBU 集中起来，变成 BBU 基带池，如图 5-21 所示。分散的 BBU 变成 BBU 基带池之后，可以统一管理和调度，资源调配更加灵活。一方面，通过集中化的方式，可以极大减少基站机房数量，减少配套设备(特别是空调)的能耗；另一方面，所有的虚拟基站在 BBU 基带池中共享用户的数据收发、信道质量等信息。强化的协作关系使得联合调度得以实现。小区之间的干扰变成了小区之间的协作，大幅提高频谱使用效率，也提升了用户感知。

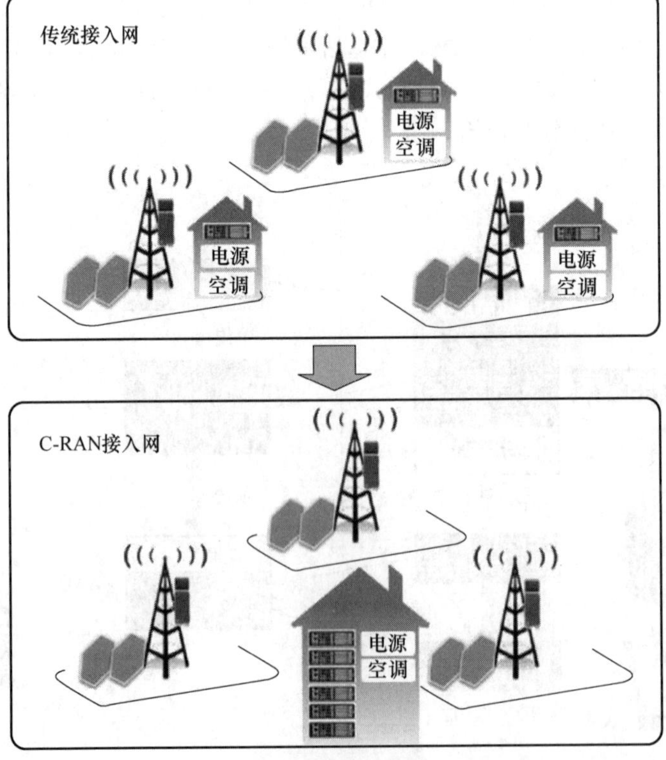

图 5-21　集中化无线接入网

2. 移动边缘计算

随着移动端新业务需求的不断增加,传统网络架构已经无法满足需求。于是有了基于NFV 和 SDN 技术的云化核心解决方案,云计算成为核心网络架构的演进方向,将所有计算放在云端处理,终端只做输入和输出。然而,随着 5G 的到来,终端数量增多,要求更高的带宽、更低的延迟、更高的密度,于是提出了移动边缘计算(Mobile Edge Coumputing,MEC)的概念,在无线侧提供用户所需的服务和云端计算功能的网络架构,如图 5-22 所示。MEC 用于加速网络中各项应用的下载,让用户享有不间断的高质量网络体验,具备超低时延、超高宽带、实时性强等特性。

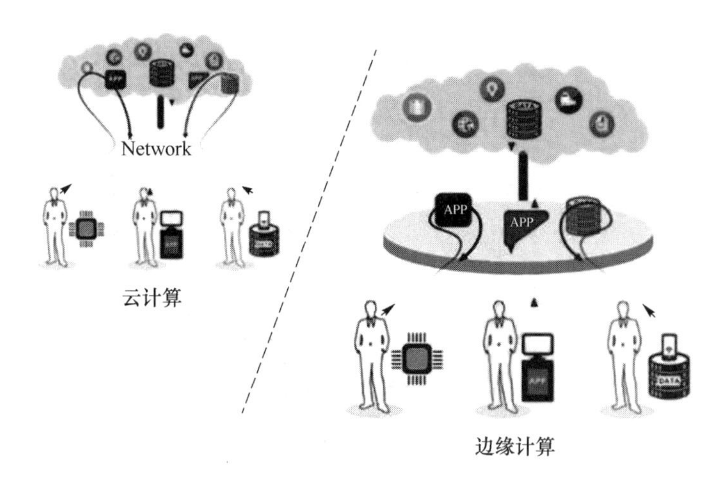

图 5-22　移动边缘计算

3. 网络切片

网络切片是一种按需组网的方式,如图 5-23 所示。也就是说,根据不同的服务需求(时延、带宽、安全性和可靠性等)将物理网络划分为多个虚拟网络,以灵活应对不同网络应用场景。

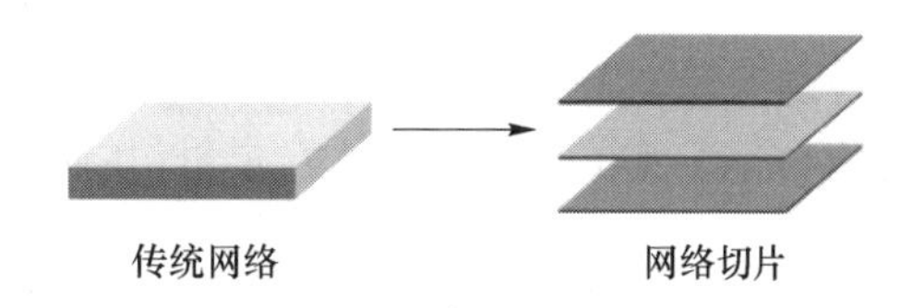

图 5-23　网络切片的概念

如果把网络比喻为交通系统,车辆是用户,道路是网络。随着车辆的增多,城市道路变得拥堵不堪。为了缓解交通拥堵,交通部门不得不根据不同的车辆、运营方式进行分流管理,比如设置快速公交通道、非机动车专用通道等。网络亦是如此,要实现万物互联,连接数量成倍上升,网络必将越来越拥堵,越来越复杂,我们就得像交通管理一样,对网络实行分流管理——网络切片,如图 5-24 所示。

运营商可以在统一的基础设施上切出多个虚拟的端到端网络,每个网络切片从无线接入网到承载网再到核心网在逻辑上隔离,适配各种类型的业务应用,如图 5-25 所示。也就是说,网络切片做到了端到端的按需定制,并能保证隔离性。

图 5-24　网络切片的理解

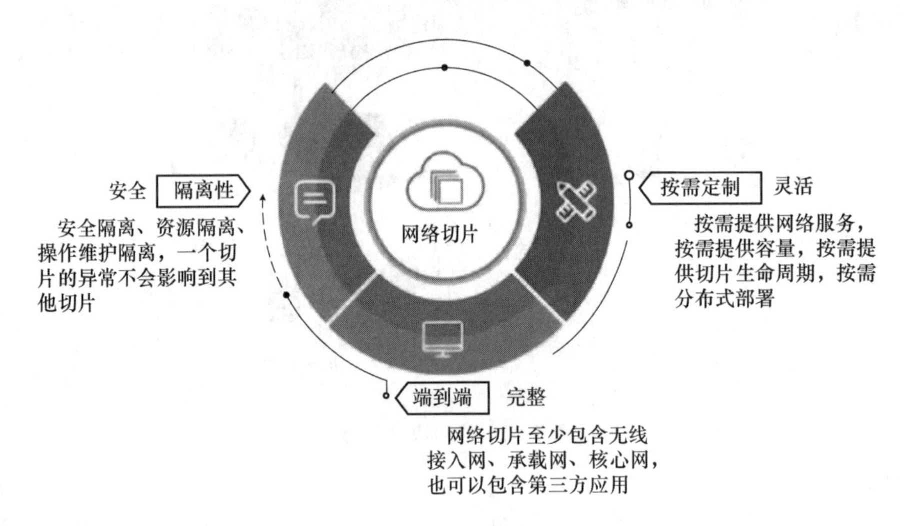

图 5-25　网络切片的特点

(1) 网络切片的先决条件

想实现网络切片，网络功能虚拟化(Network Functions Virtualization，NFV)是先决条件。以核心网为例，NFV 从传统网元设备中分解出软、硬件的部分。硬件由通用服务器统一部署，软件由不同的网络功能(Network Functions，NF)承担，从而实现灵活组装业务的需求，如图 5-26 所示。

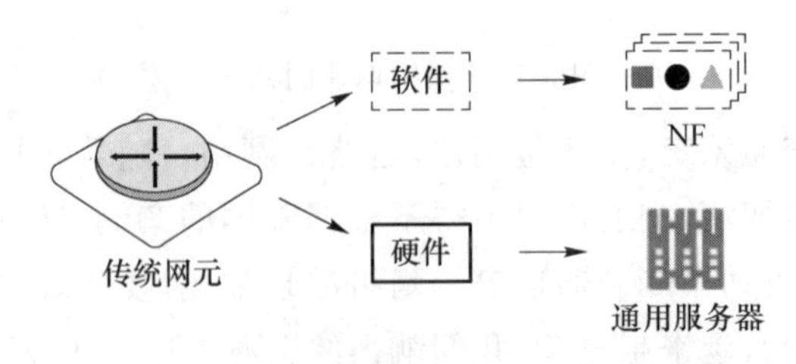

图 5-26　网络功能虚拟化的核心网

于是，“切”的逻辑概念就变成了对资源的重组。重组是根据服务等级协议(Service Level Agreement，SLA)为特定的通信服务类型选择其所需要的虚拟和物理资源。SLA 包括用户数、QoS、带宽等参数，不同的 SLA 定义了不同的通信服务类型，如图 5-27 所示。

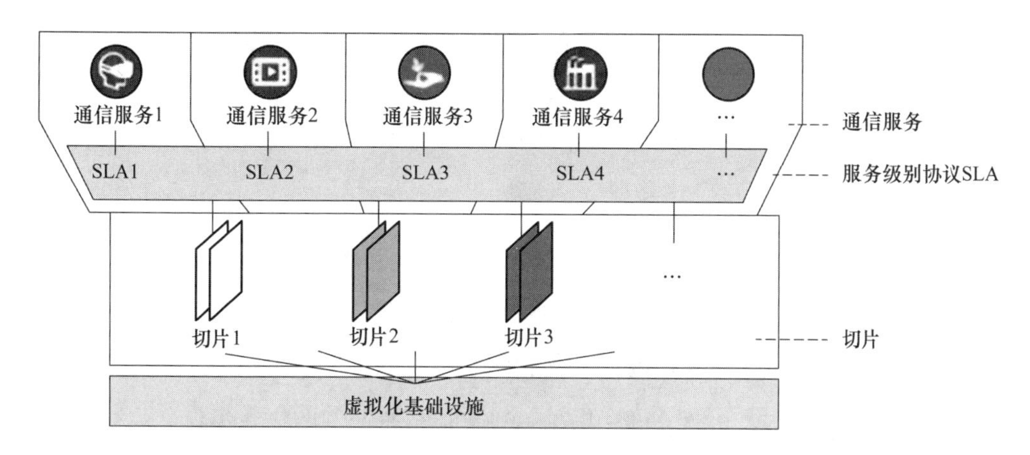

图 5-27　不同的通信服务类型

目前,5G 主流的三大应用场景(eMBB、uRLLC、mMTC)就是根据网络对用户数、QoS、带宽等的不同要求定义的三个通信服务类型,对应三个切片,如图 5-28 所示。

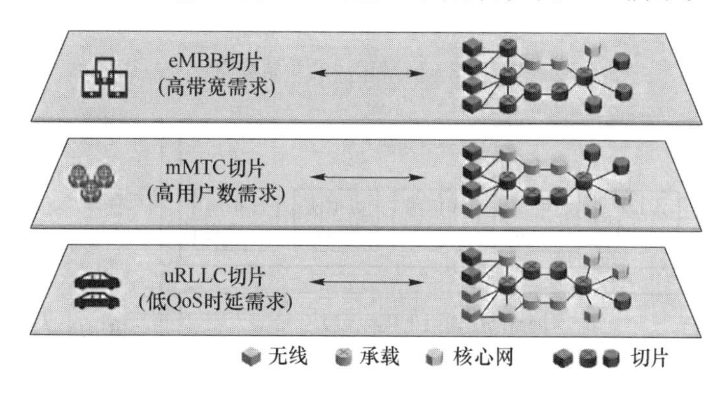

图 5-28　5G 三大应用场景对应的切片

(2) 网络切片的实施步骤

从运营商的角度说网络切片就是编排部署,对应的功能实体有通信服务管理功能(Communication Service Management Function, CSMF)、切片管理功能(Network Slice Management Function, NSMF)、子切片管理功能(Network Slice Subnet Management Function, NSSMF)以及管理和编排(Management and Orchestration, MANO)。编排部署的流程大致分为 6 个步骤,如图 5-29 所示。我们可以将整个网络切片理解为乐团,NSMF/NSSMF 有点像编曲者,它能够从乐器(对应 NFVI)、音色(对应 NF)搭配的角度为乐曲进行编排,并由乐团指挥(对应 MANO)指挥不同的乐器,演奏出美妙的乐曲。当然,网络切片并不仅限于 eMBB、uRLLC、mMTC 这三类,运营商可以根据不同的应用场景将物理网络切出多个虚拟网络。

4. NFV 和 SDN

(1) 网络功能虚拟化

网络功能虚拟化(Network Functions Virtualization, NFV)是一种通过硬件最小化来减少对硬件依赖的更灵活和简单的网络发展模式,如图 5-30 所示。其实质是将网络功能从专用硬件设备中剥离出来,实现软件和硬件解耦后的各自独立,基于通用的计算、存储、网络设备并根据需要实现网络功能及其动态灵活的部署。

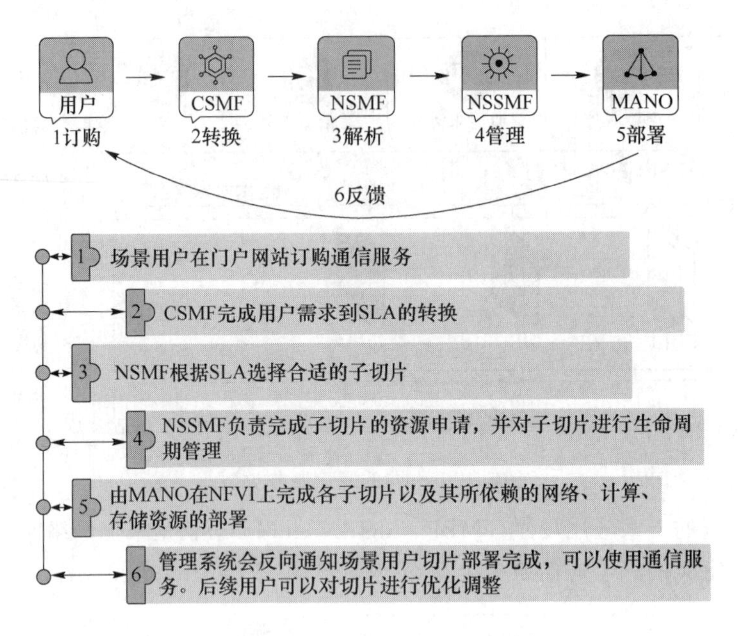

图 5-29　网络切片的实施步骤

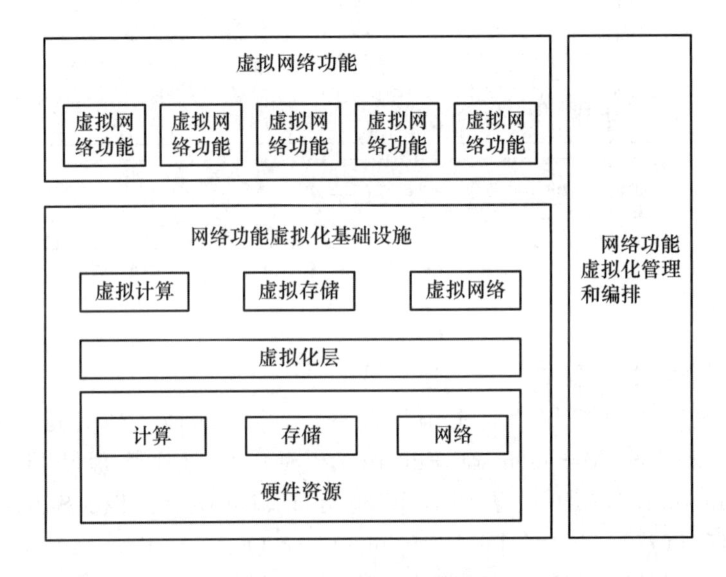

图 5-30　网络功能虚拟化

(2) 软件定义网络

软件定义网络(Software Defined Network,SDN)是一种新兴的、控制与转发分离并直接可编程的网络架构,如图 5-31 所示。其核心是将传统网络设备紧耦合的网络架构解耦成应用、控制、转发三层分离的架构,并通过标准实现网络的集中管控和应用的可变性。

(3) 5G 网络架构的三朵云

结合“云化”网络结构,5G 网络架构建设中需要“三朵云”,即灵活的“无线接入云”智能开放的“控制云”和高效低成本的“转发云”,如图 5-32 所示。

“无线接入云”支持控制和承载分离、接入资源的协同管理,满足未来多种的部署场景;“转发云”将控制功能剥离,转发功能靠近各个基站,将不同的业务能力与转发能力融合。一般来说,会将控制功能部署在数据中心,并通过北向接口来实现移动性管理、会话管理、资源控制和路由寻址等功能;“控制云”实现网络控制功能集中,网元功能具备虚拟化、软件及其重构性,支持第三方网络能力开放。总的来说,NFV 负责虚拟网元,形成“点”;SDN 负责网络连接,形成“线”;所有网络连接都部署在虚拟化云平台中,云计算形成了“面”。

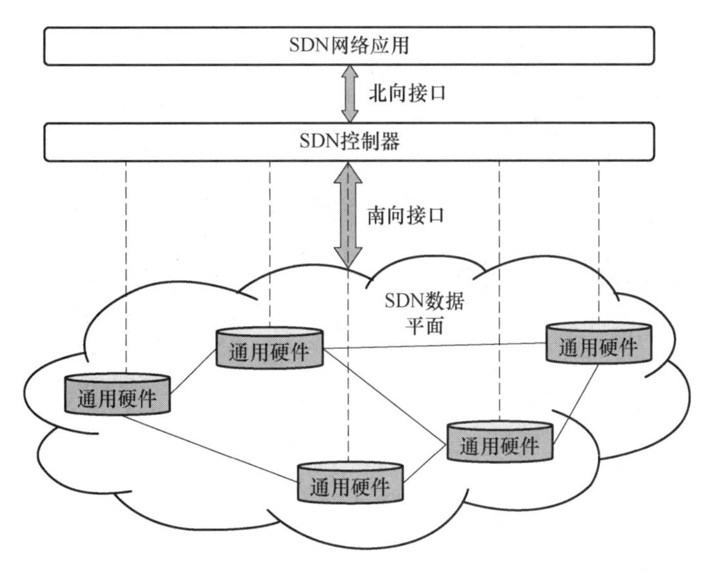

图 5-31　SDN 体系架构

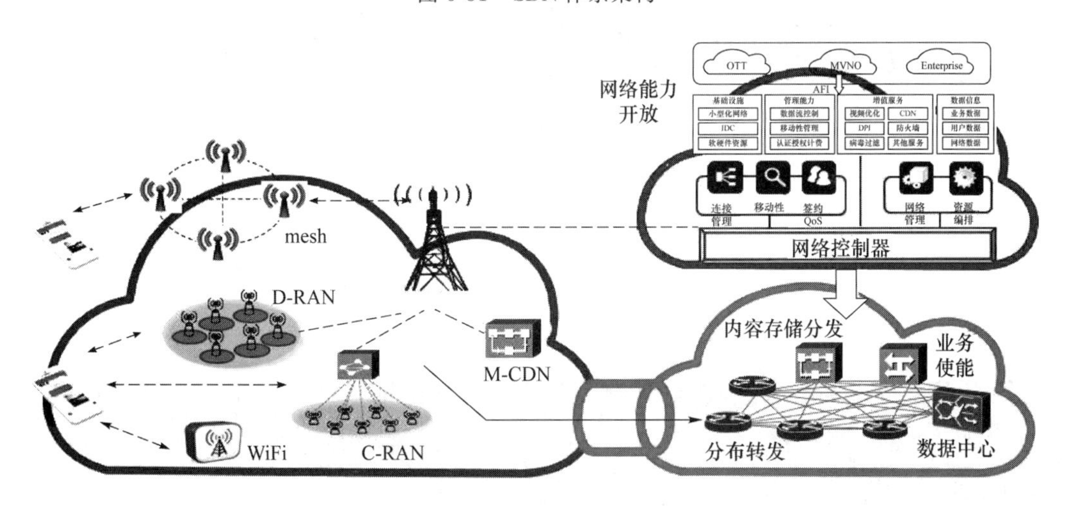

图 5-32　5G 网络架构的“三朵云”

5.3　任务实施过程

5.3.1　配置 Option2 核心网数据

启动并登录 5G 组网仿真软件,点击界面下侧操作选择标签栏中的“网络配置”,展开子选项。点击“数据配置”子选项。从操作区上侧的下拉菜单中选择“核心网”→“兴城市核心网机房”,进入兴城市核心网机房数据配置界面。点击“网元配置”右侧的“+”号,打开网元选择菜单，依次添加 AMF、SMF、AUSF、UDM、NSSF、PCF、NRF。数据配置界面由“网元配置”导航树和“网元参数”配置区两部分组成，如图 5-33 所示。其中，“网元配置”导航树分为上、下两部分，上部用于选择需要配置的网元，下部用于选择需要配置的参数。

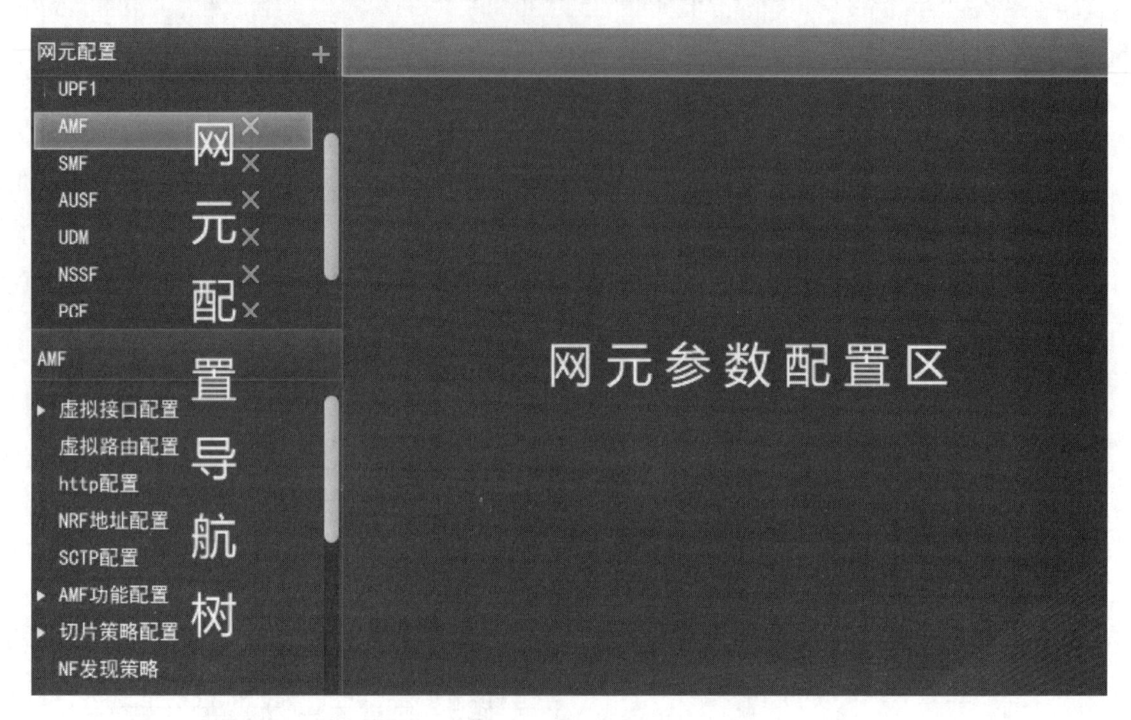

图 5-33　兴城市核心网机房数据配置界面

1. 配置 AMF

(1) 虚拟接口配置

在“网元配置”导航树上部选择“AMF”，在“网元配置”导航树下部选择“虚拟接口配置”，打开 2 级参数选项，选择“XGEI 接口配置”，点击“网元参数”配置区中的“+”号，添加“XGEI 接口 1”，输入 XGEI 接口 1 数据，如图 5-34 所示。

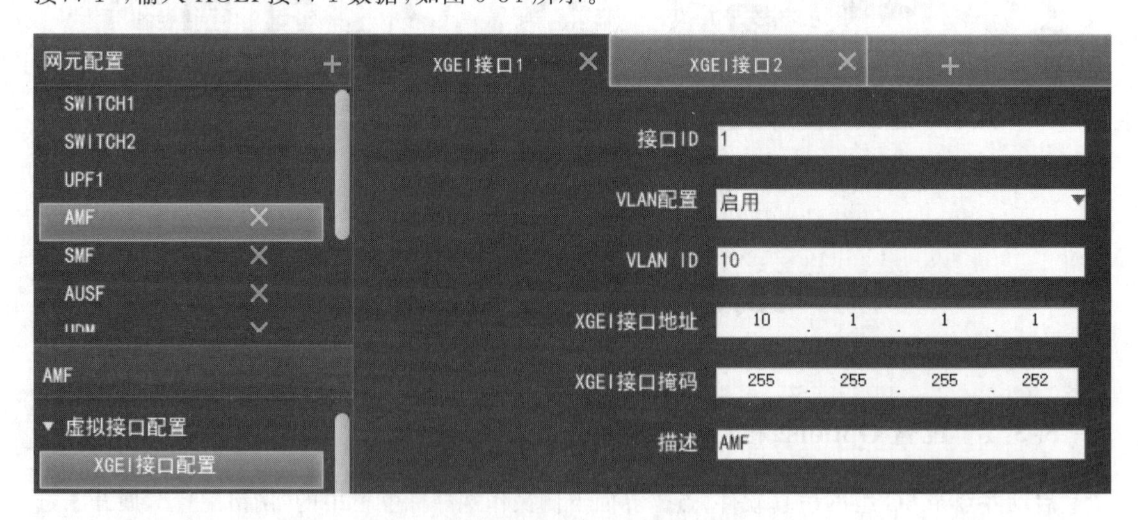

图 5-34　XGEI 接口配置(1)

点击“网元参数”配置区中的“+”号，添加“XGEI 接口 2”，输入 XGEI 接口 2 数据，如图 5-35所示。

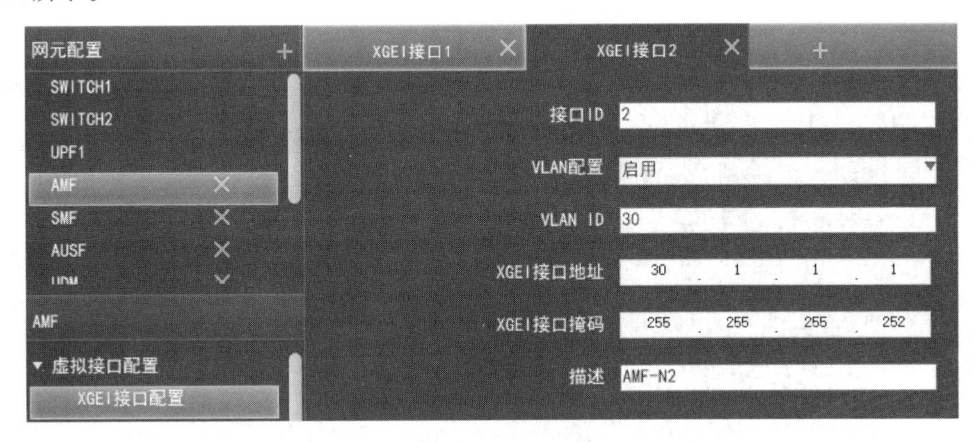

图 5-35　XGEI 接口配置(2)

在 2 级参数选项中选择“loopback 接口配置”，点击“网元参数”配置区中的“+”号，添加“loopback 接口 1”，输入 loopback 接口 1 数据，如图 5-36 所示。

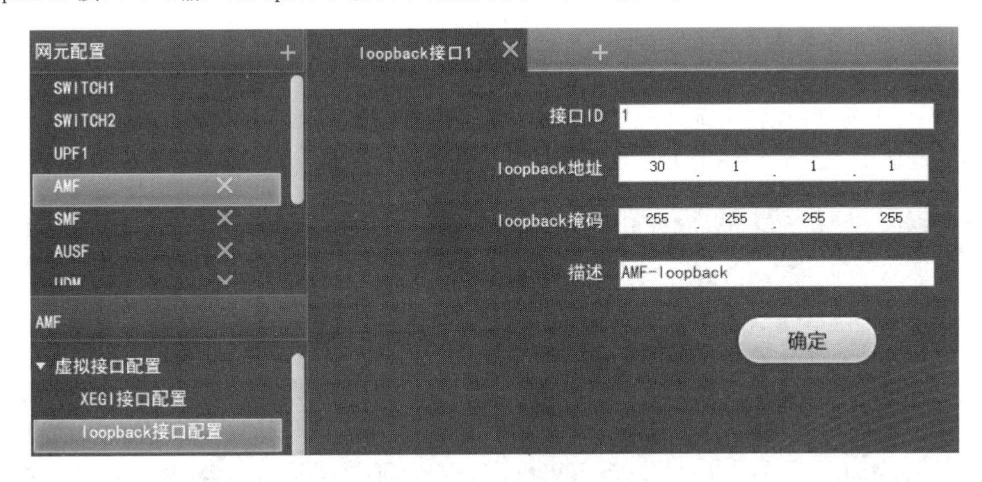

图 5-36　loopback 接口配置

(2) 虚拟路由配置

在“网元配置”导航树下部选择“虚拟路由配置”，在“网元参数”配置区输入虚拟路由数据，如图 5-37 所示。

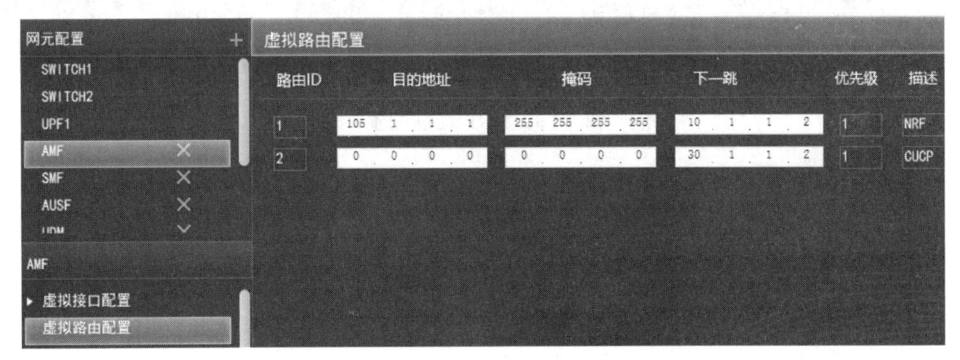

图 5-37　虚拟路由配置

(3) http 配置

在“网元配置”导航树下部选择“http 配置”,在“网元参数”配置区输入 http 数据,如图 5-38所示。

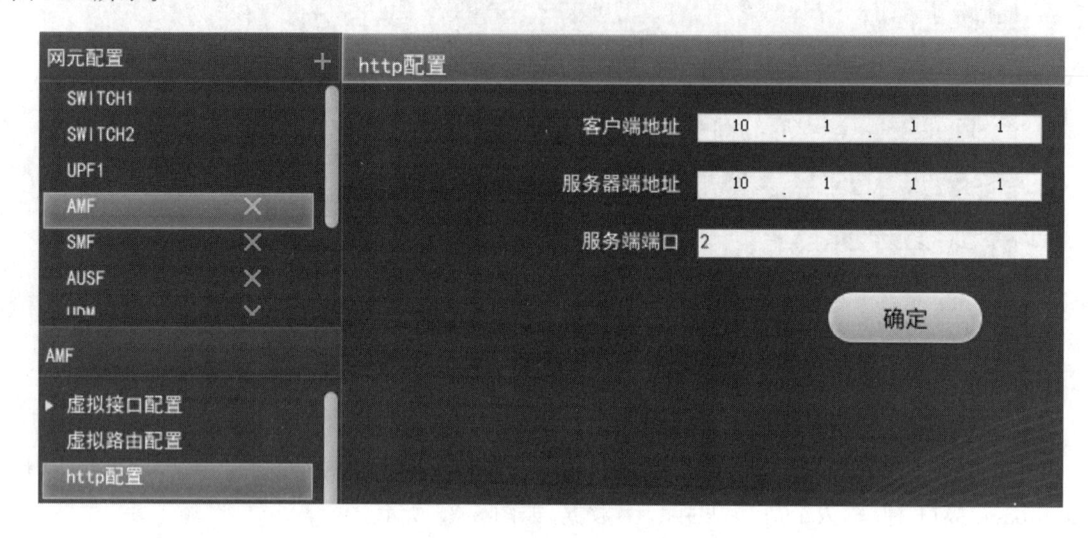

图 5-38 http 配置

(4) NRF 地址配置

在“网元配置”导航树下部选择“NRF 地址配置”,点击“网元参数”配置区中的“+”号,添加“NRF 地址 1”,输入 NRF 地址 1 数据,如图 5-39 所示。

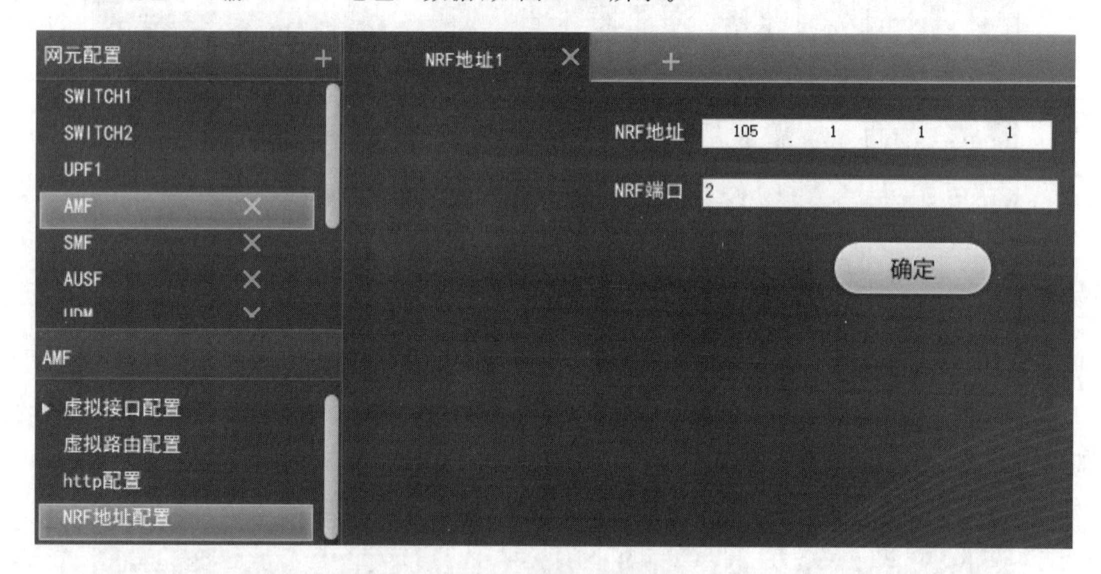

图 5-39 NRF 地址配置

(5) STCP 配置

在“网元配置”导航树下部选择“STCP 配置”,点击“网元参数”配置区中的“+”号,添加“STCP1”,输入 STCP1 数据,如图 5-40 所示。

(6) AMF 功能配置

在“网元配置”导航树下部选择“AMF 功能配置”,打开 2 级参数选项,选择“本局配置”,在“网元参数”配置区输入本局数据,如图 5-41 所示。

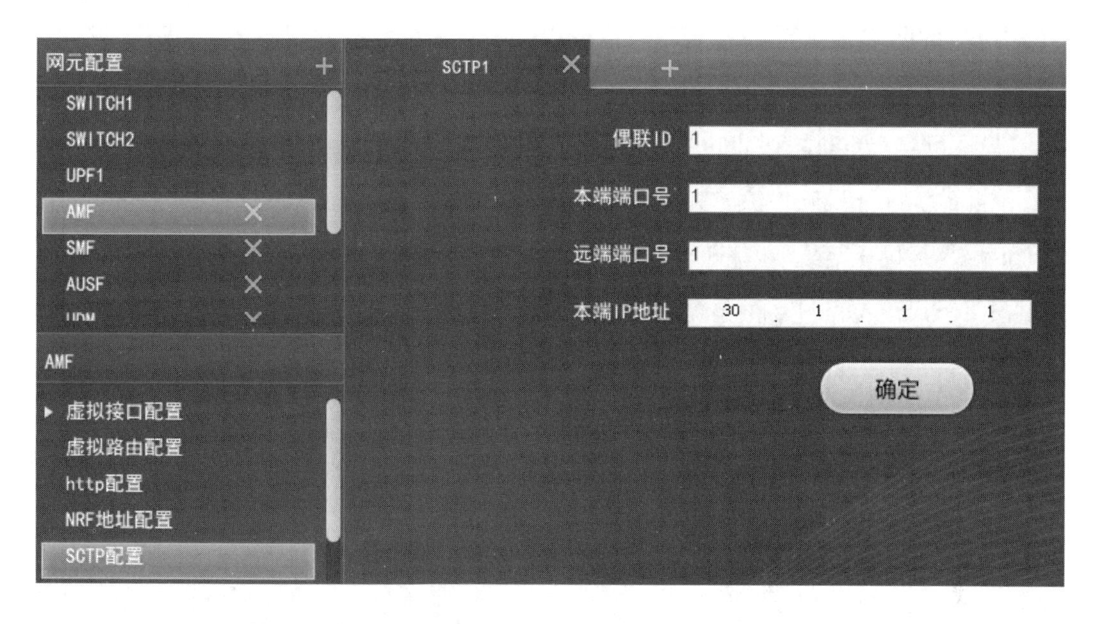

图 5-40　STCP 配置

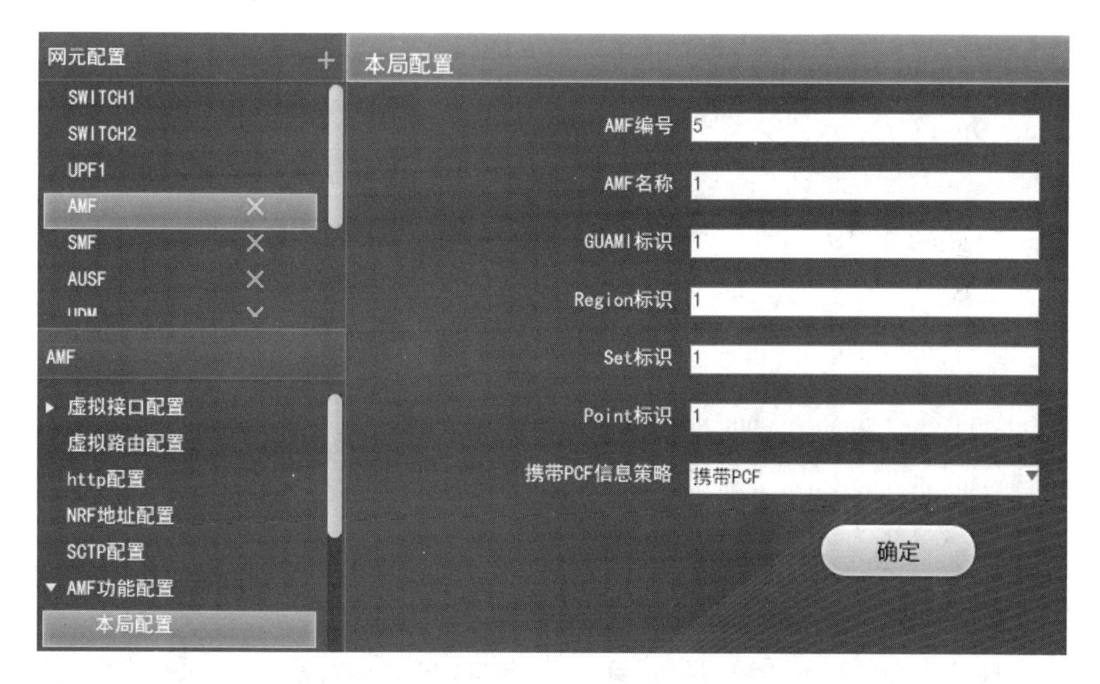

图 5-41　本局配置

在2级参数选项中选择"AMF跟踪区配置",点击"网元参数"配置区中的"＋"号,添加"AMF跟踪区1",输入AMF跟踪区1数据,如图5-42所示。

(7) 切片策略配置

在"网元配置"导航树下部选择"切片策略配置",打开2级参数选项,选择"NSSF地址配置",点击"网元参数"配置区中的"＋"号,添加"NSSF地址1",输入NSSF地址1数据,如图5-43所示。

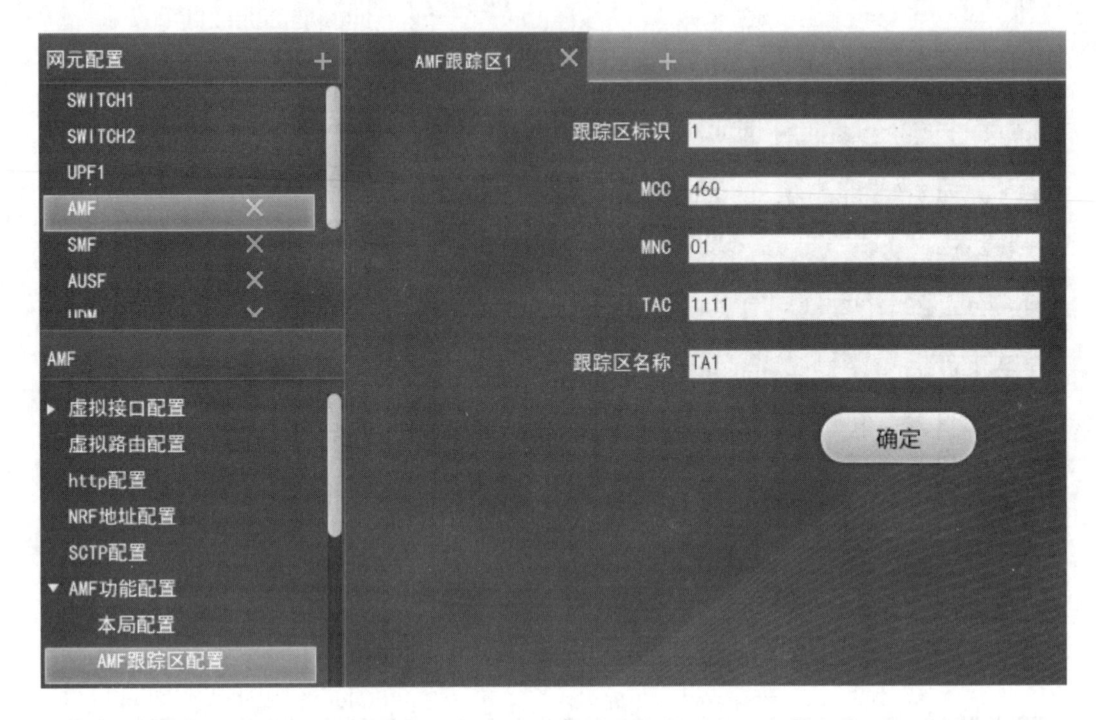

图 5-42　AMF 跟踪区配置

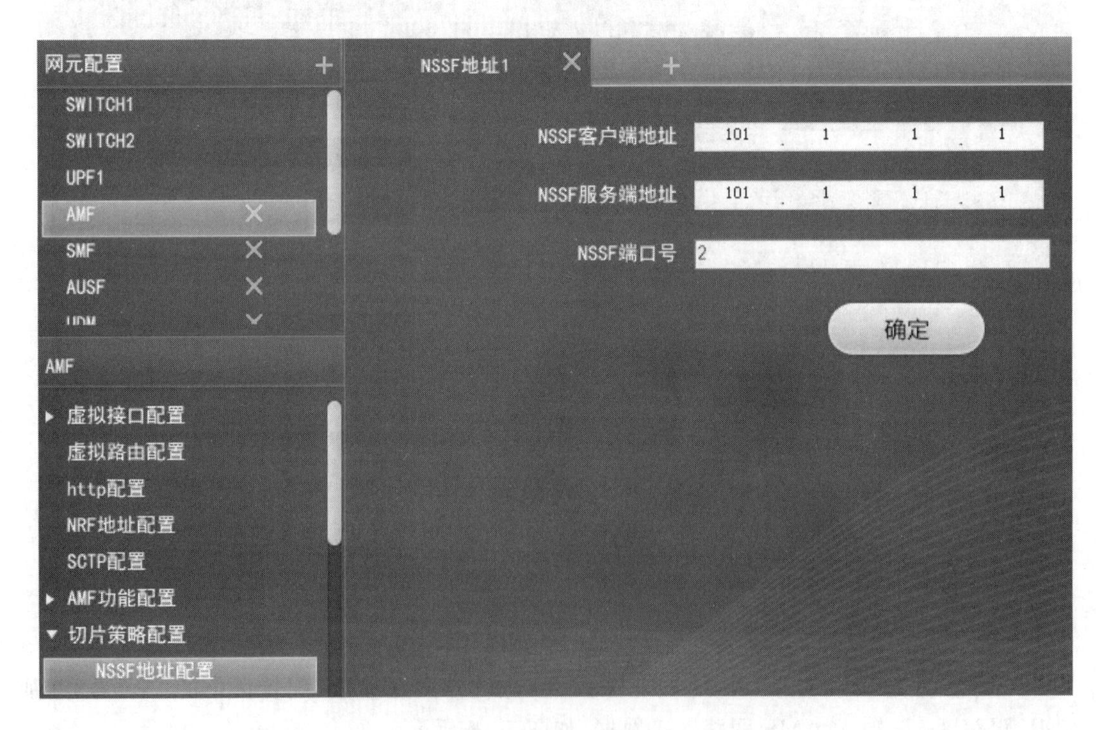

图 5-43　NSSF 地址配置

在 2 级参数选项中选择“SNSSAI 配置”，点击“网元参数”配置区中的“＋”号，添加“SNSSAI1”，输入 SNSSAI1 数据，如图 5-44 所示。

(8) NF 发现策略

在“网元配置”导航树下部选择“NF 发现策略”，在“网元参数”配置区输入 NF 发现策略数据，如图 5-45 所示。

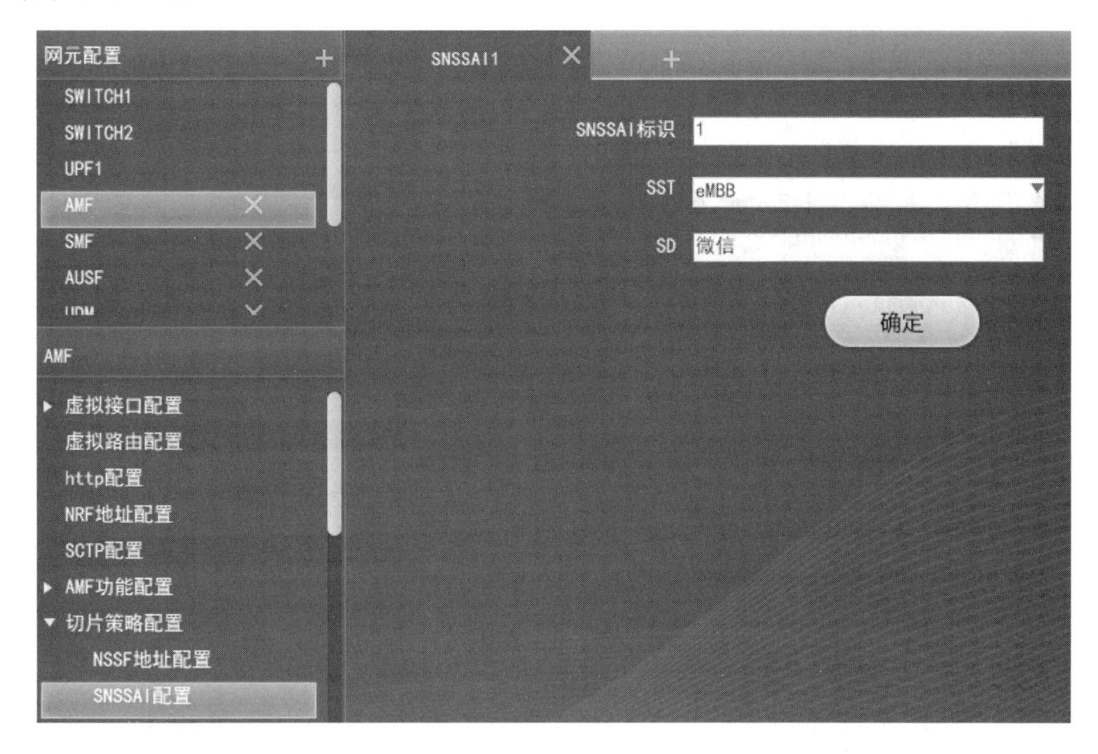

图 5-44　SNSSAI 配置

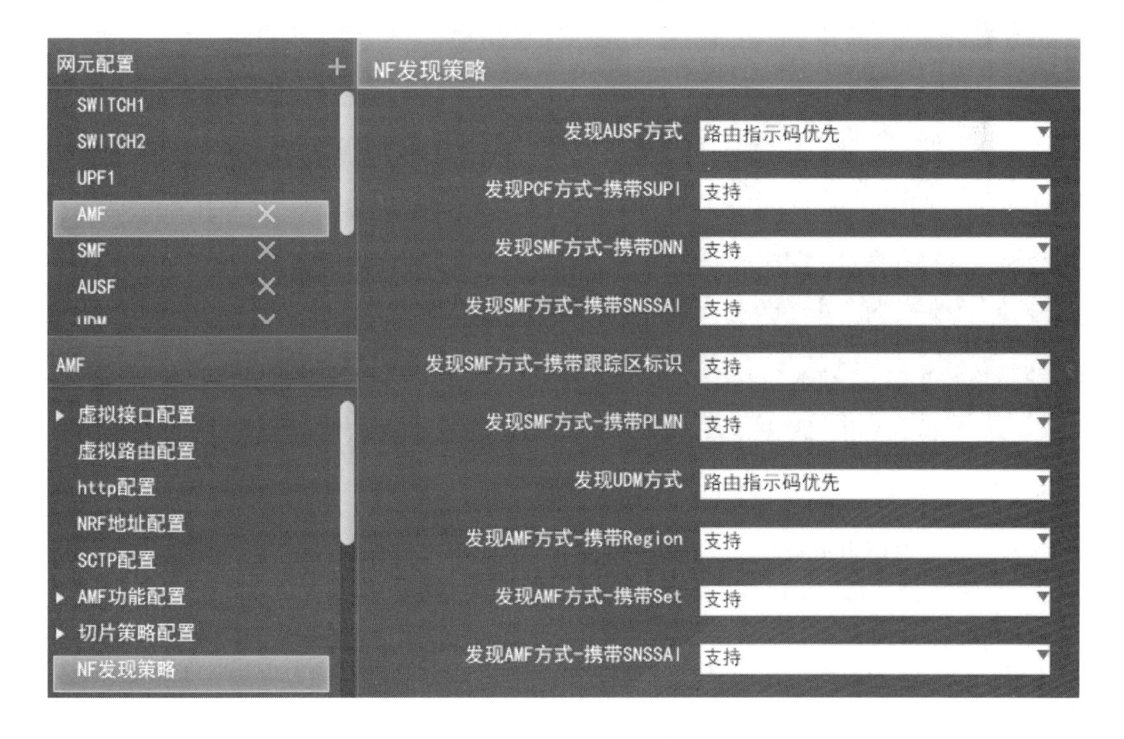

图 5-45　NF 发现策略

2. 配置 SMF

(1) 虚拟接口配置

在“网元配置”导航树上部选择“SMF”，在“网元配置”导航树下部选择“虚拟接口配置”，打开 2 级参数选项，选择“XGEI 接口配置”，点击“网元参数”配置区中的“+”号，添加“XGEI 接口 1”，输入 XGEI 接口 1 数据，如图 5-46 所示。

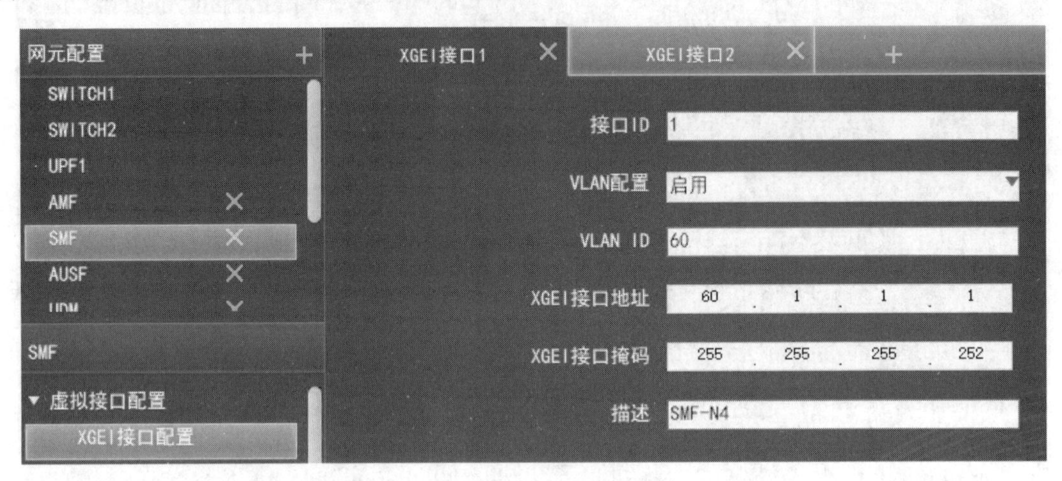

图 5-46 XGEI 接口配置(1)

点击“网元参数”配置区中的“+”号，添加“XGEI 接口 2”，输入 XGEI 接口 2 数据，如图 5-47所示。

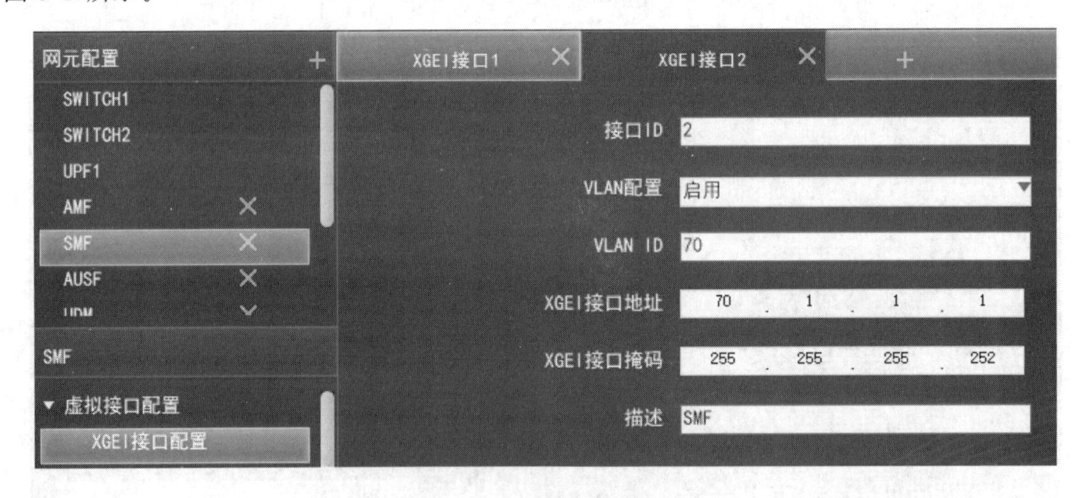

图 5-47 XGEI 接口配置(2)

在 2 级参数选项中选择“loopback 接口配置”，点击“网元参数”配置区中的“+”号，添加“loopback 接口 1”，输入 loopback 接口 1 数据，如图 5-48 所示。

(2) 虚拟路由配置

在“网元配置”导航树下部选择“虚拟路由配置”，在“网元参数”配置区输入虚拟路由数据，如图 5-49 所示。

(3) http 配置

在“网元配置”导航树下部选择“http 配置”，在“网元参数”配置区输入 http 数据，如图 5-50 所示。

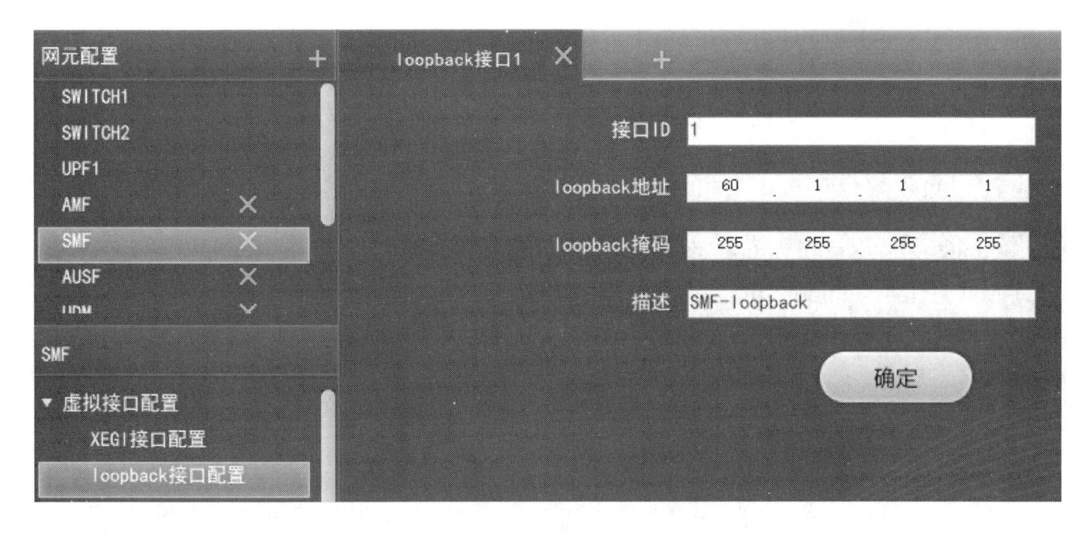

图 5-48　loopback 接口配置

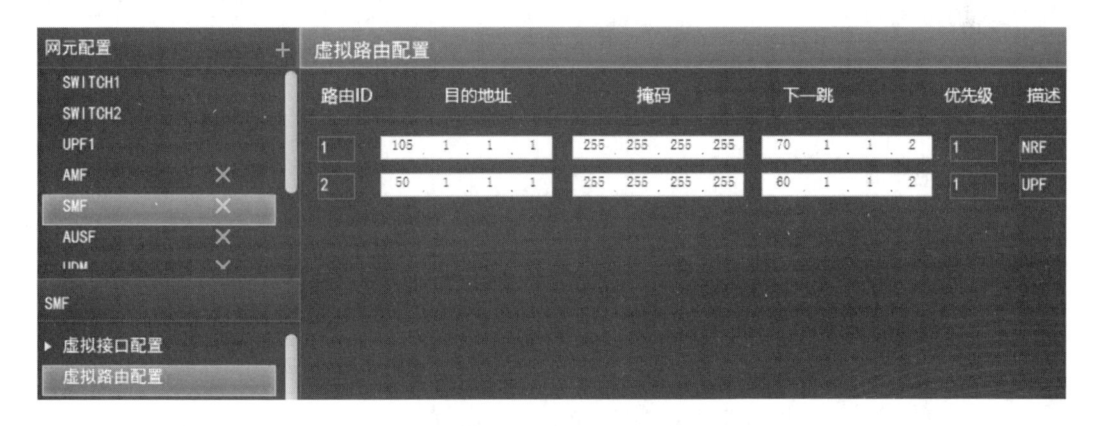

图 5-49　虚拟路由配置

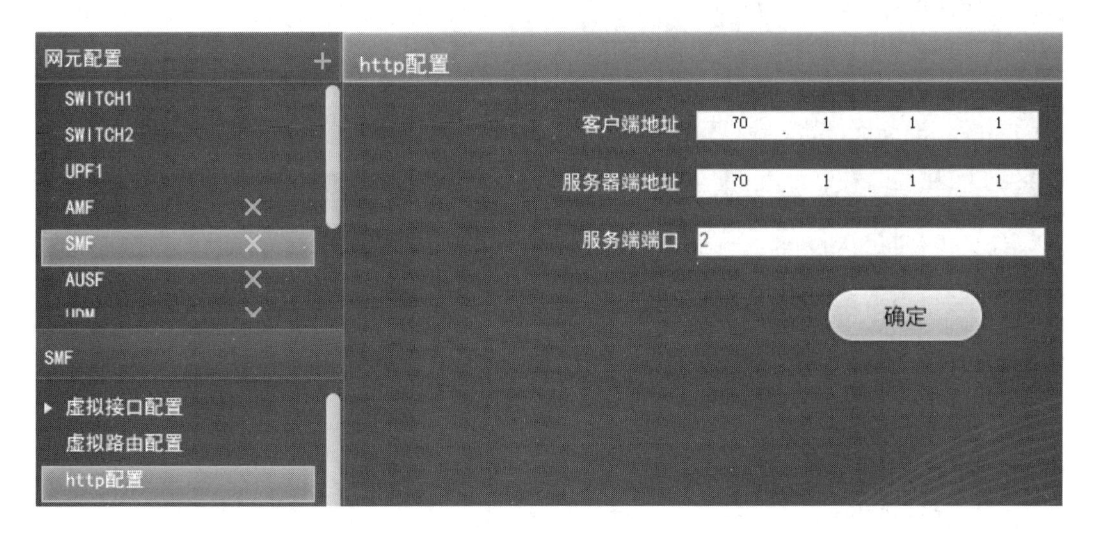

图 5-50　http 配置

(4) NRF 地址配置

在“网元配置”导航树下部选择“NRF 地址配置”，点击“网元参数”配置区中的“+”号，添加“NRF 地址 1”，输入 NRF 地址 1 数据，如图 5-51 所示。

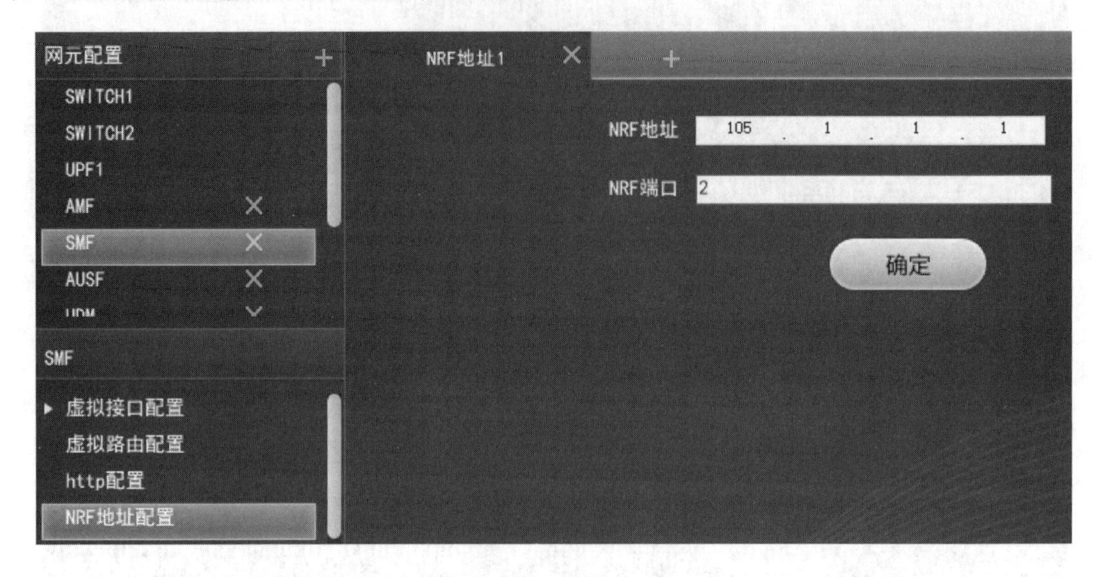

图 5-51 NRF 地址配置

(5) 地址池配置

在“网元配置”导航树下部选择“地址池配置”，点击“网元参数”配置区中的“+”号，添加“IP 地址池 1”，输入 IP 地址池 1 数据，如图 5-52 所示。

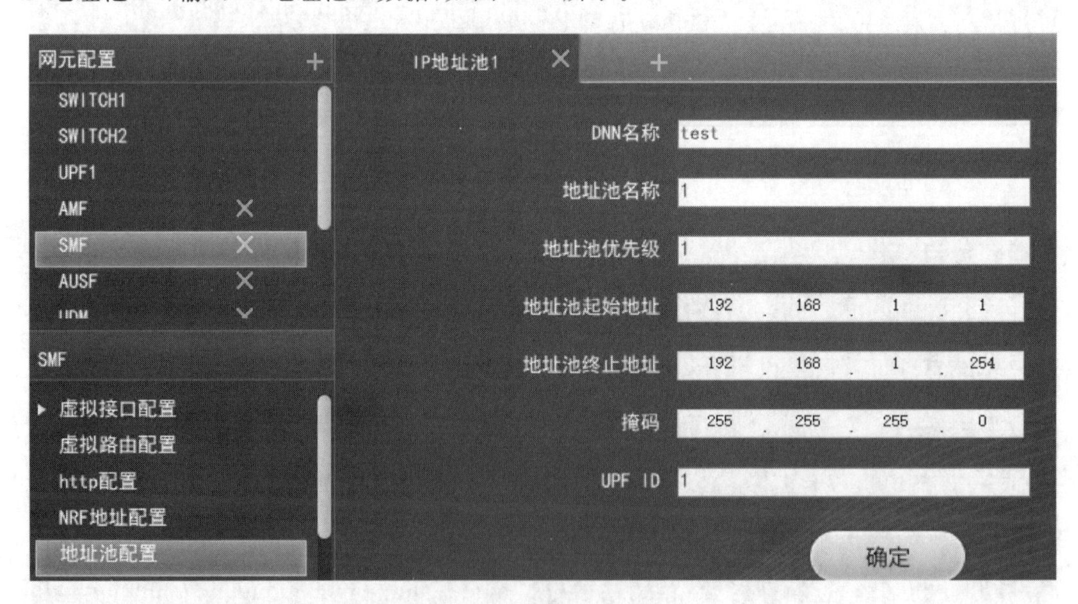

图 5-52 地址池配置

(6) N4 对接配置

在“网元配置”导航树下部选择“N4 对接配置”，打开 2 级参数选项，选择“SMFN4 接口配置”，在“网元参数”配置区输入 SMFN4 接口数据，如图 5-53 所示。

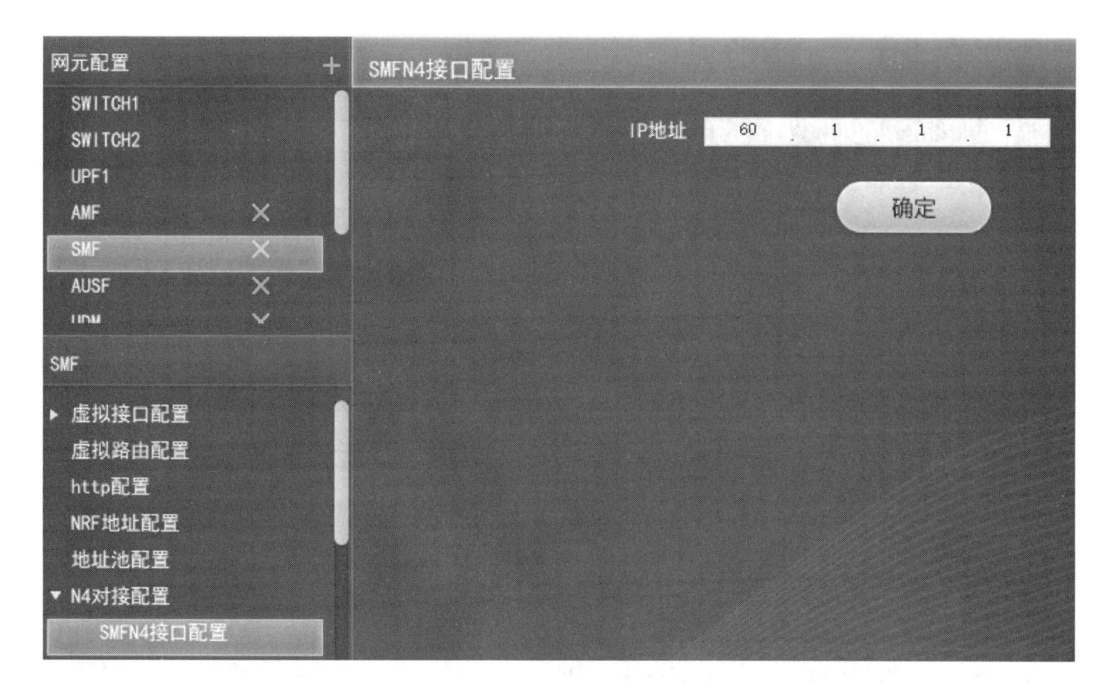

图 5-53　SMFN4 接口配置

在 2 级参数选项中选择“UPFN4 接口配置”，点击“网元参数”配置区中的“+”号，添加“UPFN4 接口 1”，输入 UPFN4 接口 1 数据，如图 5-54 所示。

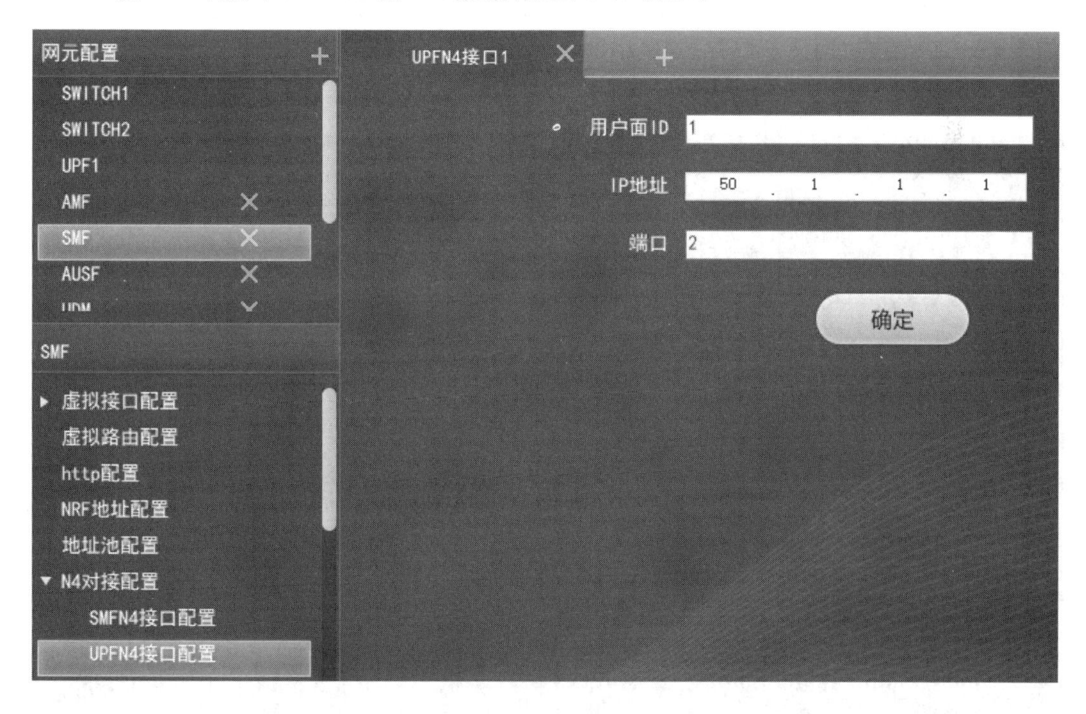

图 5-54　UPFN4 接口配置

(7) TAC 分段配置

在“网元配置”导航树下部选择“TAC 分段配置”，点击“网元参数”配置区中的“+”号，添加“TAC 分段 1”，输入 TAC 分段配置数据，如图 5-55 所示。

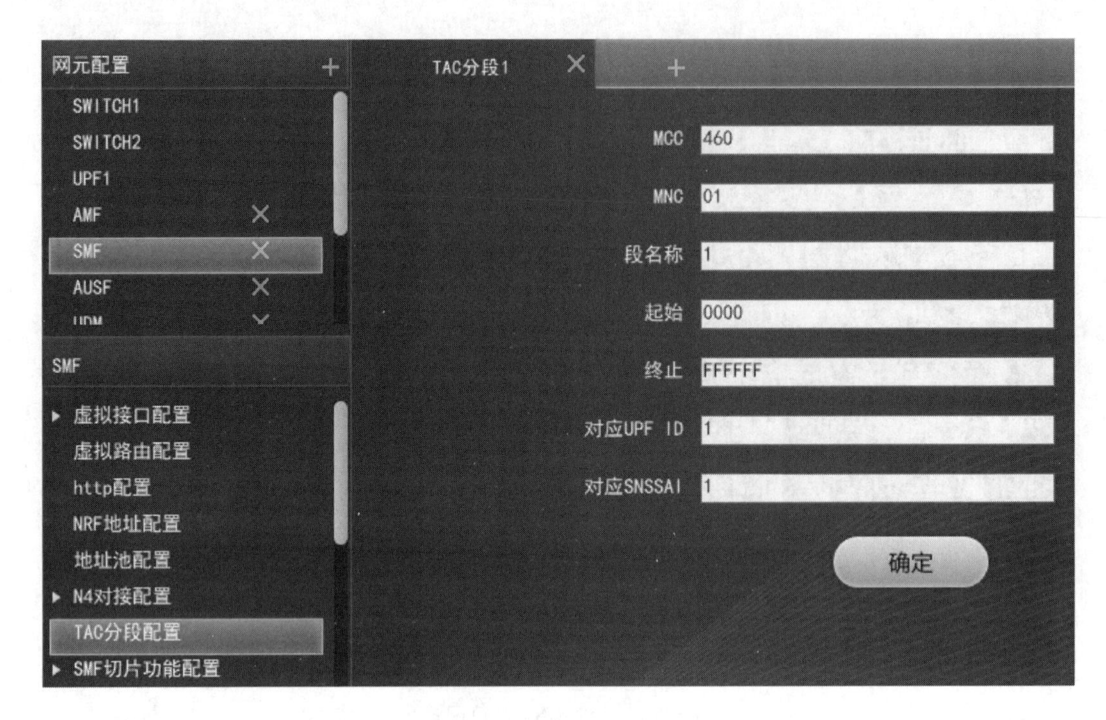

图 5-55　TAC 分段配置

（8）SMF 切片功能配置

在“网元配置”导航树下部选择“SMF 切片功能配置”，打开 2 级参数选项，选择“UPF 支持的 SNSSAI”，点击“网元参数”配置区中的“＋”号，添加“SNSSAI1”，输入 SNSSAI1 数据，如图 5-56 所示。

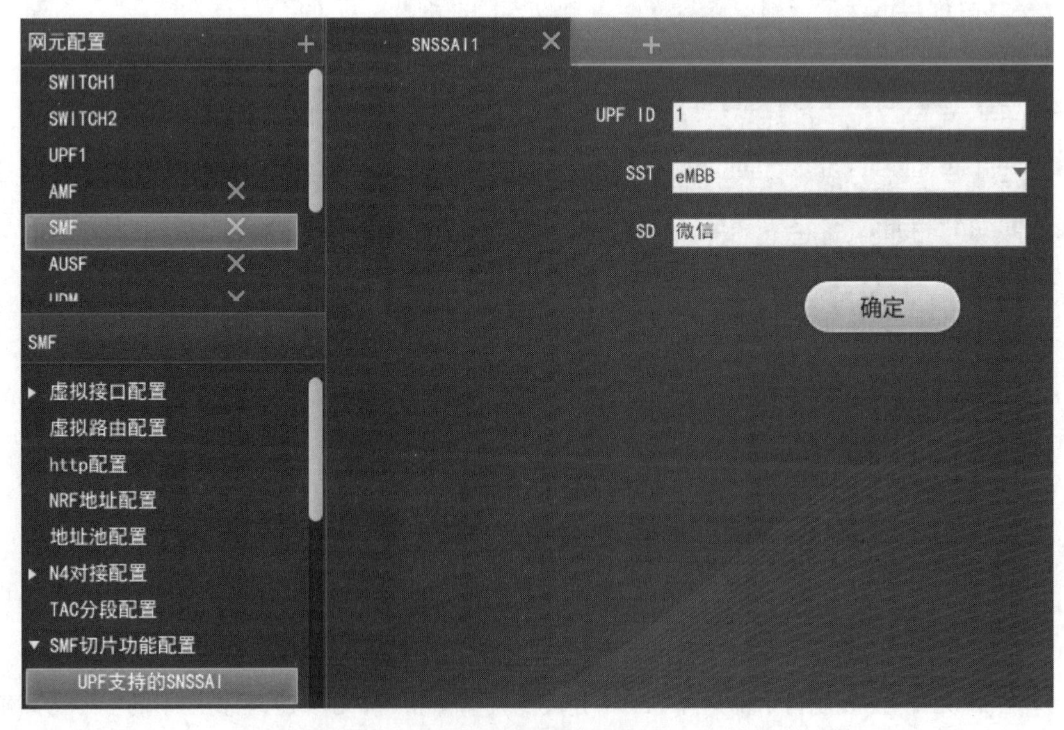

图 5-56　UPF 支持的 SNSSAI

在2级参数选项中选择"SMF 支持的 SNSSAI"，点击"网元参数"配置区中的"+"号，添加"SNSSAI1"，输入 SNSSAI1 数据，如图 5-57 所示。

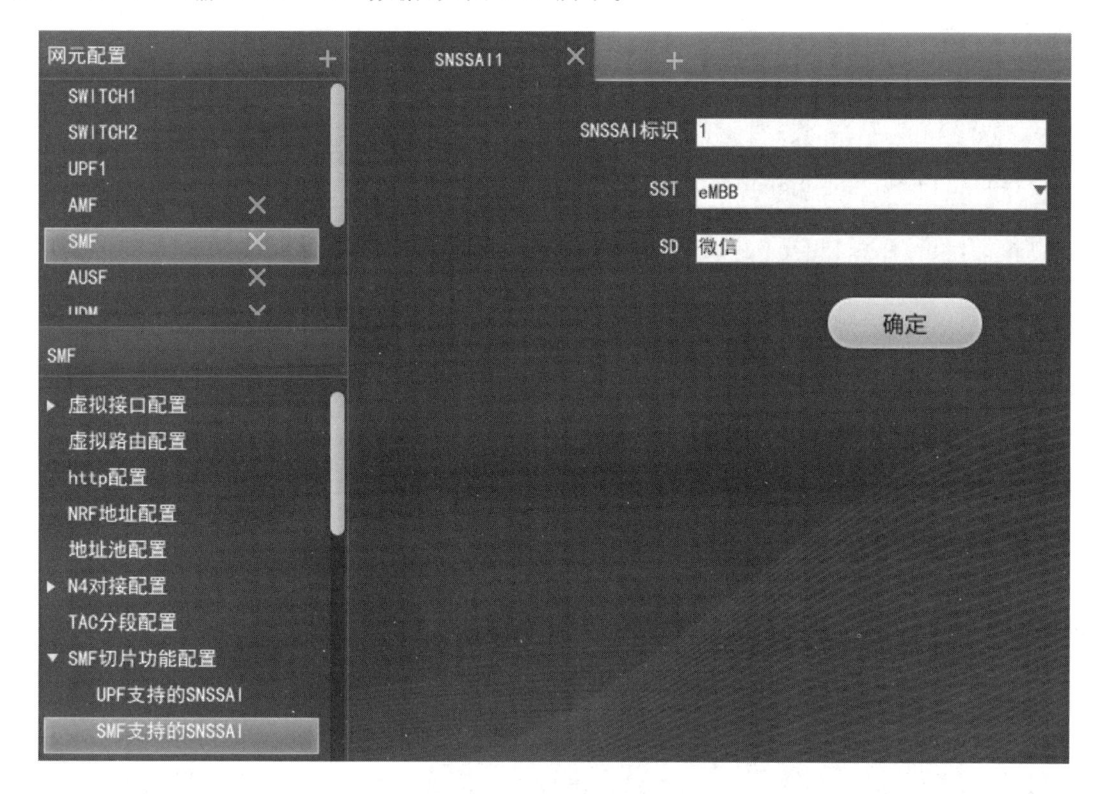

图 5-57　SMF 支持的 SNSSAI

3. 配置 AUSF

(1) 虚拟接口配置

在"网元配置"导航树上部选择"AUSF"，在"网元配置"导航树下部选择"虚拟接口配置"，打开2级参数选项，选择"XGEI 接口配置"，点击"网元参数"配置区中的"+"号，添加"XGEI 接口 1"，输入 XGEI 接口 1 数据，如图 5-58 所示。

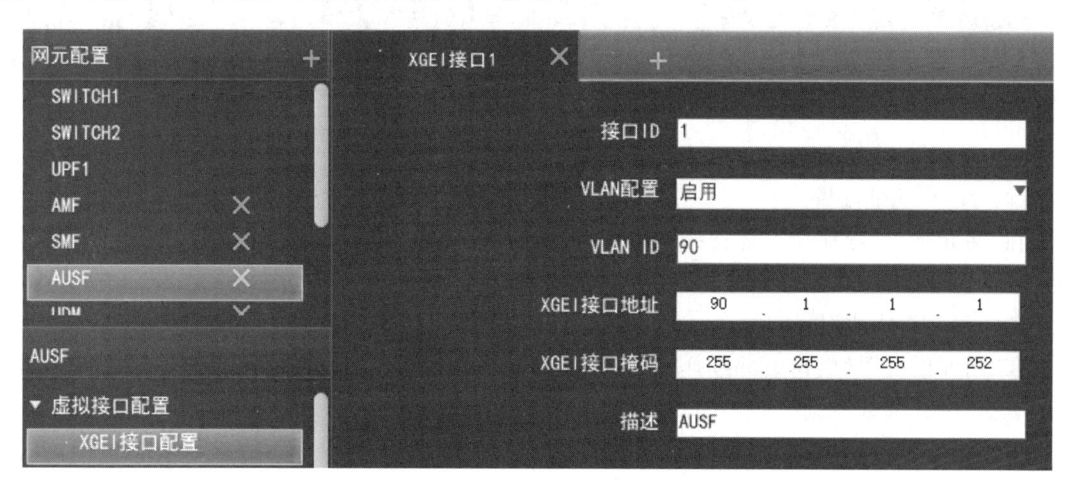

图 5-58　XGEI 接口配置

(2) 虚拟路由配置

在"网元配置"导航树下部选择"虚拟路由配置",在"网元参数"配置区输入虚拟路由数据,如图 5-59 所示。

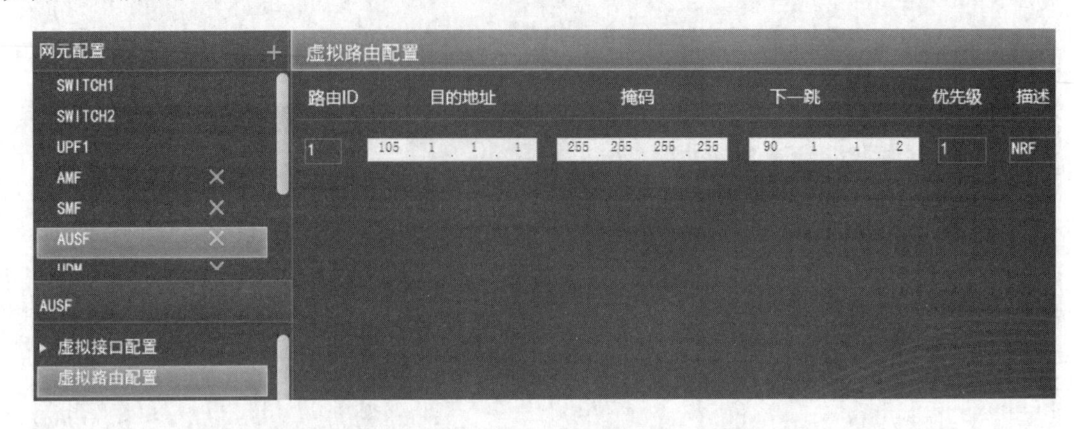

图 5-59 虚拟路由配置

(3) http 配置

在"网元配置"导航树下部选择"http 配置",在"网元参数"配置区输入 http 数据,如图 5-60所示。

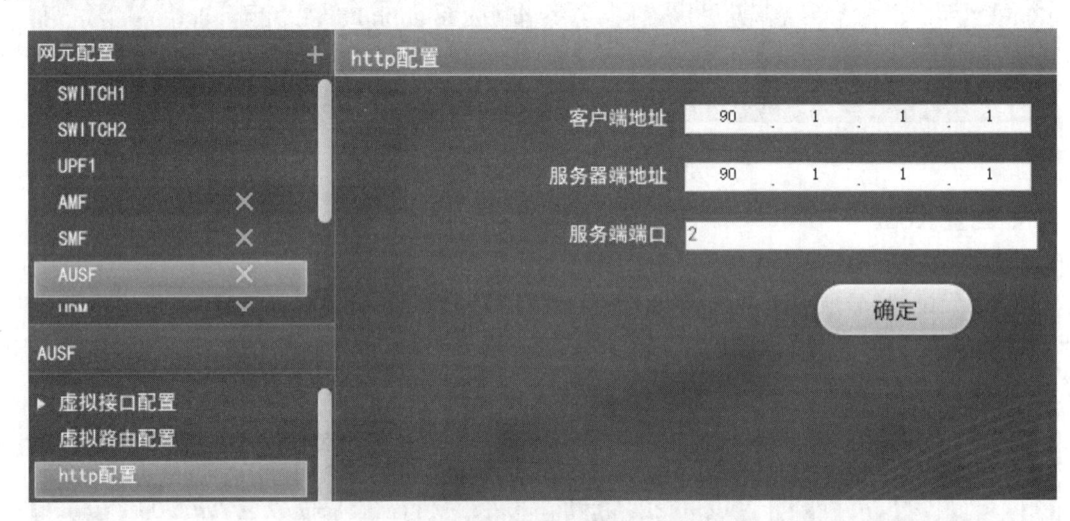

图 5-60 http 配置

(4) NRF 地址配置

在"网元配置"导航树下部选择"NRF 地址配置",点击"网元参数"配置区中的"+"号,添加"NRF 地址 1",输入 NRF 地址 1 数据,如图 5-61 所示。

(5) AUSF 公共配置

在"网元配置"导航树下部选择"AUSF 公共配置",打开 2 级参数选项,选择"AUSF 功能配置",在"网元参数"配置区输入 AUSF 功能数据,如图 5-62 所示。

在 2 级参数选项中选择"发现 UDM 参数配置",在"网元参数"配置区输入发现 UDM 参数,如图 5-63 所示。

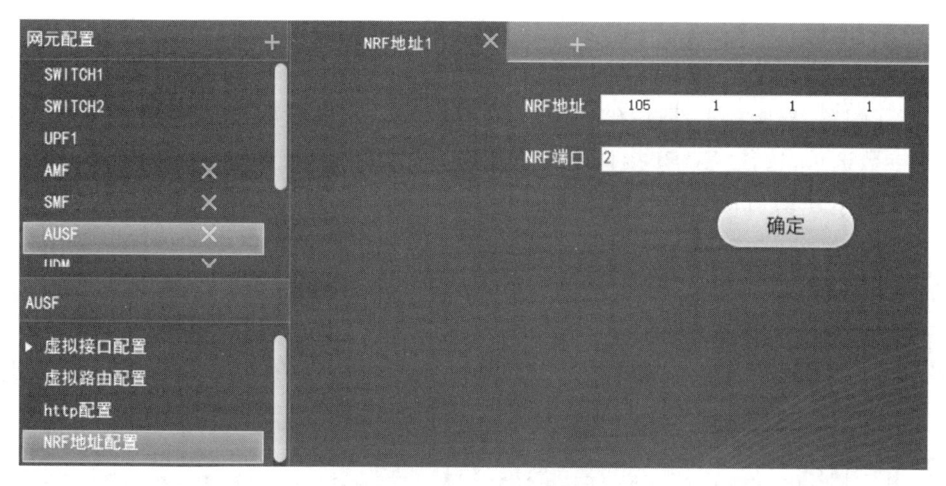

图 5-61　NRF 地址配置

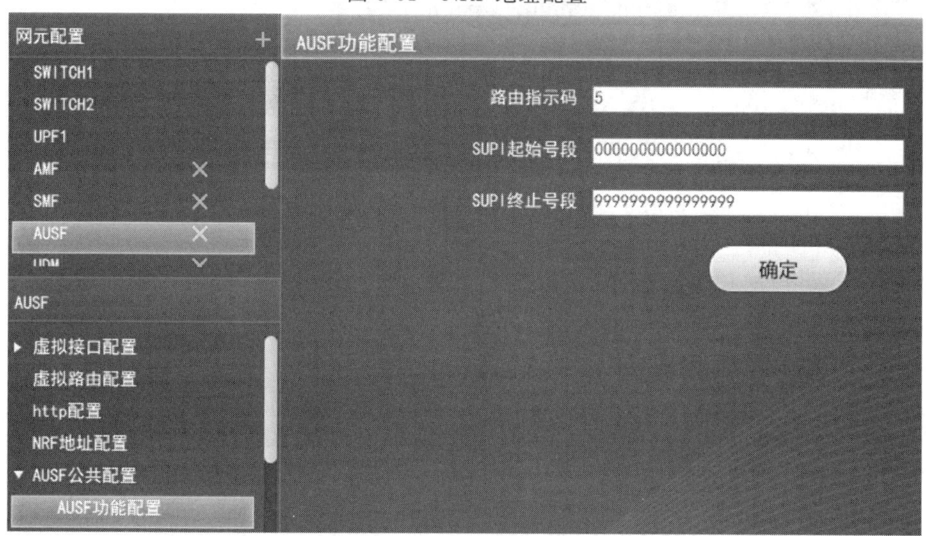

图 5-62　AUSF 功能配置

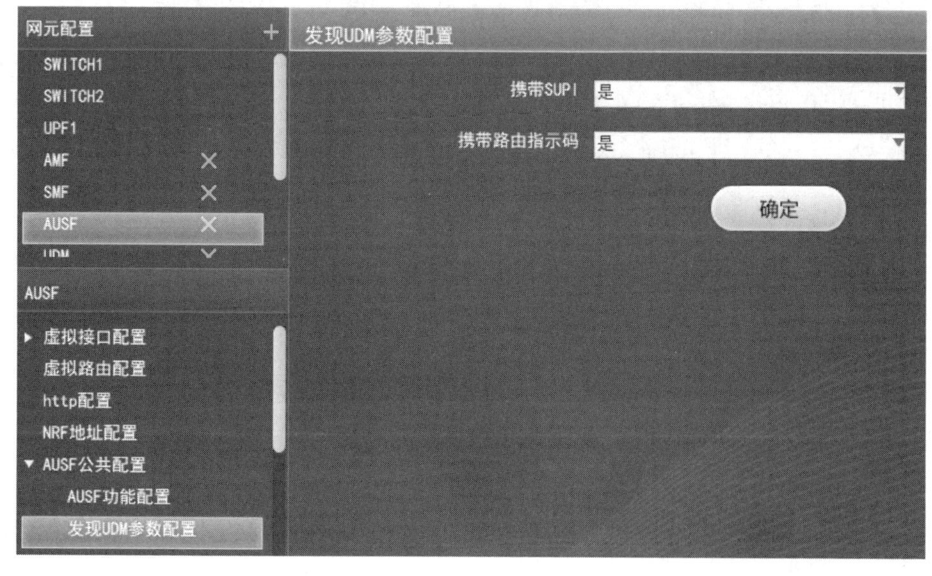

图 5-63　发现 UDM 参数配置

4. 配置 UDM

(1) 虚拟接口配置

在"网元配置"导航树上部选择"UDM",在"网元配置"导航树下部选择"虚拟接口配置",打开 2 级参数选项,选择"XGEI 接口配置",点击"网元参数"配置区中的"+"号,添加"XGEI 接口 1",输入 XGEI 接口 1 数据,如图 5-64 所示。

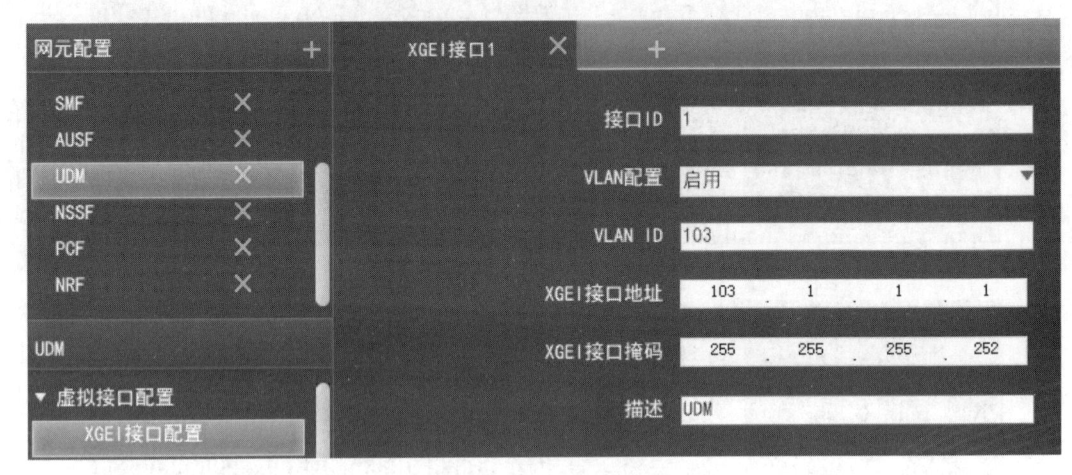

图 5-64　XGEI 接口配置

(2) 虚拟路由配置

在"网元配置"导航树下部选择"虚拟路由配置",在"网元参数"配置区输入虚拟路由数据,如图 5-65 所示。

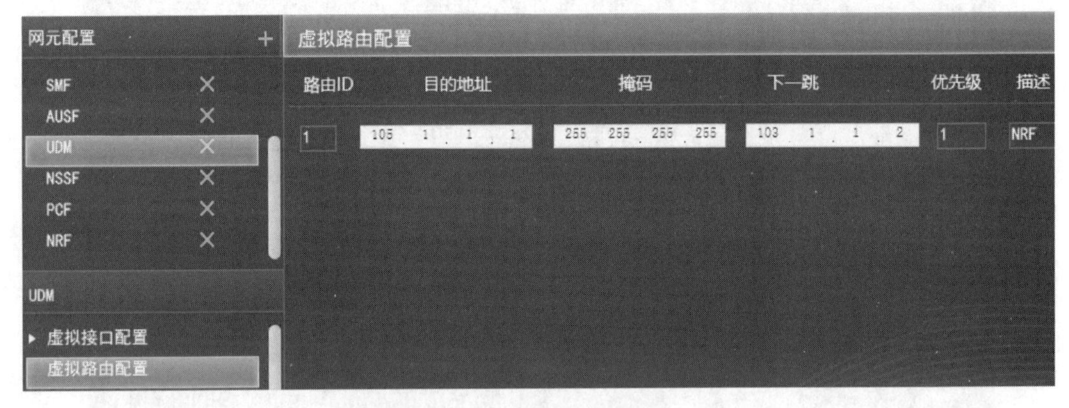

图 5-65　虚拟路由配置

(3) http 配置

在"网元配置"导航树下部选择"http 配置",在"网元参数"配置区输入 http 数据,如图 5-66所示。

(4) NRF 地址配置

在"网元配置"导航树下部选择"NRF 地址配置",点击"网元参数"配置区中的"+"号,添加"NRF 地址 1",输入 NRF 地址 1 数据,如图 5-67 所示。

(5) UDM 功能配置

在"网元配置"导航树下部选择"UDM 功能配置",在"网元参数"配置区输入 UDM 功能数据,如图 5-68 所示。

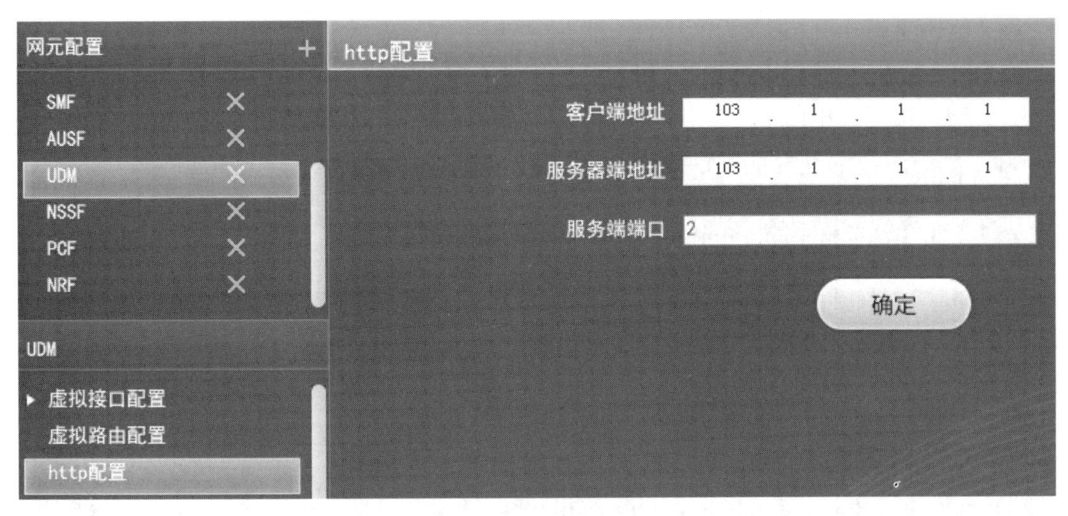

图 5-66　http 配置

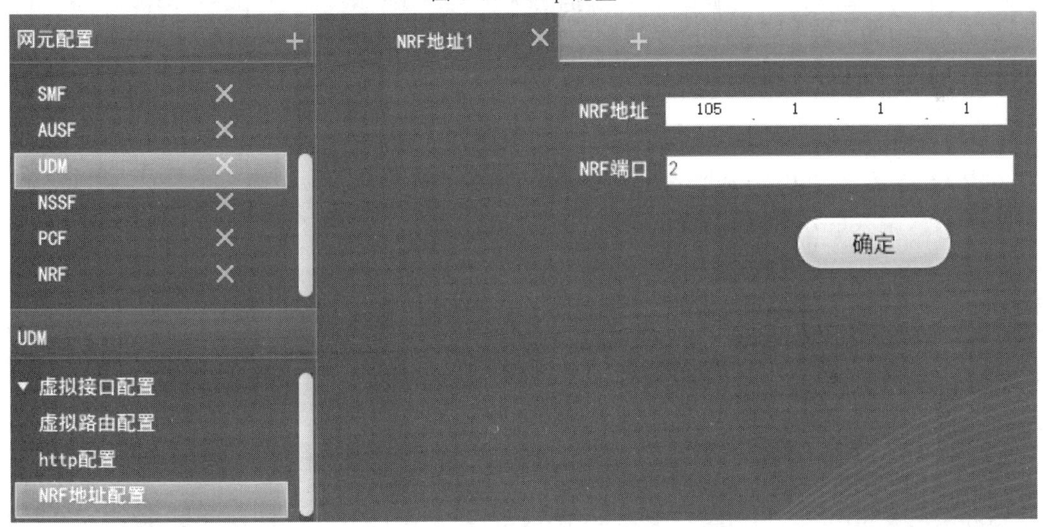

图 5-67　NRF 地址配置

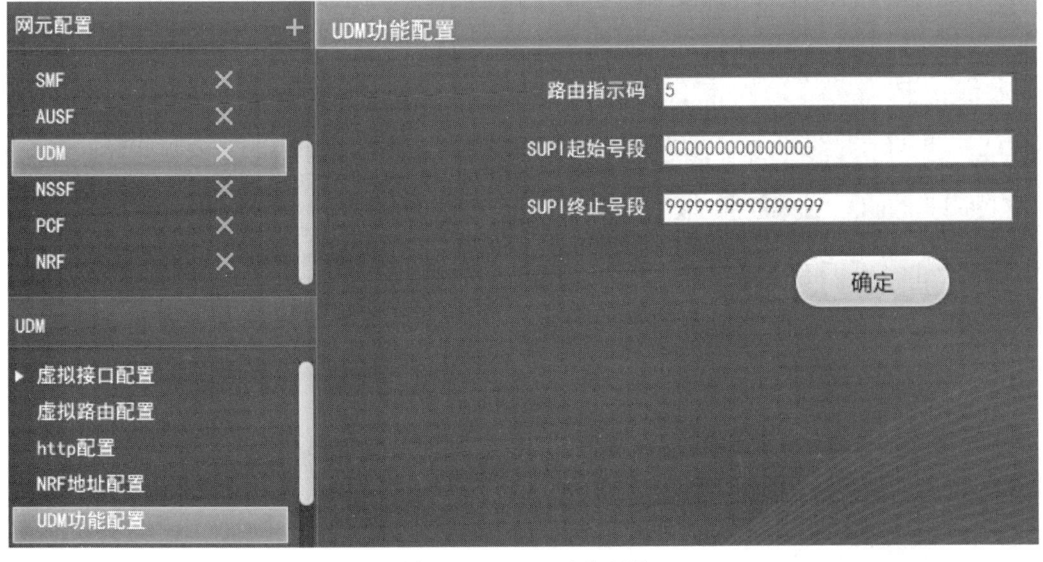

图 5-68　UDM 功能配置

(6) 签约配置

在“网元配置”导航树下部选择“用户签约配置”,打开2级参数选项,选择“DNN管理”,点击“网元参数”配置区中的“+”号,添加“DNN1”,输入DNN1数据,如图5-69所示。

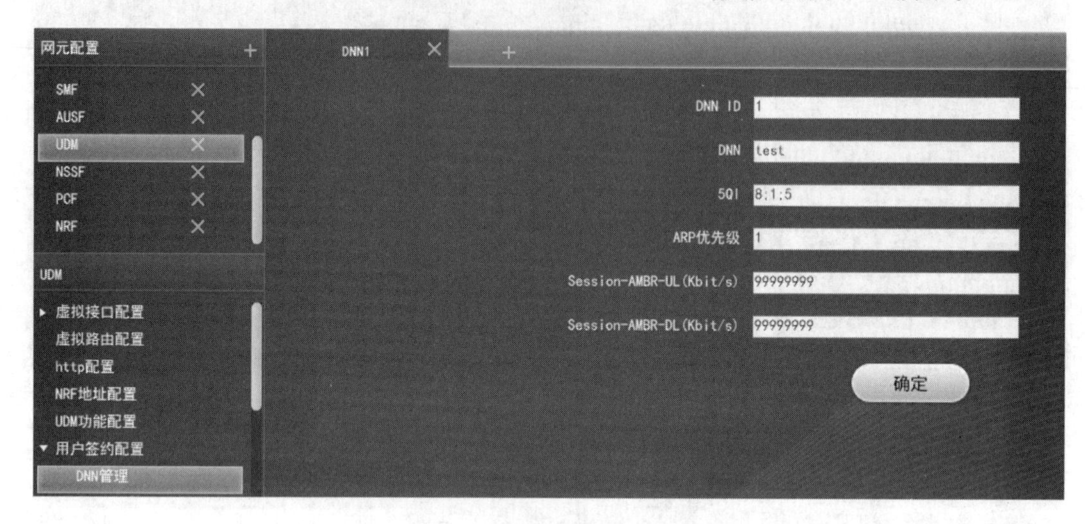

图5-69 DNN管理

在2级参数选项中选择“profile管理”,点击“网元参数”配置区中的“+”号,添加“profile5G1”,输入profile5G1数据,如图5-70所示。

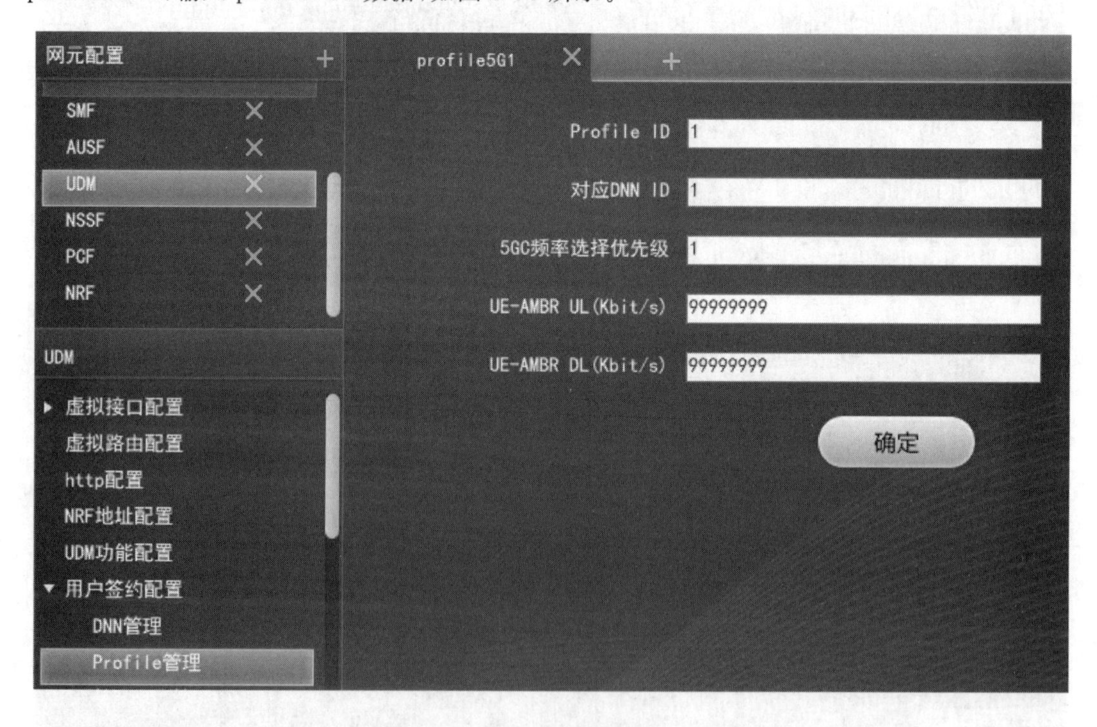

图5-70 Profile管理

在2级参数选项中选择“签约用户管理”,点击“网元参数”配置区中的“+”号,添加“用户1”,输入用户1数据,如图5-71所示。

在2级参数选项中选择“切片签约信息”,点击“网元参数”配置区中的“+”号,添加“切片签约 1”,输入切片签约 1 数据,如图 5-72 所示。

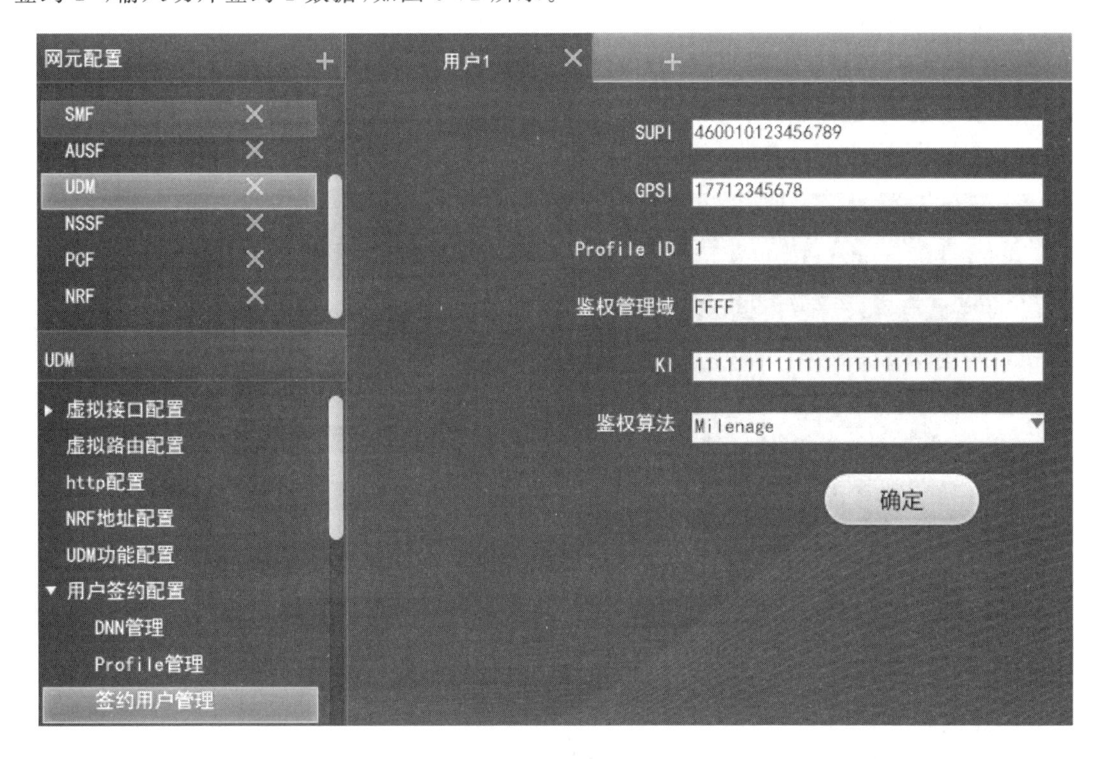

图 5-71　签约用户管理

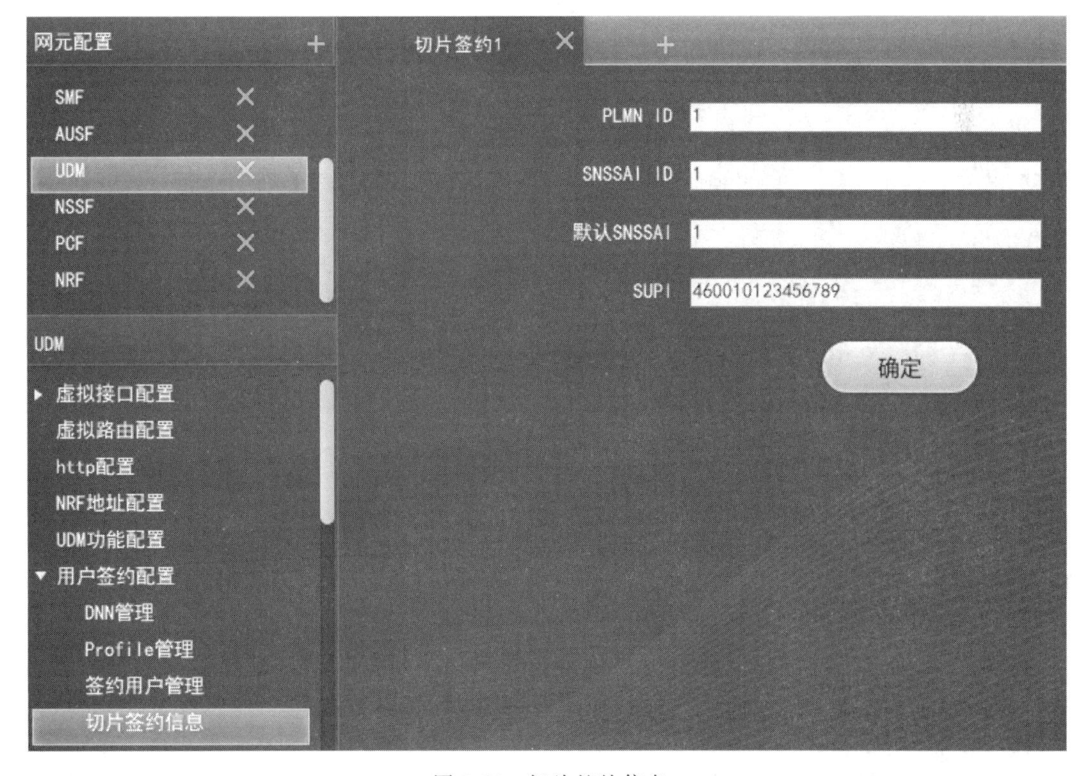

图 5-72　切片签约信息

5. 配置 NSSF

(1) 虚拟接口配置

在"网元配置"导航树上部选择"NSSF",在"网元配置"导航树下部选择"虚拟接口配置",打开 2 级参数选项,选择"XGEI 接口配置",点击"网元参数"配置区中的"+"号,添加"XGEI 接口 1",输入 XGEI 接口 1 数据,如图 5-73 所示。

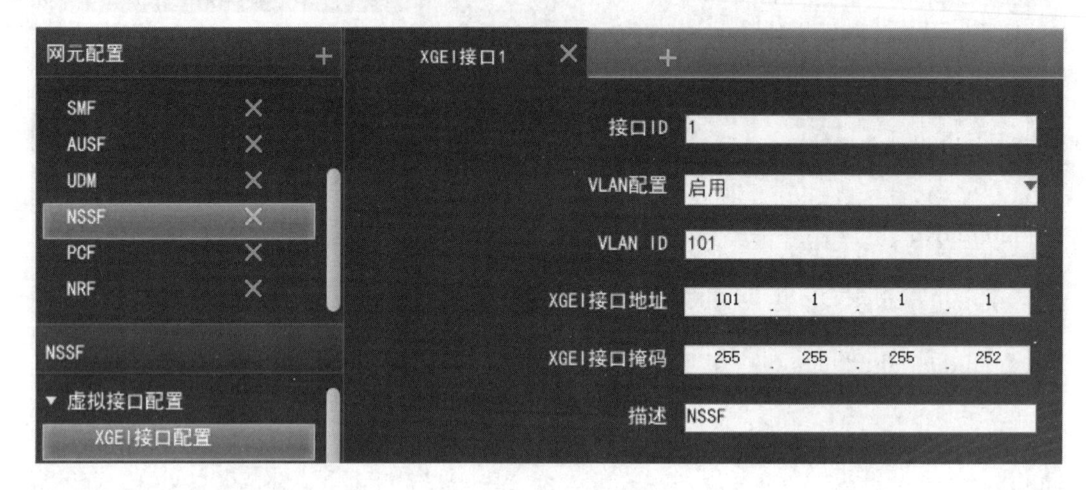

图 5-73　XGEI 接口配置

(2) 虚拟路由配置

在"网元配置"导航树下部选择"虚拟路由配置",在"网元参数"配置区输入虚拟路由数据,如图 5-74 所示。

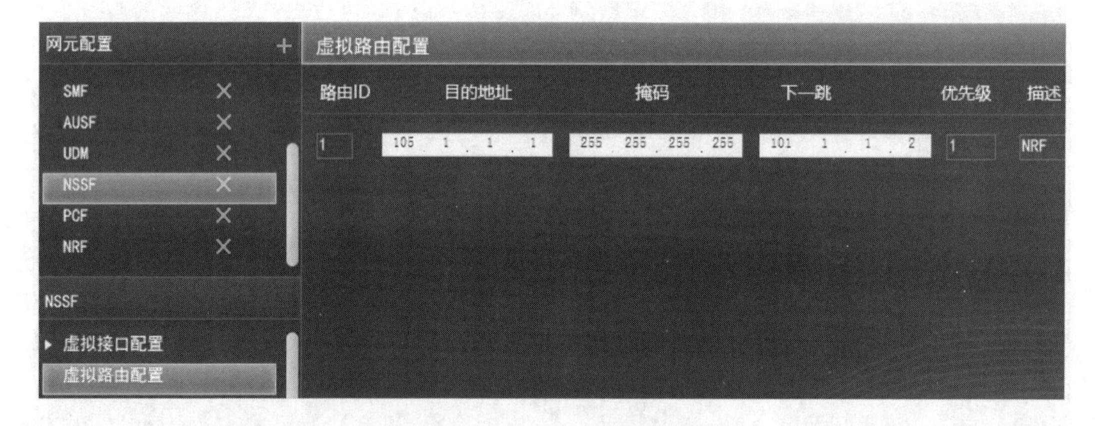

图 5-74　虚拟路由配置

(3) http 配置

在"网元配置"导航树下部选择"http 配置",在"网元参数"配置区输入 http 数据,如图 5-75所示。

(4) NRF 地址配置

在"网元配置"导航树下部选择"NRF 地址配置",点击"网元参数"配置区中的"+"号,添加"NRF 地址 1",输入 NRF 地址 1 数据,如图 5-76 所示。

(5) 切片业务配置

在"网元配置"导航树下部选择"切片业务配置",打开 2 级参数选项,选择"SNSSAI 配置",点击"网元参数"配置区中的"+"号,添加"SNSSAI1",输入 SNSSAI1 数据,如图 5-77 所示。

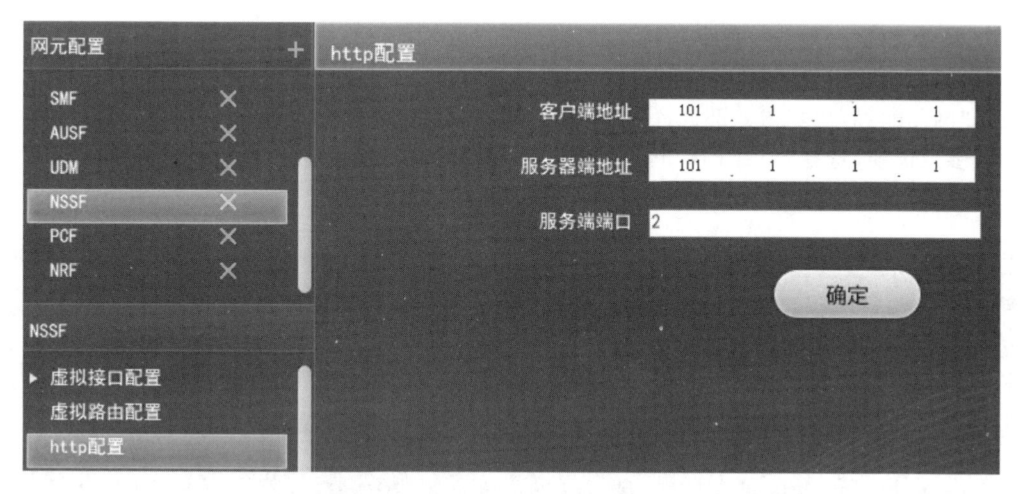

图 5-75　http 配置

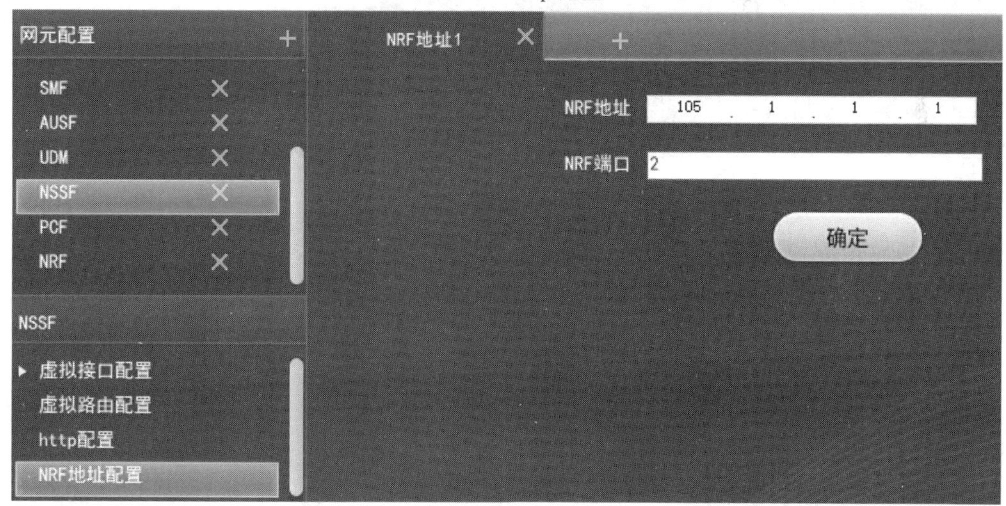

图 5-76　NRF 地址配置

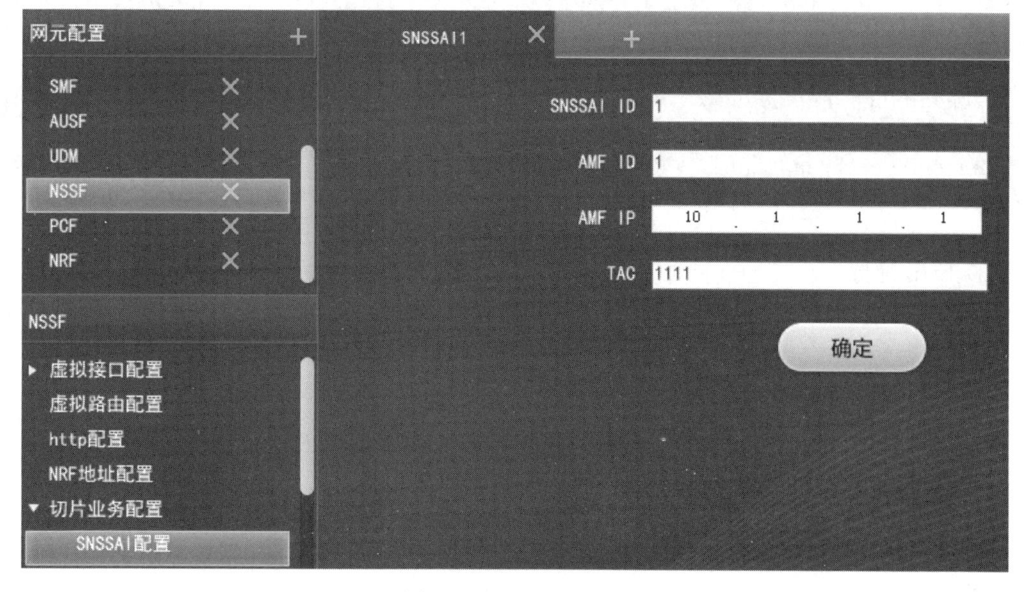

图 5-77　SNSSAI 配置

6. 配置 PCF

(1) 虚拟接口配置

在“网元配置”导航树上部选择“PCF”,在“网元配置”导航树下部选择“虚拟接口配置”,打开 2 级参数选项,选择“XGEI 接口配置”,点击“网元参数”配置区中的“+”号,添加“XGEI 接口 1”,输入 XGEI 接口 1 数据,如图 5-78 所示。

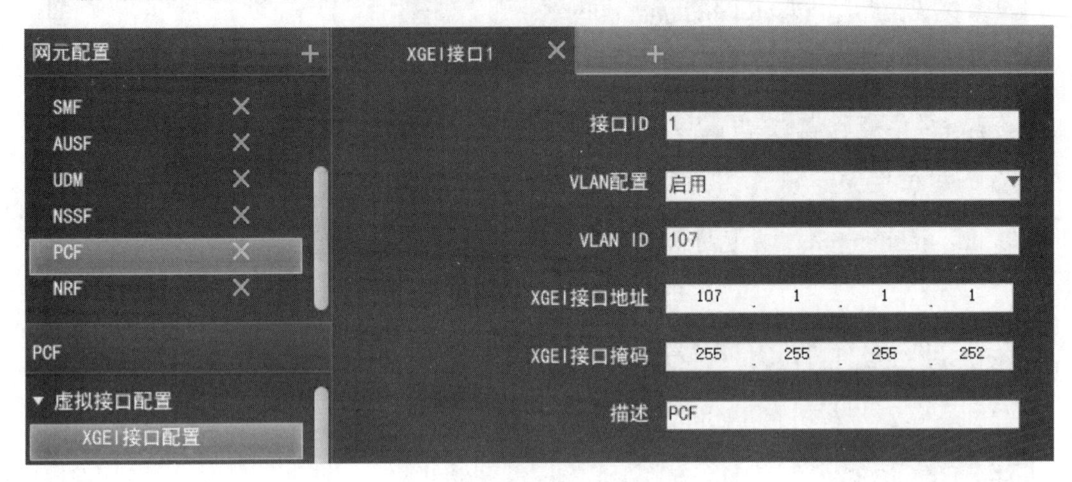

图 5-78　XGEI 接口配置

(2) 虚拟路由配置

在“网元配置”导航树下部选择“虚拟路由配置”,在“网元参数”配置区输入虚拟路由数据,如图 5-79 所示。

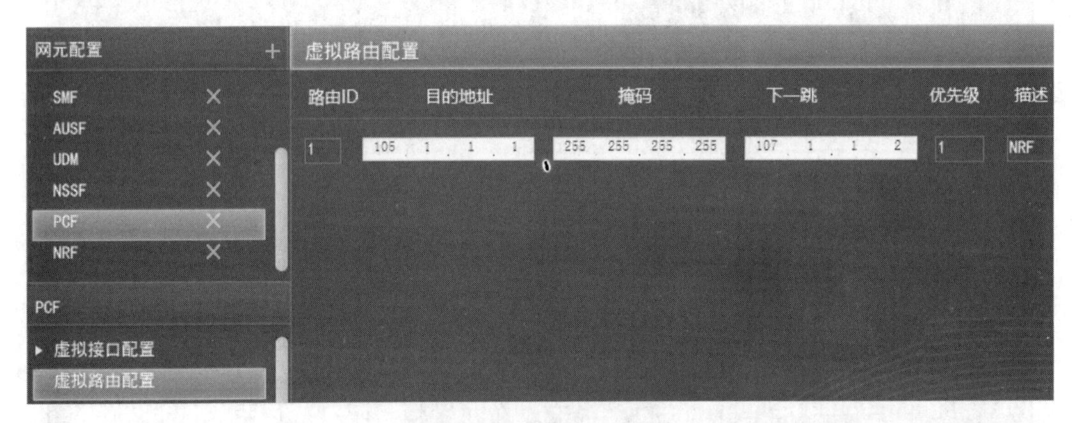

图 5-79　虚拟路由配置

(3) http 配置

在“网元配置”导航树下部选择“http 配置”,在“网元参数”配置区输入 http 数据,如图 5-80所示。

(4) NRF 地址配置

在“网元配置”导航树下部选择“NRF 地址配置”,点击“网元参数”配置区中的“+”号,添加“NRF 地址 1”,输入 NRF 地址 1 数据,如图 5-81 所示。

(5) SUPI 号段配置

在“网元配置”导航树下部选择“SUPI 号段配置”,在“网元参数”配置区输入 SUPI 号段数据,如图 5-82 所示。

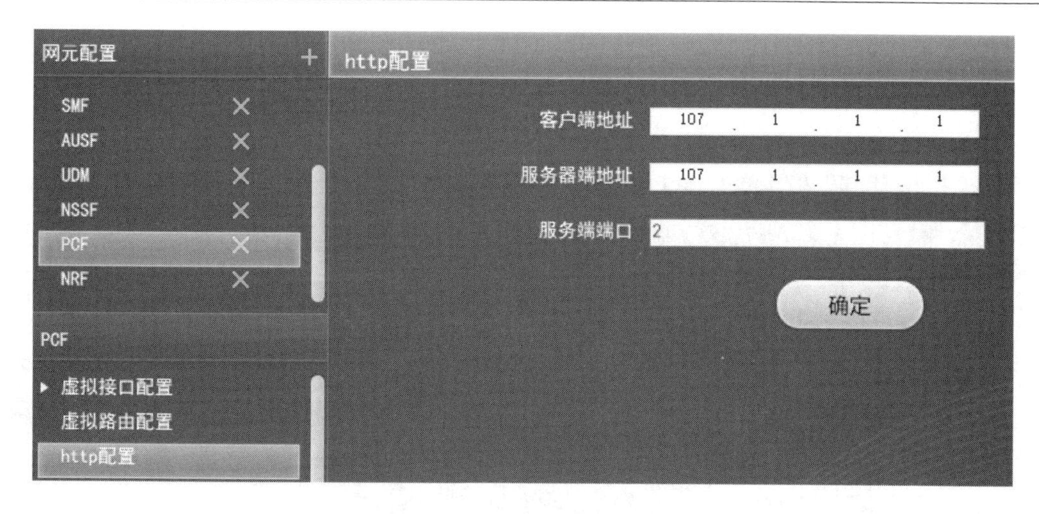

图 5-80　http 配置

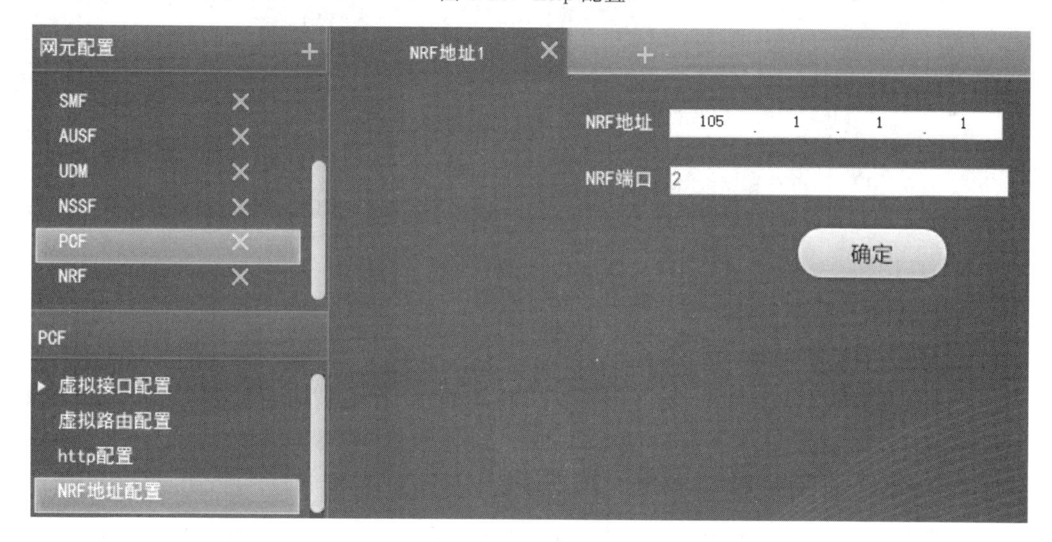

图 5-81　NRF 地址配置

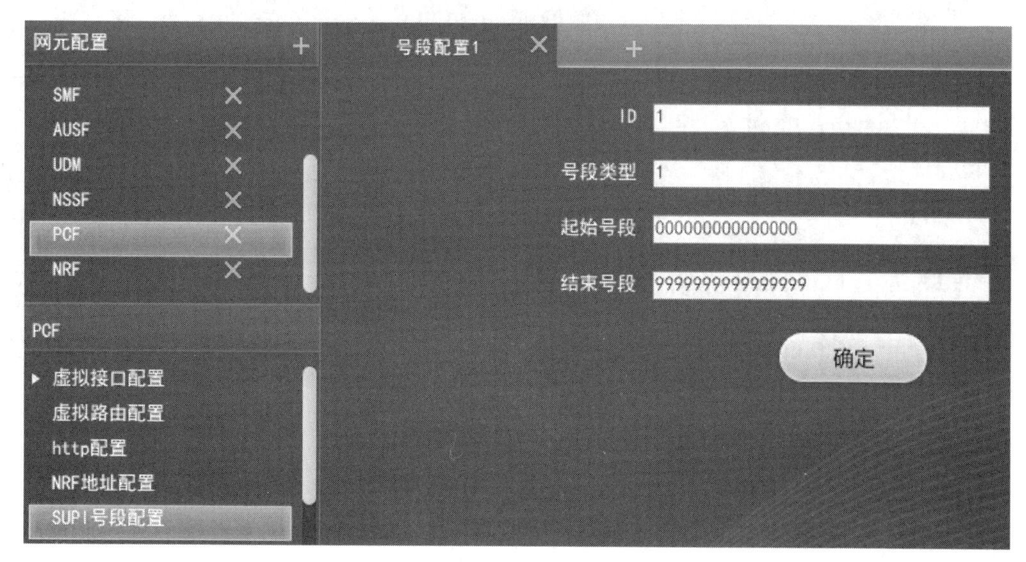

图 5-82　SUPI 号段数据

(6) 策略配置

在"网元配置"导航树下部选择"策略配置",在"网元参数"配置区输入策略数据,如图 5-83所示。

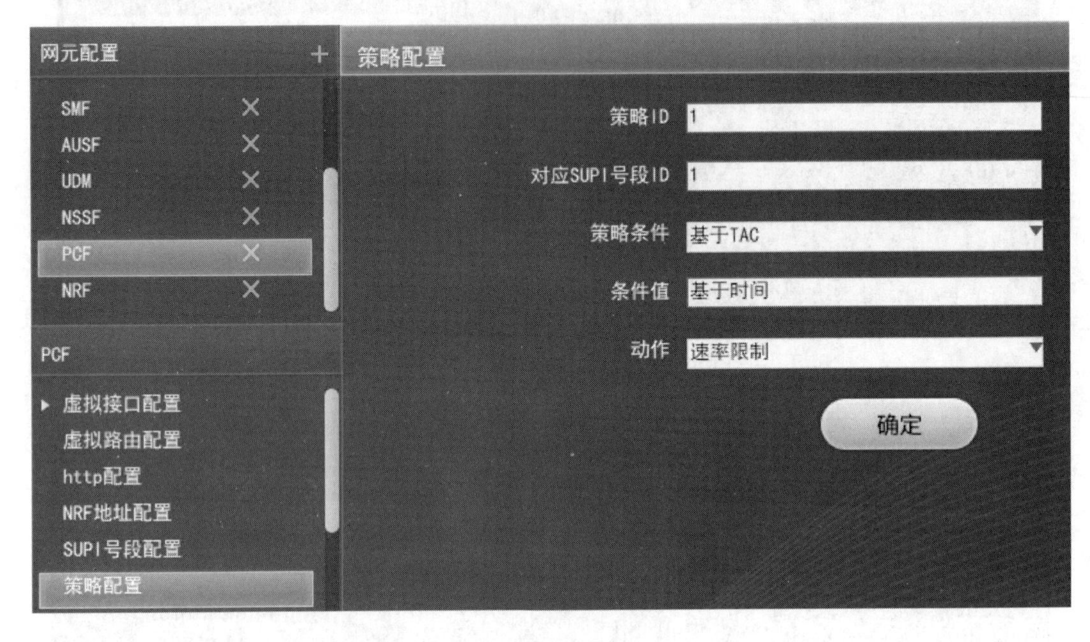

图 5-83　策略配置

7. 配置 NRF

(1) 虚拟接口配置

在"网元配置"导航树上部选择"NRF",在"网元配置"导航树下部选择"虚拟接口配置",打开 2 级参数选项,选择"XGEI 接口配置",点击"网元参数"配置区中的"+"号,添加"XGEI 接口 1",输入 XGEI 接口 1 数据,如图 5-84 所示。

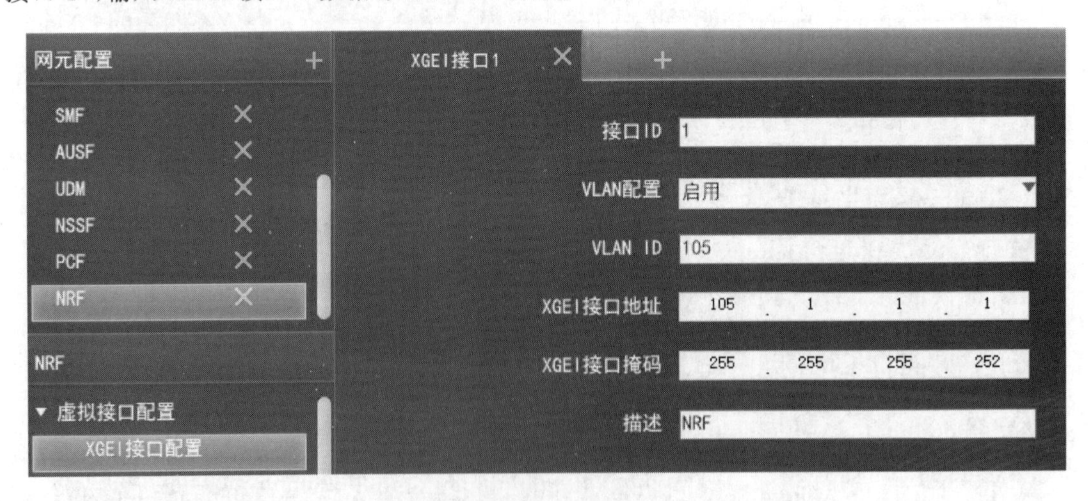

图 5-84　XGEI 接口配置

(2) 虚拟路由配置

在"网元配置"导航树下部选择"虚拟路由配置",在"网元参数"配置区输入虚拟路由数据,如图 5-85 所示。

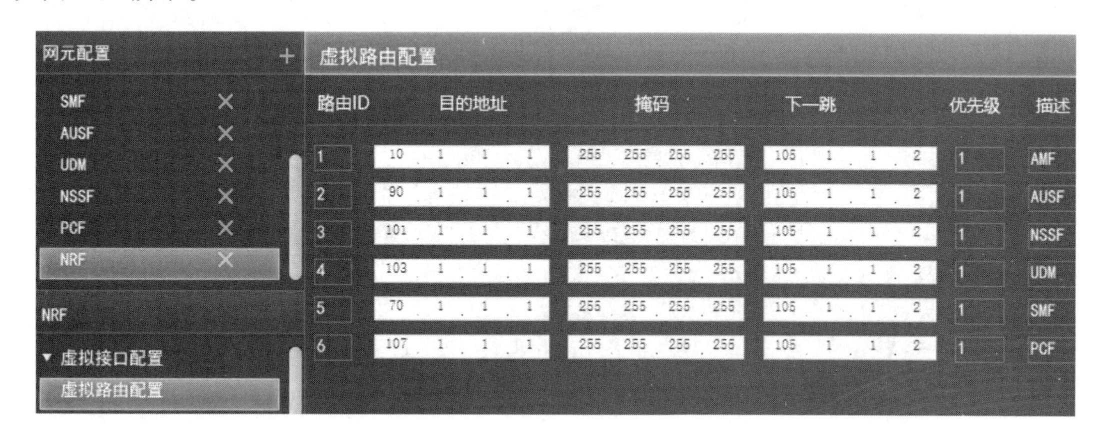

图 5-85　虚拟路由配置

(3) http 配置

在“网元配置”导航树下部选择“http 配置”，在“网元参数”配置区输入 http 数据，如图 5-86所示。

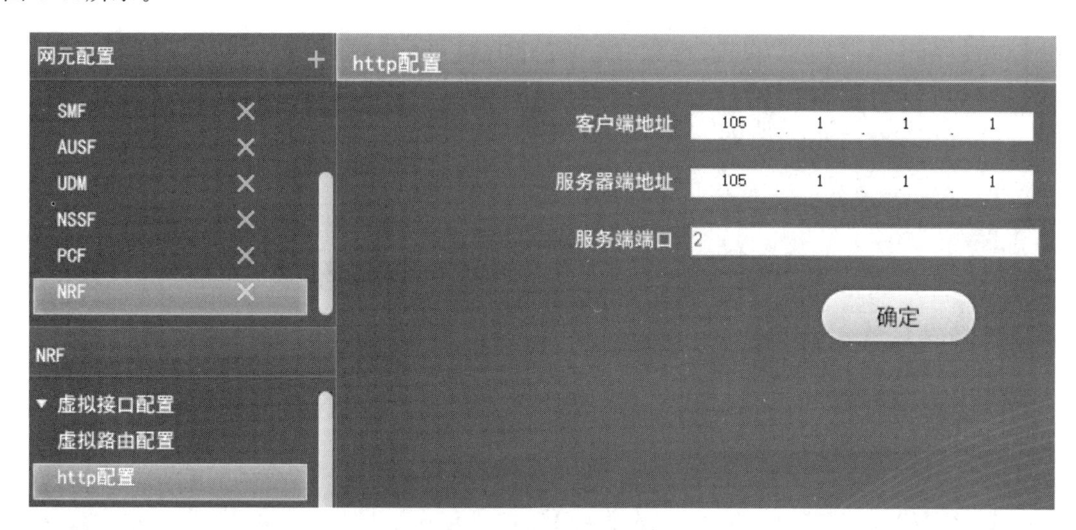

图 5-86　http 配置

8. 配置 UPF

(1) 虚拟接口配置

在“网元配置”导航树上部选择“UPF1”，在“网元配置”导航树下部选择“虚拟接口配置”，打开 2 级参数选项，选择“XGEI 接口配置”，点击“网元参数”配置区中的“+”号，添加“XGEI 接口 1”，输入 XGEI 接口 1 数据，如图 5-87 所示。

点击“网元参数”配置区中的“+”号，添加“XGEI 接口 2”，输入 XGEI 接口 2 数据，如图 5-88所示。

在 2 级参数选项中选择“loopback 接口配置”，点击“网元参数”配置区中的“+”号，添加“loopback 接口 1”，输入 loopback 接口 1 数据，如图 5-89 所示。

点击“网元参数”配置区中的“+”号，添加“loopback 接口 2”，输入 loopback 接口 2 数据，如图 5-90 所示。

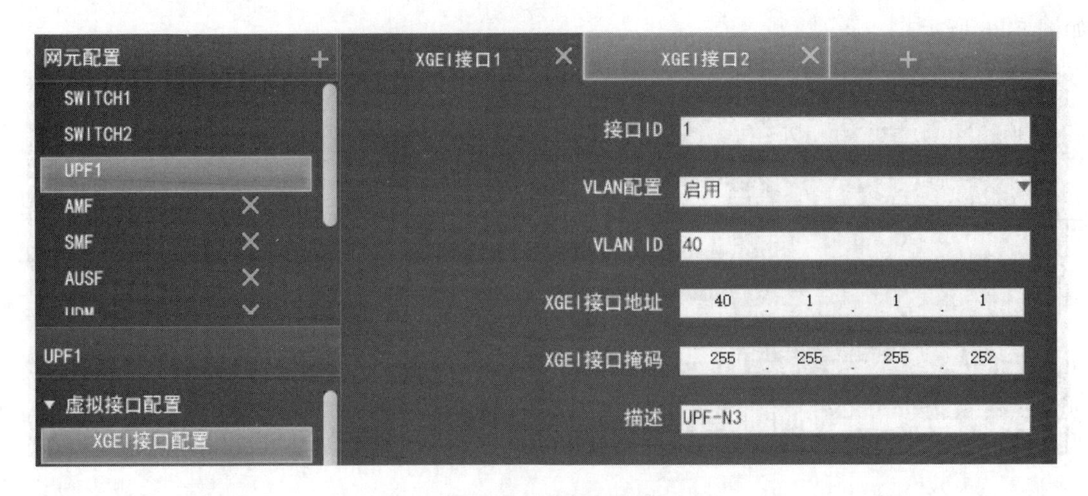

图 5-87　XGEI 接口配置(1)

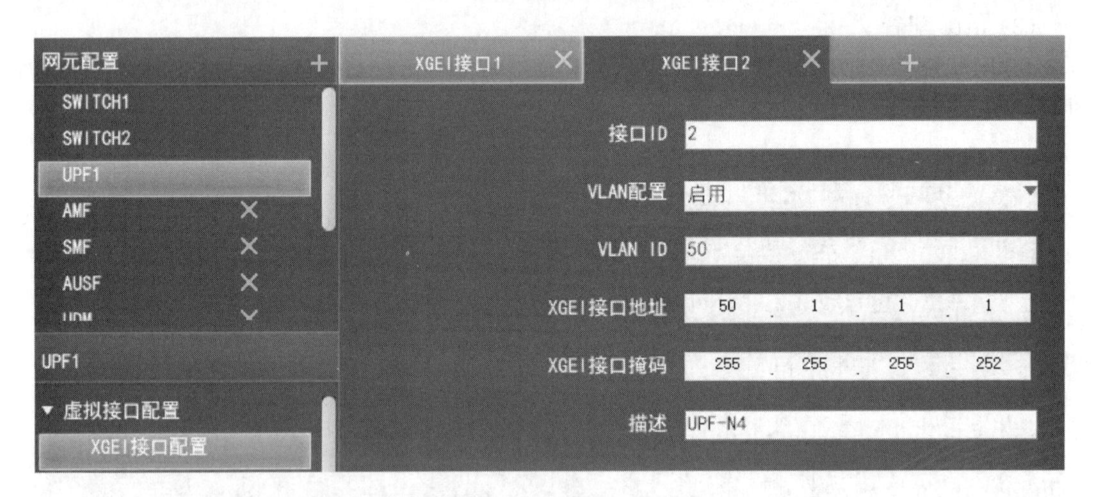

图 5-88　XGEI 接口配置(2)

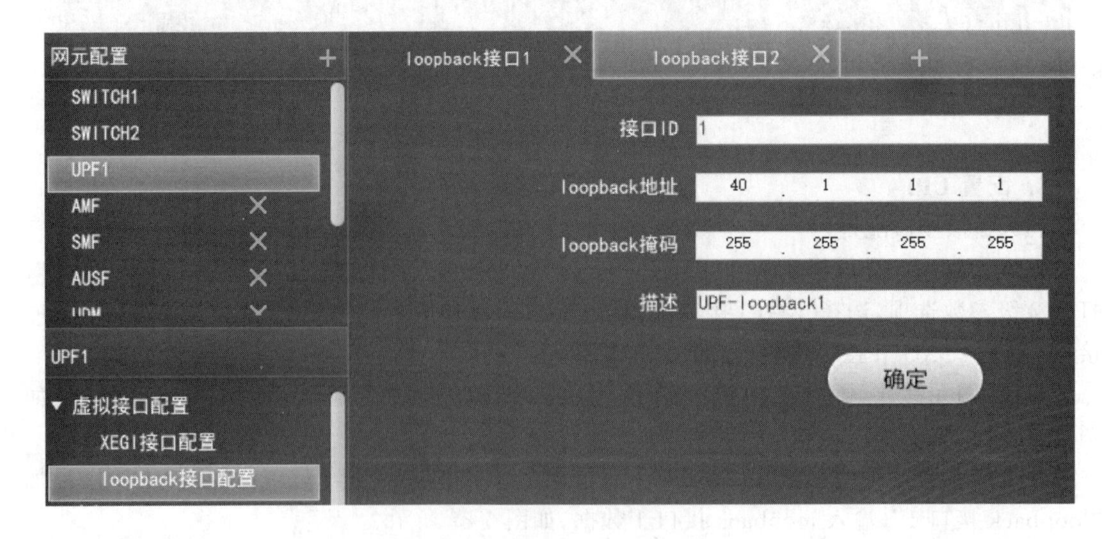

图 5-89　loopback 接口配置(1)

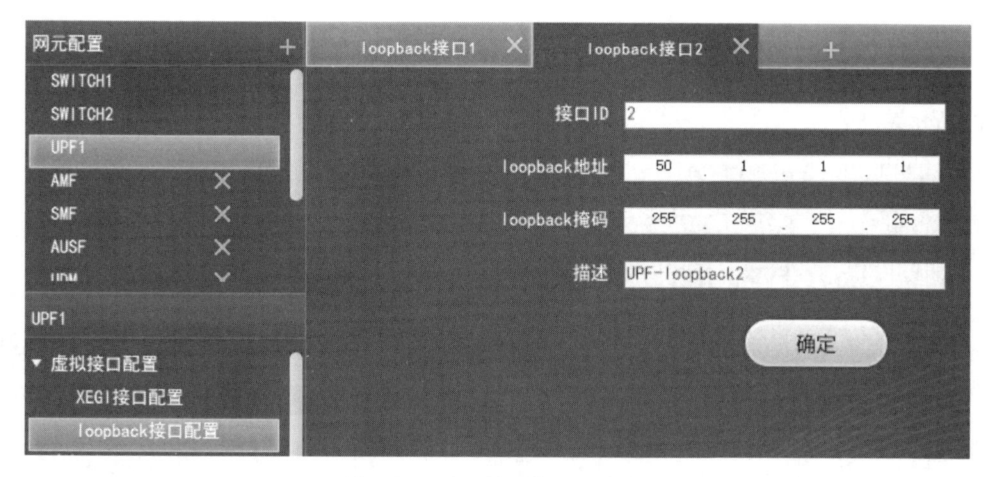

图 5-90 loopback 接口配置(2)

(2) 虚拟路由配置

在“网元配置”导航树下部选择“虚拟路由配置”,在“网元参数”配置区输入虚拟路由数据,如图 5-91 所示。

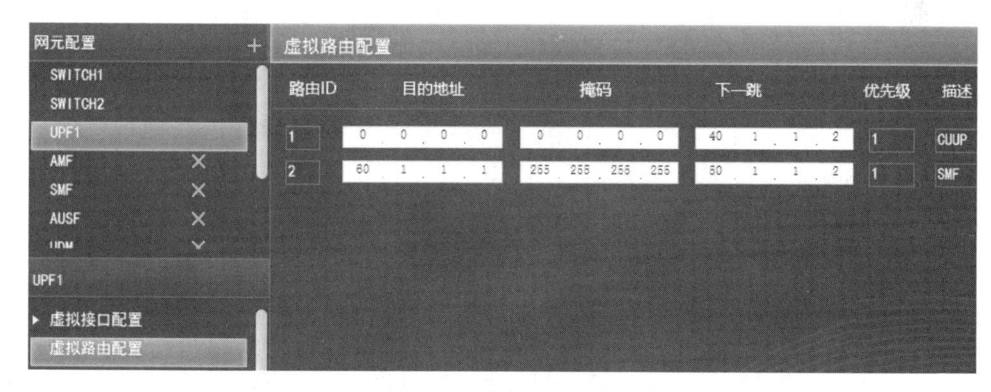

图 5-91 虚拟路由配置

(3) http 配置

在“网元配置”导航树下部选择“http 配置”,在“网元参数”配置区输入 http 数据,如图 5-92所示。

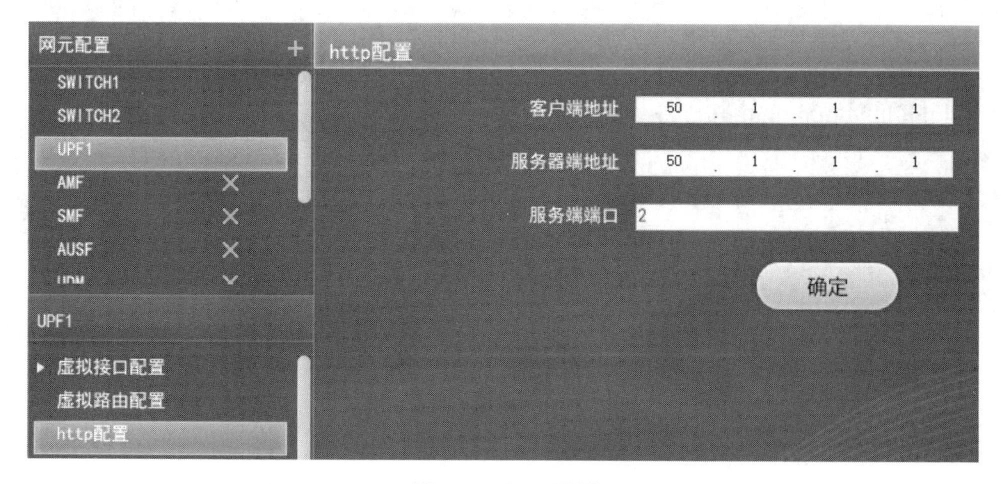

图 5-92 http 配置

(4) 对接配置

在"网元配置"导航树下部选择"对接配置",在"网元参数"配置区输入对接数据,如图 5-93所示。

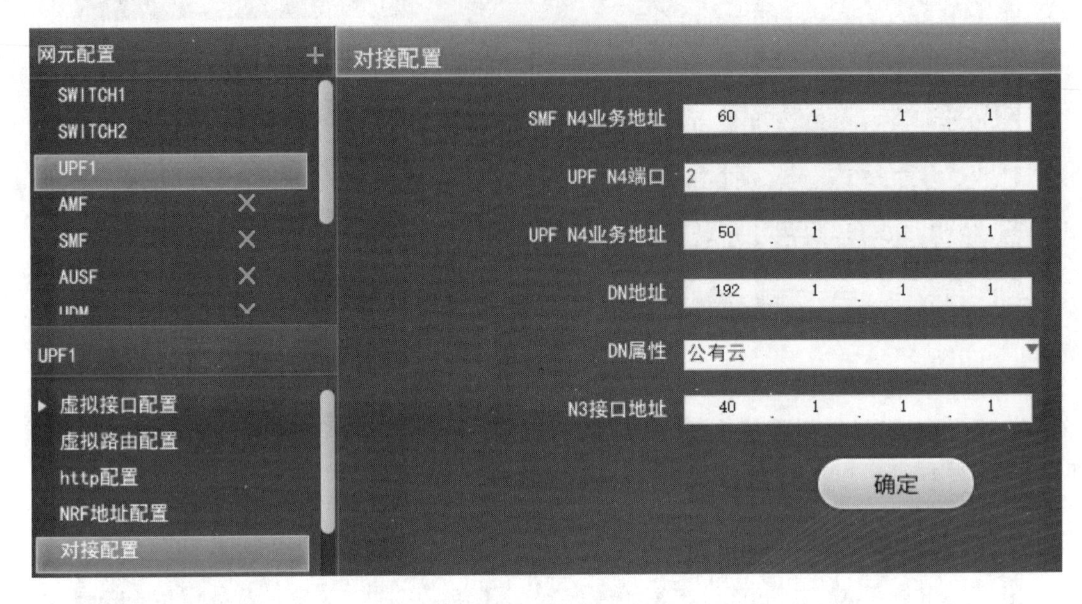

图 5-93 对接配置

(5) 地址池配置

在"网元配置"导航树下部选择"地址池配置",点击"网元参数"配置区中的"+"号,添加"IP 地址池 1",输入 IP 地址池 1 数据,如图 5-94 所示。

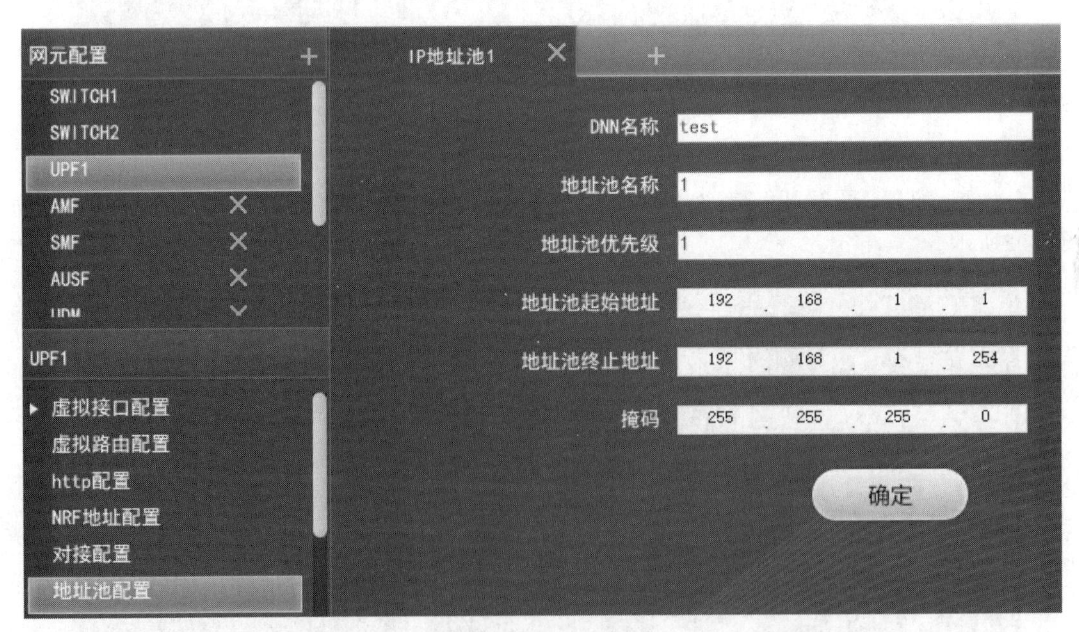

图 5-94 地址池配置

(6) UPF 公共配置

在"网元配置"导航树下部选择"UPF 公共配置",在"网元参数"配置区输入 UPF 公共数据，如图 5-95 所示。

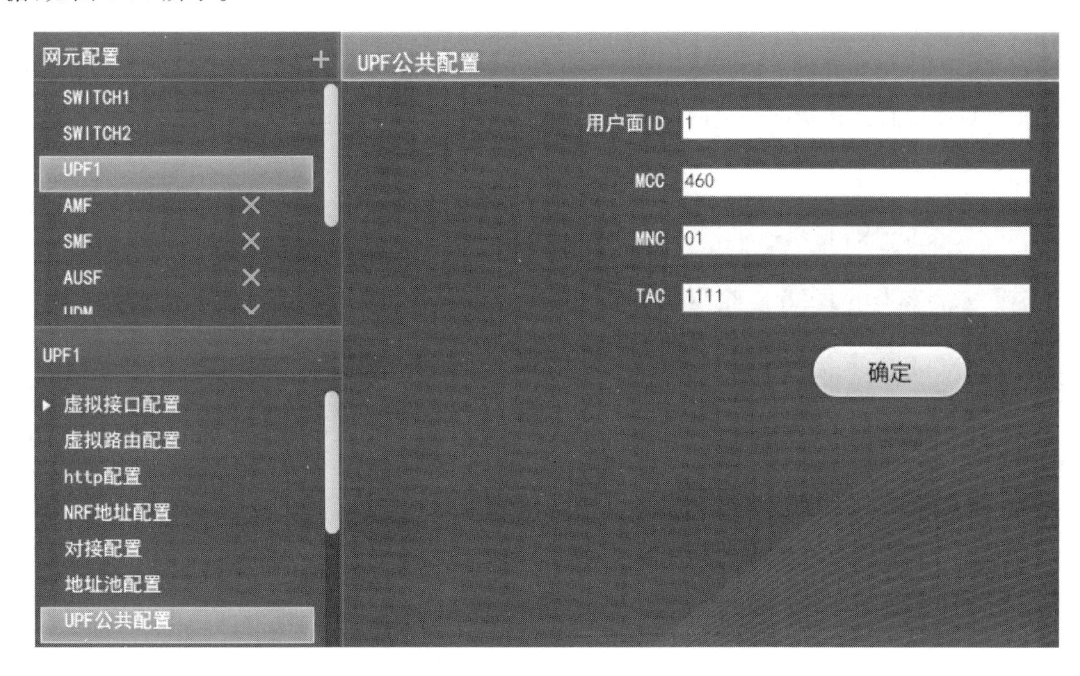

图 5-95　UPF 公共配置

(7) UPF 切片功能配置

在“网元配置”导航树下部选择“UPF 切片功能配置”，在“网元参数”配置区输入 UPF 切片功能数据，如图 5-96 所示。

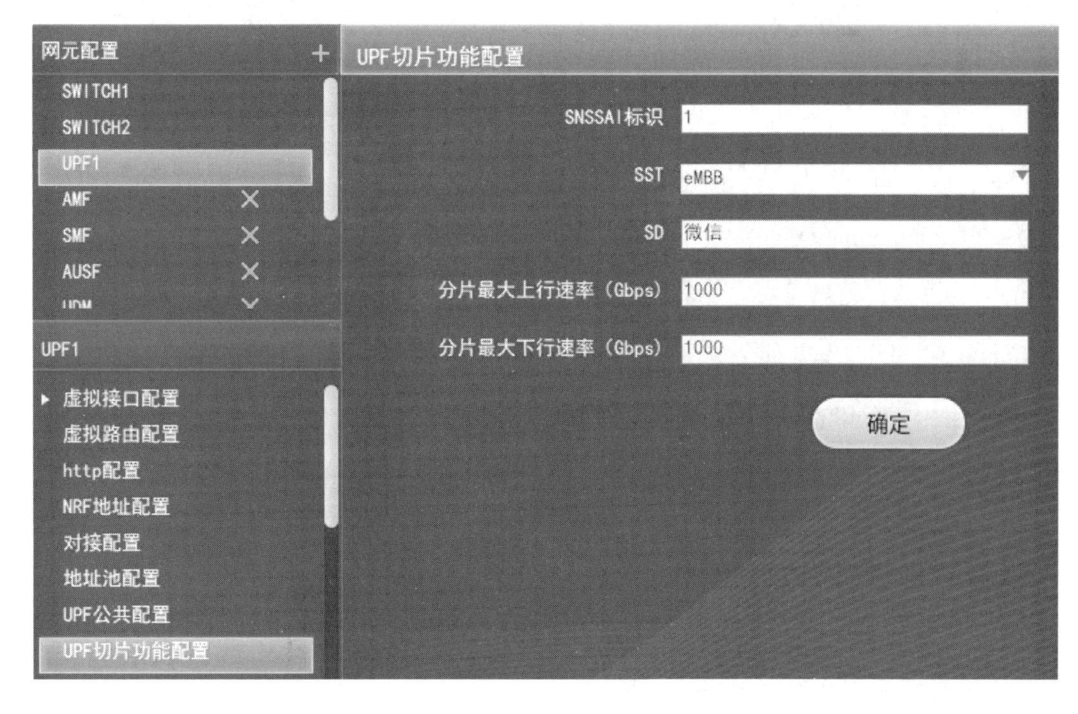

图 5-96　UPF 切片功能配置

9. 配置 SWITCH

(1) 物理接口配置

在“网元配置”导航树上部选择“SWITCH1”,在“网元配置”导航树下部选择“物理接口配置”,根据设备硬件连接情况,在“网元参数”配置区中状态为“up”的端口后输入 VLAN 号,如图 5-97 所示。

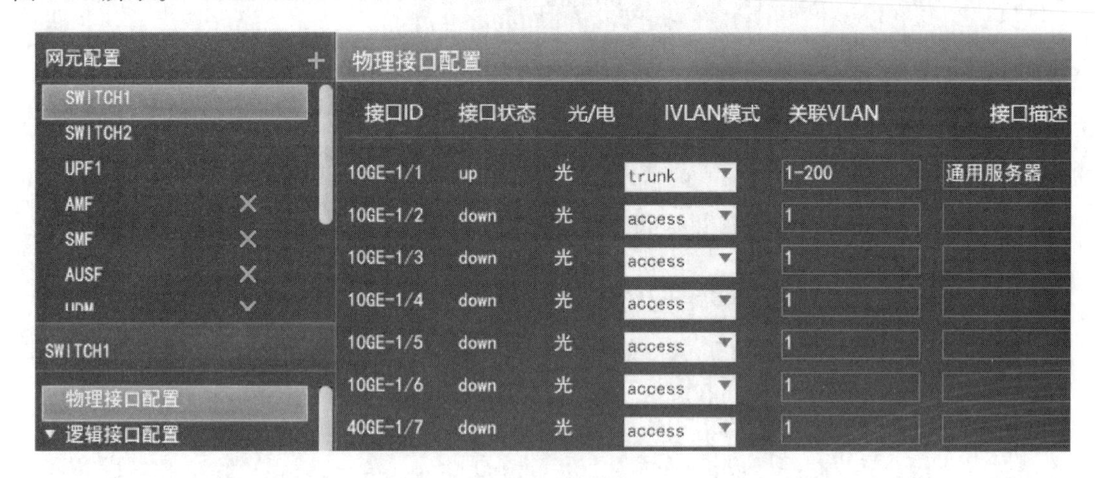

图 5-97 物理接口配置

(2) 逻辑接口配置

在“网元配置”导航树下部选择“逻辑接口配置”,打开 2 级参数选项,选择“VLAN 三层接口”,点击“网元参数”配置区中的“+”号,创建 VLAN 并输入 VLAN 参数,如图 5-98 所示。

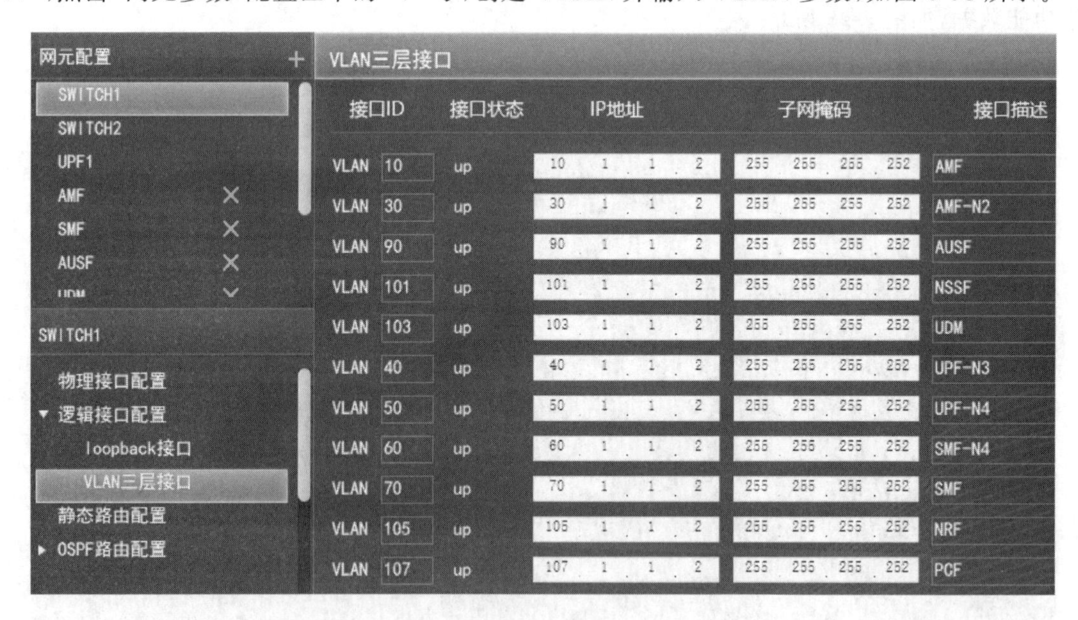

图 5-98 VLAN 三层接口

5.3.2 配置 Option2 基站数据

从操作区上侧的下拉菜单中选择“无线网”→“兴城市 B 站点无线机房”,进入兴城市 B 站点无线机房数据配置界面。

1. 配置 AAU

在“网元配置”导航树上部选择“AAU1”，在“网元配置”导航树下部选择“射频配置”，在“网元参数”配置区输入射频参数，如图 5-99 所示。AAU2 和 AAU3 的射频配置方法及参数与 AAU1 相同。

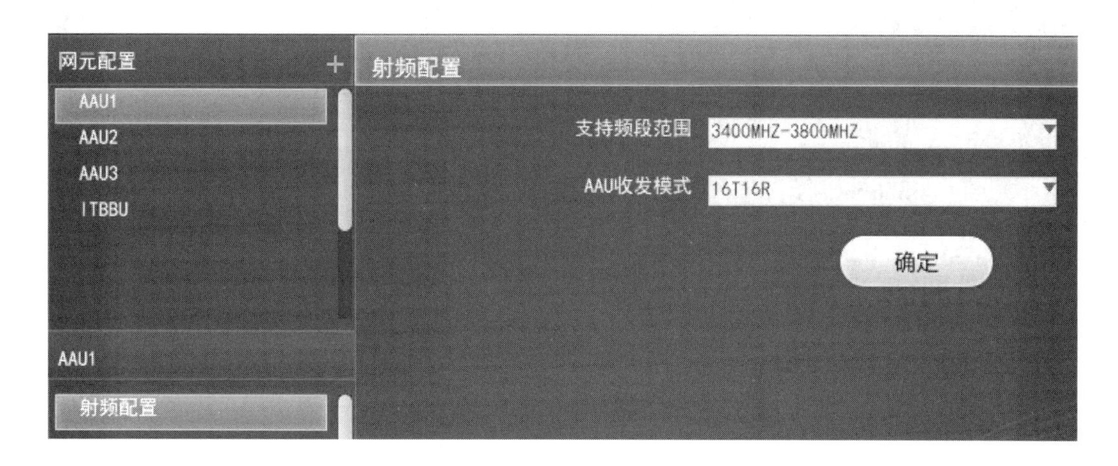

图 5-99　射频配置

2. 配置 ITBBU

(1) NR 网元管理

在“网元配置”导航树上部选择“ITBBU”，在“网元配置”导航树下部选择“NR 网元管理”，在“网元参数”配置区输入 NR 网元管理参数，如图 5-100 所示。

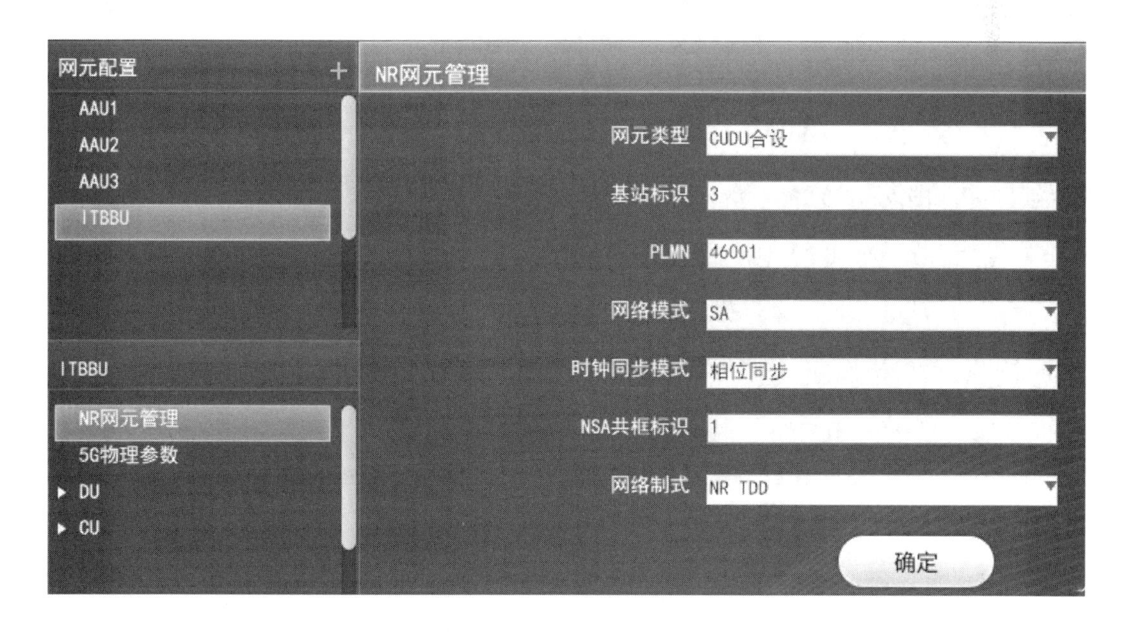

图 5-100　NR 网元管理

（2）5G 物理参数

在“网元配置”导航树下部选择“5G 物理参数”，在“网元参数”配置区输入 5G 物理参数，如图 5-101 所示。

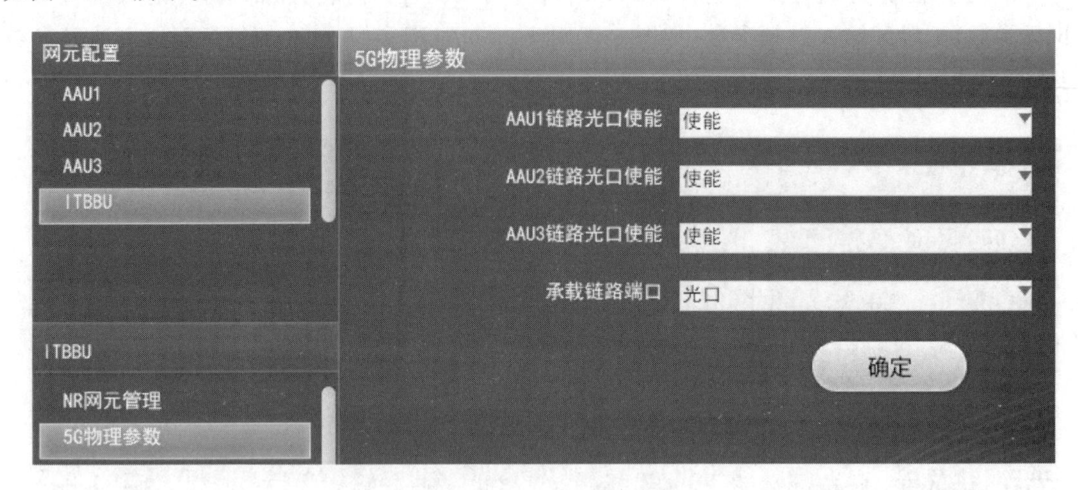

图 5-101　5G 物理参数

（3）DU

① DU 对接配置。在“网元配置”导航树下部选择“DU”，打开 2 级参数选项，选择“DU 对接配置”，打开 3 级参数选项，选择“以太网接口”，在“网元参数”配置区输入以太网接口参数，如图 5-102 所示。

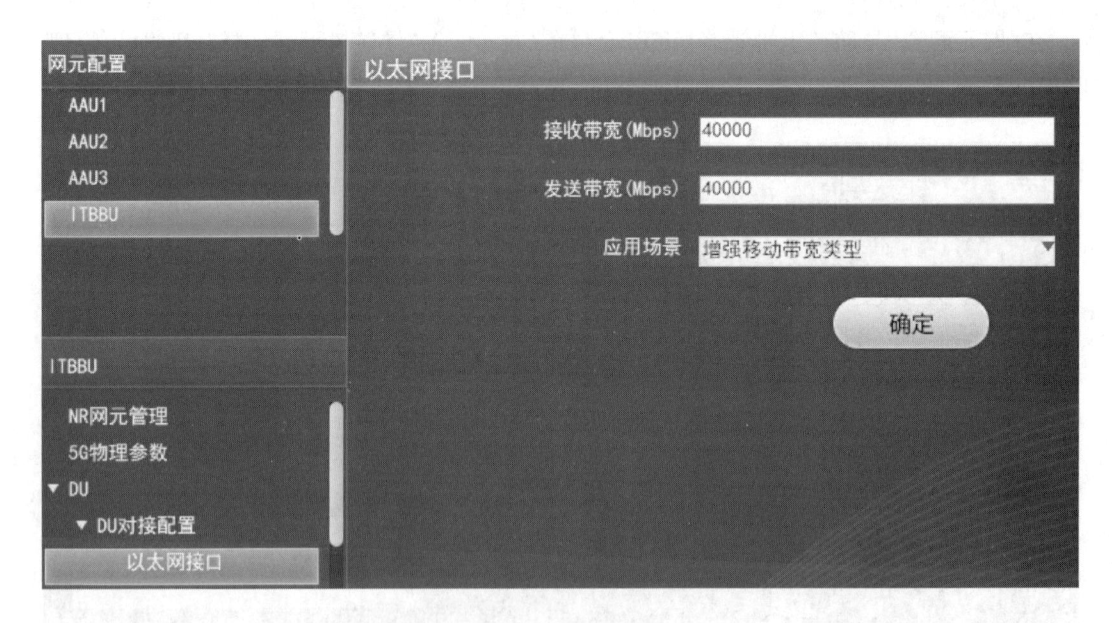

图 5-102　以太网接口

在 3 级参数选项中选择“IP 配置”，在“网元参数”配置区输入 IP 配置参数，如图 5-103 所示。

在 3 级参数选项中选择“SCTP 配置”，点击“网元参数”配置区中的“＋”号，添加“SCTP1”，输入 SCTP1 数据，如图 5-104 所示。

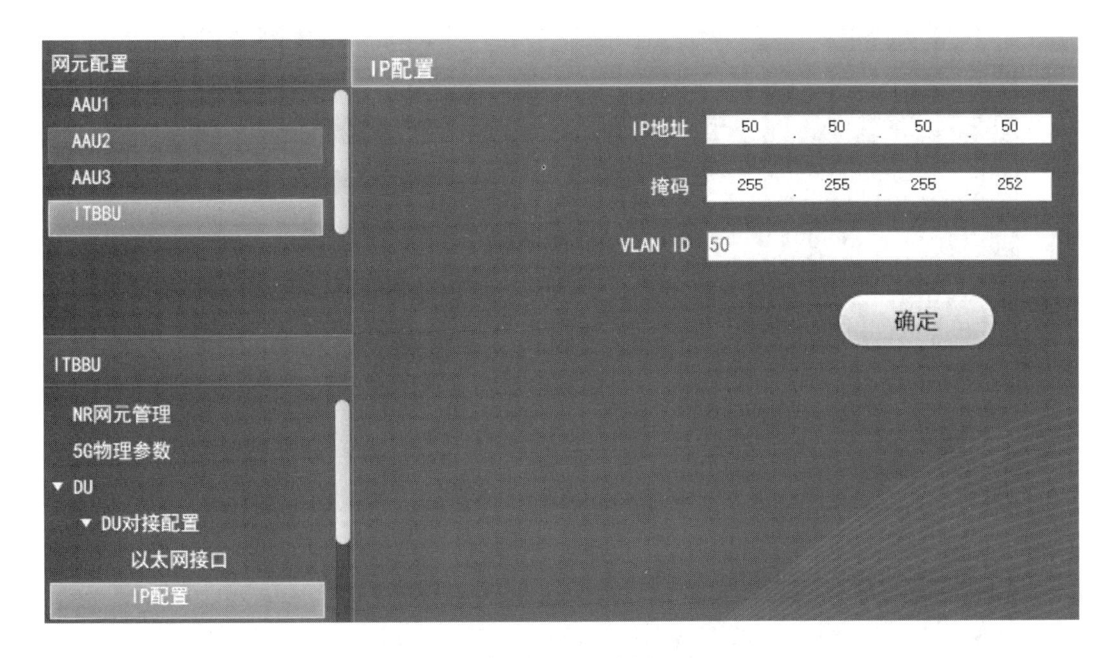

图 5-103　IP 配置

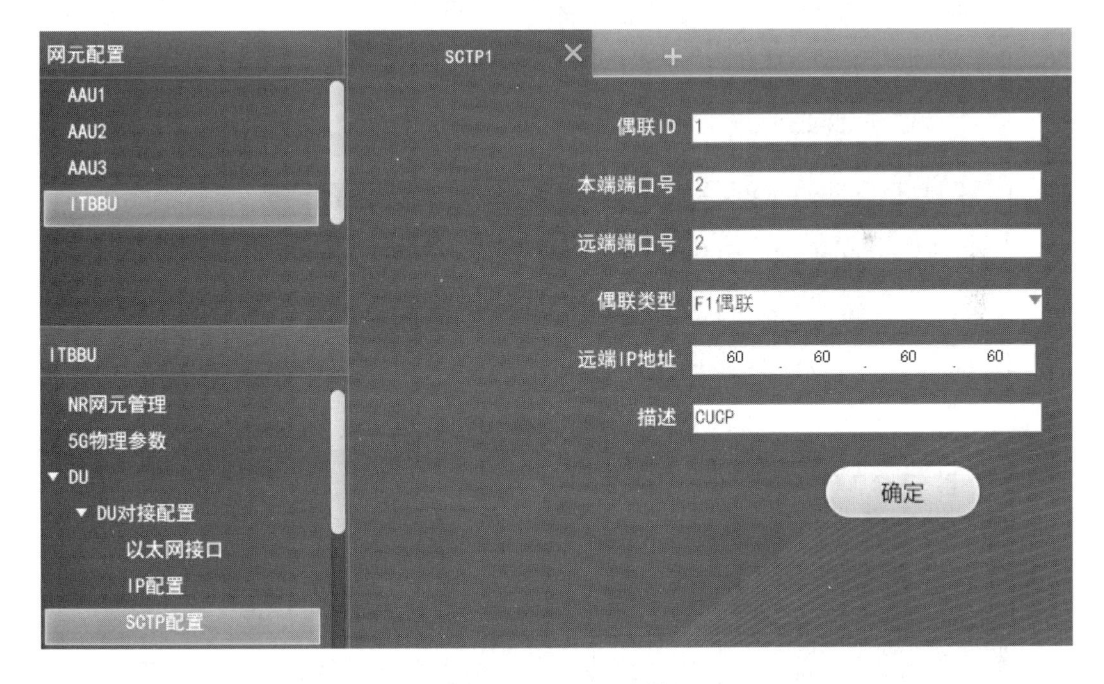

图 5-104　SCTP 配置

② DU 功能配置。在 2 级参数选项中选择“DU 功能配置”，打开 3 级参数选项，选择“DU 管理”，在“网元参数”配置区输入 DU 管理参数，如图 5-105 所示。

在 3 级参数选项中选择“Qos 业务配置”，点击“网元参数”配置区中的“＋”号，添加“qos1”，输入 qos1 数据，如图 5-106 所示。

继续点击“网元参数”配置区中的“＋”号，添加“qos2”，输入 qos2 数据，如图 5-107 所示。

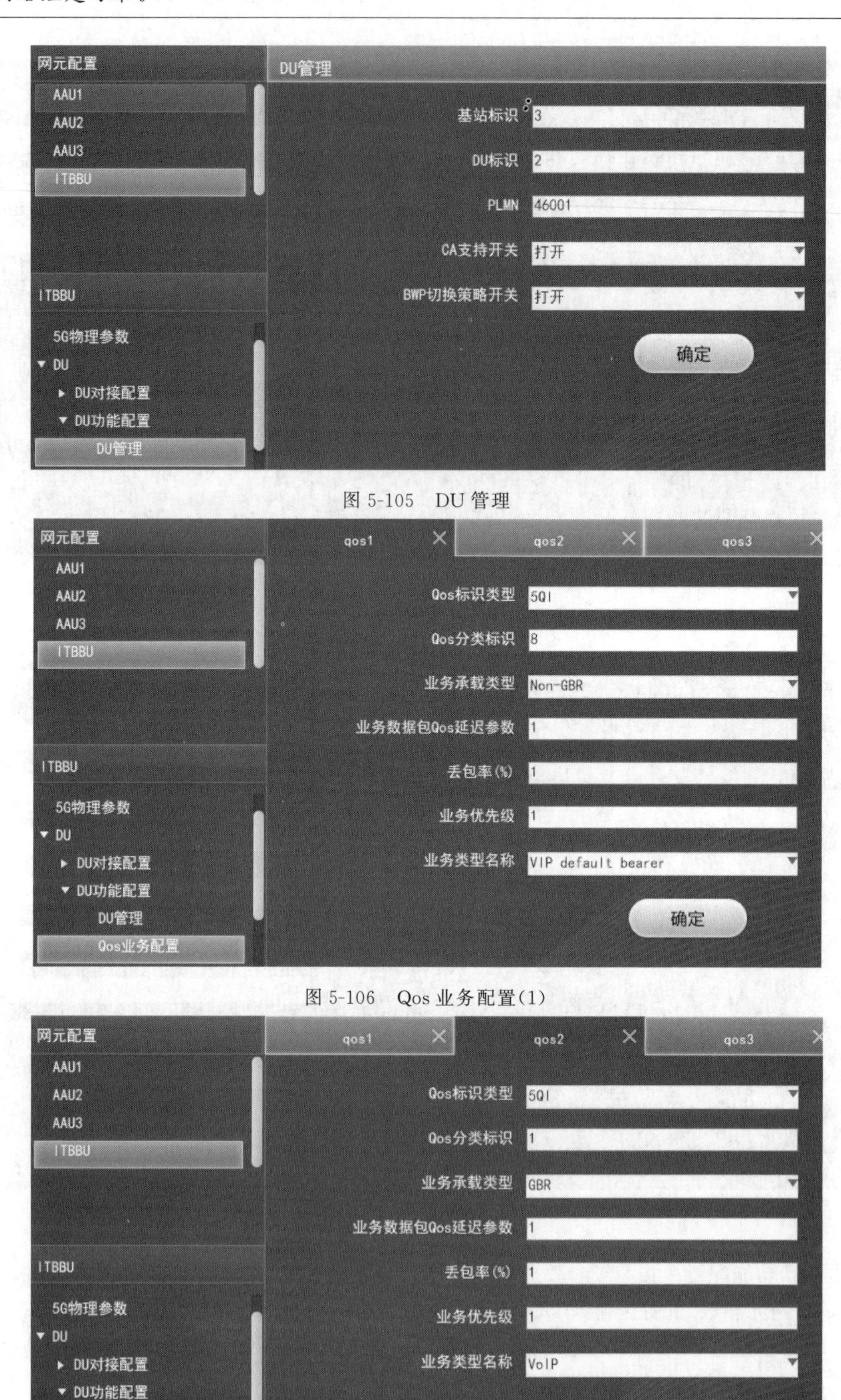

图 5-105　DU 管理

图 5-106　Qos 业务配置(1)

图 5-107　Qos 业务配置(2)

继续点击“网元参数”配置区中的“＋”号，添加“qos3”，输入 qos3 数据，如图 5-108 所示。

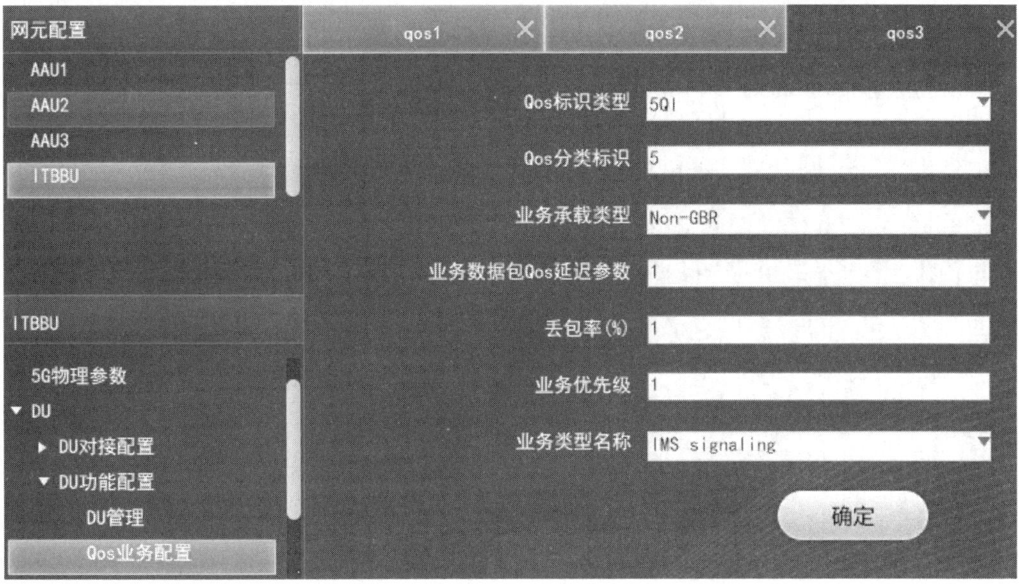

图 5-108　Qos 业务配置(3)

在 3 级参数选项中选择“网络切片配置”，点击“网元参数”配置区中的“＋”号，添加“网络切片 1”，输入网络切片 1 数据，如图 5-109 所示。

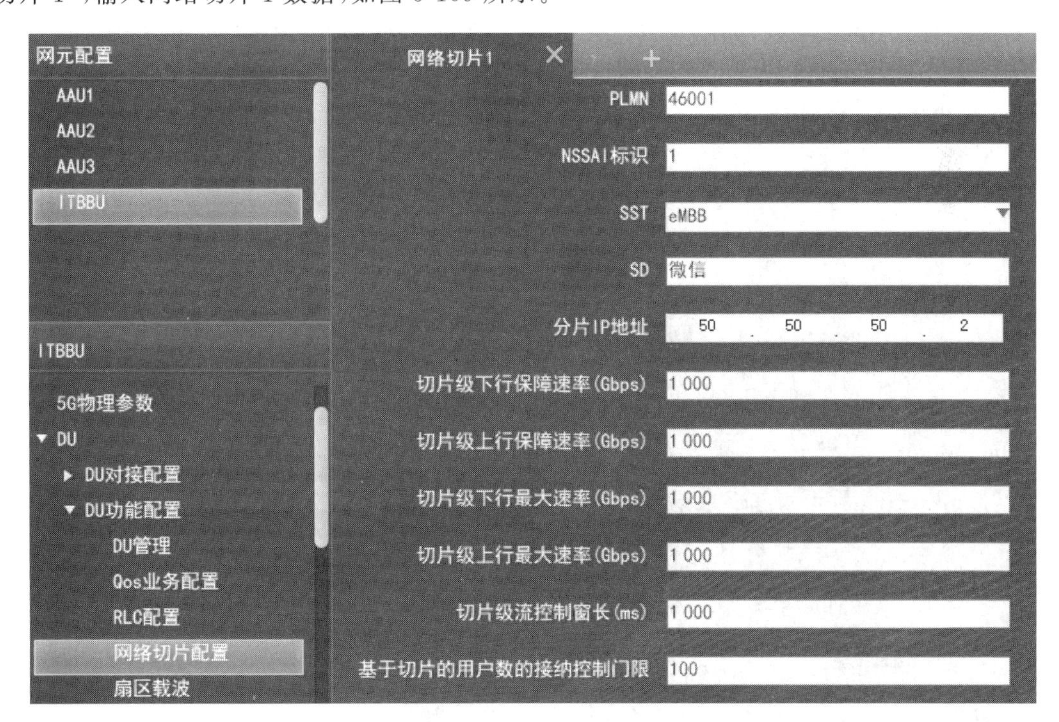

图 5-109　网络切片配置

在 3 级参数选项中选择“扇区载波”，点击“网元参数”配置区中的“＋”号，添加“扇区载波 1”，输入扇区载波数据，如图 5-110 所示。继续点击“＋”号，可添加扇区载波 2 和扇区载波 3。扇区载波 2 和扇区载波 3 的“小区标识”分别为“2”和“3”，其他参数与扇区载波 1 相同。

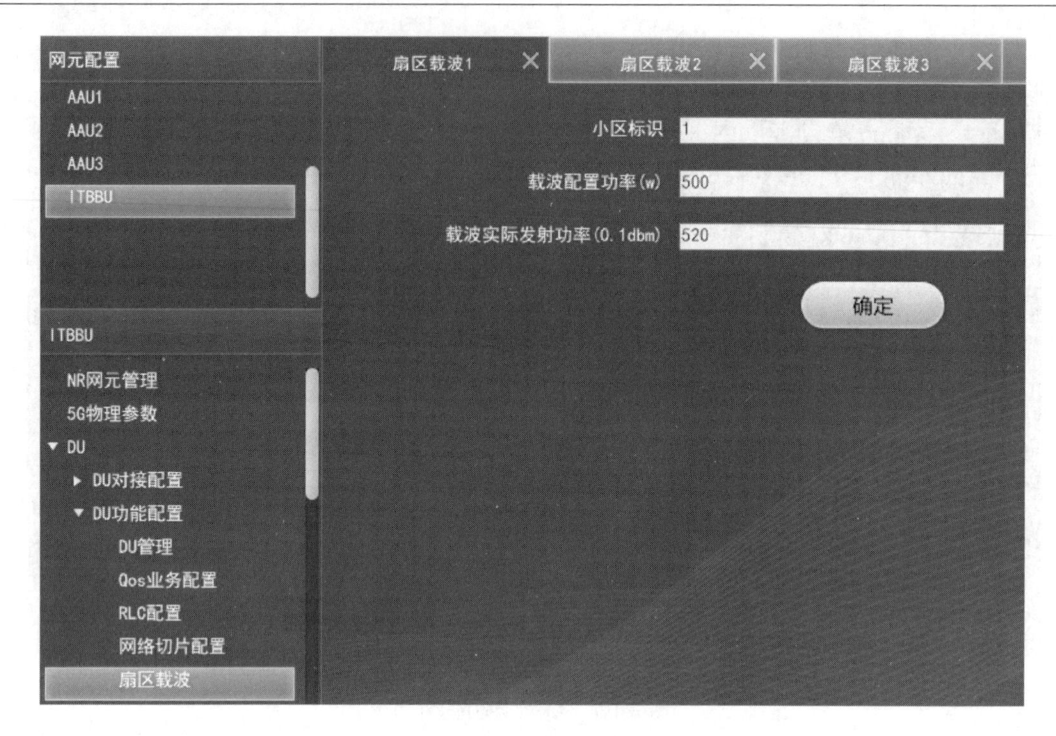

图 5-110 扇区载波

在 3 级参数选项中选择“DU 小区配置”，点击“网元参数”配置区中的“+”号，添加“DU 小区 1”，输入 DU 小区 1 数据，如图 5-111 和图 5-112 所示。继续点击“+”号，可添加小区 2 和小区 3。小区 2 和小区 3 的“DU 小区标识”分别为“2”和“3”，“AAU 链路光口”分别为“2”和“3”，“物理小区 ID”分别为“5”和“6”，其他参数与小区 1 相同。

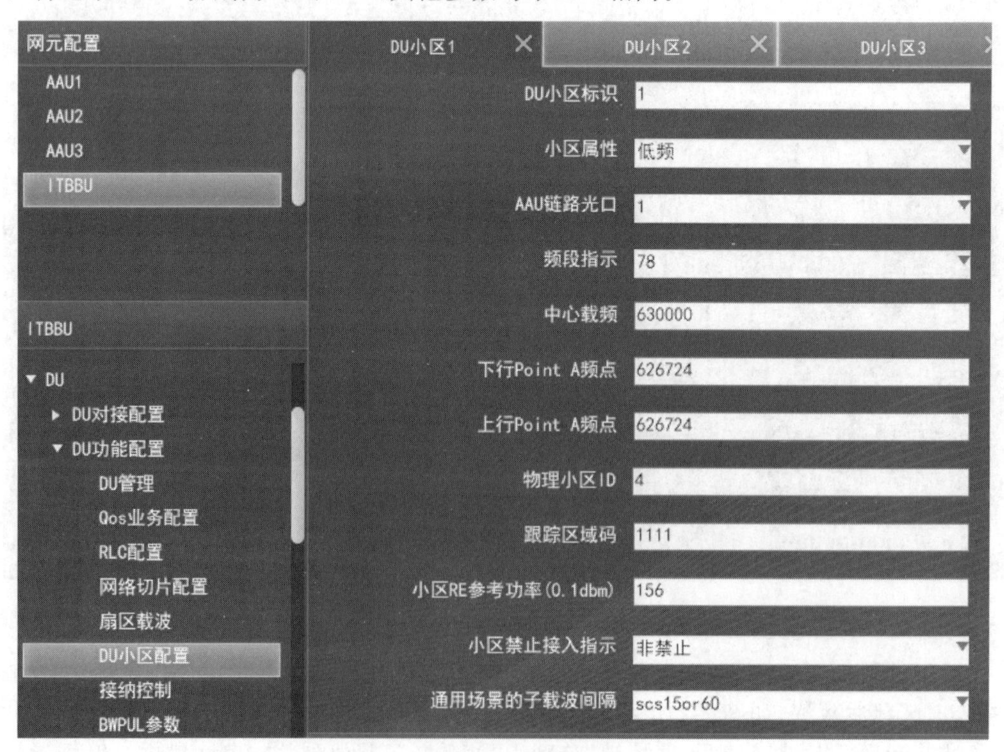

图 5-111 DU 小区配置(1)

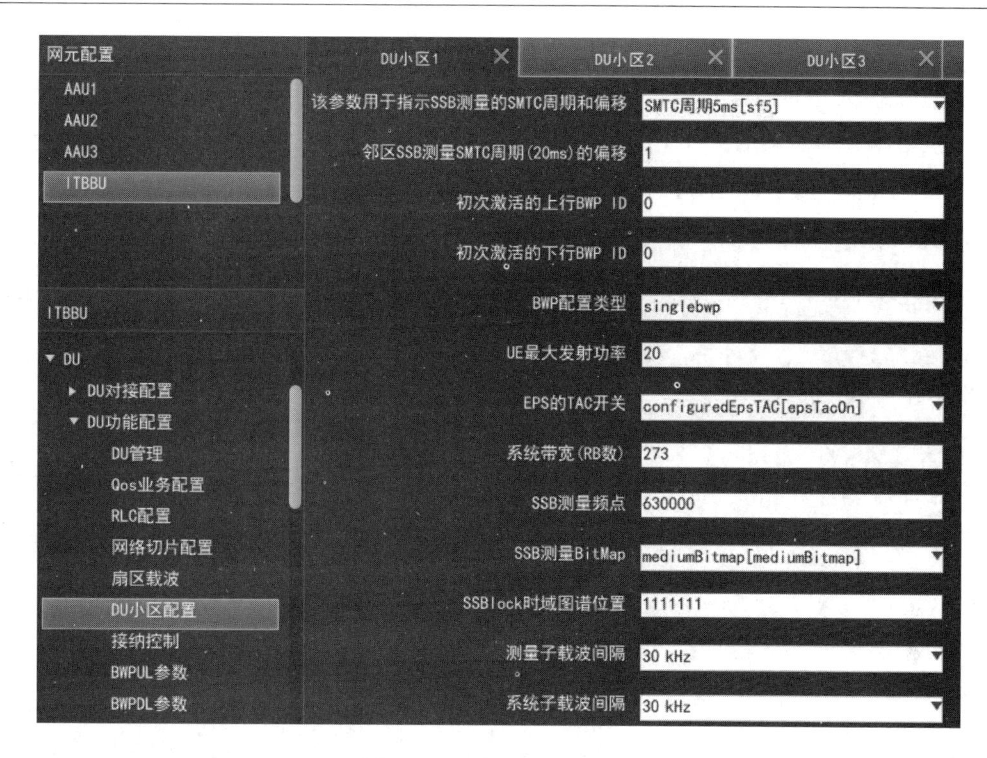

图 5-112　DU 小区配置(2)

在3级参数选项中选择“接纳控制配置”,点击“网元参数”配置区中的“+”号,添加“接纳控制1”,输入接纳控制参数,如图5-113所示。继续点击“+”号,添加接纳控制2和接纳控制3。接纳控制2和接纳控制3的“DU小区标识”分别为“2”和“3”,其他参数与接纳控制1相同。

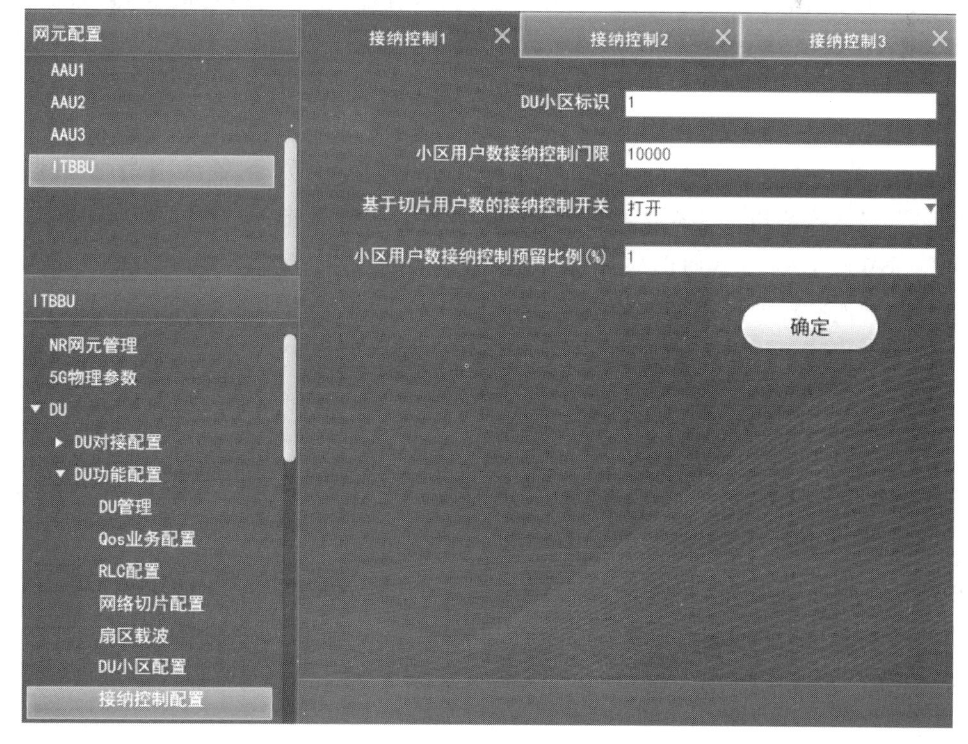

图 5-113　接纳控制配置

在 3 级参数选项中选择“BWPUL 参数”，点击“网元参数”配置区中的“＋”号，添加“BWPUL1”，输入 BWPUL1 参数，如图 5-114 所示。继续点击“＋”号，添加 BWPUL2 和 BWPUL3。BWPUL2 和 BWPUL3 的“DU 小区标识”分别为“2”和“3”，“上行 BWP 索引”分别为“2”和“3”，其他参数与 BWPUL1 相同。

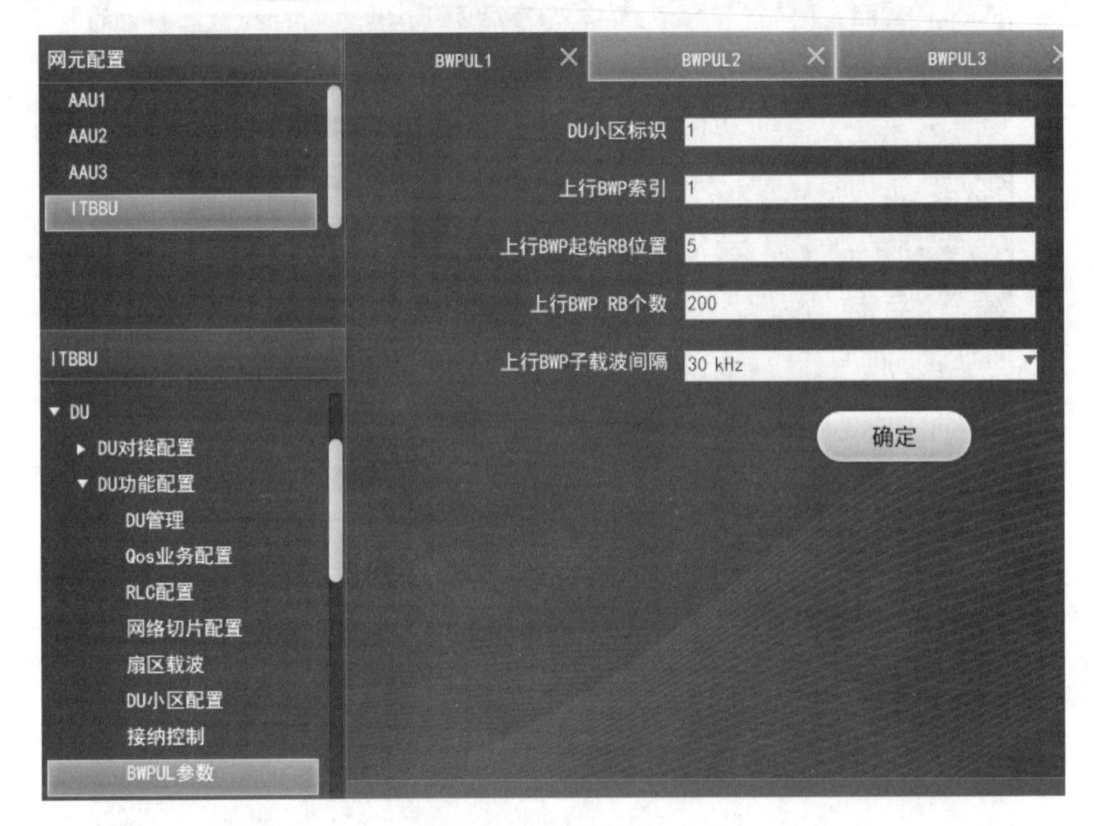

图 5-114　BWPUL 参数

在 3 级参数选项中选择“BWPDL 参数”，点击“网元参数”配置区中的“＋”号，添加“BWPDL1”，输入 BWPDL1 参数，如图 5-115 所示。继续点击“＋”号，添加 BWPDL2 和 BWPDL3。BWPDL2 和 BWPDL3 的“DU 小区标识”分别为“2”和“3”，“下行 BWP 索引”分别为“2”和“3”，其他参数与 BWPDL1 相同。

③ 物理信道配置。在 2 级参数选项中选择“物理信道配置”，打开 3 级参数选项，选择“PRACH 信道配置”，点击“网元参数”配置区中的“＋”号，添加“RACH1”，输入 RACH1 参数，如图 5-116 所示。继续点击“＋”号，添加 RACH2 和 RACH3。RACH2 和 RACH3 的“DU 小区标识”分别为“2”和“3”，“起始逻辑根序列索引”分别为“2”和“3”，其他参数与 RACH1 相同。

在 3 级参数选项中选择“SRS 公用参数”，点击“网元参数”配置区中的“＋”号，添加“SRS1”，输入 SRS1 公用参数，如图 5-117 所示。继续点击“＋”号，添加 SRS2 和 SRS3。SRS2 和 SRS3 的“DU 小区标识”分别为“2”和“3”，其他参数与 SRS1 相同。

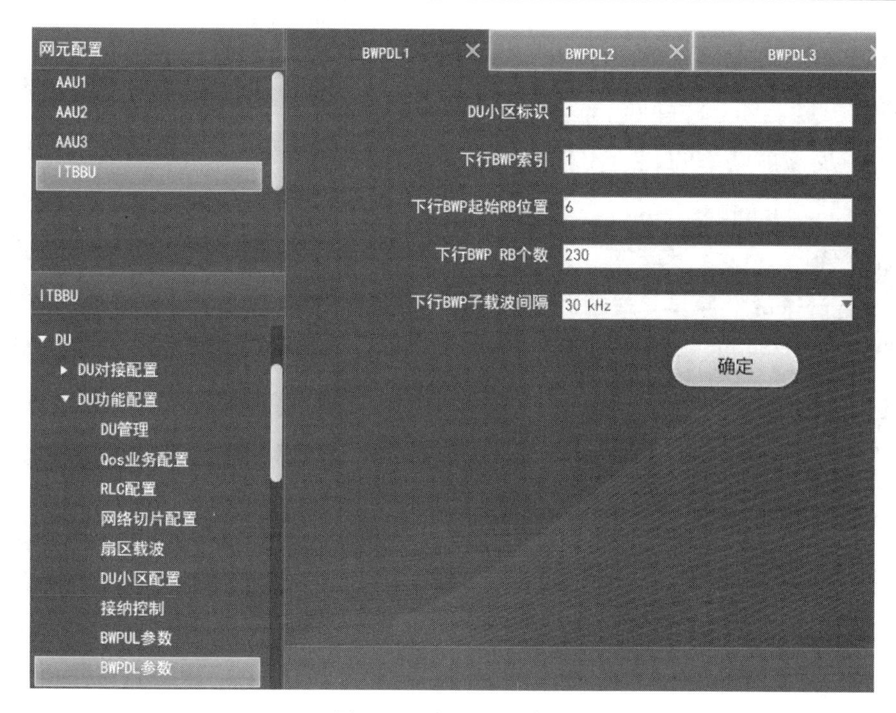

图 5-115　BWPDL 参数

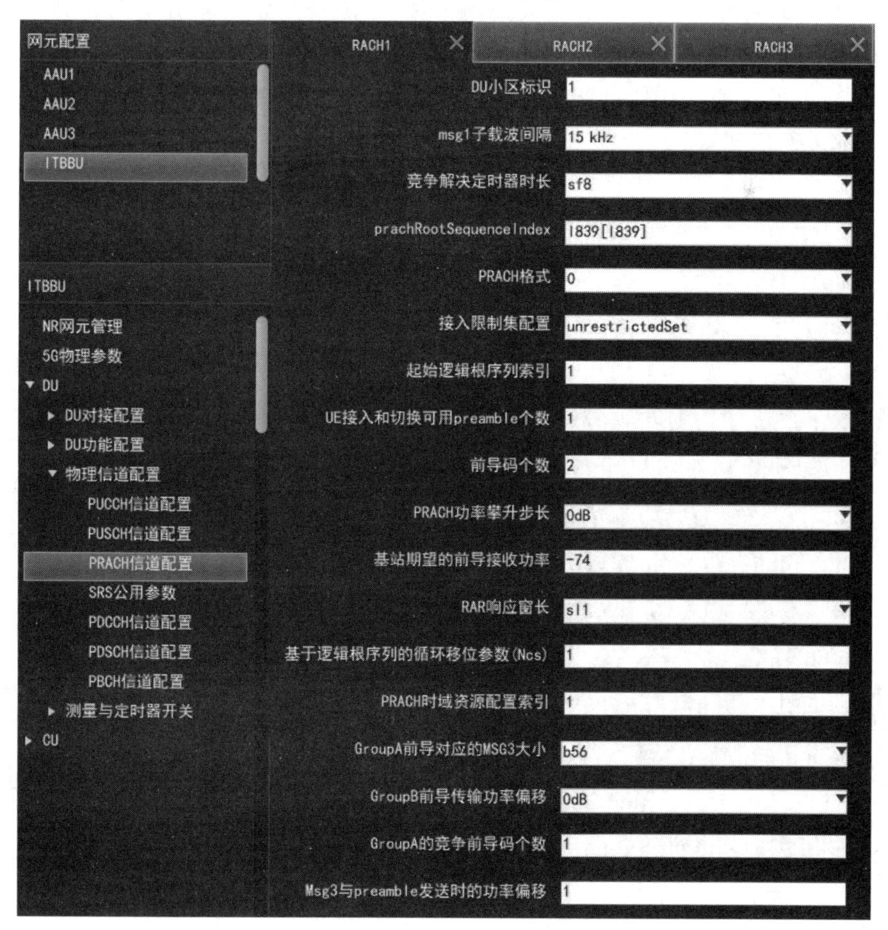

图 5-116　RRACH 信道配置

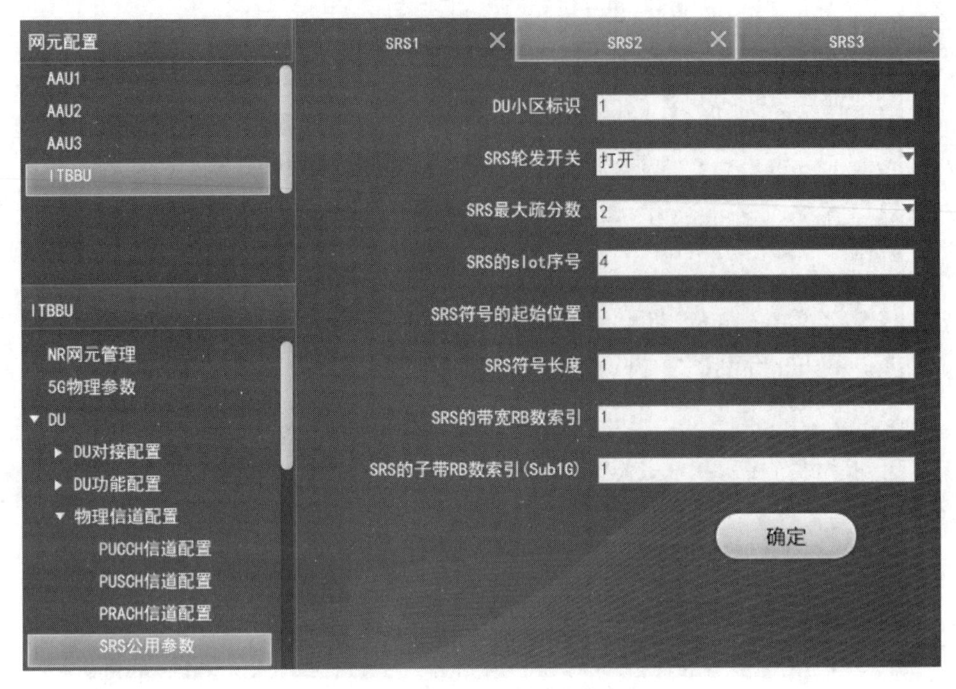

图 5-117　SRS 公用参数

④ 测量与定时器开关。在 2 级参数选项中选择“测量与定时器开关”，打开 3 级参数选项，选择“小区业务参数配置”，点击“网元参数”配置区中的“+”号，添加“小区业务参数配置 1”，输入小区 1 业务参数，如图 5-118 和图 5-119 所示。继续点击“+”号，添加小区业务参数配置 2 和小区业务参数配置 3。小区业务参数配置 2 和小区业务参数配置 3 的“DU 小区标识”分别为“2”和“3”，其他参数与小区业务参数配置 1 相同。

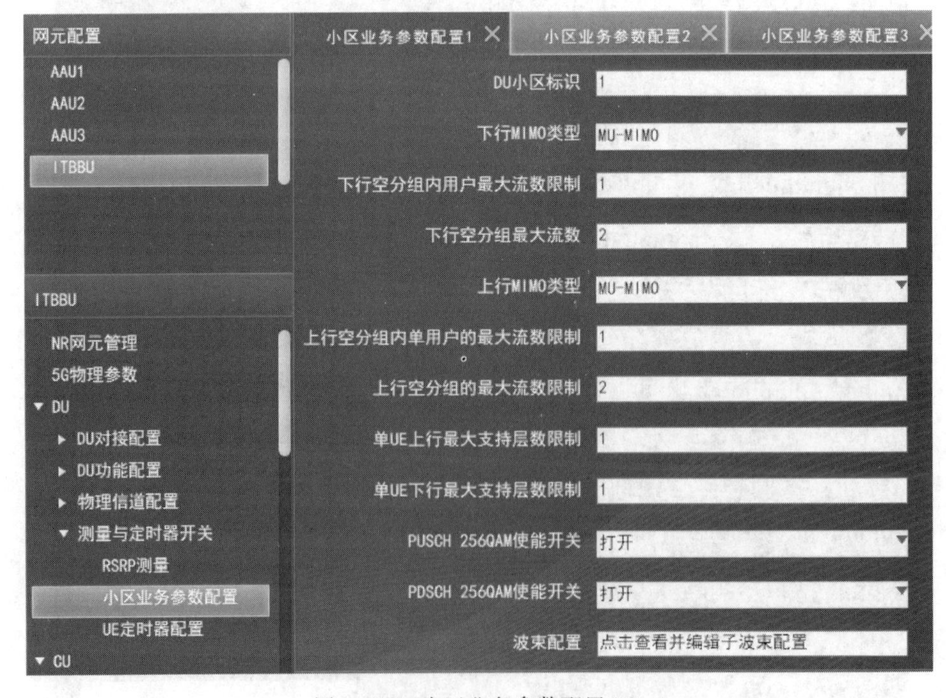

图 5-118　小区业务参数配置(1)

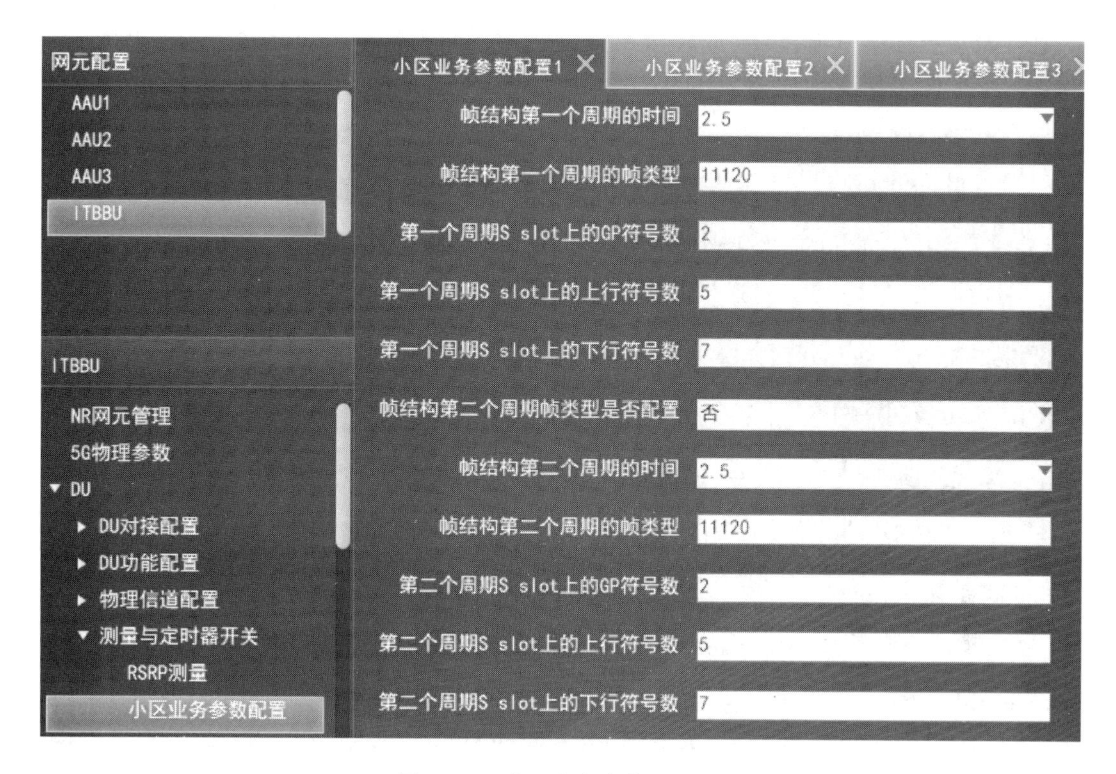

图 5-119　小区业务参数配置(2)

(4) CU

① gNBCUCP 功能。在"网元配置"导航树下部选择"CU",在 2 级参数选项中选择"gNBCUCP 功能",打开 3 级参数选项,选择"CU 管理",在"网元参数"配置区输入 CU 管理参数,如图 5-120 所示。

图 5-120　CU 管理

在 3 级参数选项中选择“IP 配置”，在“网元参数”配置区输入 IP 配置参数，如图 5-121 所示。

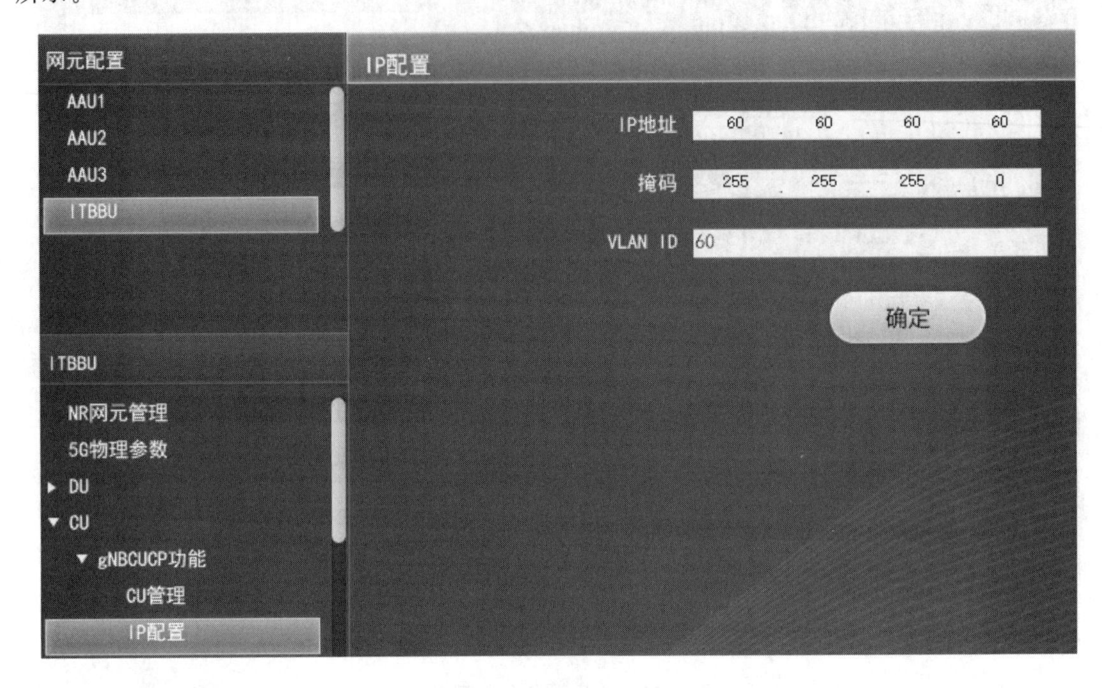

图 5-121　IP 配置

在 3 级参数选项中选择“SCTP 配置”，点击“网元参数”配置区中的“＋”号，添加“SCTP1”，输入 SCT1P 数据，如图 5-122 所示。

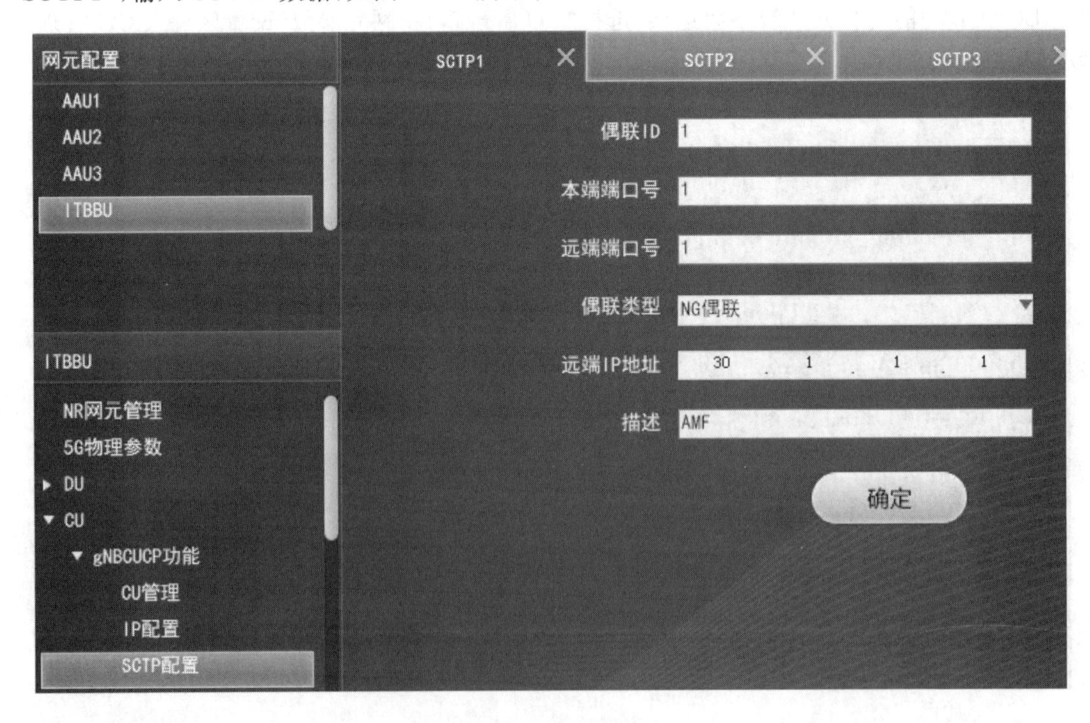

图 5-122　SCTP 配置(1)

继续点击“网元参数”配置区中的“+”号，添加“SCTP2”，输入SCTP2数据，如图5-123所示。

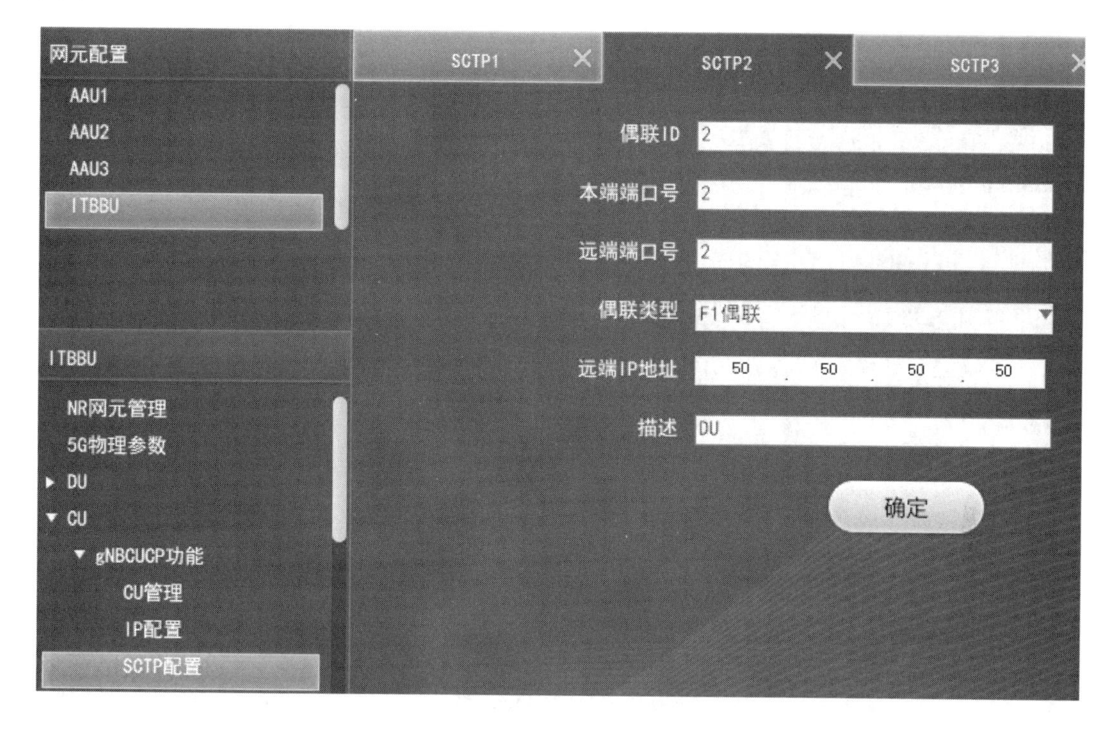

图5-123　SCTP配置(2)

继续点击“网元参数”配置区中的“+”号，添加“SCTP3”，输入SCTP3数据，如图5-124所示。

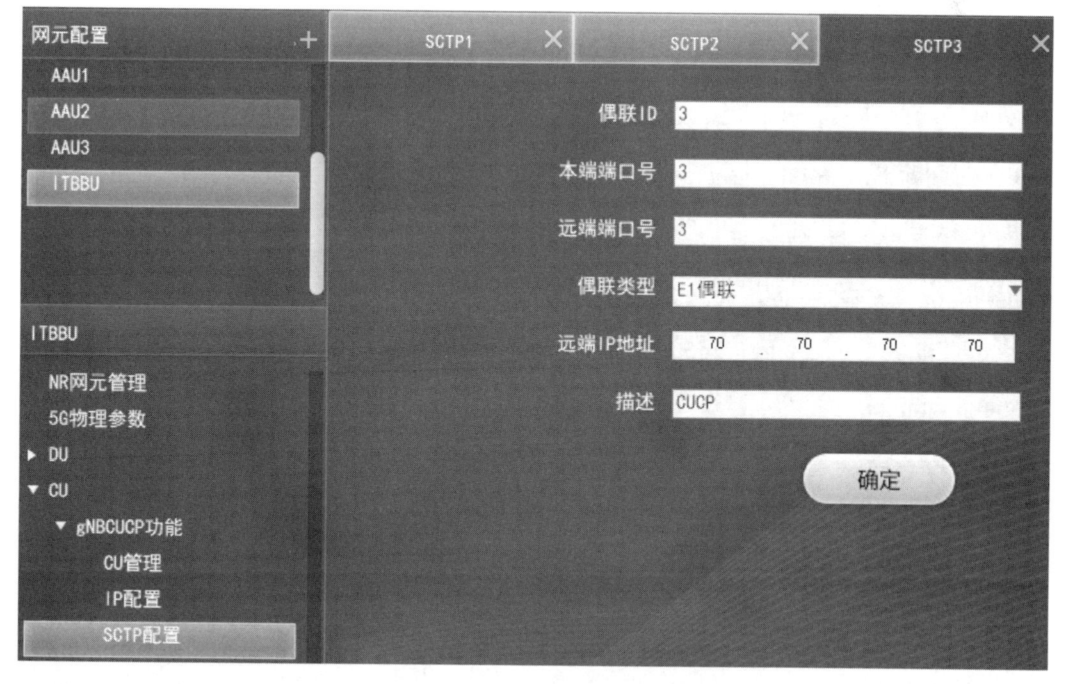

图5-124　SCTP配置(3)

在 3 级参数选项中选择"静态路由",点击"网元参数"配置区中的"+"号,添加"路由 1",输入静态路由 1 参数,如图 5-125 所示。

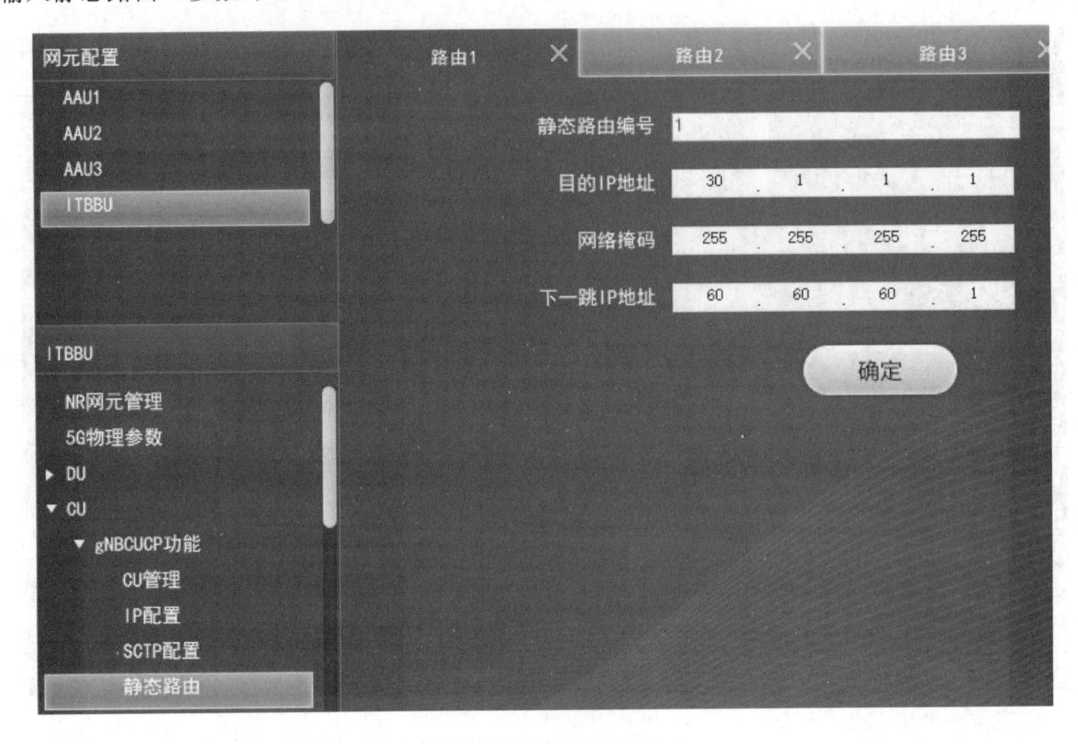

图 5-125　静态路由(1)

继续点击"网元参数"配置区中的"+"号,添加"路由 2",输入静态路由 2 参数,如图 5-126 所示。

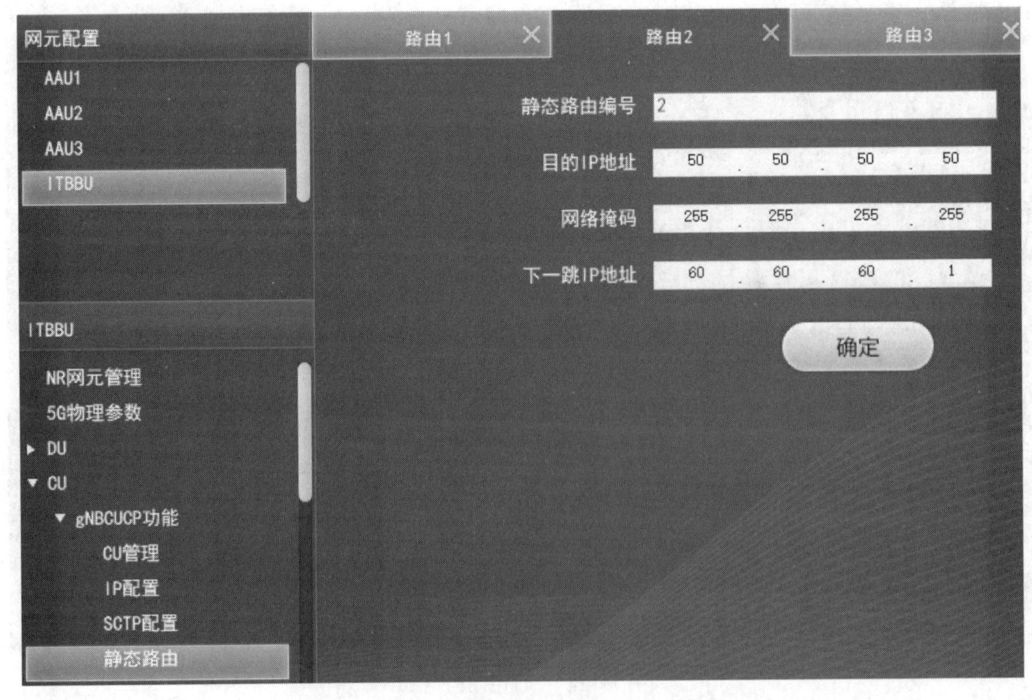

图 5-126　静态路由(2)

继续点击“网元参数”配置区中的“+”号,添加“路由 3”,输入静态路由 3 参数,如图 5-127 所示。

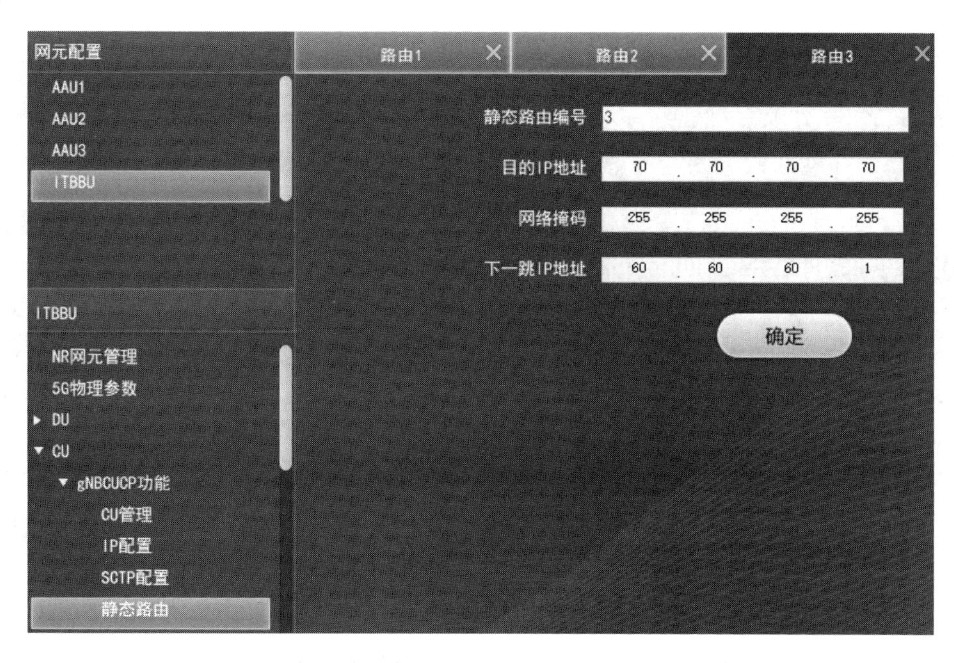

图 5-127　静态路由(3)

在 3 级参数选项中选择“CU 小区配置”,点击“网元参数”配置区中的“+”号,添加“CU 小区 1”,输入 CU 小区 1 参数,如图 5-128 所示。继续点击“+”号,添加 CU 小区 2 和 CU 小区 3。CU 小区 2 和 CU 小区 3 的“CU 小区标识”分别为“2”和“3”,“对应 DU 小区 ID”分别为“2”和“3”,其他参数与 CU 小区 1 相同。

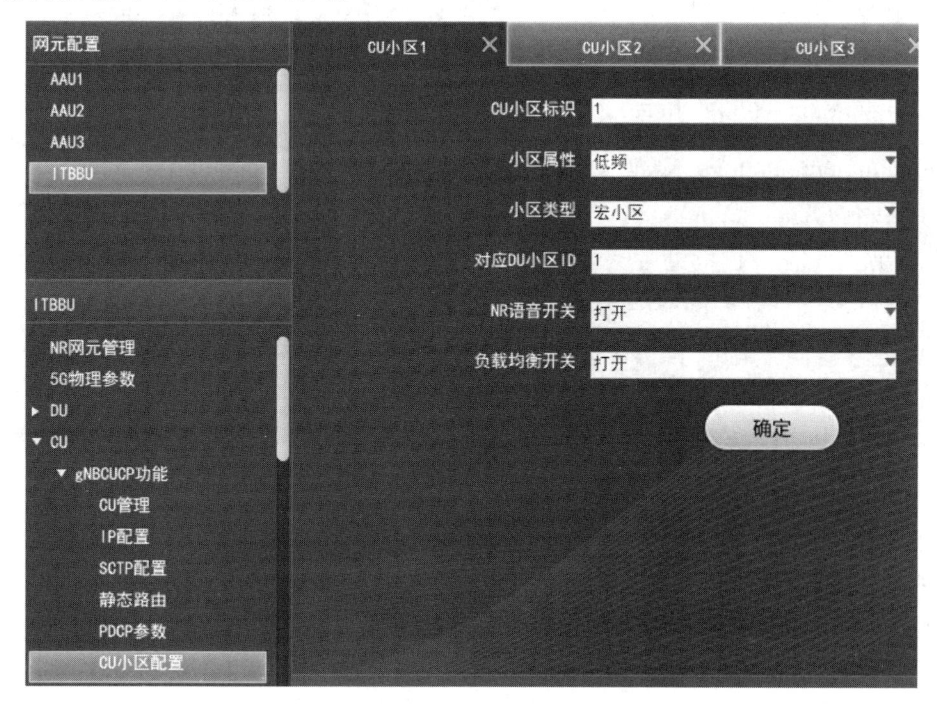

图 5-128　CU 小区配置

② gNBCUUP 功能。在 2 级参数选项中选择“gNBCUUP 功能”，打开 3 级参数选项，选择“IP 配置”，在“网元参数”配置区输入 IP 配置参数，如图 5-129 所示。

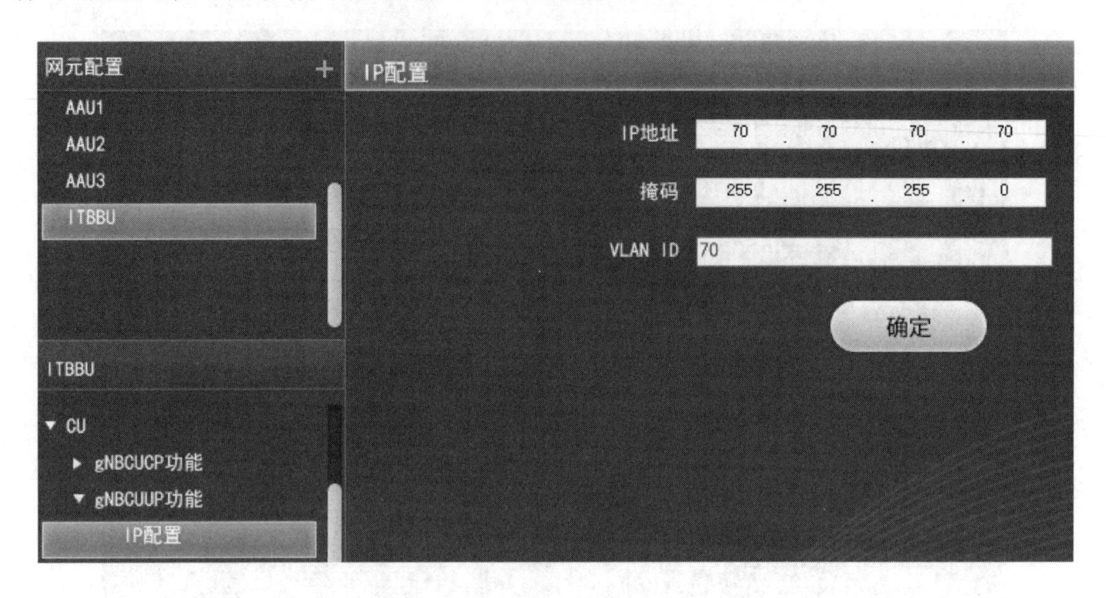

图 5-129 IP 配置

在 3 级参数选项中选择“SCTP 配置”，点击“网元参数”配置区中的“+”号，添加“SCTP1”，输入 SCTP1 数据，如图 5-130 所示。

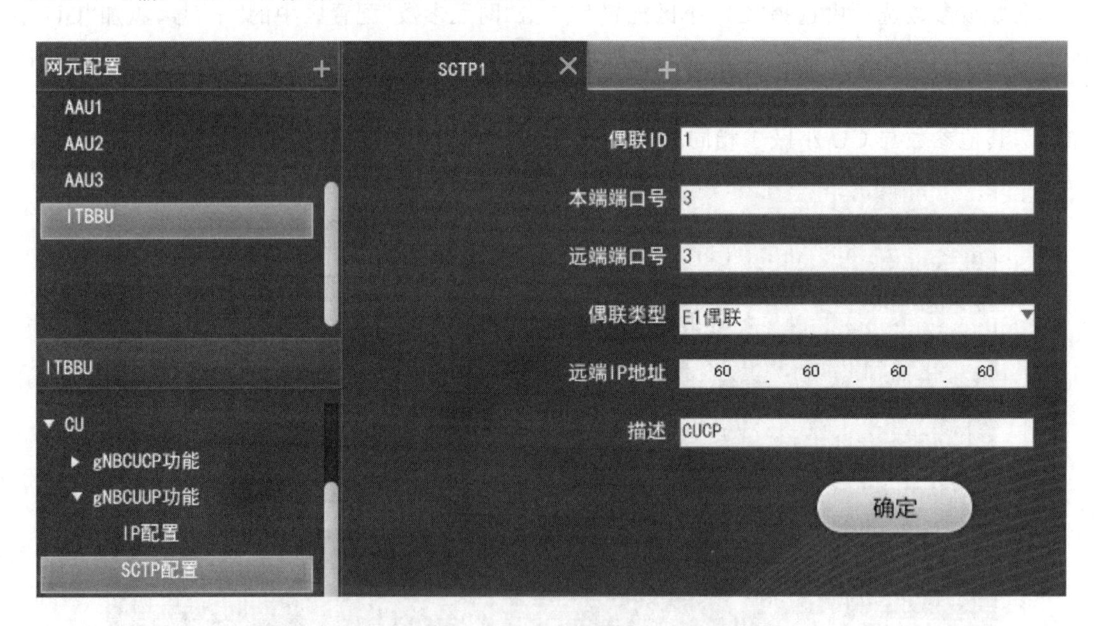

图 5-130 SCTP 配置

在 3 级参数选项中选择“静态路由”，点击“网元参数”配置区中的“+”号，添加“路由 1”，输入静态路由 1 参数，如图 5-131 所示。

继续点击“网元参数”配置区中的“+”号，添加“路由 2”，输入静态路由 2 参数，如图 5-132 所示。

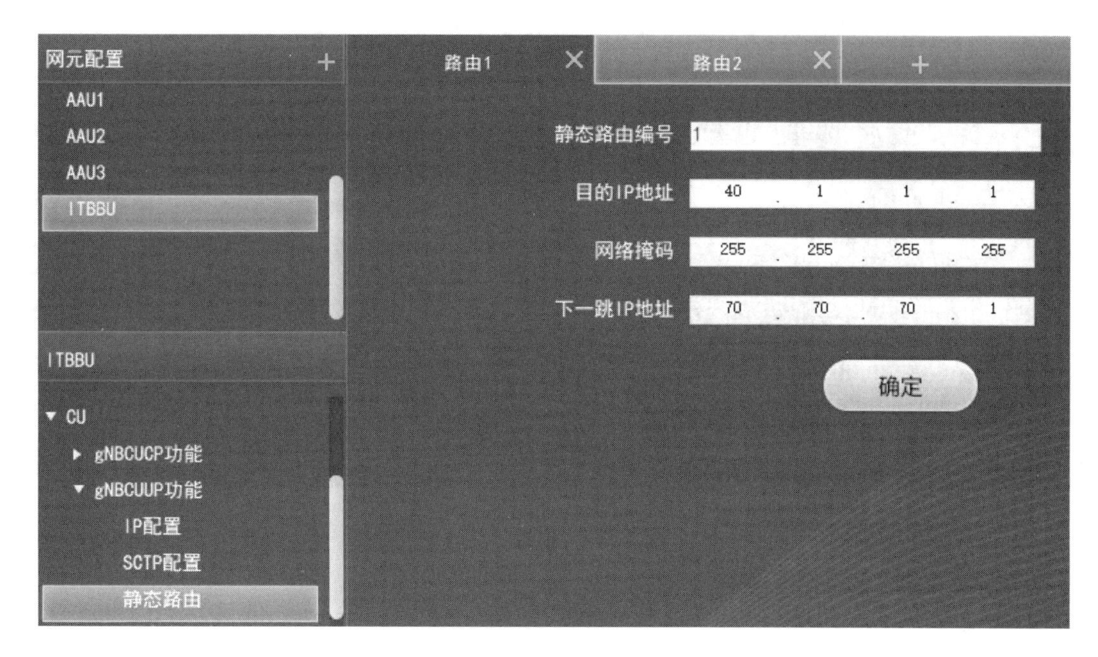

图 5-131　静态路由(1)

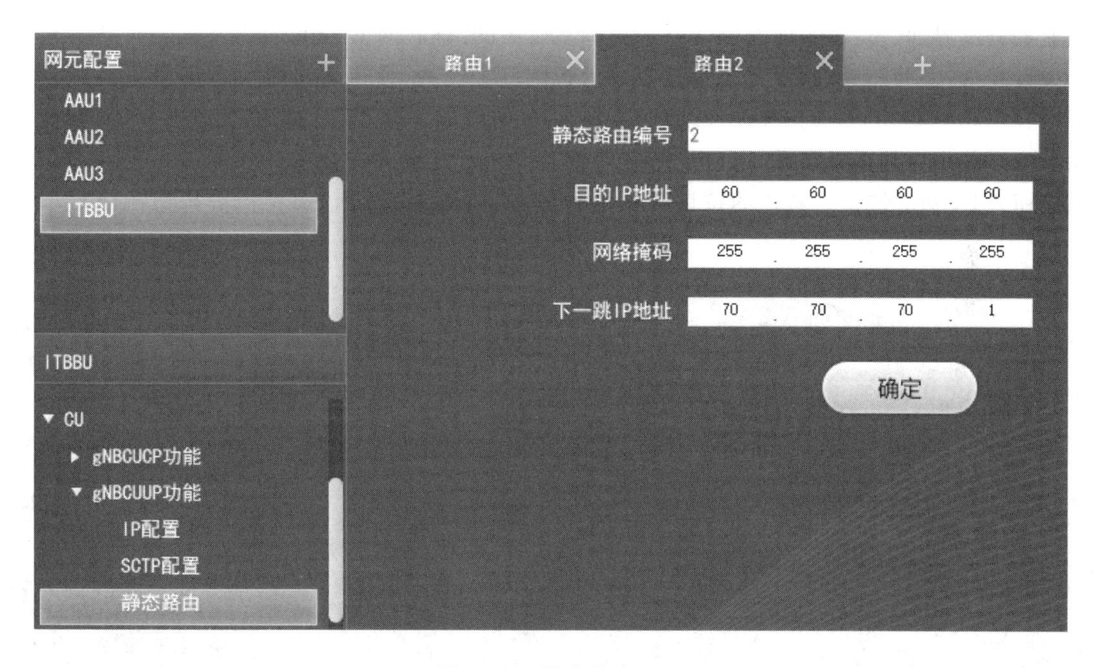

图 5-132　静态路由(2)

3. 配置 SPN

从操作区上侧的下拉菜单中选择“承载网”→“兴城市 B 站点机房”，进入兴城市 B 站点机房数据配置界面。

在“网元配置”导航树上部选择“SPN1”，在“网元配置”导航树下部选择“逻辑接口配置”，打开 2 级参数选项，选择“配置子接口”，在“网元参数”配置区输入子接口数据，如图 5-133 所示。

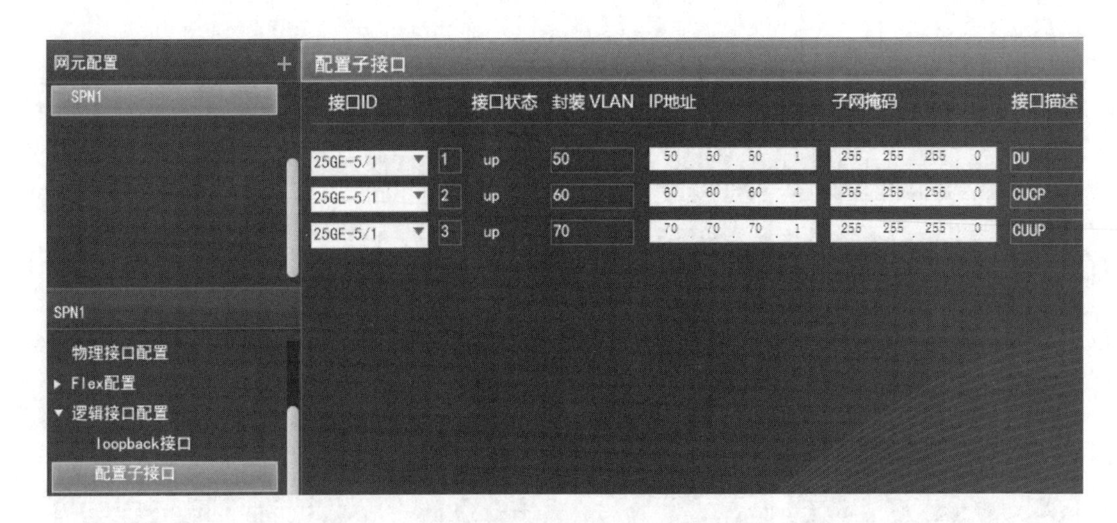

图 5-133　配置子接口

5.3.3　测试 Option2 基站及核心网

点击界面下侧操作选择标签栏中的“网络调试”,展开子选项。点击“业务调试”子选项,进入业务调试界面。点击界面上侧网络选择标签栏中的“核心网 & 无线网”,界面右上角的模式选择设定为“实验”。实验模式下系统假设承载网已经配通,使用者可集中精力调试基站及核心网。拖动界面右上方的“移动终端”到兴城市 B 站点的一个小区(如 XCB1)中,界面右侧会显示出当前小区的配置参数。点击“终端信息”标签,可配置终端数据。界面右下角有 2 个测试按钮,用于业务测试。右边的按钮测试语音业务,如图 5-134 所示;左边的按钮测试数据业务,如图 5-135 所示。

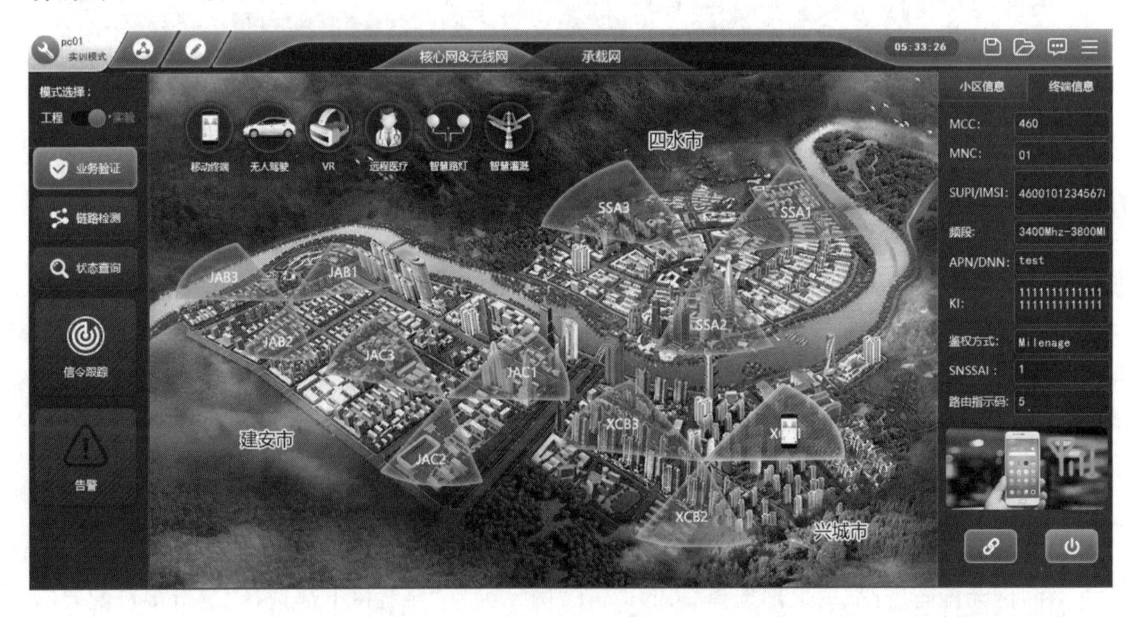

图 5-134　测试语音业务

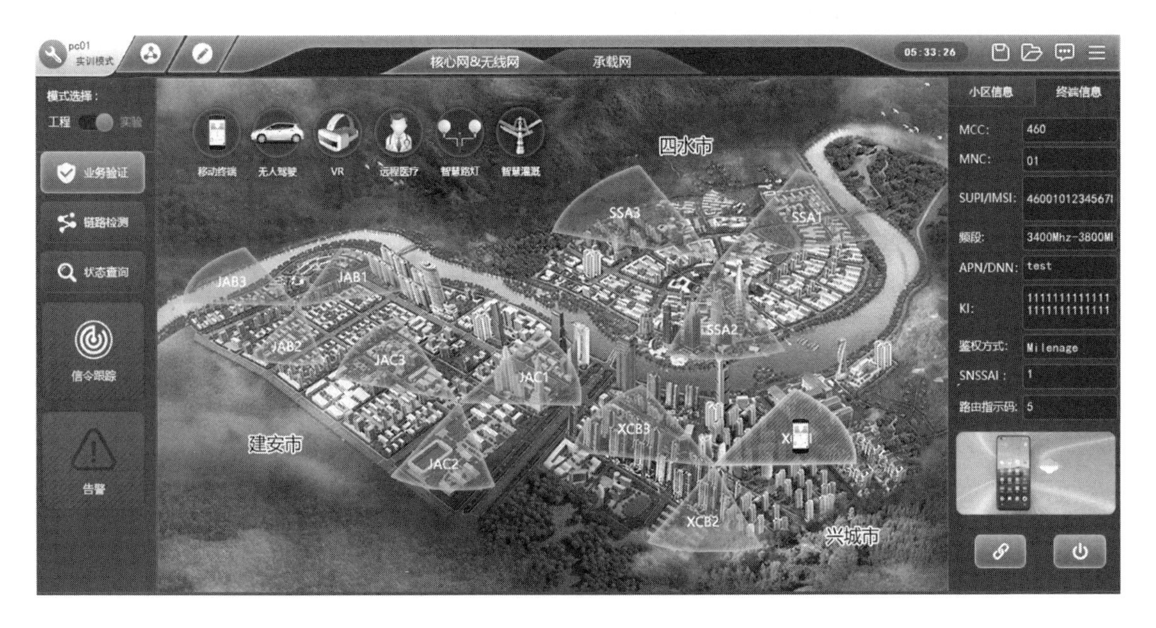

图 5-135　测试数据业务

5.4　成果验收评价

5.4.1　任务实施评价

“配置 Option2 基站及核心网数据”任务评价表如表 5-3 所示。

表 5-3　“配置 Option2 基站及核心网数据”任务评价表

任务5　配置 Option2 基站及核心网数据				
班级		小组		
评价要点	评价内容	分值	得分	备注
基础知识（45分）	速率提升技术	10		
	频效提升技术	10		
	覆盖增强技术	10		
	低延时技术	5		
	灵活部署技术	10		
任务实施（45分）	明确工作任务和目标	5		
	配置核心网数据	20		
	配置基站数据	15		
	测试基站及核心网	5		
操作规范（10分）	按规范操作，防止损坏设备	5		
	保持环境卫生，注意用电安全	5		
合计		100		

5.4.2 思考与练习题

1. 什么是信道带宽和传输带宽配置？
2. 什么是大规模 MIMO？它有什么特点？
3. 大规模 MIMO 有哪三种类型？它有什么优势？
4. 调制有哪三种形式？正交振幅调制有什么优点？
5. 低密度奇偶校验码有什么优点？
6. 什么是全双工？
7. 什么是 D2D 技术？
8. 相比 OFOM，F-OFOM 有哪些优势？
9. 简述 5G 的帧结构。
10. 什么是辅助上行链路技术？
11. 什么是集中化无线接入网？
12. 什么是移动边缘计算？
13. 什么是网络切片？
14. 什么是网络功能虚拟化？
15. 什么是软件定义网络？

任务 6　安装承载网设备

【学习目标】

➢ 熟悉 TCP/IP 协议
➢ 掌握 IP 地址的结构与分类
➢ 了解光传送网络的结构
➢ 完成承载网设备的安装与连接

6.1　工作背景描述

根据规划正确选购、安装并连接承载网设备是移动通信系统建设的基础步骤，也是实现移动业务的关键。本次任务使用 5G 组网仿真软件完成承载网核心层、骨干汇聚层、汇聚层和接入层机房的设备安装与连接，为后续配置业务打下基础。设备安装与连接针对建安市和兴城市进行，每个城市各建 1 条承载网链路。

本次 5G 承载网设备安装与连接工作共涉及 8 个机房，分为建安市和兴城市 B 站点机房、建安市 3 区汇聚机房、兴城市 2 区汇聚机房、建安市和兴城市骨干汇聚机房、建安市和兴城市骨干承载中心机房。其中，兴城市 B 站点机房与兴城市 2 区汇聚机房之间配置灵活以太网；兴城市 2 区汇聚机房与兴城市骨干汇聚机房之间使用电交叉连接。建安市和兴城市承载网链路规划（光端口规划和 IP 地址规划）分别如图 7-1 和图 7-2 所示。

6.2　专业知识储备

6.2.1　TCP/IP 协议

1. TCP/IP 协议栈

传输控制协议（Transmission Control Protocol，TCP）/网际协议（Internet Protocol，IP）是互联网最基本的协议，是网络之间连接与通信的基础。TCP/IP 协议定义了电子设备如何连入互联网，以及数据如何在它们之间传输的标准。

为了保证不同计算机网络之间的互联互通，国际标准化组织（ISO）提出了开放系统互连（Open System Interconnect，OSI）模型。该模型由物理层、数据链路层、网络层、传输层、会话层、表示层和应用层组成。但由于 OSI 结构较为复杂，且提出时 TCP/IP 广泛应用于网络互联之中,因此 TCP/IP 成了互联网的实际标准。

从协议层次结构来讲,TCP/IP 并不完全符合 OSI 模型,它由网络接口层、网络层、传输层和应用层组成,如图 6-1 所示。每一层协议都利用下一层协议所提供的功能来完成自己的需求。通俗而言,TCP 负责发现传输的问题,一有问题就发出信号,要求重新传输,直到所有数据安全正确地传输到目的地。而 IP 是给互联网中的每一台计算机规定一个地址。

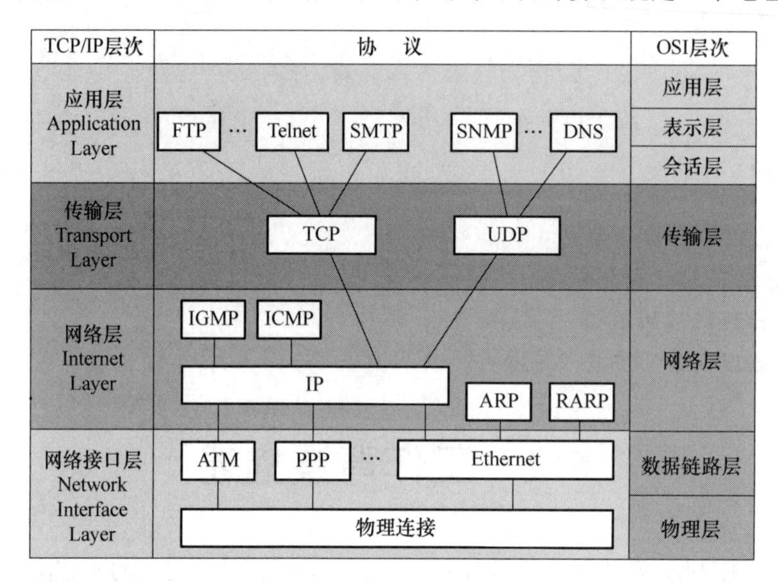

图 6-1　TCP/IP 协议栈

2. 数据封装与解封装

数据封装是指将原始数据单元添加协议头和尾后形成数据包的过程。解封装是封装的反向操作,也就是把封装的数据包还原成原始数据。在发送端,原始数据单元从高层向低层传输,各层不断加入协议头,协议头中包含了收发两端对等层之间的通信信息。在接收端,已封装的数据从低向高层传输,各层不断去掉协议头,最终还原为原始数据。数据封装与解封装的过程如图 6-2 所示。

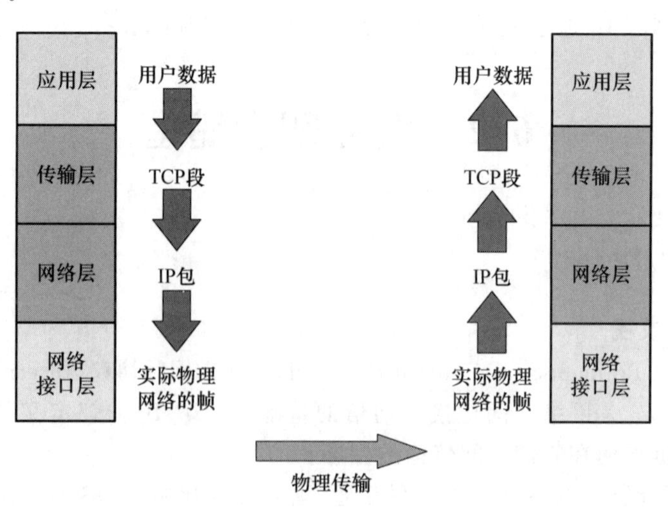

图 6-2　数据的封装与解封装

3. TCP/IP 传输层协议

TCP/IP 的传输层包含两个协议，即传输控制协议（Transmission Control Protocol，TCP）和用户数据报协议（User Datagram Protocol，UDP）。传输层有两个功能：一是分割（发送时）与重组（接收时）上层应用程序产生的数据。分割后的数据附加上传输层的控制信息，这些附加的控制信息由于是加在应用层数据的前面，因此叫做头部信息。二是为通信双方建立端到端的连接。为了知道自己在为哪个上层的应用程序服务，将数据准确地送达目标程序，有必要对应用程序进行标识，这个标识就是端口号，如图 6-3 所示。

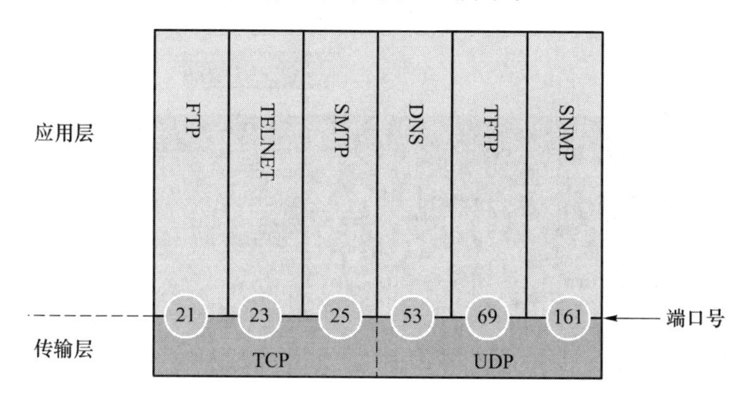

图 6-3　应用程序端口

4. TCP/IP 网络层协议

TCP/IP 的网络层主要功能是编址（IP 地址）、路由、数据打包。网络层包含五个协议，其中 IP 是核心协议。

（1）IP 协议

网际协议（Internet Protocol，IP）的功能是赋予主机 IP 地址，以便完成对主机的寻址，如图 6-4 所示。它与各种路由协议协同工作，寻找目的网络的可达路径；同时，IP 协议还能对数据包进行分片和重组。IP 协议不关心数据报文的内容，提供无连接的、不可靠的服务。

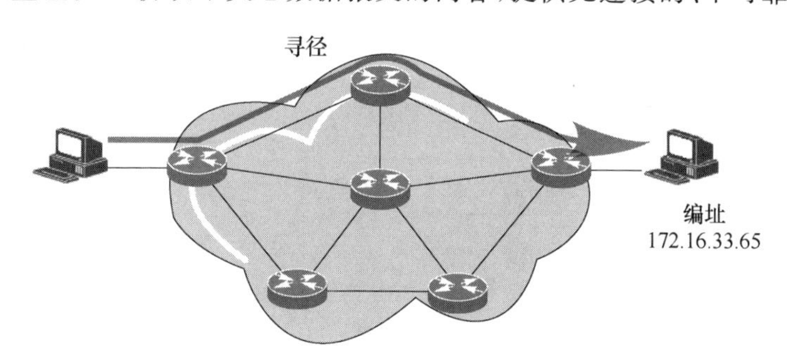

图 6-4　IP 协议的主要功能

（2）ICMP 协议

网际控制消息协议（Internet Control Message Protocol，ICMP）为 IP 通信提供诊断和错误报告。ICMP 是一个在 IP 主机、路由器之间产生并传递控制消息的协议，这些控制消息包括各种网络差错或异常的报告，比如主机是否可达、网络连通性、路由可用性等。设备发现网络问题后，产生的 ICMP 消息会被发回给数据最初发送者，以便其了解网络状况。ICMP 并不直接传送数据，也不能纠正网络错误，但作为一个辅助协议，它的存在仍然很有必要。因为 IP

自身没有差错控制的机制，ICMP 能帮助我们判断出网络错误的所在，快速解决问题。与 ICMP 相关的有两条常用命令，即“ping”和“trace”。ping 命令用于检查源主机和目的主机的联通情况，如图 6-5 所示。

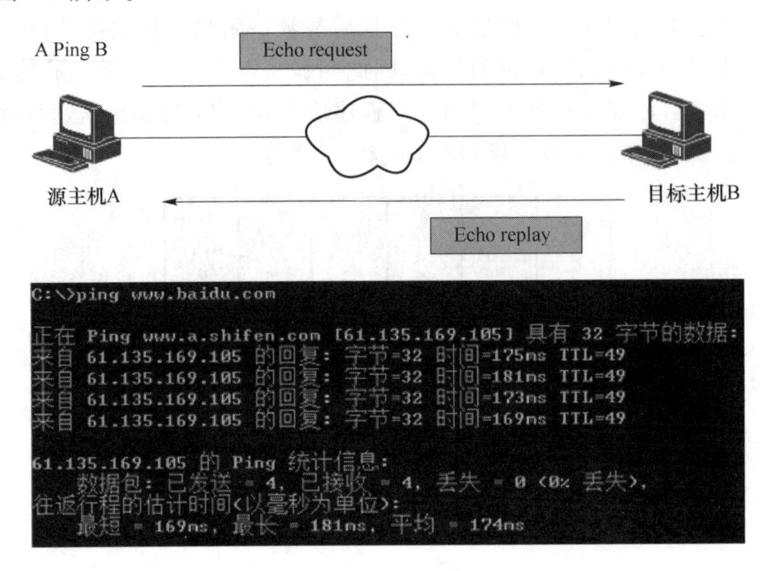

图 6-5　ping 命令

trace 命令主要用来做路径跟踪，通过它可以知道源到目的主机经过了多少跳，经过了哪些设备，如图 6-6 所示。如果中间网络有故障，trace 命令会列出到达这个故障点之前所经过的设备，从而直观地帮助我们定位出故障点位置。

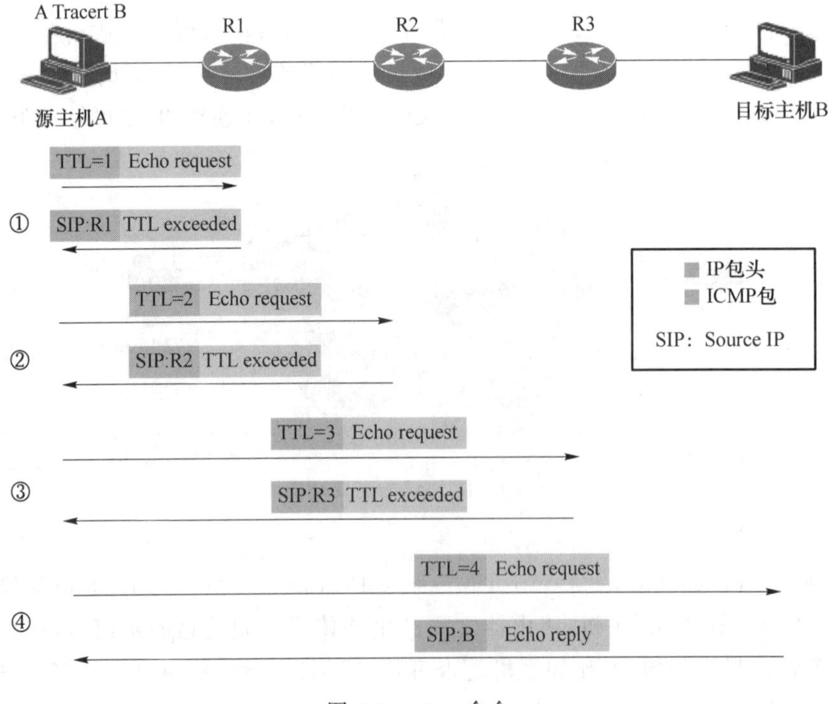

图 6-6　trace 命令

(3) ARP 协议

媒体访问控制(Media Access Control,MAC)地址可用来定义网络设备的位置,又称为物理地址、硬件地址。在 OSI 模型中,网络层负责 IP 地址,数据链路层则负责 MAC 地址。一台主机会有一个 MAC 地址,而每个网络位置会有一个专属的 IP 地址。

地址解析协议(Address Resolution Protocol,ARP)的作用是通过已知的 IP 地址获取物理地址。主机发送信息时,将包含目标 IP 地址的 ARP 请求广播到网络上的所有主机,并接收返回消息,以此确定目标的物理地址;收到返回消息后,将该 IP 地址和物理地址存入本机 ARP 缓存中并保留一定时间,下次请求时直接查询 ARP 缓存以节约资源。

(4) RARP 协议

反向地址转换协议(Reverse Address Resolution Protocol,ARP)允许局域网的物理机器从网关服务器的 ARP 表或者缓存中请求其 IP 地址。网络管理员在局域网网关路由器里创建一个表以映射物理地址(MAC)和与其对应的 IP 地址。当设置一台新的机器时,其 RARP 客户机程序需要向路由器上的 RARP 服务器请求相应的 IP 地址。RARP 可以使用于以太网、光纤分布式数据接口及令牌环局域网。

(5) IGMP 协议

互联网组管理协议(Internet Group Management Protocol,IGMP)用于主机与本地路由器之间组播成员信息的交互。

5. IP 地址的结构和分类

互联网上连接的所有计算机都是以独立身份出现的,这些计算机称为主机。为了实现各主机间的通信,每台主机都必须有一个唯一的网络地址,即 IP 地址。

(1) IP 地址的结构

IP 地址是一个 32 位(4 字节)的二进制数字,被分为 4 段,每段 8 位,段与段之间用句点分隔。为了便于表达和识别,IP 地址常用十进制形式表示,如图 6-7 所示。每段所能表示的十进制数为 0～255。

十进制IP地址	二进制IP地址
172 .16 .36 .1	10101100 .00010000 .00100100 .00000001

每段位数	8	7	6	5	4	3	2	1
二进制	1	1	1	1	1	1	1	1
十进制	128	64	32	16	8	4	2	1

图 6-7　IP 地址的结构

(2) IP 地址的分类

IP 地址由网络号(Network ID)和主机号(Host ID)两个域组成。网络号用于标识互联网上的一个子网,而主机号用于标识子网中的某台主机。IP 地址分解成两个域后,带来了一个重要的优点:IP 数据包从一个网络到达另一个网络时,选择路径可以基于网络而不是主机。在大型的网际中,这一点优势特别明显,因为路由表中只存储网络信息,而不是主机信息,可以大大简化路由表。根据网络号和主机号的数量可将 IP 地址分为 A、B、C、D 四类,如图 6-8 所示。

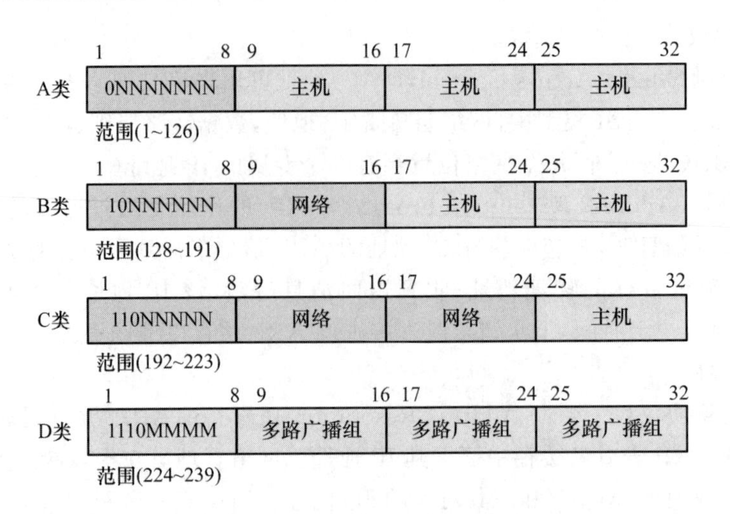

图 6-8 IP 地址的分类

① A 类地址:可以拥有很大数量的主机,最高位为 0,紧跟的 7 位表示网络号,其余 24 位表示主机号,共有 126 个网络。

② B 类地址:被分配到中等规模和大规模的网络中,最高两位总被置于二进制的 10,紧跟的 14 位表示网络号,最后 2 个字节为主机号,共有 16 384 个网络。

③ C 类地址:用于局域网,高 3 位被置为二进制的 110,紧跟的 21 位表示网络号,最后 1 字节为主机号,共有大约 200 万个网络。

④ D 类地址:用于多路广播组用户,高 4 位总被置为 1110,余下的位用于标明客户机所属的多路广播组。

(3) 特殊的 IP 地址

IP 地址中有一些具有特殊用途,如表 6-1 所示。

表 6-1 特殊的 IP 地址

特殊 IP 地址	特殊用途
主机位全为 0	主机位全为 0 的地址是网络地址,一般用于路由表中的路由
主机位全为 1	某个网络的广播地址,可向指定的网络广播
127.0.0.0～127.255.255.255	127 开头的整段地址都是保留地址,其中 127.0.0.1 可以用来做测试,作为设备的环回地址,意思是本机。在主机上 ping 127.0.0.1,可以判断 TCP/IP 协议栈是否完好和网卡是否正常工作,能收到自己的响应表示正常
0.0.0.0	用于默认路由
255.255.255.255	本地广播,可向本网段内广播

(4) 私网 IP 地址

由于现在常用的 A、B、C 类地址个数有限,所以一般情况下,局域网都会申请一个公网地址,然后将这个公网地址中的一部分主机地址划分成不同的子网,子网中的 IP 地址也就是私网地址。私网地址不能够直接访问外网,必须通过地址转换协议转换成公网地址,才能够访问外网。A 类私网地址为 10.0.0.0～10.255.255.255,B 类私网地址为 172.16.0.0～172.31.255.255,C 类私网地址为 192.168.0.0～192.168.255.255。

6. 子网和子网掩码

(1) 子网的概念

IP 地址通过网络号和主机号来标示网络上的主机，只有在一个网络号下的计算机才能直接通信，不同网络号的计算机要通过路由器才能互通。但这样的划分在某些情况下显得十分不灵活。为此，IP 协议允许将大的网络划分成更小的网络，称为子网(Subnet)。

子网划分是通过借用 IP 地址中若干主机位来充当子网地址而实现的。例如，对于一个 C 类地址，它用 21 位来标识网络号，要将其划分为 2 个子网则需要占用 1 位原有主机标识位。此时网络号变为 22 位，主机号变为了 7 位。同理，借用 2 个主机位则可以将一个 C 类网络划分为 4 个子网……

(2) 子网掩码

为了能够判断两个 IP 地址是否属于同一子网，就需要借助子网掩码。子网掩码是一个 32 位的二进制数，其与 IP 地址中网络号对应的位都为“1”，与主机号对应的位都为“0”，如图 6-9所示。A 类地址默认子网掩码为 255.0.0.0，B 类地址默认子网掩码为 255.255.0.0，C 类地址默认子网掩码为 255.255.255.0。将子网掩码和 IP 地址按位进行逻辑“与”运算，就可得到网络地址，剩下的部分就是主机地址，从而可区分出任意 IP 地址中的网络号和主机号。子网掩码常用点分十进制表示，也可以用网络前缀法表示子网掩码，即“/<网络地址位数>”。例如，138.96.0.0/16 表示 B 类网络 138.96.0.0 的子网掩码为 255.255.0.0。

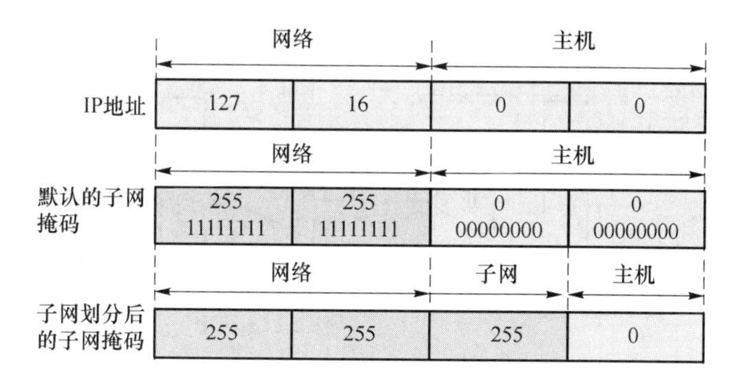

图 6-9 子网掩码的格式

(3) 子网数量与规模

划分子网时，随着子网地址借用主机位数的增多，子网的数目随之增加，而每个子网中的主机数逐渐减少。以 C 类网为例，原有 8 个主机位，即 $2^8=256$ 个主机地址，默认子网掩码 255.255.255.0。借用 1 位主机位，产生 2 个子网，每个子网有 126 个主机地址；借用 2 位主机位，产生 4 个子网，每个子网有 62 个主机地址……每个子网中，第一个 IP 地址(即主机位全部为 0 的 IP)和最后一个 IP 地址(即主机位全部为 1 的 IP)不能分配给主机使用，所以每个子网的可用 IP 地址数为总 IP 地址数量减 2。根据子网号借用的主机位数，可以计算出划分的子网数、掩码和每个子网中的主机数，如表 6-2 所示。

表 6-2 C 类网子网的划分

划分子网数	子网位数	子网掩码(二进制)	子网掩码(十进制)	每个子网内主机数
1～2	1	11111111.11111111.11111111.10000000	255.255.255.128	126
3～4	2	11111111.11111111.11111111.11000000	255.255.255.192	62

续表

划分子网数	子网位数	子网掩码(二进制)	子网掩码(十进制)	每个子网内主机数
5～8	3	11111111.11111111.11111111.11100000	255.255.255.224	30
9～16	4	11111111.11111111.11111111.11110000	255.255.255.240	14
17～32	5	11111111.11111111.11111111.11111000	255.255.255.248	6
33～64	6	11111111.11111111.11111111.11111100	255.255.255.252	2

表 6-2 所示 C 类网络中，若子网占用 7 个主机位，主机号只剩一位，无论设为 0 还是 1，都意味着主机位是全 0 或全 1。由于主机位全 0 表示本网络，全 1 留作广播地址，这时子网实际没有可用的主机地址，所以主机位至少应保留 2 位。

6.2.2 光传送网络

光传送网络（Optical Transport Network，OTN）以波分复用技术为基础、在光层组织网络的传送网，是下一代的骨干传送网。

1. OTN 的系统结构

OTN 基于波分复用系统架构，定义了 OTN 的封装格式、复用标准等，增强了原波分网络应用的灵活性和易维护性，如图 6-10 所示。

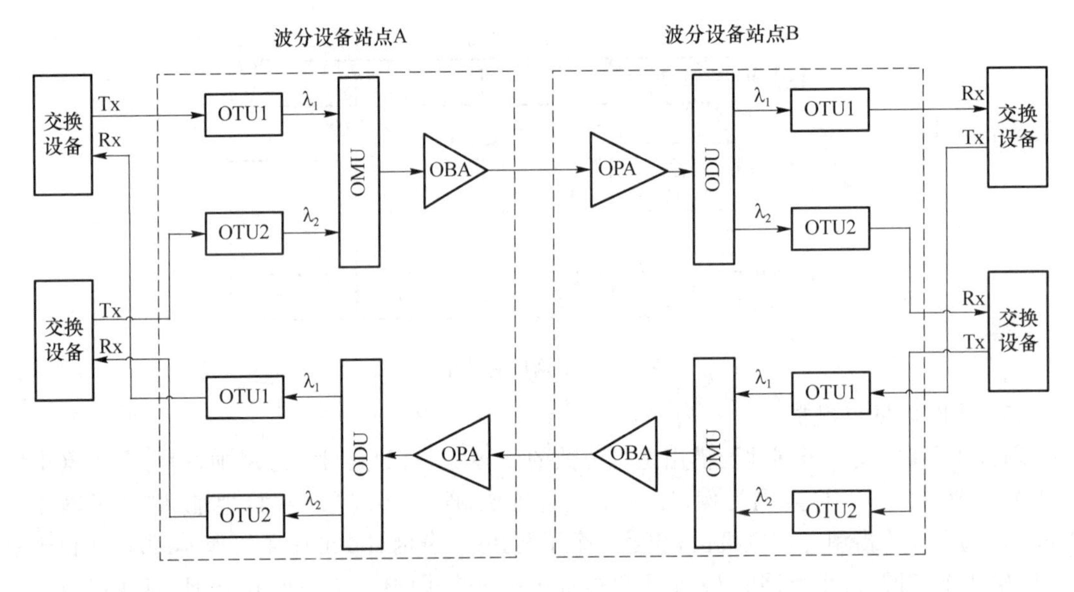

图 6-10　OTN 系统结构

(1) 光转换单元

光转换单元（Optical Transform Unit，OTU）提供线路侧光模块，内有激光器，发出特定且稳定的、符合波分系统标准波长的光。将客户侧接收的信息封装到对应的 OTN 帧中，送到线路侧输出。提供客户侧光模块，连接 PTN、路由器、交换机等设备。

(2) 光复用单元

光复用单元（Optical Multiplex Unit，OMU）又称“合波器”，位于 OTU 与发射放大器之间。将从各 OTU 接收到的各个特定波长的光信号复用在一起，从出口输出。OMU 的每个接口只接收各自特定波长的光。现网中的单板,能复用40或80个波长。

(3) 光解复用单元

光解复用单元(Optical Demultiplex Unit,ODU)又称"分波器",位于接收放大器和OTU之间。将从光放大板收到的多路业务在光层上解复用为多个单路光送给OTU的线路口。现网中的单板,能解复用40或80个波长。

(4) 光放大器

光放大器(Optical Amplifier,OA)将光信号放大到合理的范围。发送端光功率放大器(Optical Booster Amplifier,OBA)位于OMU单板之后,用于将合波光信号放大后发出。接收端光前置放大器(Optical Preamplifier Amplifier,OPA)位于ODU单板之前,将合波光信号放大后送到ODU解复用。光线路放大板(Optical Line Amplifier,OLA),用于站点放大光功率。

2. OTN的连接方法

实际工作中,OTN与交换路由设备、OTN与光配线架(ODF)以及OTN各个功能单板之间的连接方法如图6-11所示。

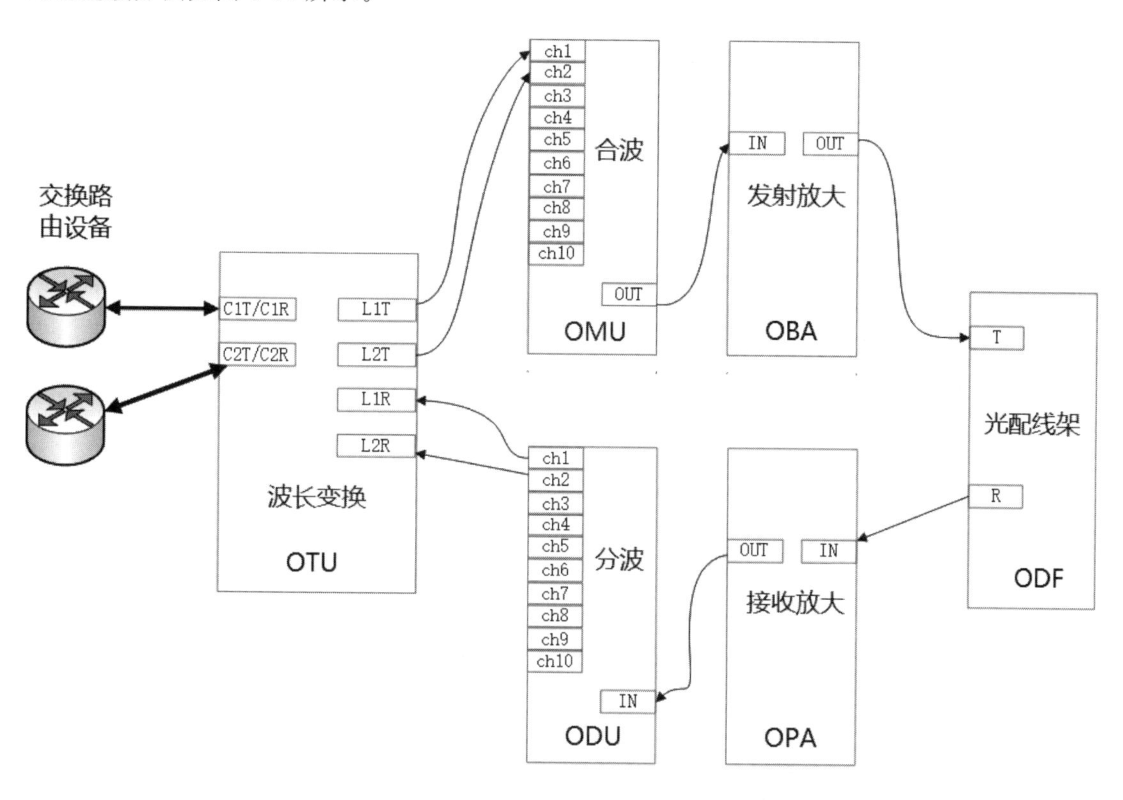

图6-11　OTN的连接方法

3. 电交叉子系统

OTN电交叉子系统以时隙电路交换为核心,通过电路交叉配置功能,支持各类大颗粒用户业务的接入和承载,实现波长和子波长级别的灵活调度,支持任意节点、任意业务处理,同时继承OTN网络监测、保护等各类技术,支持毫秒级的业务保护倒换。电交叉子系统的核心是交叉板,主要是根据管理配置实现业务的自由调度,完成基于颗粒的业务调度,同时完成业务板和交叉板之间告警开销和其他开销的传递功能。其需要采用光/电/光转换。

6.2.3 承载网的组网方式

1. IP 承载网的组网方式

IP 承载网的常用组网方式包括环形组网、口字形组网和链型组网，如图 6-12 所示。环形组网和口字形组网能提供链路、设备的冗余保护，使业务中断后能得到快速恢复。IP 承载网核心、汇聚、接入三个层次以环形或口字形组网为主，在没有条件构建环形、口字形组网的情况下(可能是没有布放光缆资源)，采用链形。

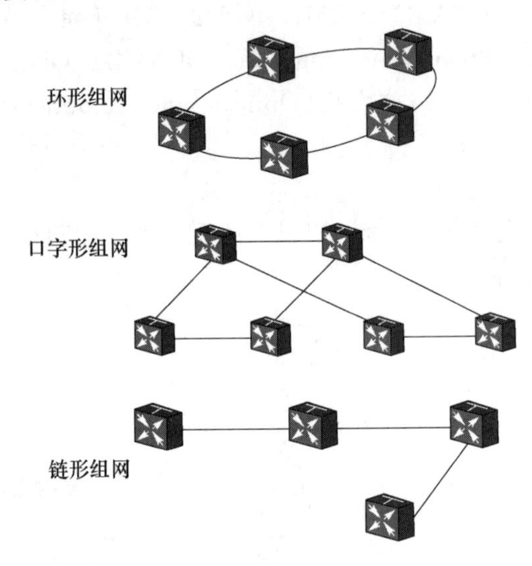

图 6-12 IP 承载网的常用组网方式

2. 光传输网的组网方式

光传输网基本拓扑为环形、链形、点到点，其他复杂拓扑由这三种拓扑组成。光传输 OTN 典型拓扑结构如图 6-13 所示。

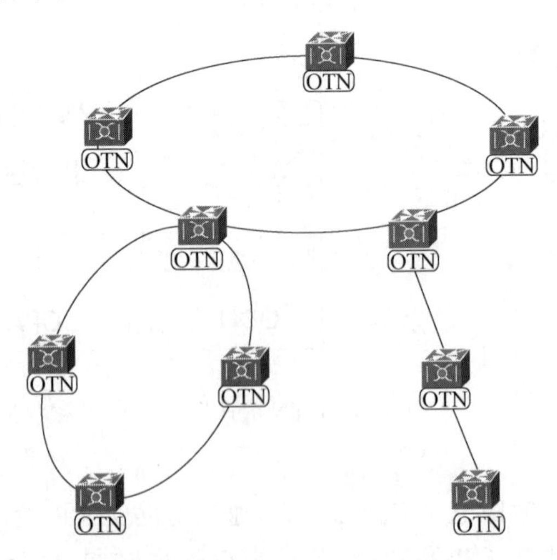

图 6-13 OTN 典型拓扑结构

6.3　任务实施过程

6.3.1　安装承载网接入层设备

启动并登录5G组网仿真软件，点击界面下侧操作选择标签栏中的“网络配置”，展开子选项。点击“设备配置”子选项，显示机房地理位置分布。点击任意一个机房图标，进入相应机房。仿真系统默认在机房内部安装了光纤配线架(ODF)，若在设备指示中没有显示出ODF图标，可通过点击机房内部场景中的光纤配线架，使其图标出现在设备指示中。

1. 安装建安市B站点机房设备

从操作区上侧的下拉菜单中选择“承载网”→“建安市B站点机房”，显示建安市B站点机房内部场景。承载网设备SPN的安装与连接已在任务2中完成，如图2-30所示。

2. 安装兴城市B站点机房设备

从操作区上侧的下拉菜单中选择“承载网”→“兴城市B站点机房”，显示建安市B站点机房内部场景。承载网设备SPN的安装与连接已在任务4中完成，如图4-23所示。

6.3.2　安装承载网汇聚层设备

1. 安装建安市3区汇聚机房设备

从操作区上侧的下拉菜单中选择“承载网”→“建安市3区汇聚机房”，显示建安市3区汇聚机房内部场景，如图6-14所示。

图6-14　建安市3区汇聚机房内部场景

(1) 安装SPN

点击左侧机柜(箭头指示区域)，进入SPN安装界面，如图6-15所示。从设备资源池中拖动“大型SPN”到机柜中即可完成安装。安装成功后，设备指示中会出现SPN的图标。

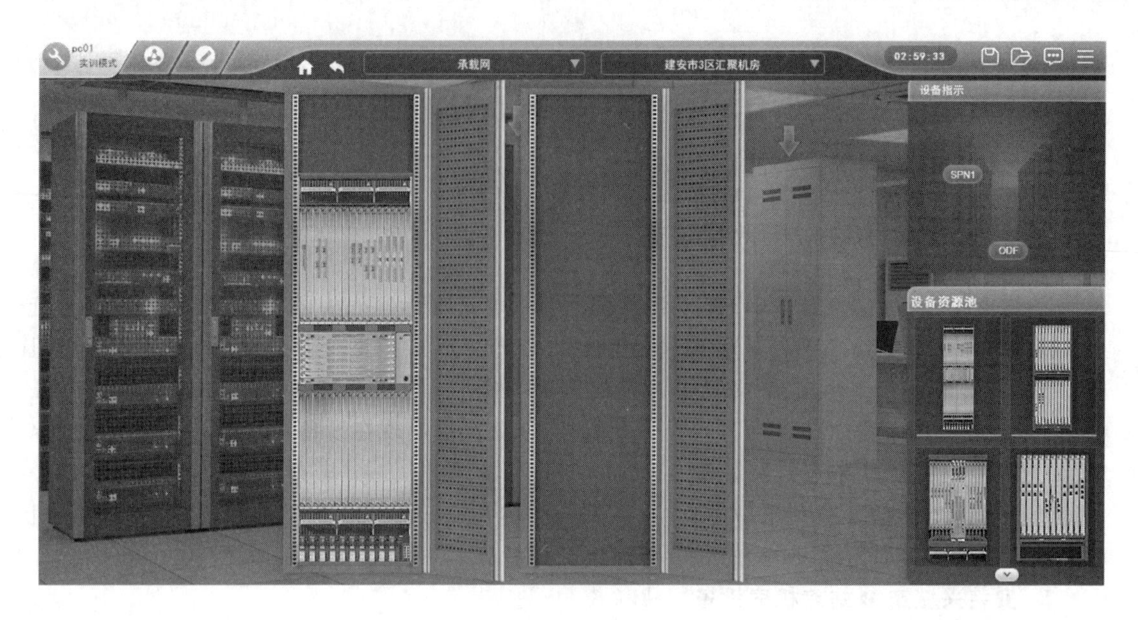

图 6-15　安装 SPN

(2) 安装 OTN

点击操作区左上角的返回箭头,返回建安市 3 区汇聚机房内部场景,如图 6-14 所示。点击右侧机柜(箭头指示区域),进入 OTN 安装界面,如图 6-16 所示。从设备资源池中拖动"大型 OTN"到机柜中即可完成安装。安装成功后,设备指示中会出现 OTN 的图标。

图 6-16　安装 OTN

2. 连接建安市 3 区汇聚机房设备

(1) 去往建安市 B 站点机房

点击设备指示中的任一图标显示线缆池。从线缆池中选择成对 LC-FC 光纤;点击设备指示中的 SPN1 图标打开 SPN1 面板,点击 10 槽位单板的端口 1(100G);点击设备指示中的 ODF 图标打开 ODF 配线架,点击去往建安市 B 站点机房的端口。连接结果如图 6-17 所示。

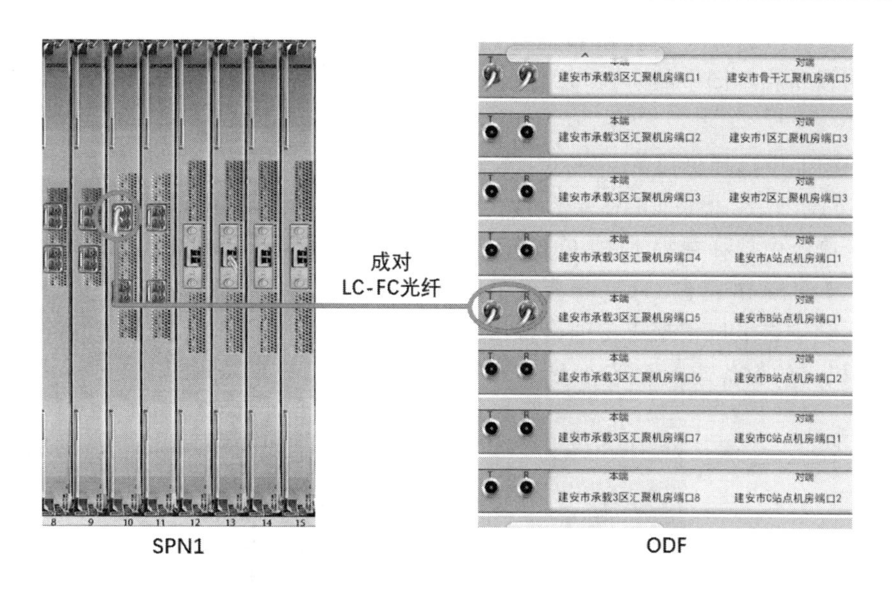

图 6-17　去往建安市 B 站点机房

(2) 去往建安市骨干汇聚机房

SPN 通过 OTN 和 ODF，连接到建安市骨干汇聚机房，如图 6-18 所示。

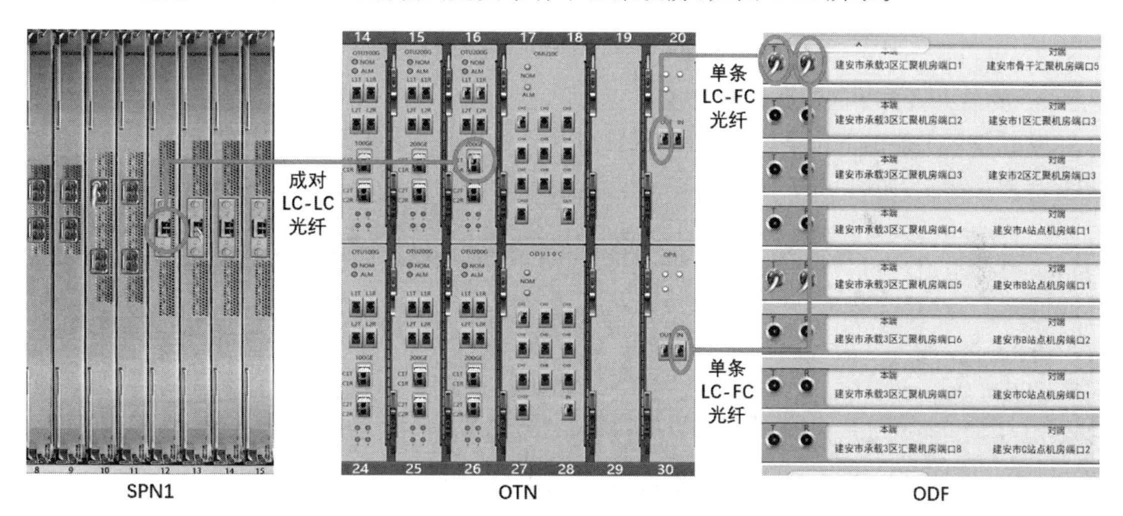

图 6-18　去往建安市骨干汇聚机房

① 从线缆池中选择成对 LC-LC 光纤；点击设备指示图中的 SPN11 图标打开 SPN1 面板，点击 13 槽位单板的端口 1(200G)；点击设备指示图中的 OTN 图标打开 OTN 面板，点击 16 槽位 OTU 单板的 C1T/C1R 端口(200G)。

② 从线缆池中选择单根 LC-LC 光纤；点击 OTN 面板 16 槽位 OTU 单板的 L1T 端口；点击 OTN 面板 17、18 槽位 OMU 单板的 CH1 端口。

③ 从线缆池中选择单根 LC-LC 光纤；点击 OTN 面板 17、18 槽位 OMU 单板的 OUT 端口；点击 OTN 面板 20 槽位 OBA 单板的 IN 端口。

④ 从线缆池中选择单根 LC-FC 光纤；点击 OTN 面板 20 槽位 OBA 单板的 OUT 端口；点击设备指示图中的 ODF 图标打开 ODF 配线架，点击连接到建安市骨干汇聚机房的 T 端口。

⑤ 从线缆池中选择单根 LC-FC 光纤；点击 ODF 配线架中连接到建安市骨干汇聚机房的 R 端口；点击设备指示图中的 OTN 图标打开 OTN 面板，点击 OTN 面板 30 槽位 OPA 单板的 IN 端口。

⑥ 从线缆池中选择单根 LC-LC 光纤，点击 OTN 面板 30 槽位 OPA 单板的 OUT 端口；点击 OTN 面板 27、28 槽位 ODU 单板的 IN 端口。

⑦ 从线缆池中选择单根 LC-LC 光纤；点击 OTN 面板 27、28 槽位 ODU 单板的 CH1 端口；点击 OTN 面板 16 槽位 OTU 单板的 L1R 端口。

到这里，建安市 3 区汇聚机房的设备已经安装、连接完毕，操作区右上方设备指示图中会显示出当前机房的设备连接情况，如图 6-19 所示。

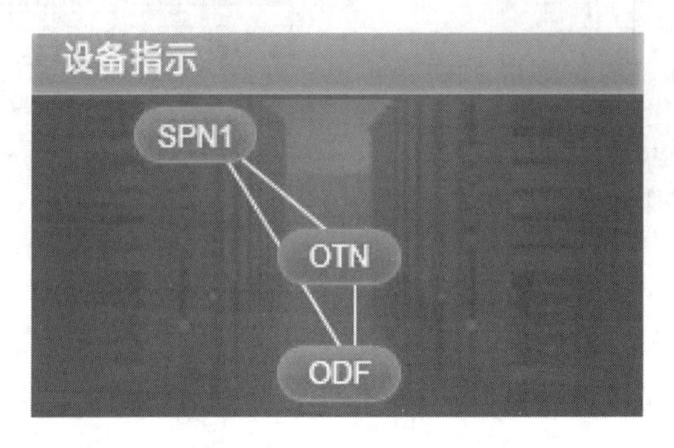

图 6-19　建安市 3 区汇聚机房设备的连接关系

3. 安装兴城市 2 区汇聚机房设备

从操作区上侧的下拉菜单中选择“承载网”→“兴城市 2 区汇聚机房”，显示兴城市 2 区汇聚机房内部场景，如图 6-20 所示。

图 6-20　兴城市 2 区汇聚机房内部场景

(1) 安装 SPN

点击左侧机柜(箭头指示区域)，进入 SPN 安装界面，如图 6-21 所示。从设备资源池中拖动“大型 SPN”到机柜中即可完成安装。安装成功后，设备指示中会出现 SPN 的图标。

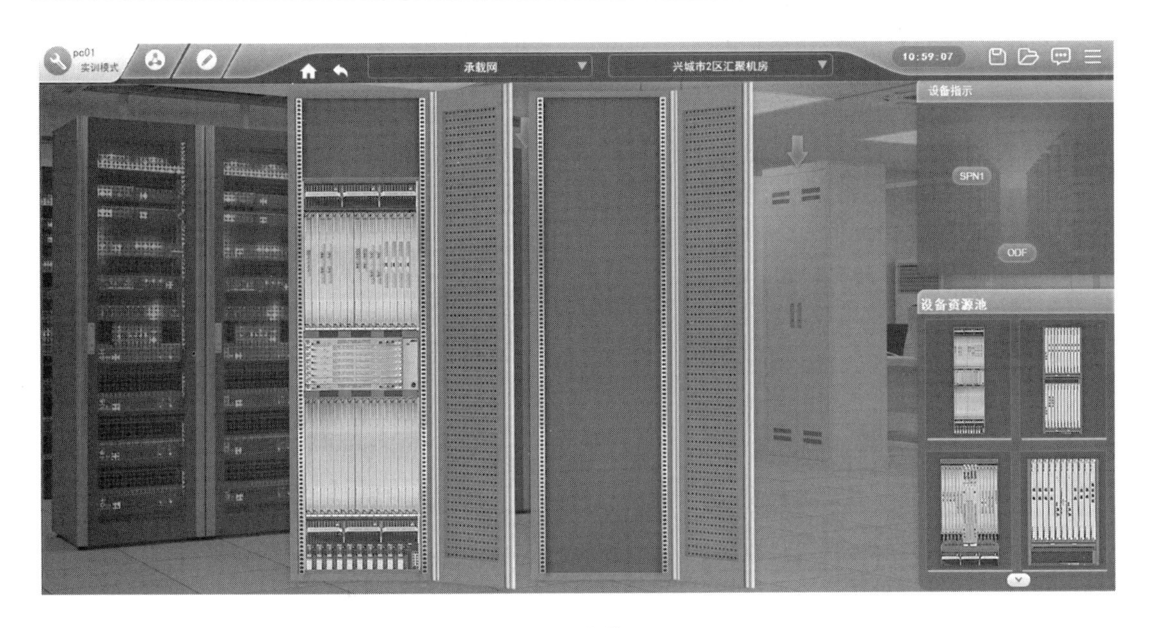

图 6-21　安装 SPN

(2) 安装 OTN

点击操作区左上角的返回箭头，返回兴城市 2 区汇聚机房内部场景，如图 6-20 所示。点击右侧机柜(箭头指示区域)，进入 OTN 安装界面，如图 6-22 所示。从设备资源池中拖动“大型 OTN”到机柜中即可完成安装。安装成功后，设备指示中会出现 OTN 的图标。

图 6-22　安装 OTN

4. 连接兴城市 2 区汇聚机房设备

(1) 去往兴城市 B 站点机房

点击设备指示中的任一图标显示线缆池。从线缆池中选择成对 LC-FC 光纤；点击设备指示中的 SPN1 图标打开 SPN1 面板，点击 10 槽位单板的端口 1(100G)；点击设备指示中的 ODF 图标打开 ODF 配线架，点击去往建安市 B 站点机房的端口。连接结果如图 6-23 所示。

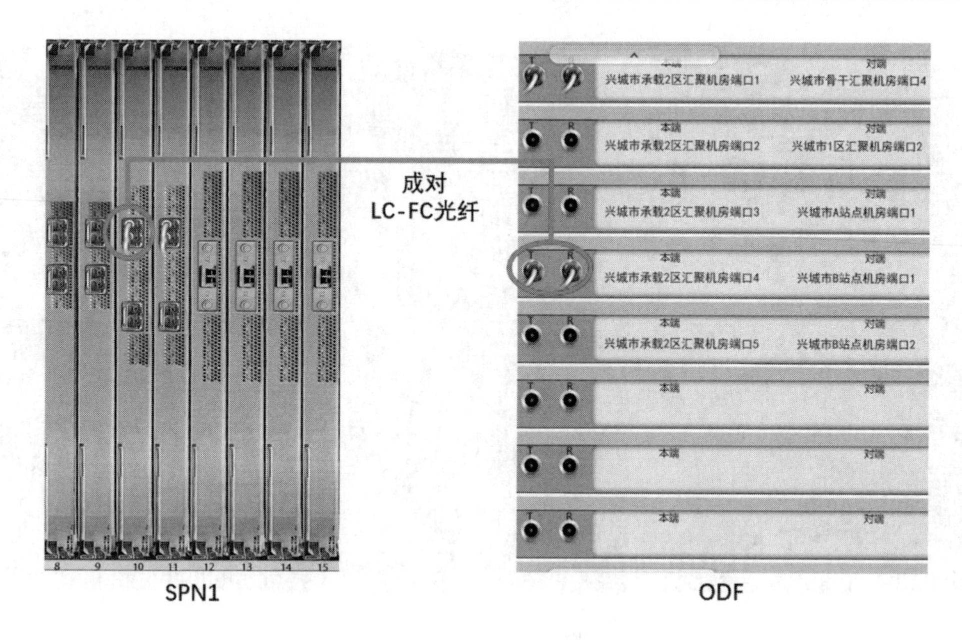

图 6-23　去往兴城市 B 站点机房

（2）去往兴城市骨干汇聚机房

SPN 通过 OTN 和 ODF，连接到兴城市骨干汇聚机房，如图 6-24 所示。

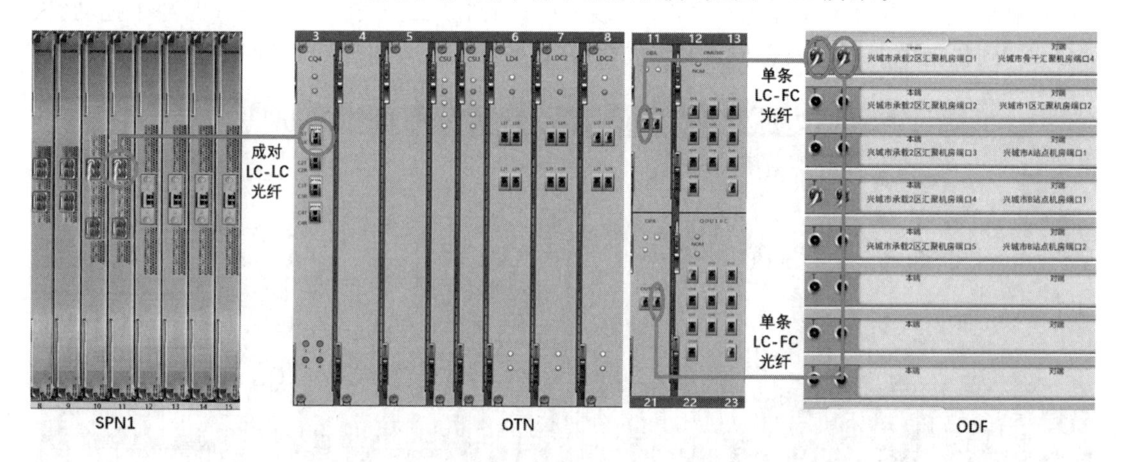

图 6-24　去往兴城市骨干汇聚机房

① 从线缆池中选择成对 LC-LC 光纤；点击设备指示图中的 SPN11 图标打开 SPN1 面板，点击 11 槽位单板的端口 1(100G)；点击设备指示图中的 OTN 图标打开 OTN 面板，点击 3 槽位 CQ4 单板的 C1T/C1R 端口(100G)。

② 从线缆池中选择单根 LC-LC 光纤；点击 OTN 面板 8 槽位 LDC2 单板的 L1T 端口；点击 OTN 面板 12、13 槽位 OMU 单板的 CH1 端口。

③ 从线缆池中选择单根 LC-LC 光纤；点击 OTN 面板 12、13 槽位 OMU 单板的 OUT 端口；点击 OTN 面板 11 槽位 OBA 单板的 IN 端口。

④ 从线缆池中选择单根 LC-FC 光纤；点击 OTN 面板 11 槽位 OBA 单板的 OUT 端口；点击设备指示图中的 ODF 图标打开 ODF 配线架，点击连接到兴城市骨干汇聚机房的 T 端口。

⑤ 从线缆池中选择单根 LC-FC 光纤；点击 ODF 配线架中连接到兴城市骨干汇聚机房的 R 端口；点击设备指示图中的 OTN 图标打开 OTN 面板，点击 OTN 面板 21 槽位 OPA 单板的 IN 端口。

⑥ 从线缆池中选择单根 LC-LC 光纤，点击 OTN 面板 21 槽位 OPA 单板的 OUT 端口；点击 OTN 面板 22、23 槽位 ODU 单板的 IN 端口。

⑦ 从线缆池中选择单根 LC-LC 光纤；点击 OTN 面板 22、23 槽位 ODU 单板的 CH1 端口；点击 OTN 面板 8 槽位 LDC2 单板的 L1R 端口。

到这里，兴城市 2 区汇聚机房的设备已经安装、连接完毕，操作区右上方设备指示图中会显示出当前机房的设备连接情况，如图 6-25 所示。

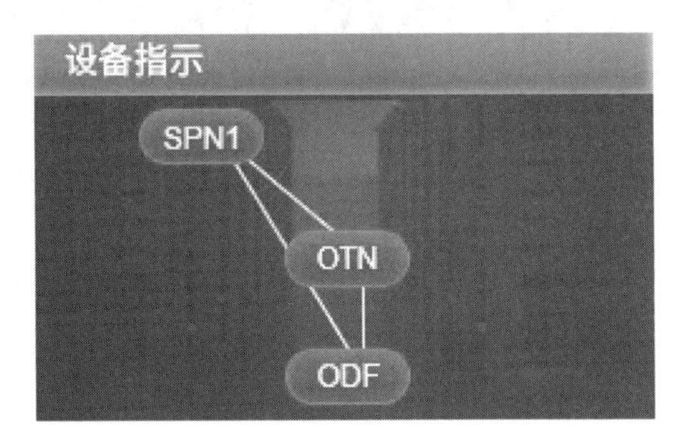

图 6-25　兴城市 2 区汇聚机房设备的连接关系

6.3.3　安装承载网骨干汇聚层设备

1. 安装建安市骨干汇聚机房设备

从操作区上侧的下拉菜单中选择“承载网”→“建安市骨干汇聚机房”，显示建安市骨干汇聚机房内部场景，如图 6-26 所示。

图 6-26　建安市骨干汇聚机房内部场景

（1）安装 SPN

点击左侧机柜(箭头指示区域),进入 SPN 安装界面,如图 6-27 所示。从设备资源池中拖动“大型 SPN”到机柜中即可完成安装。安装成功后,设备指示中会出现 SPN 的图标。

图 6-27　安装 SPN

（2）安装 OTN

点击操作区左上角的返回箭头,返回建安市骨干汇聚机房内部场景,如图 6-26 所示。点击右侧机柜(箭头指示区域),进入 OTN 安装界面,如图 6-28 所示。从设备资源池中拖动“大型 OTN”到机柜中即可完成安装。安装成功后,设备指示中会出现 OTN 的图标。

图 6-28　安装 OTN

2. 连接建安市骨干汇聚机房设备

(1) 去往建安市 3 区汇聚机房

SPN 通过 OTN 和 ODF,连接到建安市 3 区汇聚机房,如图 6-29 所示。

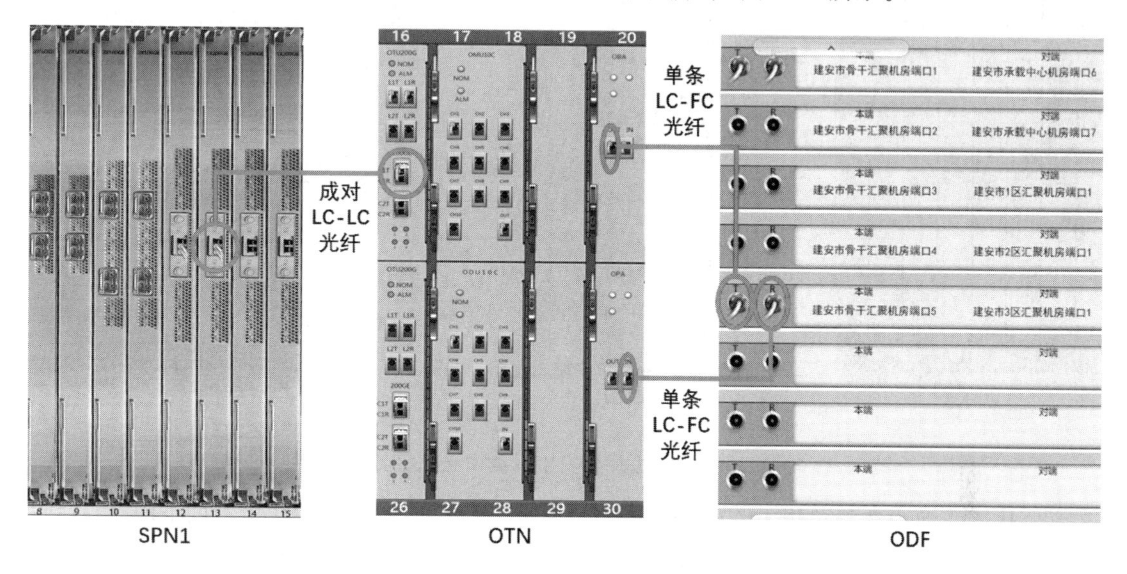

图 6-29　去往建安市 3 区汇聚机房

① 从线缆池中选择成对 LC-LC 光纤;点击设备指示图中的 SPN11 图标打开 SPN1 面板,点击 13 槽位单板的端口 1(200G);点击设备指示图中的 OTN 图标打开 OTN 面板,点击 16 槽位 OTU 单板的 C1T/C1R 端口(200G)。

② 从线缆池中选择单根 LC-LC 光纤;点击 OTN 面板 16 槽位 OTU 单板的 L1T 端口;点击 OTN 面板 17、18 槽位 OMU 单板的 CH1 端口。

③ 从线缆池中选择单根 LC-LC 光纤;点击 OTN 面板 17、18 槽位 OMU 单板的 OUT 端口;点击 OTN 面板 20 槽位 OBA 单板的 IN 端口。

④ 从线缆池中选择单根 LC-FC 光纤;点击 OTN 面板 20 槽位 OBA 单板的 OUT 端口;点击设备指示图中的 ODF 图标打开 ODF 配线架,点击连接到建安市 3 区汇聚机房的 T 端口。

⑤ 从线缆池中选择单根 LC-FC 光纤;点击 ODF 配线架中连接到建安市 3 区汇聚机房的 R 端口;点击设备指示图中的 OTN 图标打开 OTN 面板,点击 OTN 面板 30 槽位 OPA 单板的 IN 端口。

⑥ 从线缆池中选择单根 LC-LC 光纤,点击 OTN 面板 30 槽位 OPA 单板的 OUT 端口;点击 OTN 面板 27、28 槽位 ODU 单板的 IN 端口。

⑦ 从线缆池中选择单根 LC-LC 光纤;点击 OTN 面板 27、28 槽位 ODU 单板的 CH1 端口;点击 OTN 面板 16 槽位 OTU 单板的 L1R 端口。

(2) 去往建安市承载中心机房

SPN 通过 OTN 和 ODF,连接到建安市承载中心机房,如图 6-30 所示。

① 从线缆池中选择成对 LC-LC 光纤;点击设备指示图中的 SPN11 图标打开 SPN1 面板,点击 12 槽位单板的端口 1(200G);点击设备指示图中的 OTN 图标打开 OTN 面板,点击 15 槽位 OTU 单板的 C1T/C1R 端口(200G)。

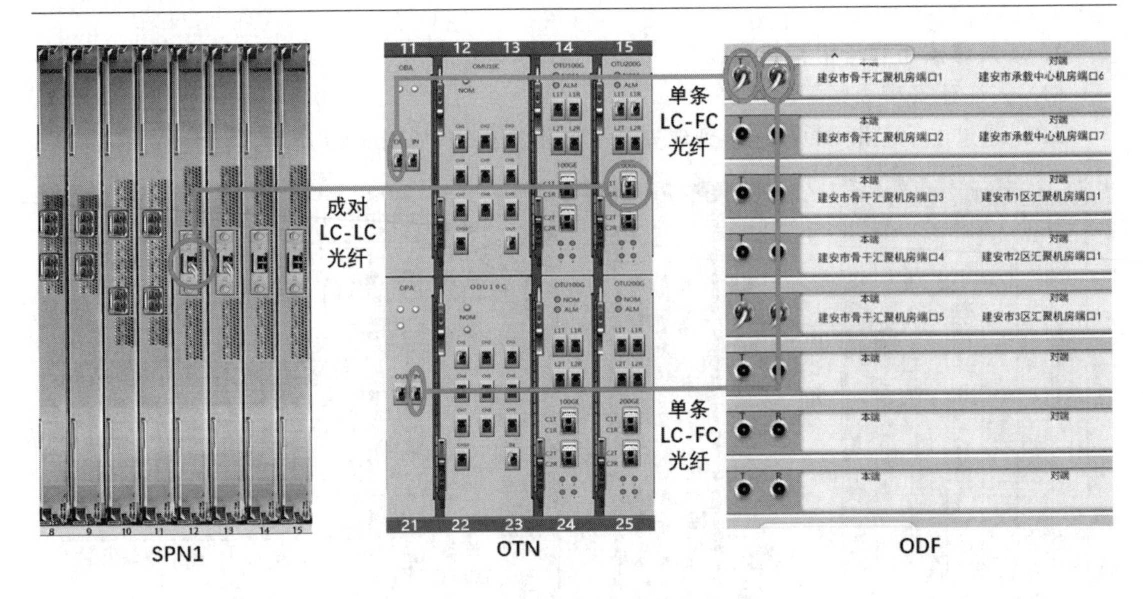

图 6-30　去往建安市承载中心机房

② 从线缆池中选择单根 LC-LC 光纤；点击 OTN 面板 15 槽位 OTU 单板的 L1T 端口；点击 OTN 面板 12、13 槽位 OMU 单板的 CH1 端口。

③ 从线缆池中选择单根 LC-LC 光纤；点击 OTN 面板 12、13 槽位 OMU 单板的 OUT 端口；点击 OTN 面板 11 槽位 OBA 单板的 IN 端口。

④ 从线缆池中选择单根 LC-FC 光纤；点击 OTN 面板 11 槽位 OBA 单板的 OUT 端口；点击设备指示图中的 ODF 图标打开 ODF 配线架，点击连接到建安市承载中心机房的 T 端口。

⑤ 从线缆池中选择单根 LC-FC 光纤；点击 ODF 配线架中连接到建安市承载中心机房的 R 端口；点击设备指示图中的 OTN 图标打开 OTN 面板，点击 OTN 面板 21 槽位 OPA 单板的 IN 端口。

⑥ 从线缆池中选择单根 LC-LC 光纤，点击 OTN 面板 21 槽位 OPA 单板的 OUT 端口；点击 OTN 面板 22、23 槽位 ODU 单板的 IN 端口。

⑦ 从线缆池中选择单根 LC-LC 光纤；点击 OTN 面板 22、23 槽位 ODU 单板的 CH1 端口；点击 OTN 面板 15 槽位 OTU 单板的 L1R 端口。

到这里，建安市骨干汇聚机房的设备已经安装、连接完毕，操作区右上方设备指示图中会显示出当前机房的设备连接情况，如图 6-31 所示。

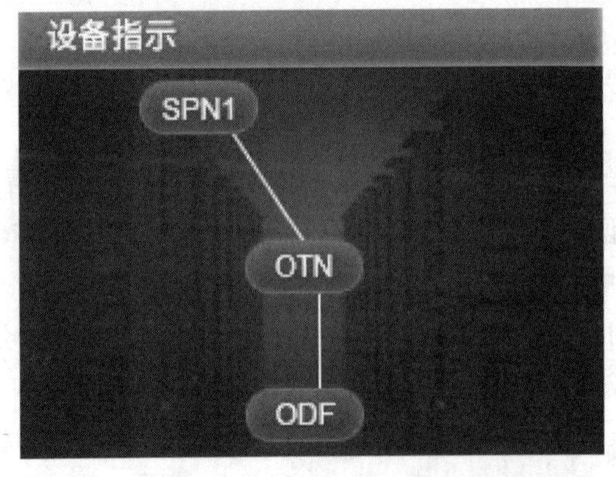

图 6-31　建安市骨干汇聚机房设备的连接关系

3. 安装兴城市骨干汇聚机房设备

从操作区上侧的下拉菜单中选择“承载网”→“兴城市骨干汇聚机房”，显示兴城市骨干汇聚机房内部场景，如图 6-32 所示。

图 6-32　兴城市骨干汇聚机房内部场景

(1) 安装 SPN

点击左侧机柜(箭头指示区域)，进入 SPN 安装界面，如图 6-33 所示。从设备资源池中拖动“大型 SPN”到机柜中即可完成安装。安装成功后，设备指示中会出现 SPN 的图标。

图 6-33　安装 SPN

(2) 安装 OTN

点击操作区左上角的返回箭头，返回兴城市骨干汇聚机房内部场景，如图 6-32 所示。点击右侧机柜(箭头指示区域)，进入 OTN 安装界面，如图 6-34 所示。从设备资源池中拖动“大型 OTN”到机柜中即可完成安装。安装成功后，设备指示中会出现 OTN 的图标。

图 6-34　安装 OTN

4．连接兴城市骨干汇聚机房设备

(1) 去往兴城市 2 区汇聚机房

SPN 通过 OTN 和 ODF，连接到兴城市 2 区汇聚机房，如图 6-35 所示。

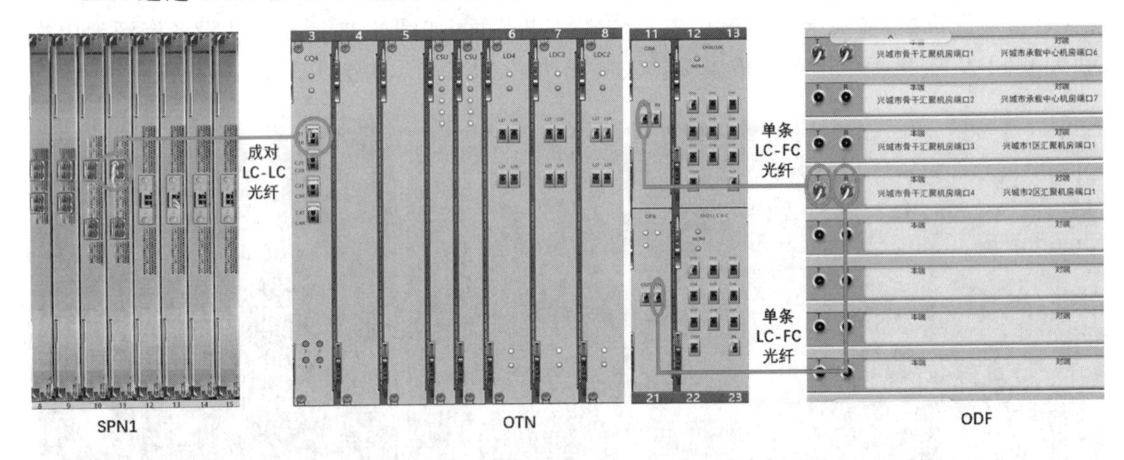

图 6-35　去往兴城市 2 区汇聚机房

① 从线缆池中选择成对 LC-LC 光纤；点击设备指示图中的 SPN11 图标打开 SPN1 面板，点击 11 槽位单板的端口 1(100G)；点击设备指示图中的 OTN 图标打开 OTN 面板，点击 3 槽位 CQ4 单板的 C1T/C1R 端口(100G)。

② 从线缆池中选择单条 LC-LC 光纤；点击 OTN 面板 8 槽位 LDC2 单板的 L1T 端口；点击 OTN 面板 12、13 槽位 OMU 单板的 CH1 端口。

③ 从线缆池中选择单条 LC-LC 光纤；点击 OTN 面板 12、13 槽位 OMU 单板的 OUT 端口；点击 OTN 面板 11 槽位 OBA 单板的 IN 端口。

④ 从线缆池中选择单条 LC-FC 光纤；点击 OTN 面板 11 槽位 OBA 单板的 OUT 端口；

点击设备指示图中的 ODF 图标打开 ODF 配线架，点击连接到兴城市 2 区汇聚机房的 T 端口。

⑤ 从线缆池中选择单条 LC-FC 光纤；点击 ODF 配线架中连接到兴城市 2 区汇聚机房的 R 端口；点击设备指示图中的 OTN 图标打开 OTN 面板，点击 OTN 面板 21 槽位 OPA 单板的 IN 端口。

⑥ 从线缆池中选择单条 LC-LC 光纤，点击 OTN 面板 21 槽位 OPA 单板的 OUT 端口；点击 OTN 面板 22、23 槽位 ODU 单板的 IN 端口。

⑦ 从线缆池中选择单条 LC-LC 光纤；点击 OTN 面板 22、23 槽位 ODU 单板的 CH1 端口；点击 OTN 面板 8 槽位 LDC2 单板的 L1R 端口。

(2) 去往兴城市承载中心机房

SPN 通过 OTN 和 ODF，连接到兴城市承载中心机房，如图 6-36 所示。

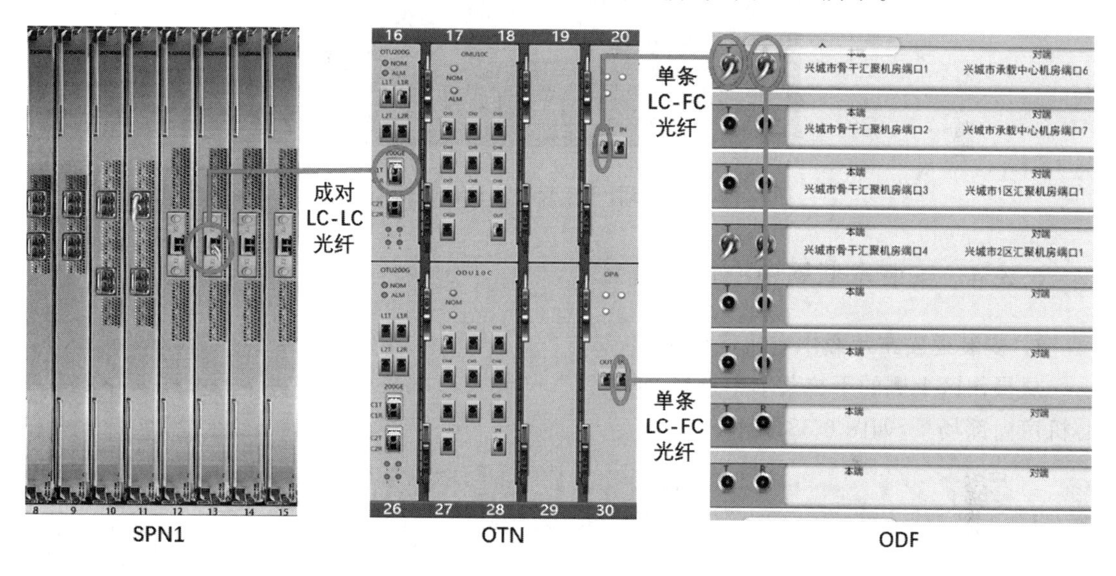

图 6-36 去往兴城市承载中心机房

① 从线缆池中选择成对 LC-LC 光纤；点击设备指示图中的 SPN11 图标打开 SPN1 面板，点击 13 槽位单板的端口 1(200G)；点击设备指示图中的 OTN 图标打开 OTN 面板，点击 16 槽位 OTU 单板的 C1T/C1R 端口(200G)。

② 从线缆池中选择单条 LC-LC 光纤；点击 OTN 面板 16 槽位 OTU 单板的 L1T 端口；点击 OTN 面板 17、18 槽位 OMU 单板的 CH1 端口。

③ 从线缆池中选择单条 LC-LC 光纤；点击 OTN 面板 17、18 槽位 OMU 单板的 OUT 端口；点击 OTN 面板 20 槽位 OBA 单板的 IN 端口。

④ 从线缆池中选择单条 LC-FC 光纤；点击 OTN 面板 20 槽位 OBA 单板的 OUT 端口；点击设备指示图中的 ODF 图标打开 ODF 配线架，点击连接到兴城市承载中心机房的 T 端口。

⑤ 从线缆池中选择单条 LC-FC 光纤；点击 ODF 配线架中连接到兴城市承载中心机房的 R 端口；点击设备指示图中的 OTN 图标打开 OTN 面板，点击 OTN 面板 30 槽位 OPA 单板的 IN 端口。

⑥ 从线缆池中选择单条 LC-LC 光纤，点击 OTN 面板 30 槽位 OPA 单板的 OUT 端口；

点击 OTN 面板 27、28 槽位 ODU 单板的 IN 端口。

⑦ 从线缆池中选择单条 LC-LC 光纤；点击 OTN 面板 27、28 槽位 ODU 单板的 CH1 端口；点击 OTN 面板 16 槽位 OTU 单板的 L1R 端口。

到这里，兴城市骨干汇聚机房的设备已经安装、连接完毕，操作区右上方设备指示图中会显示出当前机房的设备连接情况，如图 6-37 所示。

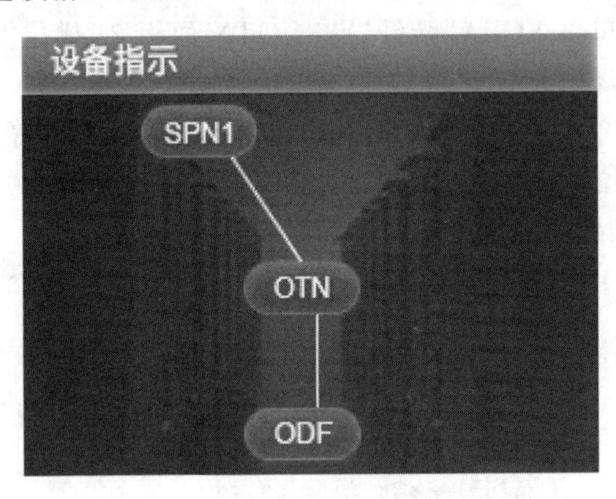

图 6-37　兴城市骨干汇聚机房设备的连接关系

6.3.4　安装承载网中心层设备

1. 安装建安市承载中心机房设备

从操作区上侧的下拉菜单中选择“承载网”→“建安市承载中心机房”，显示建安市承载中心机房内部场景，如图 6-38 所示。

图 6-38　建安市承载中心机房内部场景

(1) 安装 SPN

点击左侧机柜(箭头指示区域)，进入 SPN 安装界面，如图 6-39 所示。从设备资源池中拖动“大型 SPN”到机柜中即可完成安装。安装成功后，设备指示中会出现 SPN 的图标。

图 6-39　安装 SPN

(2) 安装 OTN

点击操作区左上角的返回箭头，返回建安市承载中心机房内部场景，如图 6-38 所示。点击右侧机柜(箭头指示区域)，进入 OTN 安装界面，如图 6-40 所示。从设备资源池中拖动“大型 OTN”到机柜中即可完成安装。安装成功后，设备指示中会出现 OTN 的图标。

图 6-40　安装 OTN

2. 连接建安市承载中心机房设备

(1) 去往建安市骨干汇聚机房

SPN 通过 OTN 和 ODF，连接到建安市骨干汇聚机房，如图 6-41 所示。

① 从线缆池中选择成对 LC-LC 光纤；点击设备指示图中的 SPN11 图标打开 SPN1 面板，点击 12 槽位单板的端口 1(200G)；点击设备指示图中的 OTN 图标打开 OTN 面板，点击 15

槽位 OTU 单板的 C1T/C1R 端口(200G)。

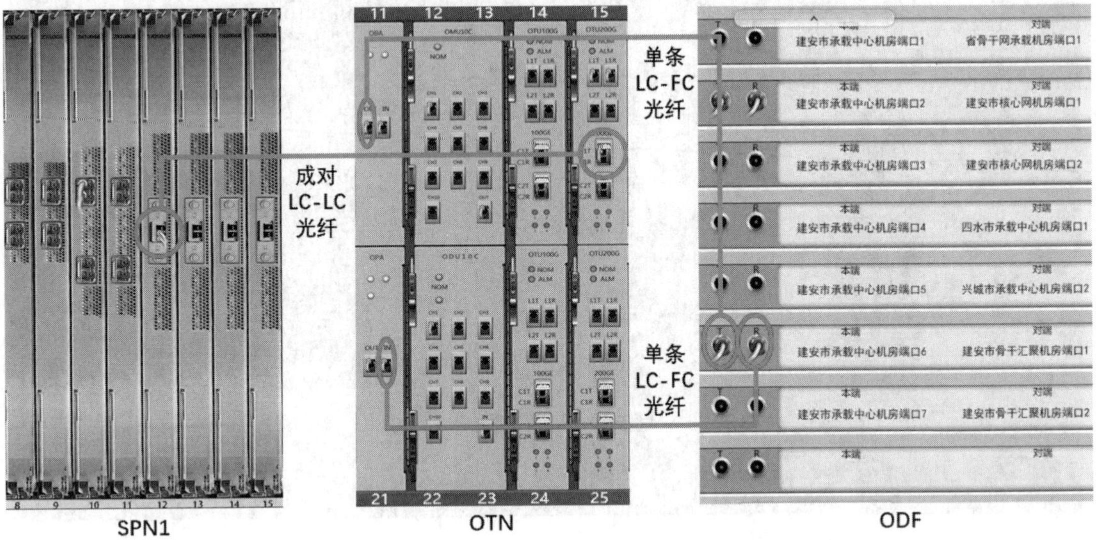

图 6-41　去往建安市骨干汇聚机房

② 从线缆池中选择单条 LC-LC 光纤;点击 OTN 面板 15 槽位 OTU 单板的 L1T 端口;点击 OTN 面板 12、13 槽位 OMU 单板的 CH1 端口。

③ 从线缆池中选择单条 LC-LC 光纤;点击 OTN 面板 12、13 槽位 OMU 单板的 OUT 端口;点击 OTN 面板 11 槽位 OBA 单板的 IN 端口。

④ 从线缆池中选择单条 LC-FC 光纤;点击 OTN 面板 11 槽位 OBA 单板的 OUT 端口;点击设备指示图中的 ODF 图标打开 ODF 配线架,点击连接到建安市骨干汇聚机房的 T 端口。

⑤ 从线缆池中选择单条 LC-FC 光纤;点击 ODF 配线架中连接到建安市骨干汇聚机房的 R 端口;点击设备指示图中的 OTN 图标打开 OTN 面板,点击 OTN 面板 21 槽位 OPA 单板的 IN 端口。

⑥ 从线缆池中选择单条 LC-LC 光纤,点击 OTN 面板 21 槽位 OPA 单板的 OUT 端口;点击 OTN 面板 22、23 槽位 ODU 单板的 IN 端口。

⑦ 从线缆池中选择单条 LC-LC 光纤;点击 OTN 面板 22、23 槽位 ODU 单板的 CH1 端口;点击 OTN 面板 15 槽位 OTU 单板的 L1R 端口。

(2) 去往建安市核心网机房

点击设备指示中的任一图标显示线缆池。从线缆池中选择成对 LC-FC 光纤;点击设备指示中的 SPN1 图标打开 SPN1 面板,点击 10 槽位单板的端口 1(100G);点击设备指示中的 ODF 图标打开 ODF 配线架,点击去往建安市核心网机房的端口。连接结果如图 6-42 所示。

到这里,建安市承载中心机房的设备已经安装、连接完毕,操作区右上方设备指示图中会显示出当前机房的设备连接情况,如图 6-43 所示。

3. 安装兴城市承载中心机房设备

从操作区上侧的下拉菜单中选择“承载网”→“兴城市承载中心机房”,显示兴城市承载中心机房内部场景,如图 6-44 所示。

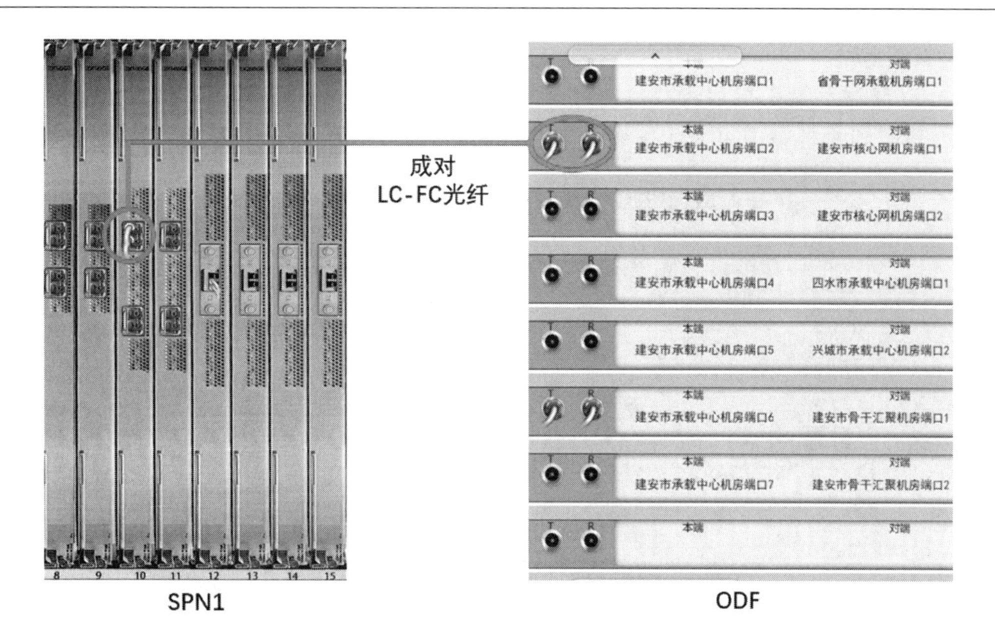

图 6-42　去往建安市核心网机房

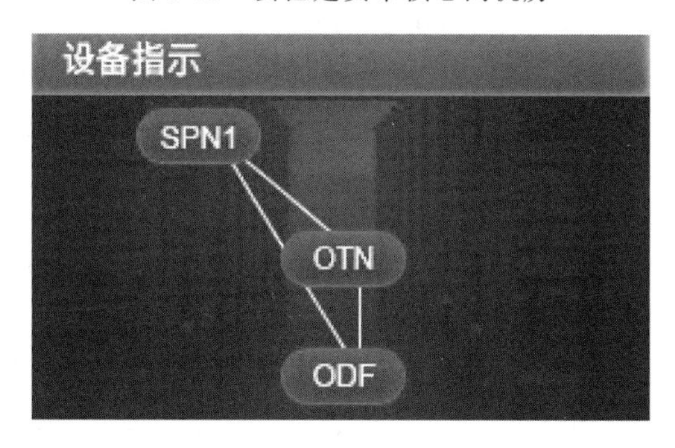

图 6-43　建安市承载中心机房设备的连接关系

图 6-44　兴城市承载中心机房内部场景

(1) 安装 SPN

点击左侧机柜(箭头指示区域),进入 SPN 安装界面,如图 6-45 所示。从设备资源池中拖动"大型 SPN"到机柜中即可完成安装。安装成功后,设备指示中会出现 SPN 的图标。

图 6-45　安装 SPN

(2) 安装 OTN

点击操作区左上角的返回箭头,返回兴城市承载中心机房内部场景,如图 6-44 所示。点击右侧机柜(箭头指示区域),进入 OTN 安装界面,如图 6-46 所示。从设备资源池中拖动"大型 OTN"到机柜中即可完成安装。安装成功后,设备指示中会出现 OTN 的图标。

图 6-46　安装 OTN

4. 连接兴城市承载中心机房设备

(1) 去往兴城市骨干汇聚机房

SPN 通过 OTN 和 ODF,连接到兴城市承载中心机房,如图 6-47 所示。

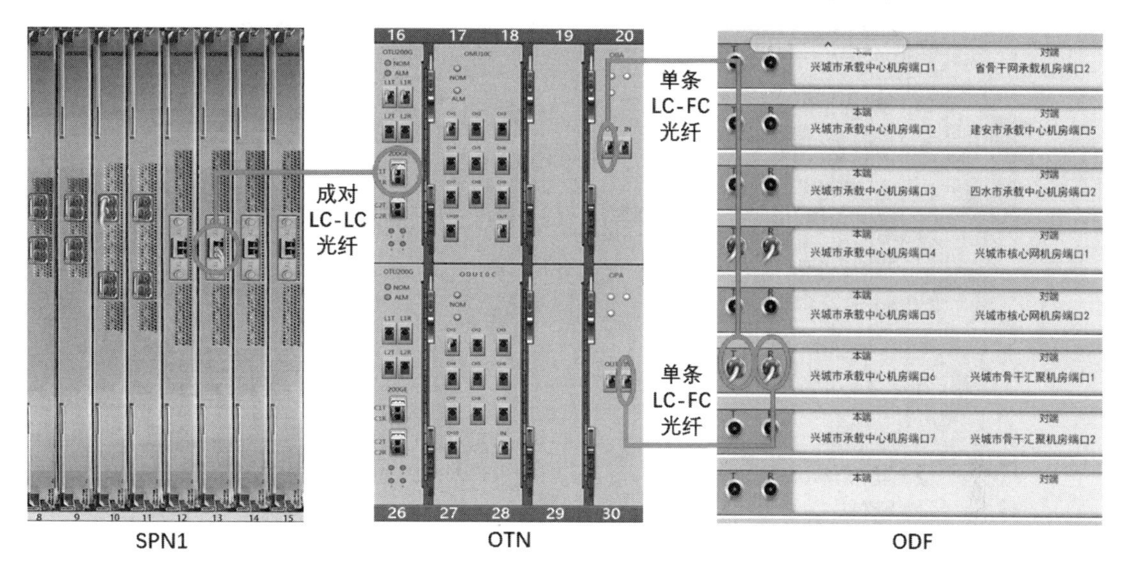

图 6-47 去往兴城市骨干汇聚机房

① 从线缆池中选择成对 LC-LC 光纤;点击设备指示图中的 SPN11 图标打开 SPN1 面板,点击 13 槽位单板的端口 1(200G);点击设备指示图中的 OTN 图标打开 OTN 面板,点击 16 槽位 OTU 单板的 C1T/C1R 端口(200G)。

② 从线缆池中选择单条 LC-LC 光纤;点击 OTN 面板 16 槽位 OTU 单板的 L1T 端口;点击 OTN 面板 17、18 槽位 OMU 单板的 CH1 端口。

③ 从线缆池中选择单条 LC-LC 光纤;点击 OTN 面板 17、18 槽位 OMU 单板的 OUT 端口;点击 OTN 面板 20 槽位 OBA 单板的 IN 端口。

④ 从线缆池中选择单条 LC-FC 光纤;点击 OTN 面板 20 槽位 OBA 单板的 OUT 端口;点击设备指示图中的 ODF 图标打开 ODF 配线架,点击连接到兴城市骨干汇聚机房的 T 端口。

⑤ 从线缆池中选择单条 LC-FC 光纤;点击 ODF 配线架中连接到兴城市骨干汇聚机房的 R 端口;点击设备指示图中的 OTN 图标打开 OTN 面板,点击 OTN 面板 30 槽位 OPA 单板的 IN 端口。

⑥ 从线缆池中选择单条 LC-LC 光纤,点击 OTN 面板 30 槽位 OPA 单板的 OUT 端口;点击 OTN 面板 27、28 槽位 ODU 单板的 IN 端口。

⑦ 从线缆池中选择单条 LC-LC 光纤;点击 OTN 面板 27、28 槽位 ODU 单板的 CH1 端口;点击 OTN 面板 16 槽位 OTU 单板的 L1R 端口。

(2) 去往兴城市核心网机房

点击设备指示中的任一图标显示线缆池。从线缆池中选择成对 LC-FC 光纤;点击设备指示中的 SPN1 图标打开 SPN1 面板,点击 10 槽位单板的端口 1(100G);点击设备指示中的

ODF 图标打开 ODF 配线架，点击去往兴城市核心网机房的端口。连接结果如图 6-48 所示。

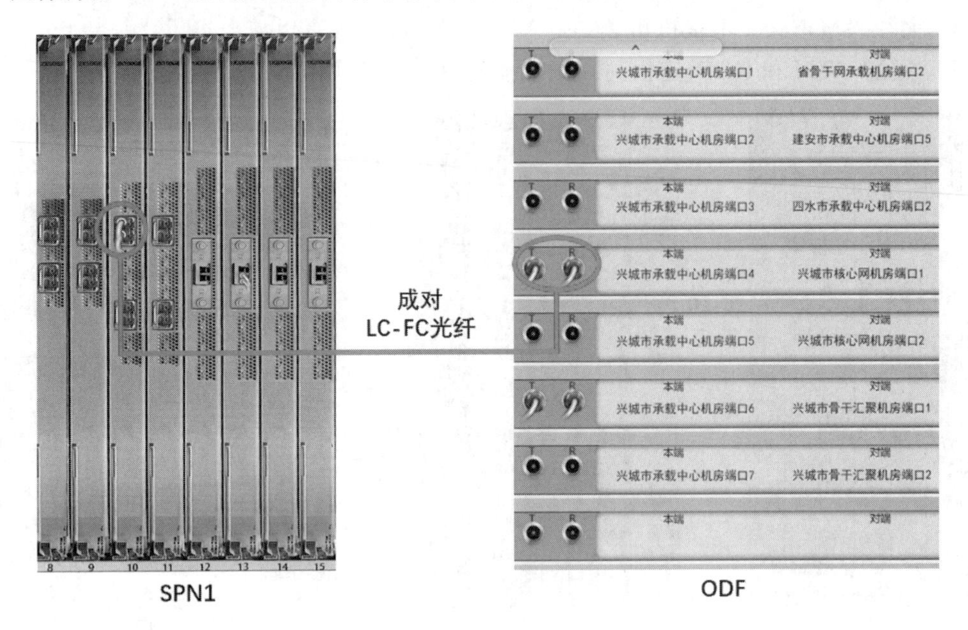

图 6-48　去往兴城市核心网机房

到这里，兴城市、建安市承载中心机房的设备已经安装、连接完毕，操作区右上方设备指示图中会显示出当前机房的设备连接情况，如图 6-49 所示。

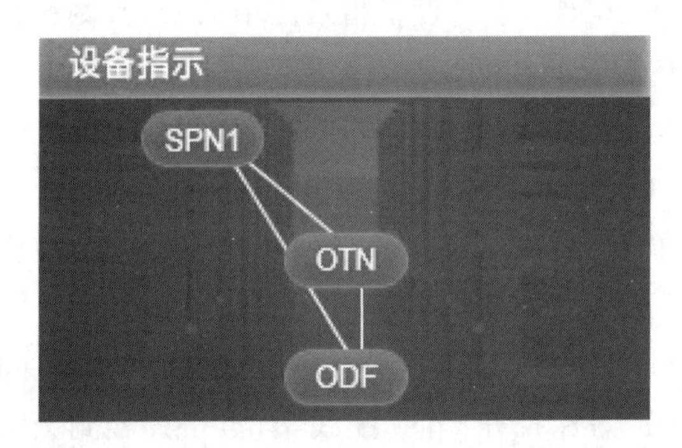

图 6-49　兴城市、建安市承载中心机房设备的连接关系

6.4　成果验收评价

6.4.1　任务实施评价

"安装承载网设备"任务评价表如表 6-3 所示。

表 6-3　"安装承载网设备"任务评价表

任务 6　安装承载网设备				
班级		小组		
评价要点	评价内容	分值	得分	备注
基础知识（45 分）	TCP/IP 协议	10		
	IP 地址的结构和分类	10		
	子网和子网掩码	10		
	光传送网络	10		
	承载网的组网方式	5		
任务实施（45 分）	明确工作任务和目标	5		
	安装承载网接入层设备	10		
	安装承载网汇聚层设备	10		
	安装承载网骨干汇聚层设备	10		
	安装承载网中心层设备	10		
操作规范（10 分）	按规范操作，防止损坏设备	5		
	保持环境卫生，注意用电安全	5		
合计		100		

6.4.2　思考与练习题

1. TCP/IP 协议栈有哪四个层次？
2. TCP/IP 传输层协议有什么功能？
3. IP 协议、ICMP 协议、RARP 协议和 ARP 协议有什么功能？
4. 简述 IP 地址的结构和分类。
5. 什么是网络地址？什么是广播地址？
6. 什么是环回地址？它有什么用处？
7. 什么是子网？如何划分子网？
8. 子网掩码有什么作用？
9. 什么是 OTN，它由哪些单元组成？
10. 电交叉子系统有什么作用？

任务7　配置承载网数据

【学习目标】

- 了解二层交换原理和特点
- 熟悉三层路由原理
- 掌握 VLAN 间路由
- 完成承载网数据的配置

7.1　工作背景描述

根据规划正确配置承载网数据，测试承载网连通性是 5G 移动网络建设重要的一步，也是拓展移动系统的关键。本次任务使用 5G 组网仿真软件完成承载网机房的数据配置及连通性测试，为后续与无线及核心网对接打下基础。数据配置与测试针对建安市和兴城市进行，每个城市各配 1 条承载网链路。

本次 5G 承载网数据配置与测试工作共涉及 8 个机房，分为建安市和兴城市 B 站点机房、建安市 3 区汇聚机房、兴城市 2 区汇聚机房、建安市和兴城市骨干汇聚机房、建安市和兴城市骨干承载中心机房。其中，兴城市 B 站点机房与兴城市 2 区汇聚机房之间配置灵活以太网；兴城市 2 区汇聚机房与兴城市骨干汇聚机房之间使用电交叉连接。建安市和兴城市承载网链路规划（光端口规划和 IP 地址规划）分别如图 7-1 和图 7-2 所示。

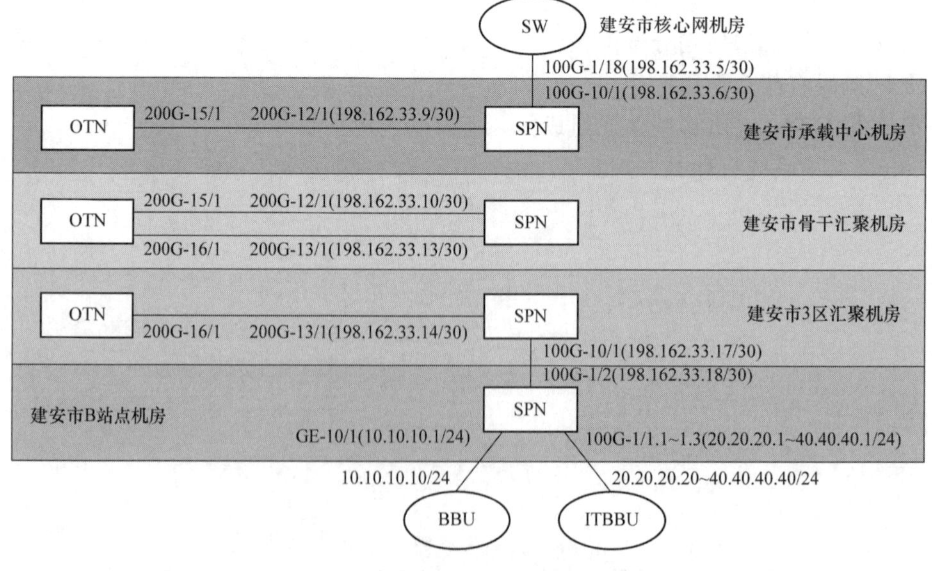

图 7-1　建安市承载网链路数据规划

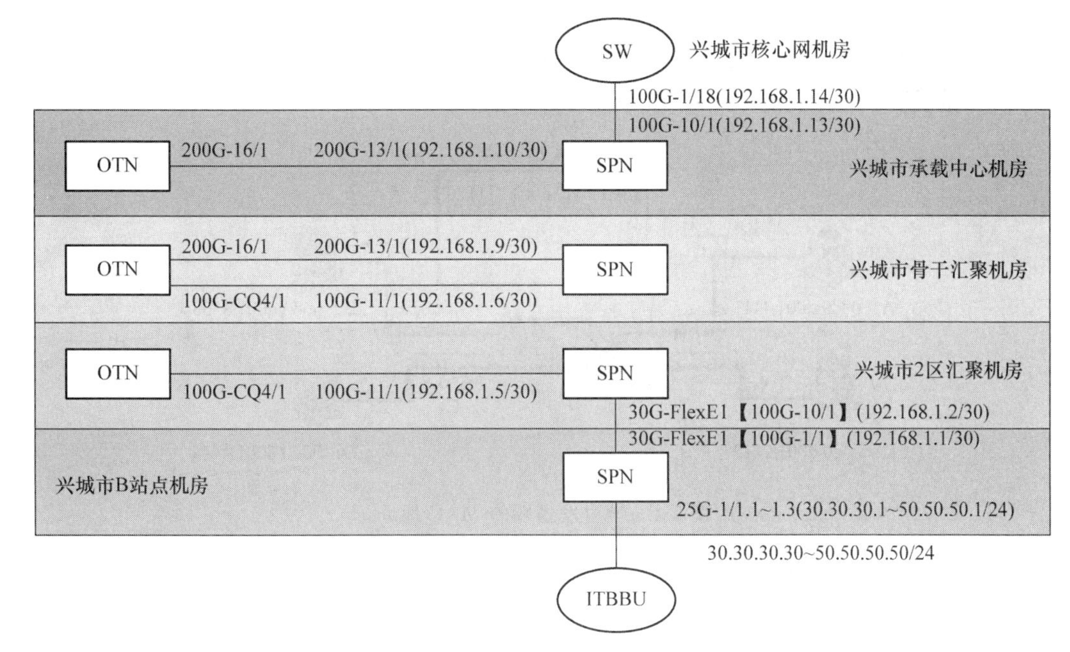

图7-2　兴城市承载网链路数据规划

7.2　专业知识储备

7.2.1　二层交换原理

1. 二层交换机功能

以太网二层交换机(Switch)具备三个基本功能,即地址学习、转发/过滤、避免环路。地址学习是指利用接收数据帧中的源MAC地址来建立MAC地址表(源地址自学习),使用地址老化机制进行地址表维护。转发和过滤是指在MAC地址表中查找数据帧中的目的MAC地址,如果找到,就将该数据帧发送到相应的端口;如果找不到,则向所有端口转发广播帧和多播帧(不包括源端口)。避免环路是利用生成树协议避免环路带来的危害。

地址学习是以太网交换机工作的核心,下面通过一个案例对此过程进行说明。案例中有A、B、C、D四台计算机,分别连接到交换机E0～E3端口,MAC地址如图7-3所示。

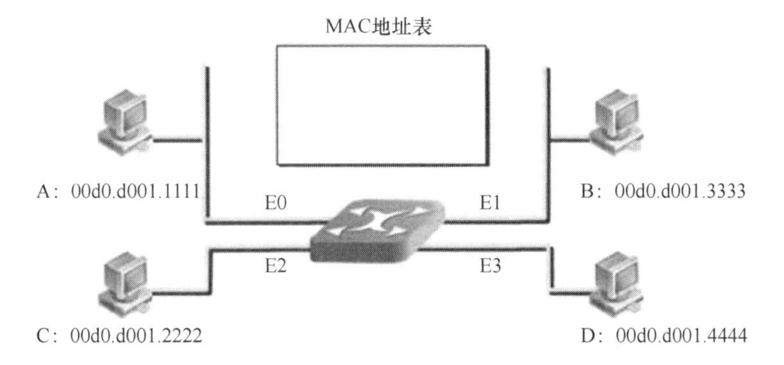

图7-3　开始时空的MAC地址表

① 交换机开始工作时,MAC 地址表是空的,如图 7-3 所示。

② 主机 A 发送一个数据帧(frame)给主机 C,交换机从端口 E0 学到主机 A 的 MAC 地址,将该帧做"洪泛(flooding)"转发,如图 7-4 所示。

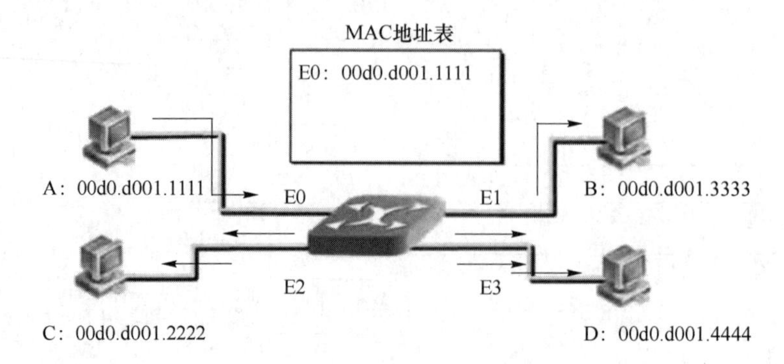

图 7-4 学习发送端的 MAC 地址

③ 主机 C 回应一个数据帧(frame)给主机 A,交换机从端口 E2 学到主机 C 的 MAC 地址,如图 7-5 所示。

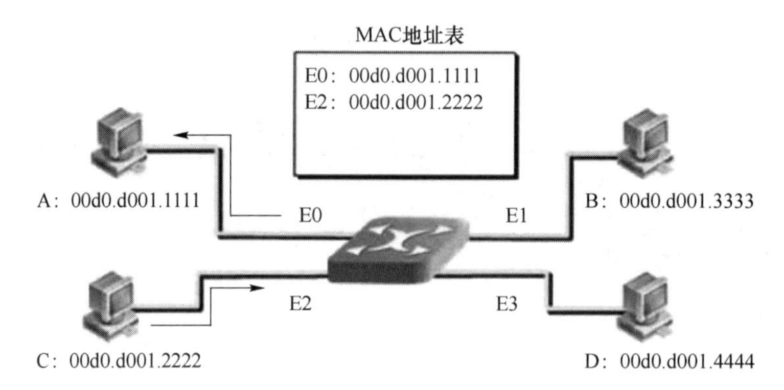

图 7-5 学习接收端的 MAC 地址

④ 主机 A 再次发送一个数据帧(frame)给主机 C,交换机已经知道目标 MAC 地址,不再"洪泛(flooding)"转发,直接从端口 E2 发送出去,如图 7-6 所示。

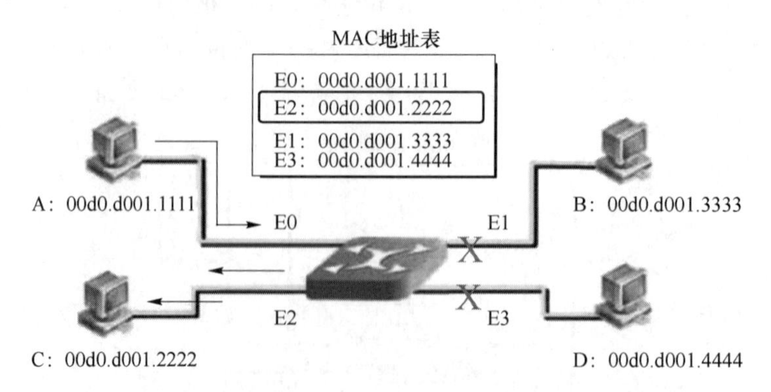

图 7-6 利用已知 MAC 地址转发数据

二层交换带来了以太网技术的重大飞跃,彻底解决了困扰网络发展的冲突问题,极大地改进了以太网的性能,而且以太网的安全性也有所提高。但以太网仍存在广播泛滥和安全性无法得到有效保证的缺点，其中广播泛滥严重是二层以太网的主要问题。

2. 虚拟局域网原理

(1) VLAN 的概念和作用

为解决二层以太网的广播泛滥问题，提出了虚拟局域网(Virtual Local Area Network, VLAN)的概念。VLAN 是一种通过将局域网内的设备逻辑地而不是物理地划分成一个个网段从而实现虚拟工作组的技术，其主要作用是隔离广播域，如图 7-7 所示。在没有划分 VLAN 时，广播数据会传播到网络中的每一台主机，并对每一台计算机的 CPU 造成负担。划分 VLAN 后，广播数据只会在发送主机所在的 VLAN 中进行传播。

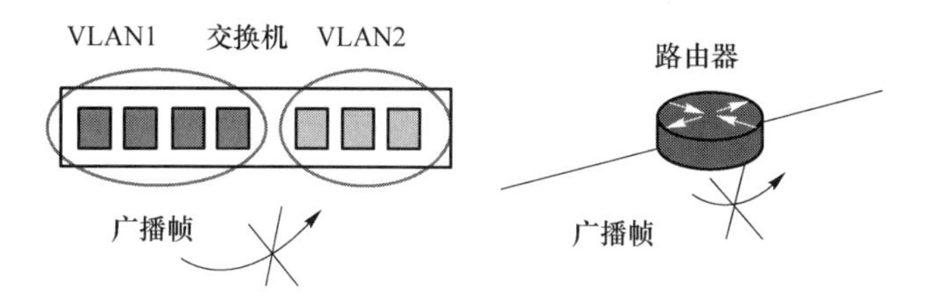

图 7-7　虚拟局域网的作用

(2) VLAN 的划分方法

VLAN 的划分方法很多，包括基于端口的划分、基于 MAC 地址的划分、基于协议的划分、基于子网的划分、基于组播的划分、基于策略的划分，其中常用的为基于端口的划分。VLAN 中包括的端口可以来自一台交换机，如图 7-8 所示；也可以来自多个交换机，即跨交换机定义 VLAN，如图 7-9 所示。

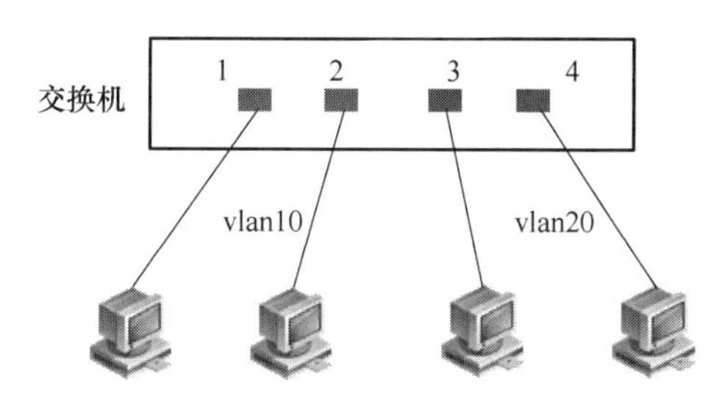

图 7-8　单交换机的 VLAN

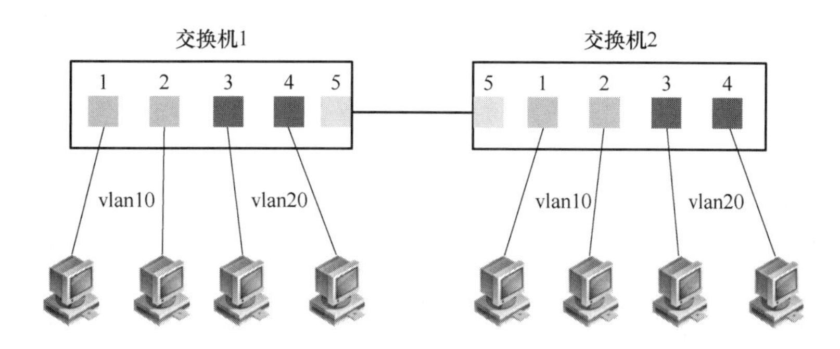

图 7-9　跨交换机的 VLAN

(3) 以太网数据帧的格式

当前业界普遍采用的 VLAN 标准是 IEEE 802.1Q，它规定了以太网中数据帧的格式。普通的以太网帧没有 VLAN 标签，叫做 Untagged 帧；如果加了 VLAN 标签，则称为 Tagged

帧,如图 7-10 所示。并非所有设备都可以识别 Tagged 帧。不能识别 Tagged 帧的设备包括普通 PC 的网卡、打印机、扫描仪、路由器端口等,而可以识别 VLAN 的设备则有交换机、路由器的子接口、某些特殊网卡等。

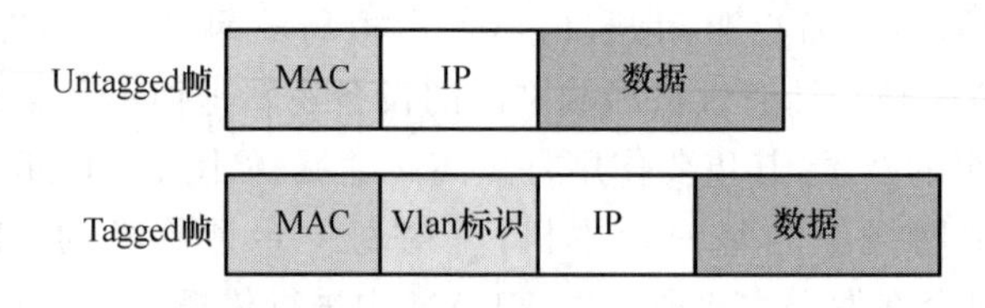

图 7-10　以太网数据帧的格式

(4) VLAN 的端口模式

由于以太网具有 Untagged 和 Tagged 两种数据帧格式,因此 VLAN 端口也相应分为 Access 和 Trunk 两种模式,如图 7-11 所示。

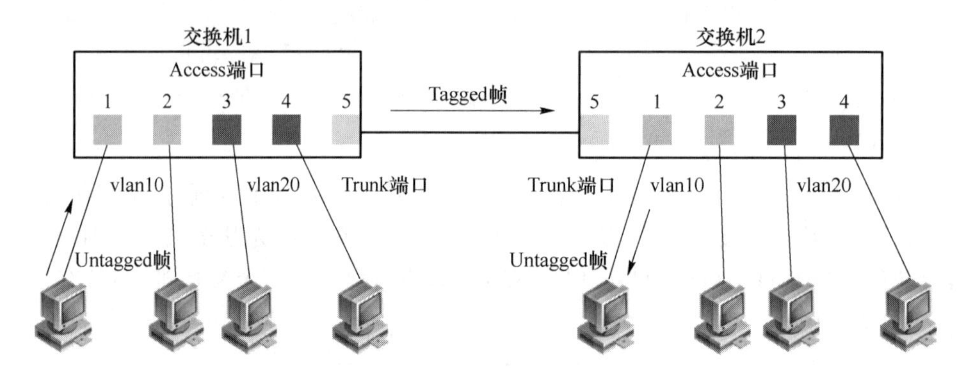

图 7-11　VLAN 的端口模式

① Access 模式。当交换机接口连接一些不能识别 VLAN 标签的设备时,交换机必须把标签移除,变成 Untagged 帧再发出。同样,此接口接收到的一般也是 Untagged 帧。这样的接口被称为 Access 模式接口,对应的链路叫 Access 链路。

② Trunk 模式。当跨交换机的多个 VLAN 需要相互通信时,交换机发往对端交换机的帧就必须要打上 VLAN 标签,以便对端能够识别数据帧发往的 VLAN。用于发送和接收 Tagged 帧的端口称为 Trunk 模式接口,对应的链路为 Trunk 链路。

7.2.2　三层路由原理

1. 路由和路由器

路由是指通过相互连接的网络把信息从源地点移动到目标地点的活动,如图 7-12 所示。一般来说,在路由过程中,信息至少会经过一个或多个中间节点。在 IP 网络中,这些信息封装成 IP 包的形式,中间节点主要是路由器(Router)。

路由器的核心作用是实现网络互连,在不同网络间转发数据,具备以下功能。

① 路由(寻径):包括路由表建立与刷新。

② 交换:在网络之间转发分组数据,涉及从接收接口收到数据帧,解封装,对数据包做相应处理,根据目的网络查找路由表,决定转发接口,做新的数据链路层封装等过程。

③ 隔离广播,指定访问规则:阻止广播通过,设置访问控制列表对流量进行控制。

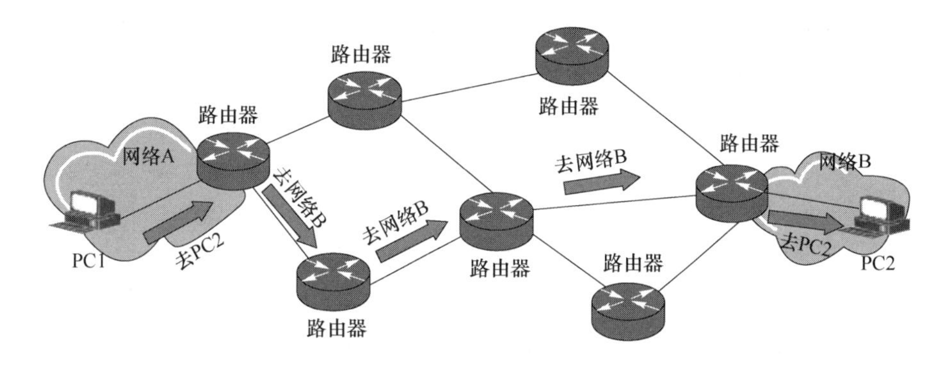

图 7-12　路由和路由器

④ 异种网络互连：支持不同的数据链路层协议，连接异种网络，实现子网间速率适配。

2. 路由表

执行数据转发和路径选择所需要的信息被包含在路由器的一个表中，称为“路由表”。路由器会根据 IP 数据包中的目的网段地址查找路由表决定转发路径，路由表记载着路由器所知的所有网段的路由信息。路由信息中包含有到达目的网段所需的下一跳地址，路由器可根据此地址，决定将数据包转发到哪个相邻设备上去。路由表被存放在路由器的 RAM 上，要维护的路由信息较多时，必须有足够的 RAM 存储空间，并且路由器重新启动后原来的路由信息都会消失。路由表的结构如图 7-13 所示，通常包含以下信息。

① 目的网络地址(Dest)：目的逻辑网络或子网络地址 。

② 掩码(Mask)：目的逻辑网络或子网的掩码。

③ 下一跳地址(Gw)：与之相连的路由器的端口地址。

④ 发送物理端口(Interface)：学习到该路由的接口，也是数据包离开路由器的接口。

⑤ 路由信息来源(Owner)：表示该路由信息是怎样学习到的。

⑥ 路由优先级(Pri)：决定了来自不同路由表源端的路由信息的优先权。

⑦ 度量值(Metric)：度量值表示每条可能路由的代价，值最小的路由就是最佳路由。

Dest	Mask	Gw	Interface	Owner	Pei	Metric
172.16.8.0	255.255.255.0	1.1.1.1	fei_1/1	static	1	0

172.16.8.0——目的逻辑网络地址或子网地址
255.255.255.0——目的逻辑网络地址或子网地址的网络掩码
1.1.1.1——下一跳逻辑地址
fei_1/1——学习到这条路由的接口和数据的转发接口
static——路由器学习到这条路由的方式
1——路由优先级
0——Metric值

图 7-13　路由表的构成

3. 路由的分类

(1) 直连路由

当接口配置了网络协议地址并状态正常时，接口上配置的网段地址自动出现在路由表中并与接口关联，称为“直连路由”，如图 7-14 所示。其中，路由信息来源为直连(Direct)；路由优先级为 0，拥有最高路由优先级；度量值为 0，表示拥有最小度量值。

直连路由会随接口的状态变化在路由表中自动变化，当接口的物理层与数据链路层状态正常(Up)时，此直连路由会自动出现在路由表中，当路由器检测到此接口断开(Down)后此条路由会自动消失。

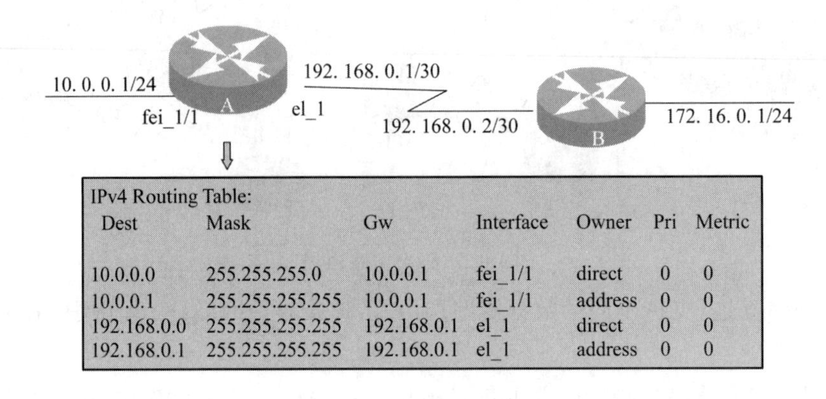

Dest	Mask	Gw	Interface	Owner	Pri	Metric
10.0.0.0	255.255.255.0	10.0.0.1	fei_1/1	direct	0	0
10.0.0.1	255.255.255.255	10.0.0.1	fei_1/1	address	0	0
192.168.0.0	255.255.255.255	192.168.0.1	el_1	direct	0	0
192.168.0.1	255.255.255.255	192.168.0.1	el_1	address	0	0

图 7-14　直连路由

(2) 静态路由

系统管理员手工设置的路由称为“静态路由”，它是在系统安装时根据网络配置情况预先设定的，不会随未来网络拓扑结构的改变而改变，如图 7-15 所示。这是一条单向路由，要实现双向通信还需要在对方的路由器上配置一条反向路由。静态路由在路由表中的路由信息来源为静态(Static)，路由优先级为 1，度量值为 0。

静态路由的优点：不占用网络带宽和系统资源、安全；其缺点：需网络管理员手工逐条配置，不能自动对网络状态变化做出调整。在无冗余连接网络中，静态路由可能是最佳选择。静态路由是否出现在路由表中取决于下一跳是否可达。

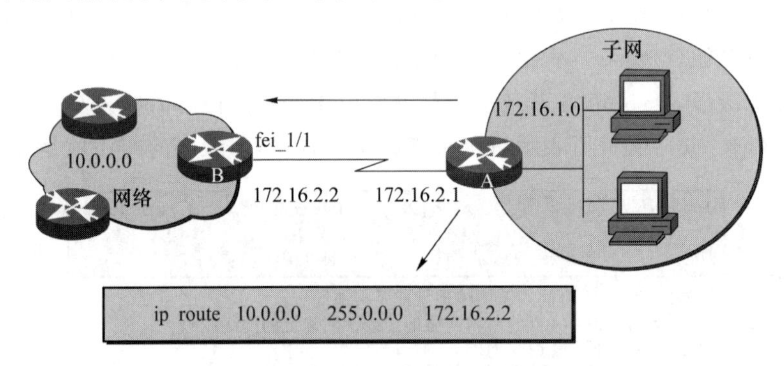

图 7-15　静态路由

(3) 缺省路由

缺省路由是一个路由表条目，用来转发下一跳没有明确列于路由表中的数据单元。在路由表中找不到明确路由条目的所有的数据包都将按照缺省路由指定的接口和下一跳地址进行转发，如图 7-16 所示。缺省路由可以是管理员设定的静态路由，也可能是某些动态路由协议自动产生的结果。它可极大地减少路由表条目数量，但配置不正确可能导致路由环路或非最佳路由。在子网络出口路由器上，缺省路由是最佳选择。

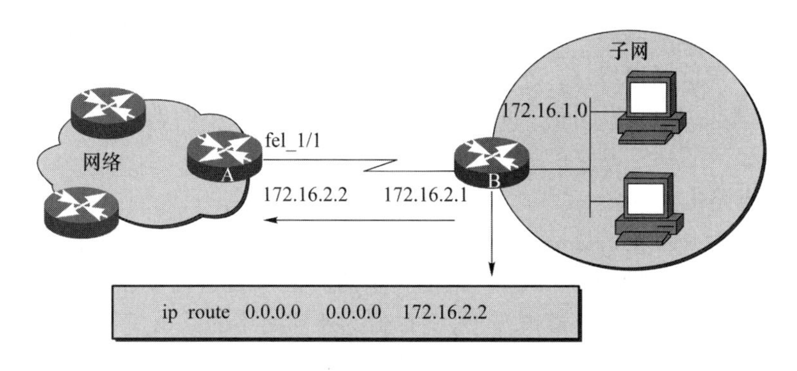

图 7-16　缺省路由

(4) 动态路由

由路由协议根据网络结构变化生成的路由称为“动态路由”。路由协议是运行在路由器上的软件进程，通过与其他路由器上相同路由协议交换数据，学习非直连网络的路由信息，并加入路由表中。动态路由协议的优点是可以自动适应网络状态的变化，自动维护路由信息，而不用网络管理员的参与。但由于需要相互交换路由信息，动态路由需要占用网络带宽和系统资源，而且安全性也不如静态路由。在有冗余连接的复杂网络环境中，适合采用动态路由协议。动态路由中的目的网络是否可达取决于网络状态。

4. 优先级与度量值

(1) 路由优先级

一台路由器上可以同时运行多个路由协议。每个路由协议都可能发现到达同一目的网络的路由，但由于不同路由协议的选路算法不同，可能选择不同的路径作为最佳路径。路由器必须选择其中一个路由协议计算出来的最佳路径作为转发路径加入路由表中。路由器选择路由协议的依据是路由优先级(Priority)，不同的路由协议有不同的路由优先级，数值小的优先级高。在图 7-17 所示案例中，一台路由器上同时运行了路由信息协议(Routing Information Protocol，RIP)和开放式最短路径优先(Open Shortest Path First，OSPF)协议。RIP 与 OSPF 协议都发现并计算出了到达同一网络(10.0.0.0/16)的最佳路径，但由于选路算法不同选择了不同的路由。由于 OSPF 具有比 RIP 高的路由优先级(数值较小)，所以路由器将通过 OSPF 学到的这条路由加入路由表中。应该注意的是，必须是去往同一目的网络的路由才进行优先级的比较。如果 RIP 学到了一条去往 10.0.0.0/16 的路由，而 OSPF 学到了另一条去往 10.0.0.0/24的路由，则两条路由都会被加入路由表中。

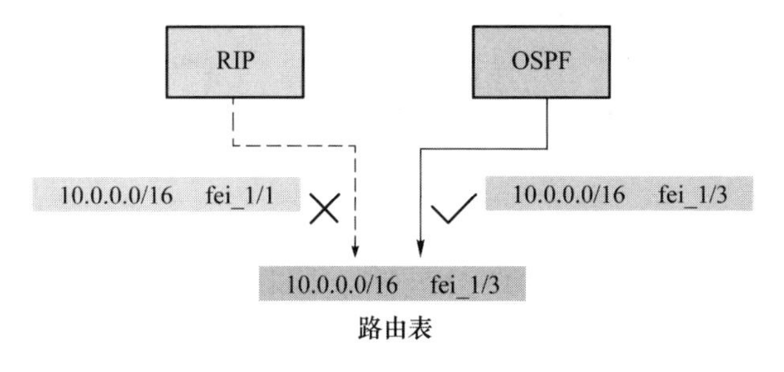

图 7-17　路由优先级

路由优先级数值范围为 0～255，缺省路由优先级赋值原则为：直连路由具有最高优先级；

人工设置的路由条目优先级高于动态学习到的路由条目;度量值算法复杂的路由协议优先级高于度量值算法简单的路由协议。不同协议路由优先级的赋值是各个设备厂商自行决定的,没有统一标准。因此,有可能不同厂商的设备上路由优先级是不同的,并且通过配置可以修改缺省路由优先级。

(2) 浮动静态路由

备份链路的作用是在主链路状态不正常的情况下接替主链路转发数据,当主链路状态恢复正常后,流量应该自动切换回主链路。路由表中的路由条目也需要根据链路状态做适当的调整。在图 7-18 所示案例中,正常情况下,所有到达外部网络的路由应该通过接口 fei_1/1 进行转发,而当连接接口 fei_1/1 的 100 M 专线断开后,路由表中的到达外部网络的路由应该自动变为指向接口 fei_1/2,通过其所连接的 2 M 专线进行转发。此时,可使用浮动静态路由配置备份链路。浮动静态路由就是优先级大于 1 的静态路由,是路由优先级的一种应用。

本例中分别配置了通过不同接口到达外部网络(10.0.0.0　255.0.0.0)的路由,其中通过主链路的静态路由的优先级没有配置,保持缺省值 1;通过备份链路的静态路由的优先级配置为 5。在两条链路状态都正常的情况下,由于设置的是两条去往同一目的网络的路由,所以路由优先级高(数值小)的通过接口 fei_1/1 转发的路由条目会出现路由表中,而路由优先级低(数值大)的通过接口 fei_1/2 转发的路由条目不会出现在路由表中;当主链路发生故障,路由器在接口上检测出链路断开后会撤销所有通过此接口转发的路由条目。此时,路由优先级低(数值大)的通过接口 fei_1/2 转发的路由条目就自动出现在路由表中,所有到达外部网络(10.0.0.0　255.0.0.0)的流量被切换到备份链路;当主链路状态恢复正常后,通过主链路转发的路由会自动出现在路由表中,通过备份链路转发的路由被自动撤销。

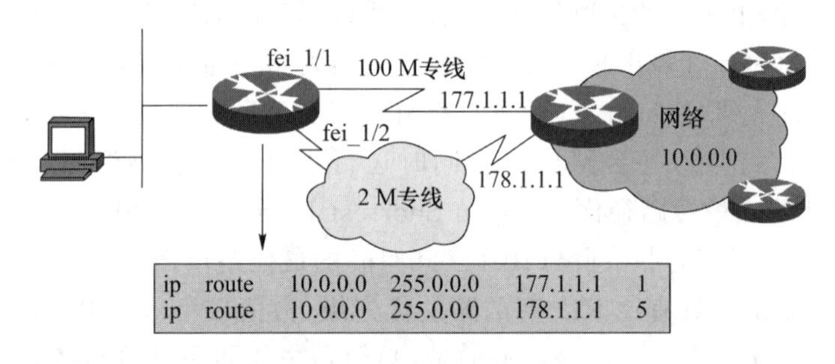

图 7-18　浮动静态路由

(3) 度量值

度量值(Metric)表示路由到达目的网络需要付出的代价,有的路由协议中叫"开销"。不同类型的路由计算 Metric 的方式不一样,没有可比性。当某类型的路由协议计算出去往同一目的网络的不同路径时,比较 Metric 值,值越小,表示路径开销越小,越能优先被采用,如图 7-19所示。

5. 最长匹配原则

因为路由表中的每个表项都指定了一个网络,所以一个目的地址可能与多个表项匹配。当出现这种情况时,选择具有最长(最精确)的子网掩码的路由,这就是"最长匹配原则"。在图 7-20所示路由表中,路由 1(10.0.0.0　255.0.0.0)、路由 2(10.1.0.0　255.255.0.0)和路由 3(10.1.1.0　255.255.255.0)均含有地址 10.1.1.1,转发数据包时依据最长匹配原则选择路由 3。

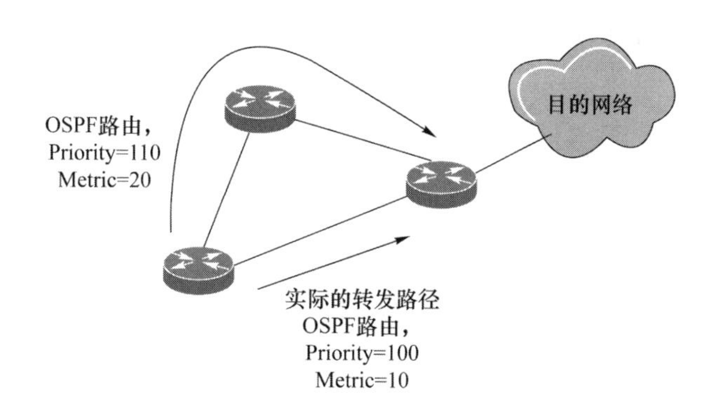

图 7-19　浮动静态路由

IPv4 Routing Table:

目的地址	子网掩码	下一跳	出接口	来源	优先级	度量值
1.0.0.0	255.0.0.0	1.1.1.1	fei_0/1.1	direct	0	0
1.1.1.1	255.255.255.255	1.1.1.1	fei_0/1.1	address	0	0
2.0.0.0	255.0.0.0	2.1.1.1	fei_0/1.2	direct	0	0
2.1.1.1	255.255.255.255	2.1.1.1	fei_0/1.2	address	0	0
3.0.0.0	255.0.0.0	3.1.1.1	fei_0/1.3	direct	0	0
3.1.1.1	255.255.255.255	3.1.1.1	fei_0/1.3	address	0	0
10.0.0.0	255.0.0.0	1.1.1.1	fei_0/1.1	ospf	110	10
10.1.0.0	255.255.0.0	2.1.1.1	fei_0/1.2	static	1	0
10.1.1.0	255.255.255.0	3.1.1.1	fei_0/1.3	rip	120	5
0.0.0.0	0.0.0.0	1.1.1.1	fei_0/1.1	static	0	0

图 7-20　最长匹配原则

6. 路由重分发

路由重分发就是在一种路由协议中引入其他路由协议产生的路由，并以本协议的方式来传播这条路由，如图 7-21 所示。R2 配置了去往 N1 的静态路由，R1 没有去往 N1 的路由。如果要让 R1 通过 OSPF 学到 N1 的路由，在 R2 上可执行静态路由重分发，把静态路由转换成 OSPF 路由，通告到 OSPF 世界中，并表明自己是通告者。对于其他 OSPF 路由器，只知道通过 R2 可以到达 N1。

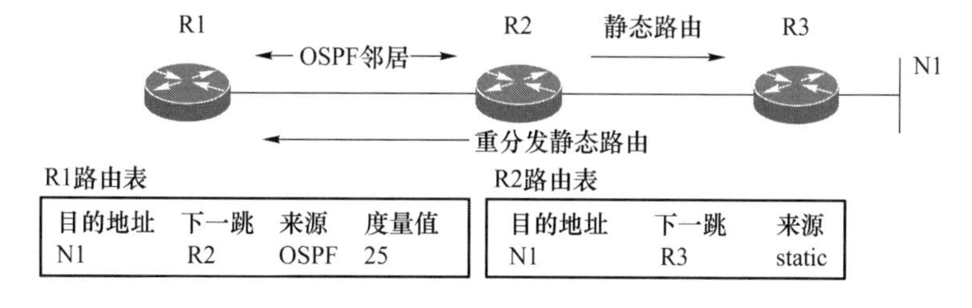

图 7-21　路由重分发

7.2.3　VLAN 间路由

两台计算机即使连接在同一台交换机上，如果所属的 VLAN 不同也无法直接通信。但通过在不同 VLAN 间进行路由，可使分属不同 VLAN 的主机能够互相通信。在 VLAN 间实现路由的方法主要有三种，即利用普通路由、单臂路由和三层交换机路由，如图 7-22 所示。

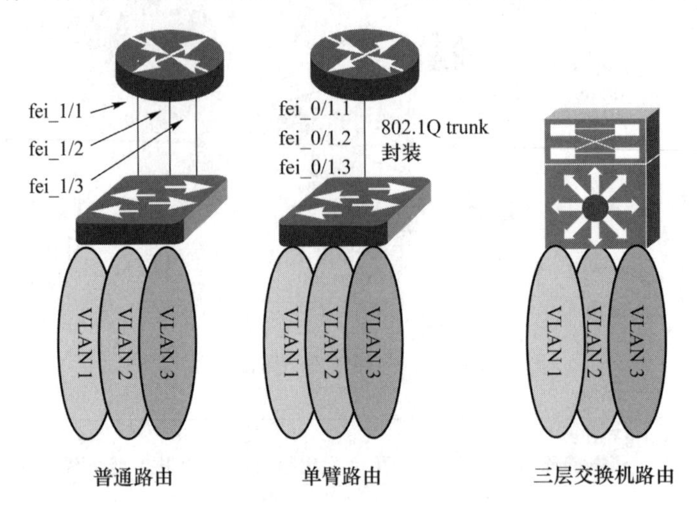

图 7-22　VLAN 间路由

1. 普通路由

在 VLAN 间实现路由最简单的方法是将交换机上用于与路由器互联的每个端口设为访问链接，然后分别用网线与路由器上的独立端口互联。如图 7-23 所示，交换机上有 2 个 VLAN(VLAN1 和 VLAN2)，那么就需要在交换机上预留 2 个端口用于与路由器互联，路由器上同样需要有 2 个端口，两者间用 2 条网线分别连接。

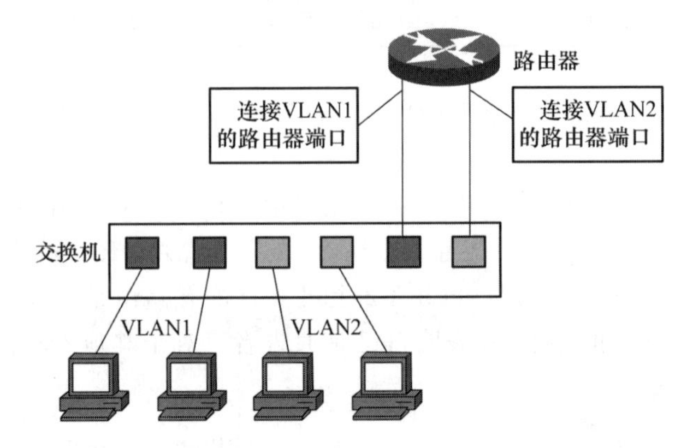

图 7-23　普通路由

显而易见，这种办法扩展性较差。每增加一个新的 VLAN，都需要消耗路由器的端口和交换机上的访问链接，而且还需要重新布设一条网线。路由器通常不会带有太多 LAN 接口，新建 VLAN 后，就必须将路由器升级成带有多个 LAN 接口的高端产品。

2. 单臂路由

路由器与交换机只用一条网线连接，通过子接口(Sub Interface)与 VLAN 对应并实现 VLAN 间路由的方法称为“单臂路由”，如图 7-24 所示。将用于连接路由器的交换机端口设定为汇聚链接，路由器上的端口必须支持汇聚链路，双方用于汇聚链路的协议也要相同。在路由器上定义对应各个 VLAN 的子接口。尽管实际与交换机连接的物理端口只有一个，但在逻辑上被分割为了多个虚拟端口。VLAN 将交换机从逻辑上分割成了多台，因而用于 VLAN 间路由的路由器，也必须拥有分别对应各个 VLAN 的虚拟接口。

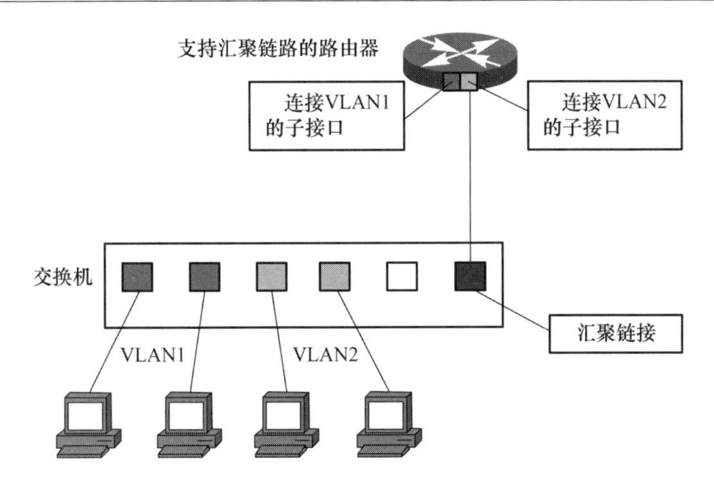

图7-24　单臂路由

若采用这种方法，即使之后在交换机上新建VLAN，仍只需要一条网线连接交换机和路由器。用户只需要在路由器上新设一个对应新VLAN的子接口就可以了。与前面的方法相比，扩展性要强得多，也不用担心需要升级LAN接口数目不足的路由器或是重新布线。

单臂路由示例如图7-25所示。图中VLAN1的网络地址为192.168.1.0/24，VLAN2的网络地址为192.168.2.0/24，各计算机的MAC地址分别为A/B/C/D，路由器汇聚链接端口的MAC地址为R。交换机通过对各端口所连接计算机MAC地址的学习，生成MAC地址列表，如表7-1所示。

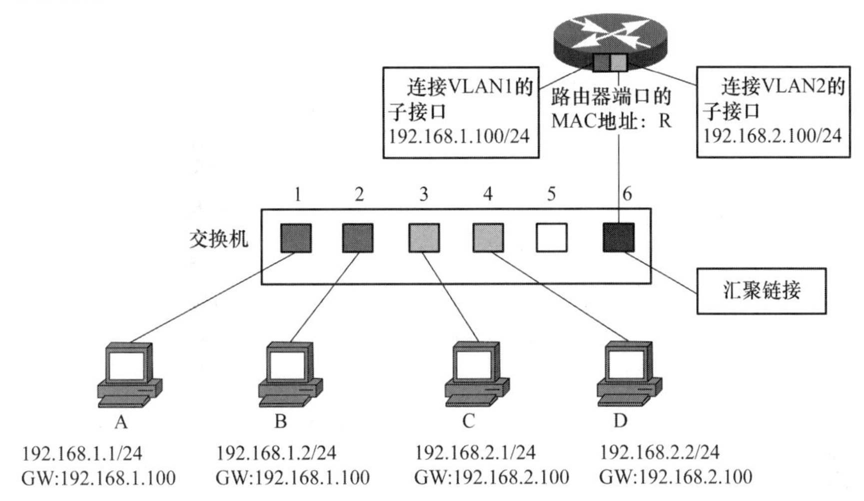

图7-25　单臂路由示例

表7-1　MAC地址列表

端口	MAC地址	VLAN
1	A	1
2	B	1
3	C	2
4	D	2
5	—	—
6	R	汇聚

(1) 计算机 A 与计算机 B 之间的通信

目标地址为 B 的数据帧被发往交换机。通过检索同一 VLAN 的 MAC 地址列表发现计算机 B 连在交换机的端口 2 上,因此将数据帧转发给端口 2,如图 7-26 所示。

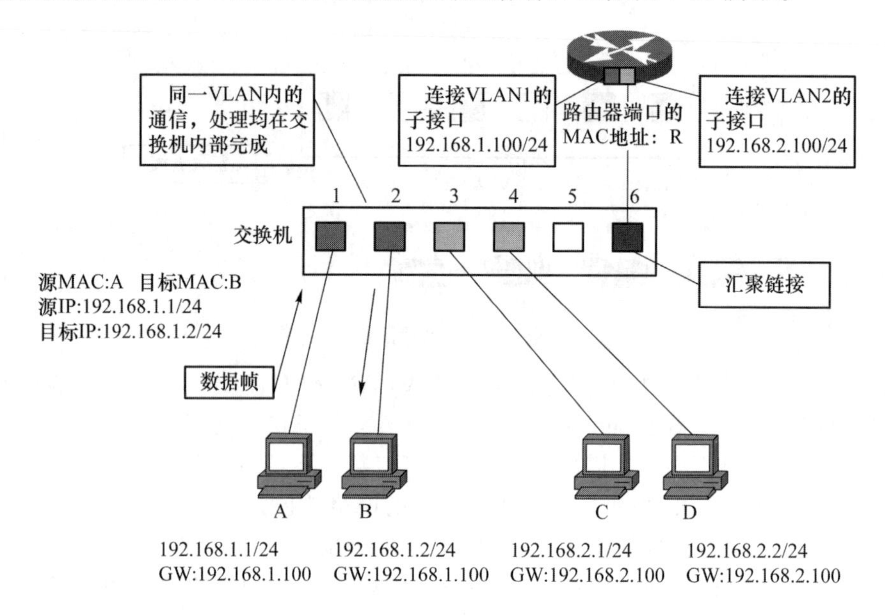

图 7-26 单臂路由方式 VLAN 内主机通信

(2) 计算机 A 与计算机 C 之间的通信

计算机 A 从通信目标的 IP 地址(192.168.2.1)得出 C 与本机不属于同一个网段。因此,会向设定的默认网关(Default Gateway,GW)转发数据帧。在发送数据帧之前,需要先用 ARP 获取路由器的 MAC 地址,得到路由器的 MAC 地址后,计算机 A 按图 7-27 所示步骤发送去往计算机 C 的数据帧。

在下图①的数据帧中,目标 MAC 地址是路由器的地址 R,但内含的目标 IP 地址仍是最终要通信的对象 C 的地址。交换机在端口 1 上收到①的数据帧后,检索 MAC 地址列表与端口 1 同属一个 VLAN 的表项。由于汇聚链路会被看作属于所有的 VLAN,因此这时交换机的端口 6 也属于被参照对象。这样,交换机就知道往 MAC 地址 R 发送数据帧,需要经过端口 6 转发。

从端口 6 发送数据帧时,由于它是汇聚链接,因此会被附加上 VLAN 识别信息。由于原先是来自 VLAN1 的数据帧,因此被加上 VLAN1 的识别信息后进入汇聚链路,如图 7-27 中②所示。路由器收到②的数据帧后,确认其 VLAN 识别信息,由于它是属于 VLAN1 的数据帧,因此交由负责 VLAN1 的子接口接收。

接着,根据路由器内部的路由表,判断该向哪里中继。由于目标网络 192.168.2.0/24 是 VLAN2,且该网络通过子接口与路由器直连,因此只要负责 VLAN2 的子接口转发就可以了。这时,数据帧的目标 MAC 地址被改写成计算机 C 的目标地址,并且由于需要经过汇聚链路转发,被附加了属于 VLAN2 的识别信息。这就是图 7-27 中的③数据帧。

交换机收到③的数据帧后,根据 VLAN 标识信息从 MAC 地址列表中检索属于 VLAN2 的表项。由于通信目标计算机 C 连接在端口 3 上,且端口 3 为普通的访问链接,因此交换机会将数据帧除去 VLAN 标识信息后(数据帧④)转发给端口 3,最终计算机 C 才能成功地收到这个数据帧。

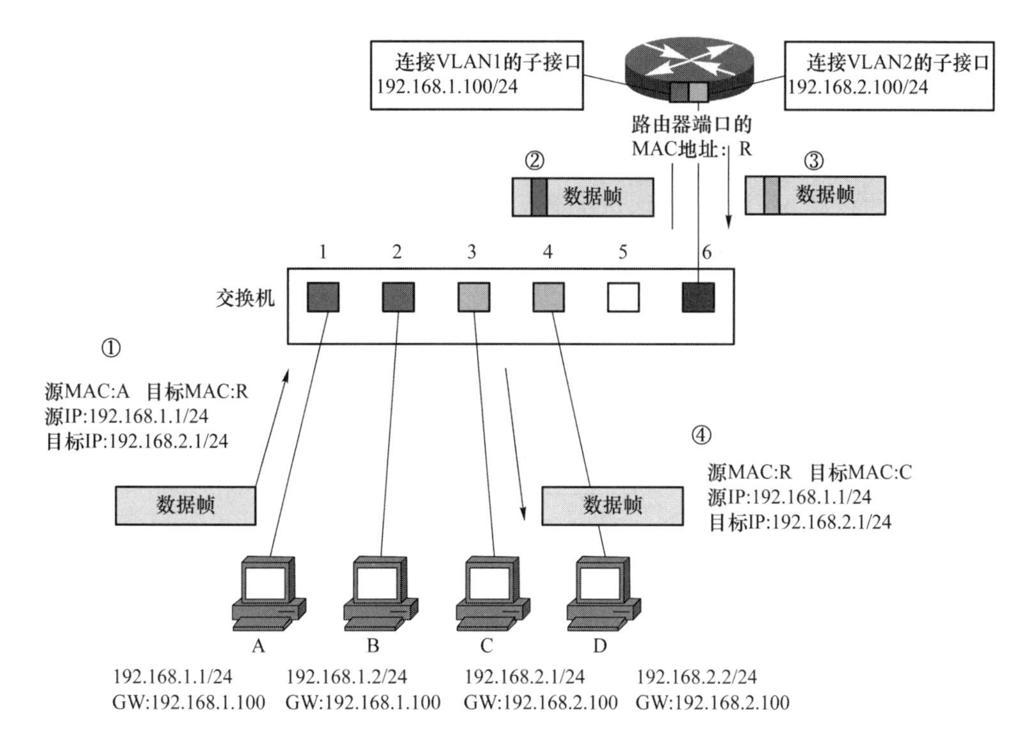

图 7-27　单臂路由方式 VLAN 间主机通信

进行 VLAN 间通信时，即使双方都连接在同一台交换机上，也必须经过“发送方—交换机—路由器—交换机—接收方”的流程。

3. 三层交换机

交换机使用专用硬件芯片（Application Specified Integrated Circuit，ASIC）处理数据帧的交换操作，在很多机型上都能实现以缆线速度交换。而路由器，则基本上是基于软件处理的，即使以缆线速度接收到数据包，也无法在不限速的条件下转发出去，因此会成为速度瓶颈。就 VLAN 间路由而言，流量会集中到路由器和交换机互联的汇聚链路部分，这一部分尤其特别容易成为速度瓶颈。并且从硬件上看，由于需要分别设置路由器和交换机，在一些空间狭小的环境里可能连设置的场所都成问题。为了解决上述问题，三层交换机应运而生。三层交换机本质上就是“带有路由功能的二层交换机”。路由属于 OSI 参照模型中第三层网络层的功能，因此带有第三层路由功能的交换机才被称为“三层交换机”。三层交换机的内部结构如图 7-28 所示。

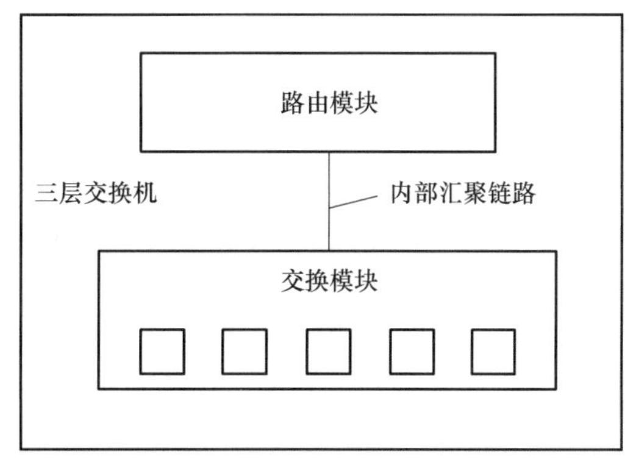

图 7-28　三层交换机的内部结构

三层交换机内部分别设置了交换模块和路由模块，内置的路由模块与交换模块相同，也使用 ASIC 硬件处理路由。因此，与传统的路由器相比，三层交换机可以实现高速路由，并且路由模块与交换模块是内部汇聚链接的，可以确保相当大的带宽。

三层交换机内部数据的传送基本上与使用汇聚链路连接路由器和交换机的情形相同。使用三层交换机进行 VLAN 间路由的示例如图 7-29 所示。图中有 4 台计算机与三层交换机互联。当使用路由器连接时，一般需要在 LAN 接口上设置对应各 VLAN 的子接口。而三层交换机则是在内部生成“VLAN 接口（VLAN Interface）”，用于收发各 VLAN 的数据。

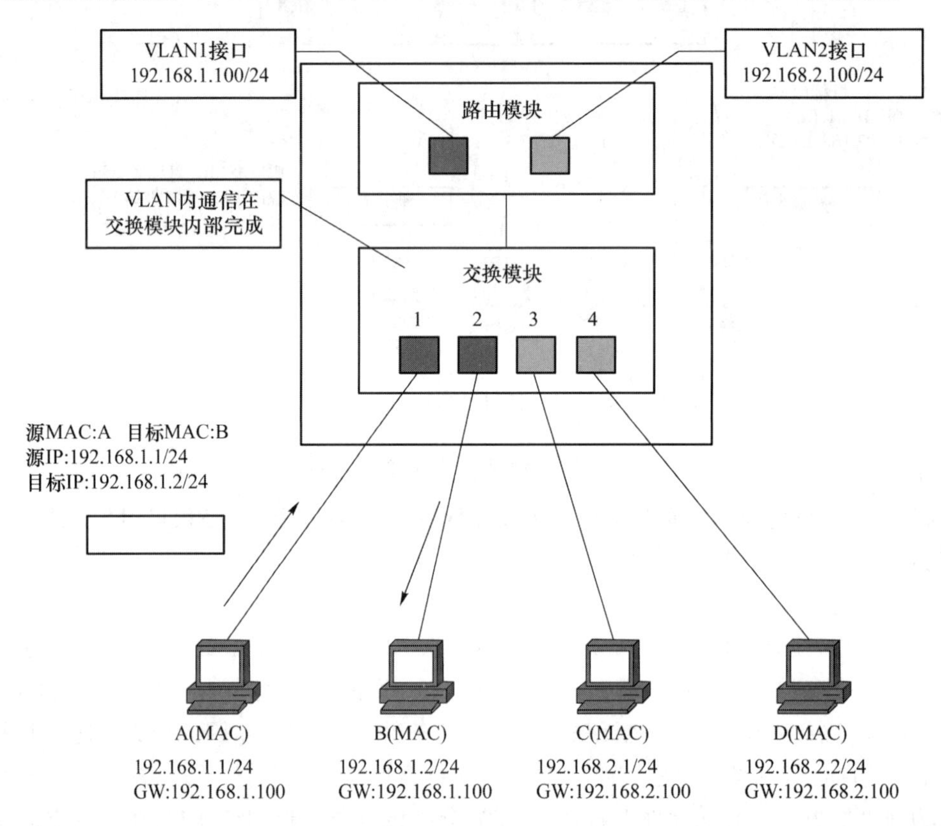

图 7-29 三层交换机示例

（1）计算机 A 与计算机 B 之间的通信

目标地址为 B 的数据帧被发往交换机。通过检索同一 VLAN 的 MAC 地址列表发现计算机 B 连在交换机的端口 2 上，因此将数据帧转发给端口 2，如图 7-29 所示。

（2）计算机 A 与计算机 C 之间的通信

针对目标 IP 地址，计算机 A 可以判断出通信对象不属于同一网络，因此向默认网关发送数据（Frame 1），如图 7-30 所示。

交换机通过检索 MAC 地址列表后，经过内部汇聚链接，将数据帧转发给路由模块。在通过内部汇聚链路时，数据帧被附加了属于 VLAN1 的 VALN 识别信息（Frame 2）。

路由模块在收到数据帧时，先由数据帧附加的 VLAN 标识信息分辨出它属于 VLAN1，据此判断由 VLAN1 接口负责接收并进行路由处理。因为目标网络 192.168.2.0/24 是直连路由器的网络，且对应 VLAN2，因此接下来就会从 VLAN2 接口经由内部汇聚链路转发回交换模块。在通过汇聚链路时，这次数据帧被附加上属于 VLAN2 的识别信息（Frame 3）。

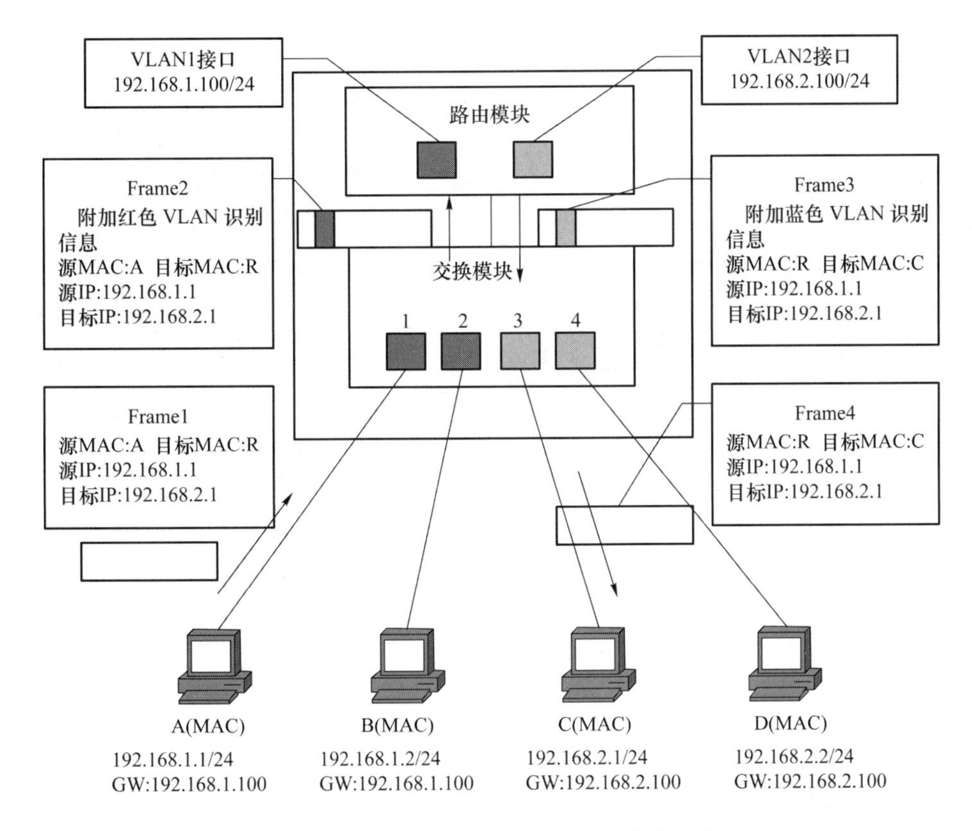

图 7-30　三层交换机方式 VLAN 间主机通信

交换机收到这个帧后，在 MAC 地址列表中检索 VLAN2，确认需要将它转发给端口 3。由于端口 3 是通常的访问链接，因此转发前会先将 VLAN 识别信息除去(Frame 4)。最终，计算机 C 成功地收到交换机转发来的数据帧。

整个的流程，与使用外部路由器时的情况十分相似，都需要经过“发送方—交换机—路由器—交换机—接收方”的流程。

7.3　任务实施过程

7.3.1　配置承载网接入层数据

启动并登录 5G 组网仿真软件，点击界面下侧操作选择标签栏中的“网络配置”，展开子选项。点击“数据配置”子选项，进入数据配置界面，如图 7-31 所示。

1. 配置建安市 B 站点机房数据

从操作区上侧的下拉菜单中选择“承载网”→“建安市 B 站点机房”，进入建安市 B 站点机房数据配置界面。

(1) 物理接口配置

在“网元配置”导航树上部选择“SPN1”，在“网元配置”导航树下部选择“物理接口配置”。在 100GE-1/2 接口输入 IP 地址和子网掩码，如图 7-32 所示。

图 7-31　承载网机房数据配置界面

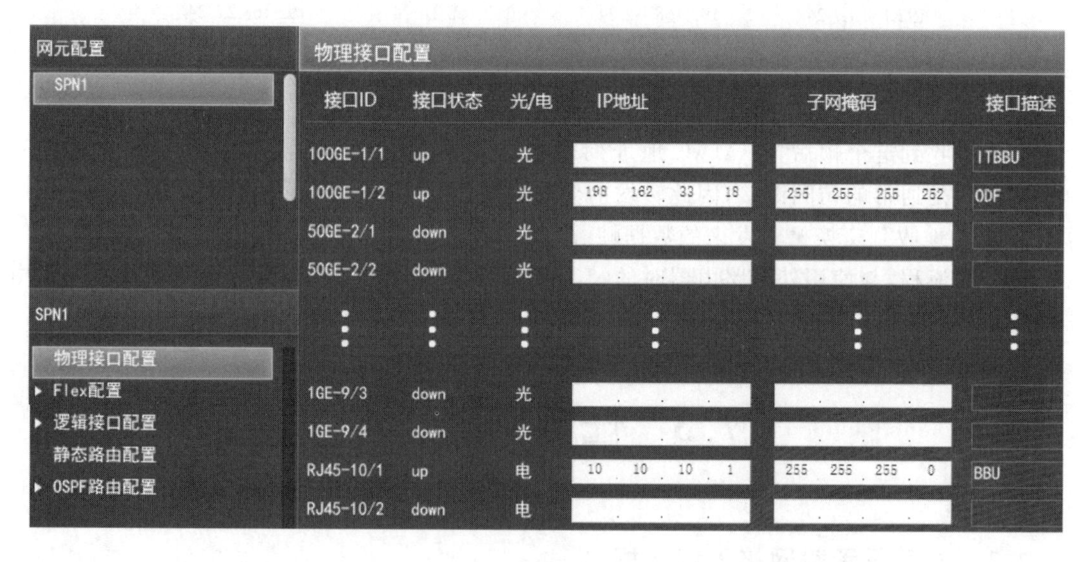

图 7-32　物理接口配置

(2) OSPF 路由配置

在“网元配置”导航树下部选择“OSPF 路由配置”，打开 2 级参数选项，选择“OSPF 全局配置”，在“网元参数”配置区输入 OSPF 全局数据，如图 7-33 所示。

在 2 级参数选项中选择“OSPF 接口配置”，在“网元参数”配置区输入 OSPF 接口数据，如图 7-34 所示。注意，所有接口的 OSPF 状态均应设置为“启用”。

2. 配置兴城市 B 站点机房数据

从操作区上侧的下拉菜单中选择“承载网”→“兴城市 B 站点机房”，进入兴城市 B 站点机房数据配置界面。

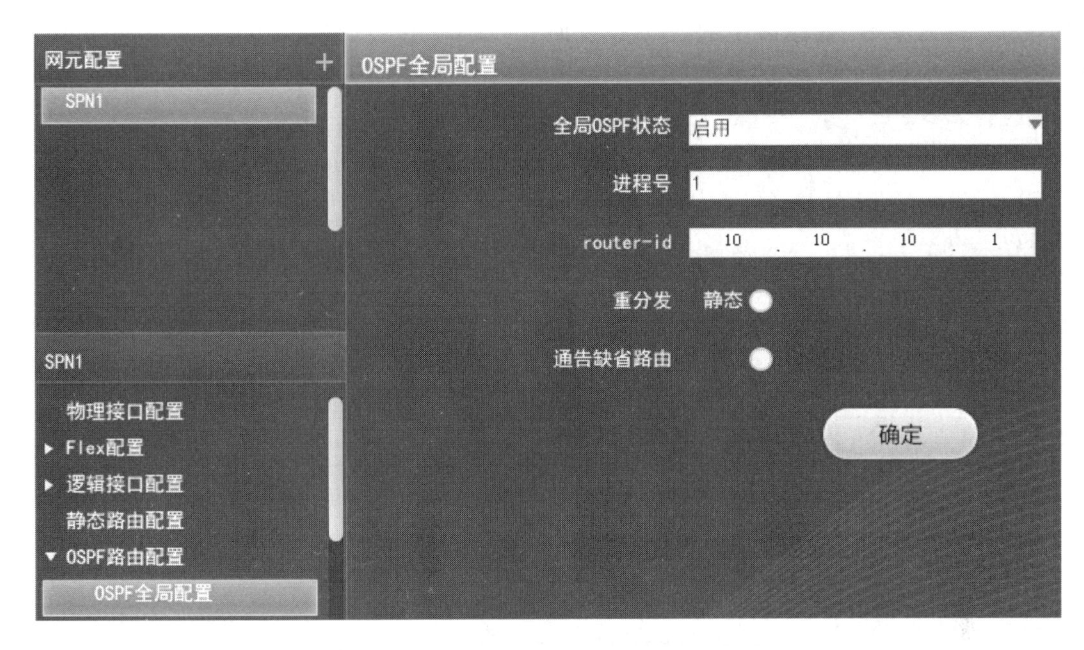

图7-33　OSPF全局配置

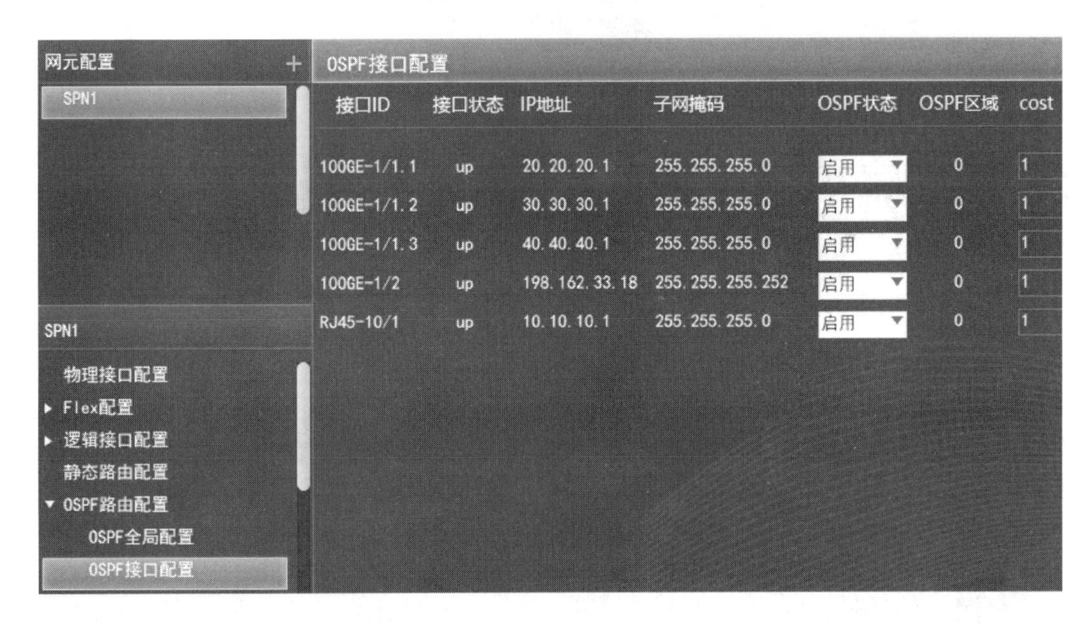

图7-34　OSPF接口配置

(1) Flex配置

在“网元配置”导航树上部选择“SPN1”，在“网元配置”导航树下部选择“Flex配置”，打开2级参数选项，选择“FlexEGroup”，点击“网元参数”配置区中的“+”号添加FlexEGroup，输入FlexEGroup数据，如图7-35所示。

在2级参数选项中选择“FlexEClient”，点击“网元参数”配置区中的“+”号添加FlexEClient，输入FlexEClient数据，如图7-36所示。

(2) 逻辑接口配置

在“网元配置”导航树下部选择“逻辑接口配置”，打开2级参数选项，选择“FlexEVE接口”，点击“网元参数”配置区中的“＋”号添加 FlexEVE 接口，输入 FlexEVE 接口数据，如图 7-37所示。

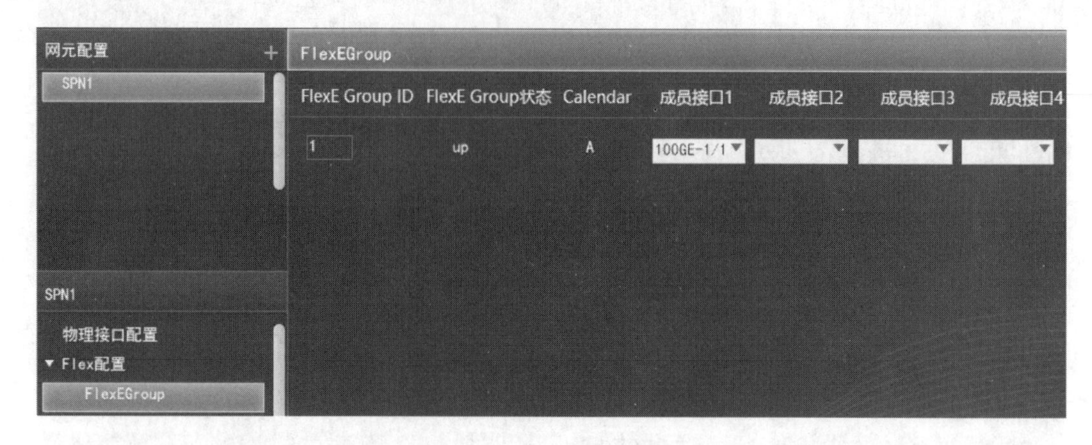

图 7-35　FlexEGroup

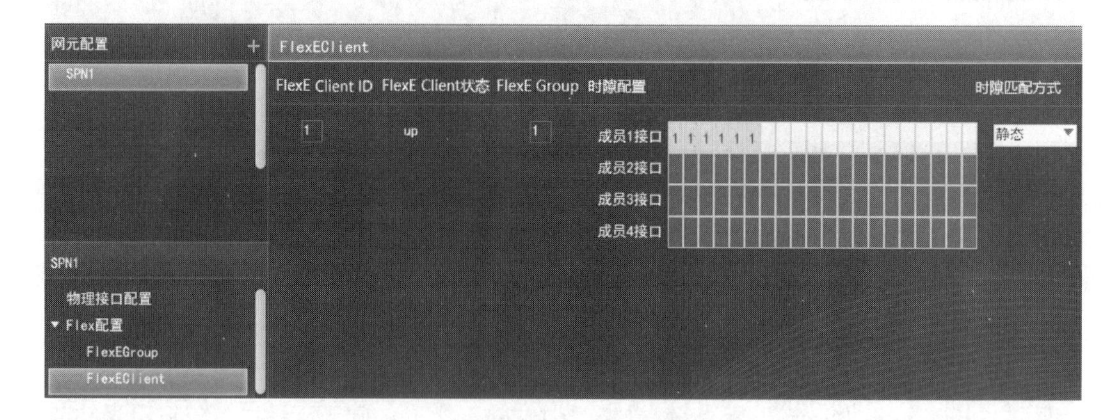

图 7-36　FlexEClient

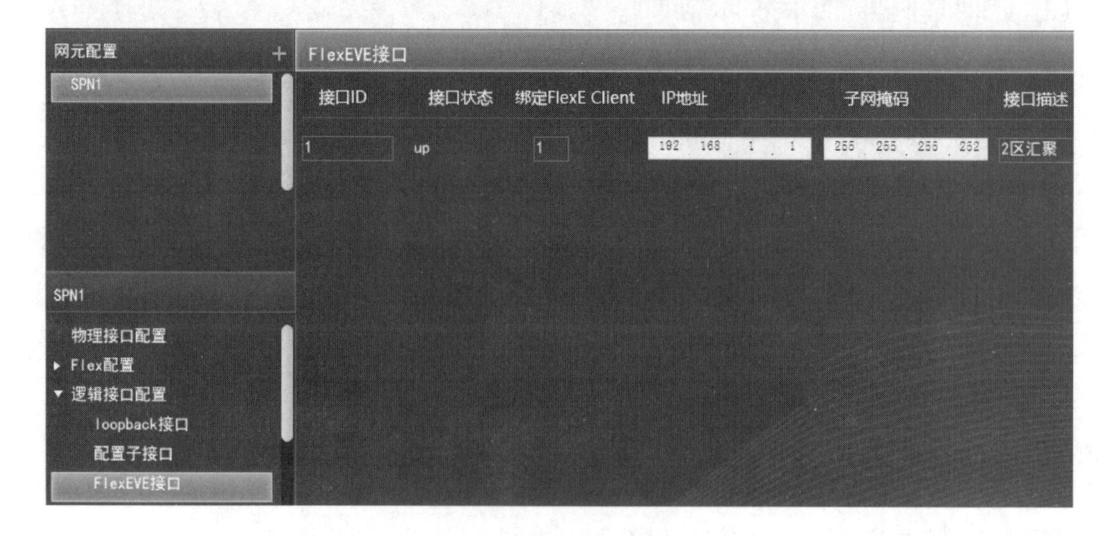

图 7-37　FlexEVE 接口

（3）OSPF 路由配置

在“网元配置”导航树下部选择“OSPF 路由配置”，打开 2 级参数选项，选择“OSPF 全局配置”，在“网元参数”配置区输入 OSPF 全局数据，如图 7-38 所示。

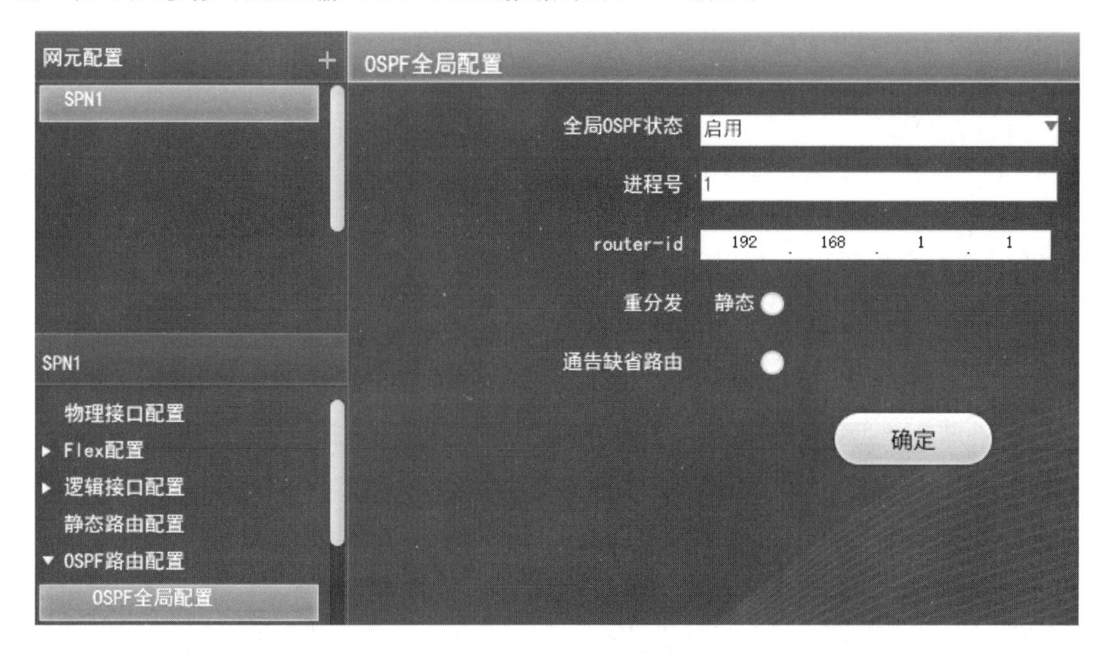

图 7-38　OSPF 全局配置

在 2 级参数选项中选择“OSPF 接口配置”，在“网元参数”配置区输入 OSPF 接口数据，如图 7-39 所示。注意，所有接口的 OSPF 状态均应设置为“启用”。

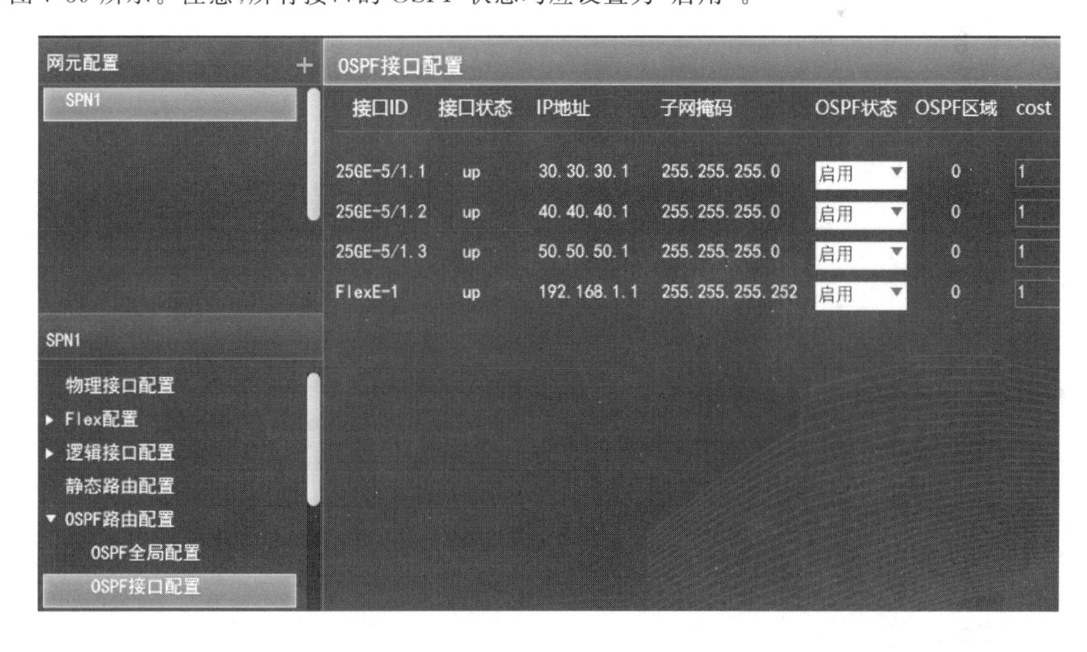

图 7-39　OSPF 接口配置

7.3.2 配置承载网汇聚层数据

1. 配置建安市 3 区汇聚机房数据

从操作区上侧的下拉菜单中选择“承载网”→“建安市 3 区汇聚机房”，进入建安市 3 区汇聚机房数据配置界面。

(1) 配置 OTN

在“网元配置”导航树上部选择“OTN”，在“网元配置”导航树下部选择“频率配置”，在“网元参数”配置区输入频率配置数据，如图 7-40 所示。

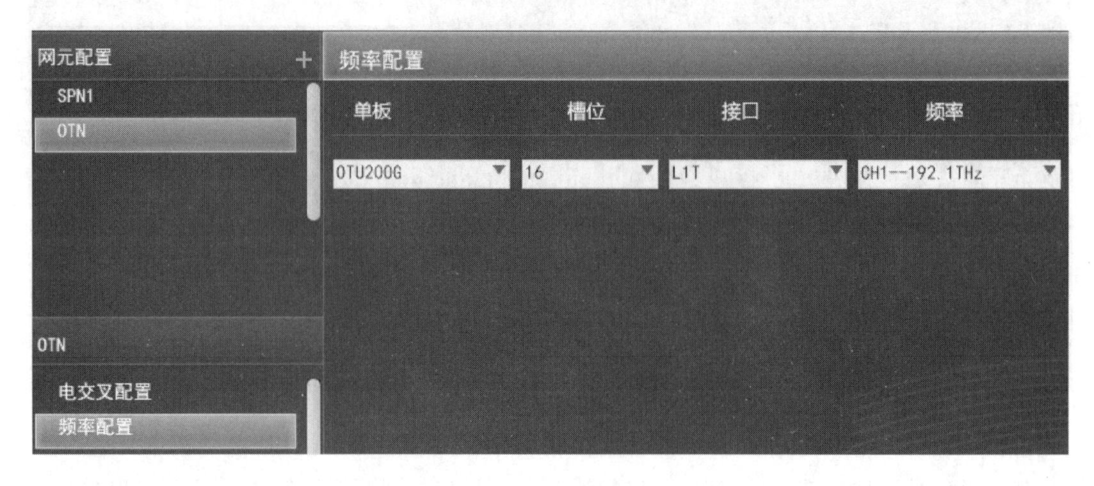

图 7-40　频率配置

(2) 配置 SPN

① 物理接口配置。在“网元配置”导航树上部选择“SPN1”，在“网元配置”导航树下部选择“物理接口配置”，在“网元参数”配置区输入物理接口数据，如图 7-41 所示。

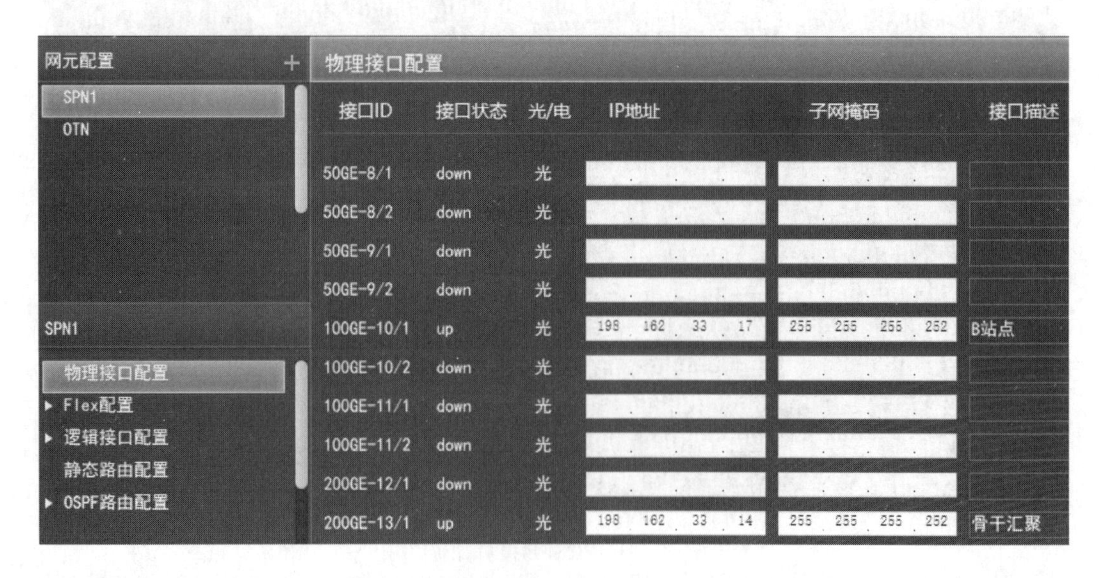

图 7-41　物理接口配置

② OSPF 路由配置。在“网元配置”导航树下部选择“OSPF 路由配置”，打开 2 级参数选项，选择“OSPF 全局配置”，在“网元参数”配置区输入 OSPF 全局数据，如图 7-42 所示。

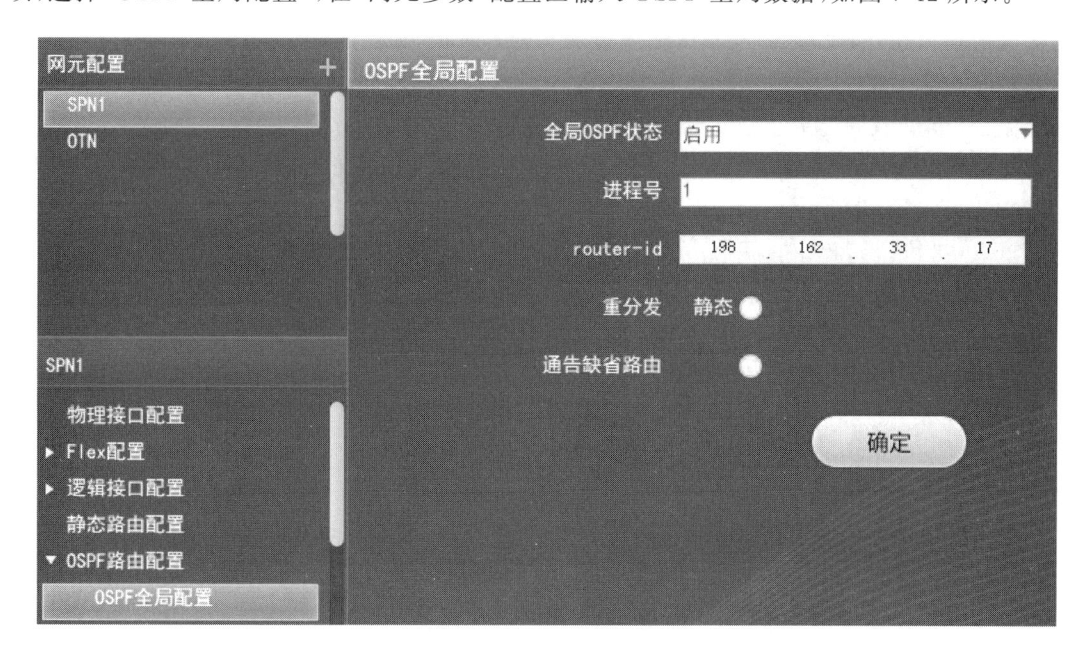

图 7-42　OSPF 全局配置

在 2 级参数选项中选择“OSPF 接口配置”，在“网元参数”配置区输入 OSPF 接口数据，如图 7-43 所示。注意，所有接口的 OSPF 状态均应设置为“启用”。

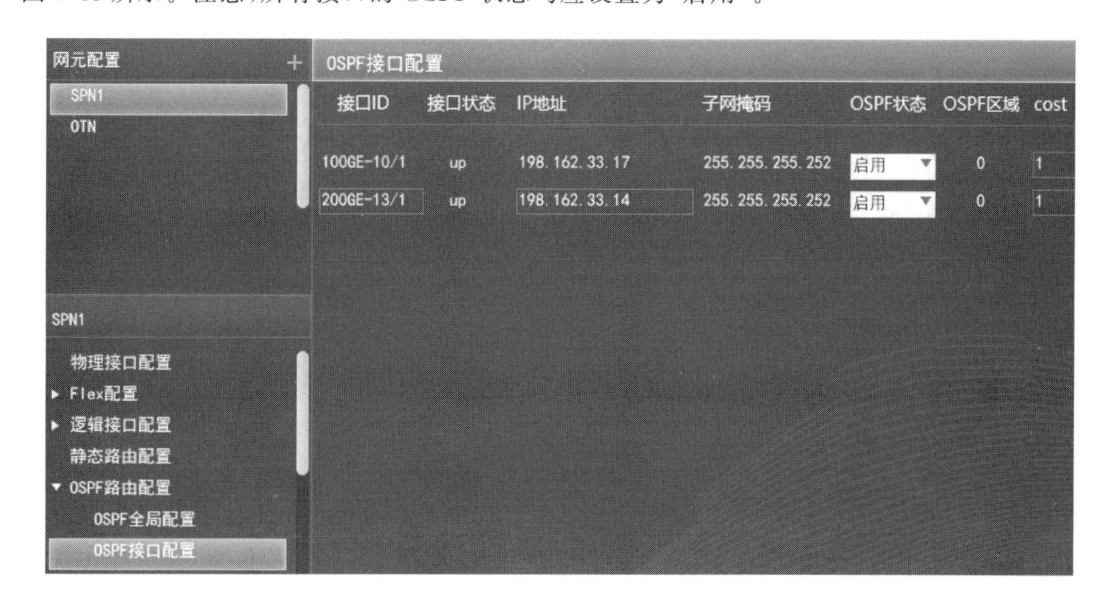

图 7-43　OSPF 接口配置

2. 配置兴城市 2 区汇聚机房数据

从操作区上侧的下拉菜单中选择“承载网”→“兴城市 2 区汇聚机房”，进入兴城市 2 区汇聚机房数据配置界面。

(1) 配置 OTN

① 电交叉配置。在“网元配置”导航树上部选择“OTN”,在“网元配置”导航树下部选择“电交叉配置”,在“网元参数”配置区输入电交叉配置数据,如图 7-44 所示。

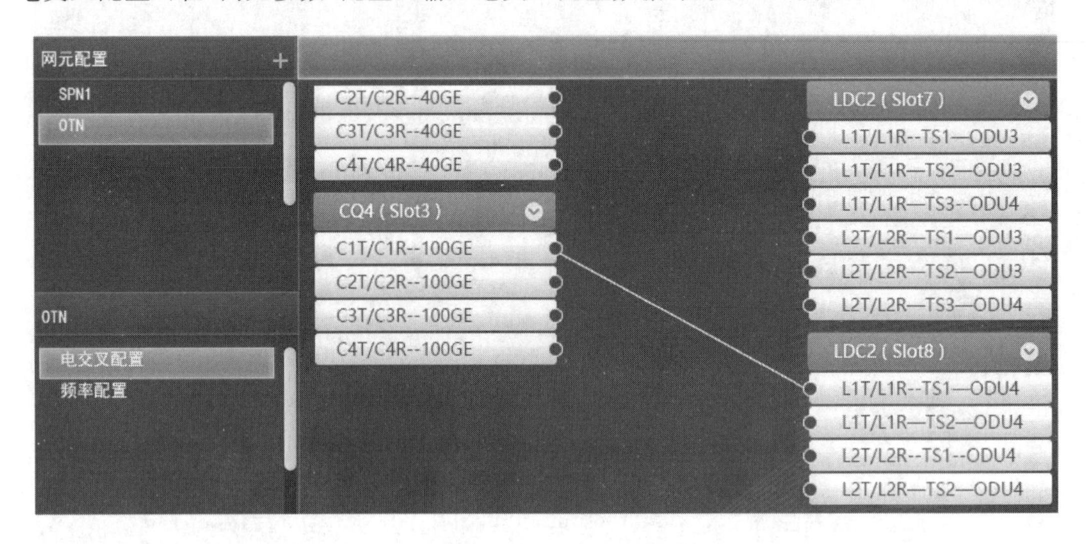

图 7-44 电交叉配置

② 频率配置。在“网元配置”导航树下部选择“频率配置”,在“网元参数”配置区输入频率配置数据,如图 7-45所示。

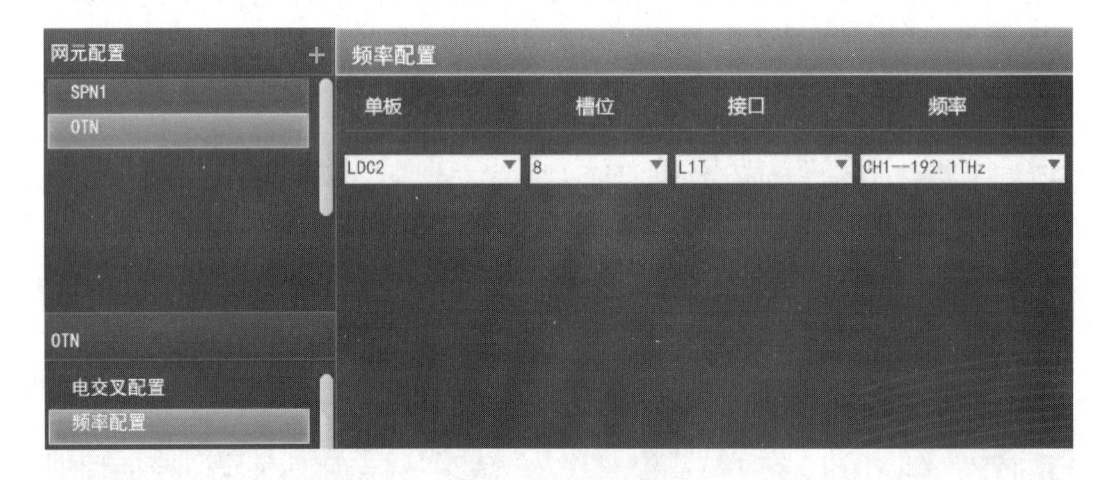

图 7-45 频率配置

(2) 配置 SPN

① 物理接口配置。在“网元配置”导航树上部选择“SPN1”,在“网元配置”导航树下部选择“物理接口配置”,在“网元参数”配置区输入物理接口数据,如图 7-46 所示。

② Flex 配置。在“网元配置”导航树下部选择“Flex 配置”,打开 2 级参数选项,选择“FlexEGroup”,点击“网元参数”配置区中的“+”号添加 FlexEGroup,输入 FlexEGroup 数据,如图 7-47 所示。

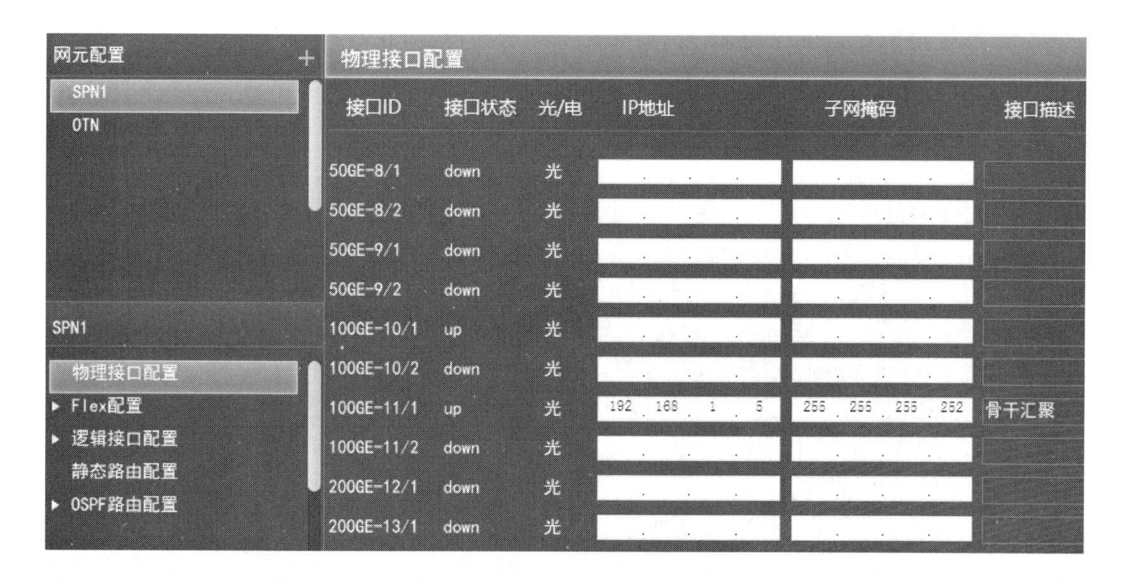

图 7-46　物理接口配置

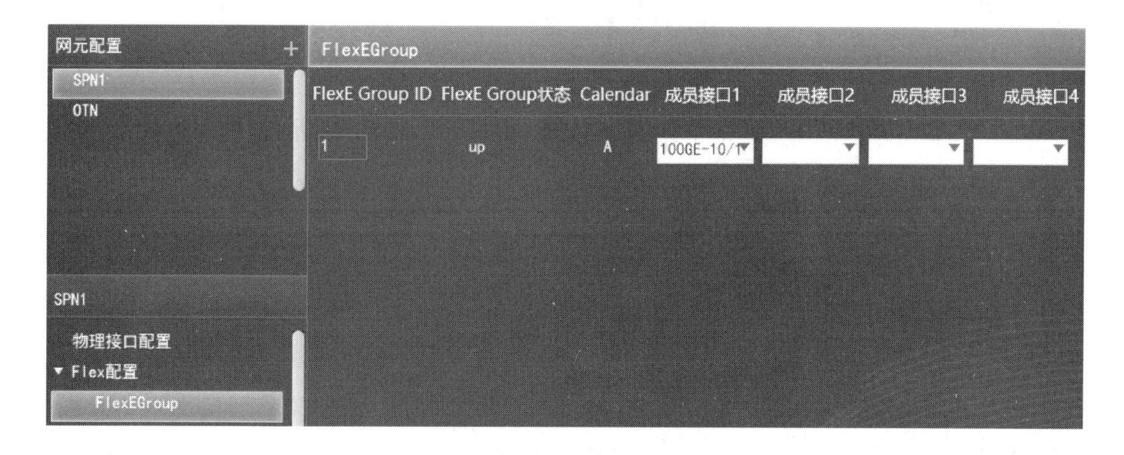

图 7-47　FlexEGroup

在 2 级参数选项中选择“FlexEClient”，点击“网元参数”配置区中的“+”号添加 FlexEClient，输入 FlexEClient 数据，如图 7-48 所示。

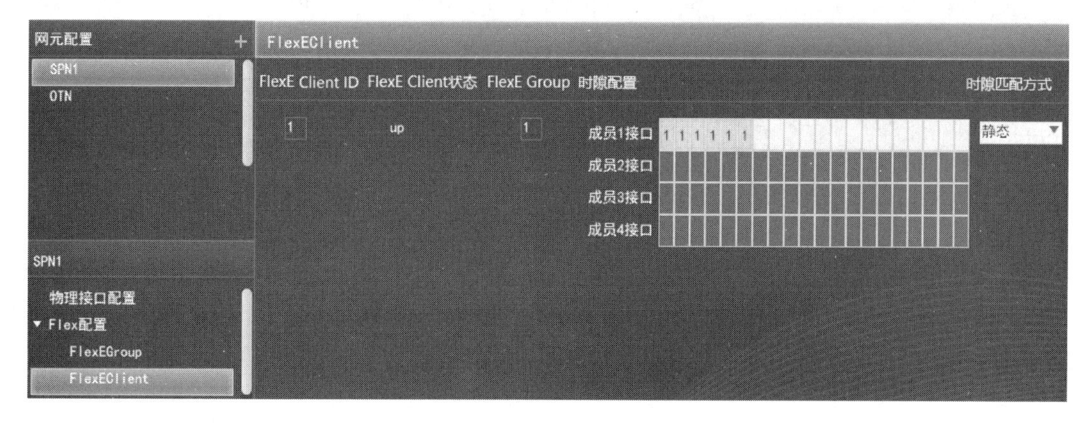

图 7-48　FlexEClient

③ 逻辑接口配置。在“网元配置”导航树下部选择“逻辑接口配置”，打开 2 级参数选项，选择“FlexEVE 接口”，点击“网元参数”配置区中的“+”号添加 FlexEVE 接口，输入 FlexEVE 接口数据，如图 7-49所示。

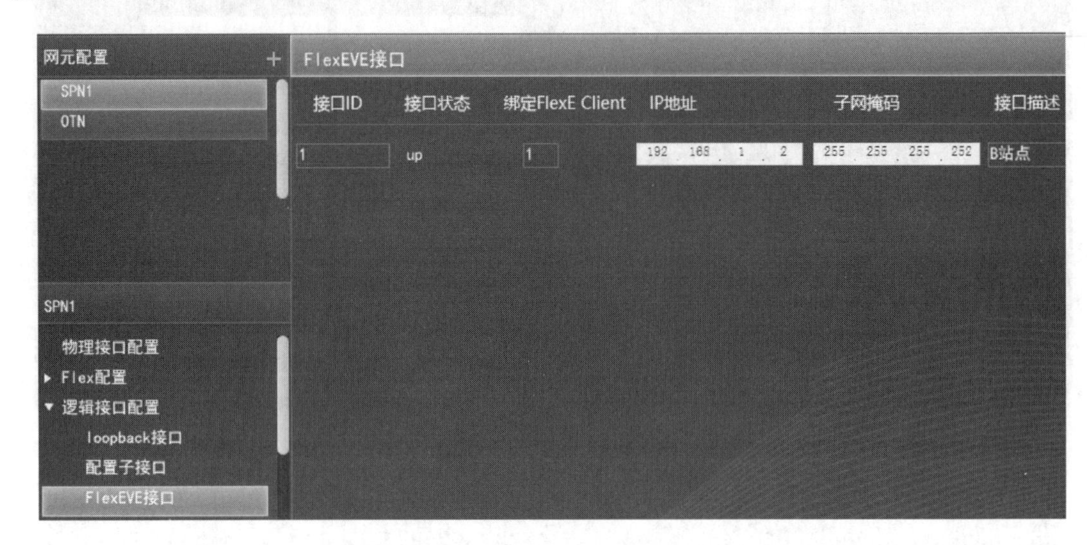

图 7-49　FlexEVE 接口

④ OSPF 路由配置。在“网元配置”导航树下部选择“OSPF 路由配置”，打开 2 级参数选项，选择“OSPF 全局配置”，在“网元参数”配置区输入 OSPF 全局数据，如图 7-50 所示。

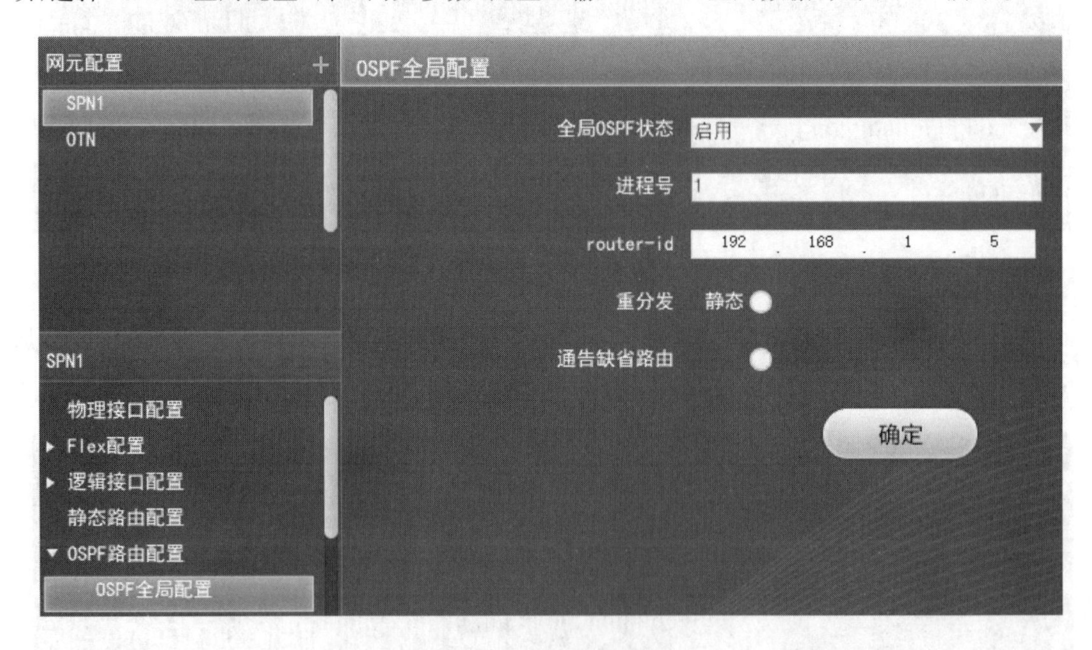

图 7-50　OSPF 全局配置

在 2 级参数选项中选择“OSPF 接口配置”，在“网元参数”配置区输入 OSPF 接口数据，如图 7-51 所示。注意，所有接口的 OSPF 状态均应设置为“启用”。

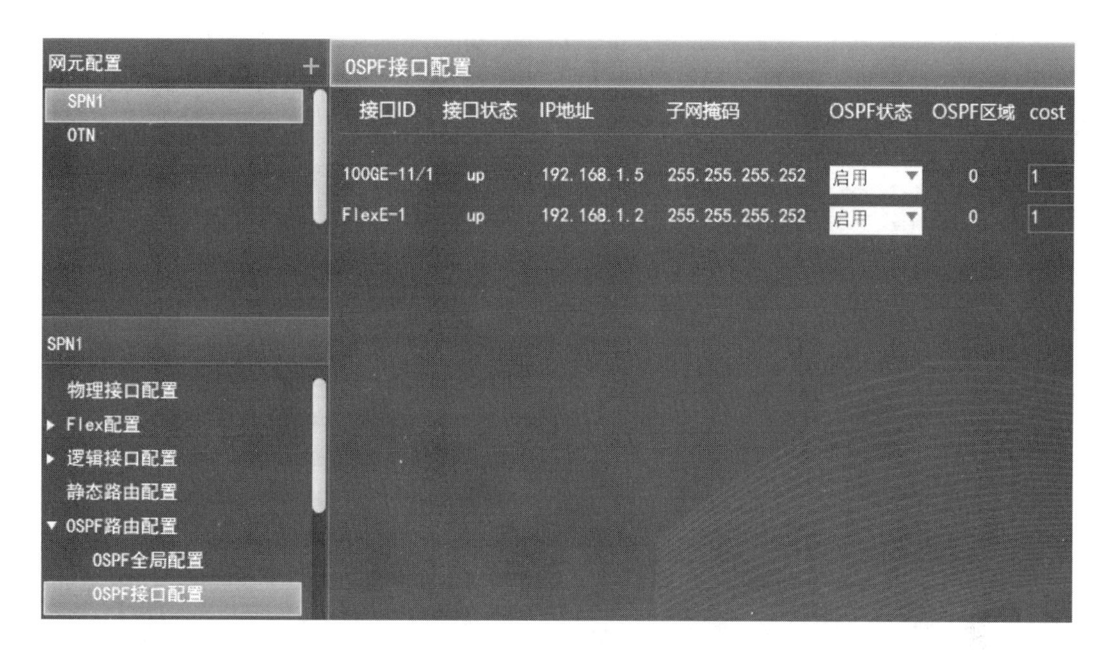

图 7-51　OSPF 接口配置

7.3.3　配置承载网骨干汇聚层数据

1. 配置建安市骨干汇聚机房数据

从操作区上侧的下拉菜单中选择“承载网”→“建安市骨干汇聚机房”，进入建安市骨干汇聚机房数据配置界面。

(1) 配置 OTN

在“网元配置”导航树上部选择“OTN”，在“网元配置”导航树下部选择“频率配置”，在“网元参数”配置区输入频率配置数据，如图 7-52 所示。

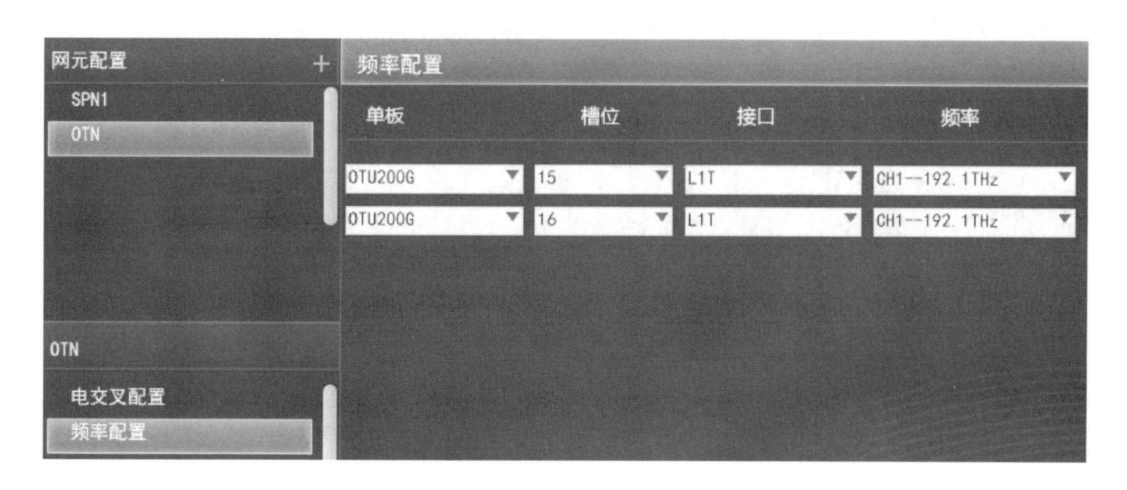

图 7-52　频率配置

（2）配置 SPN

① 物理接口配置。在“网元配置”导航树上部选择“SPN1”，在“网元配置”导航树下部选择“物理接口配置”，在“网元参数”配置区输入物理接口数据，如图 7-53 所示。

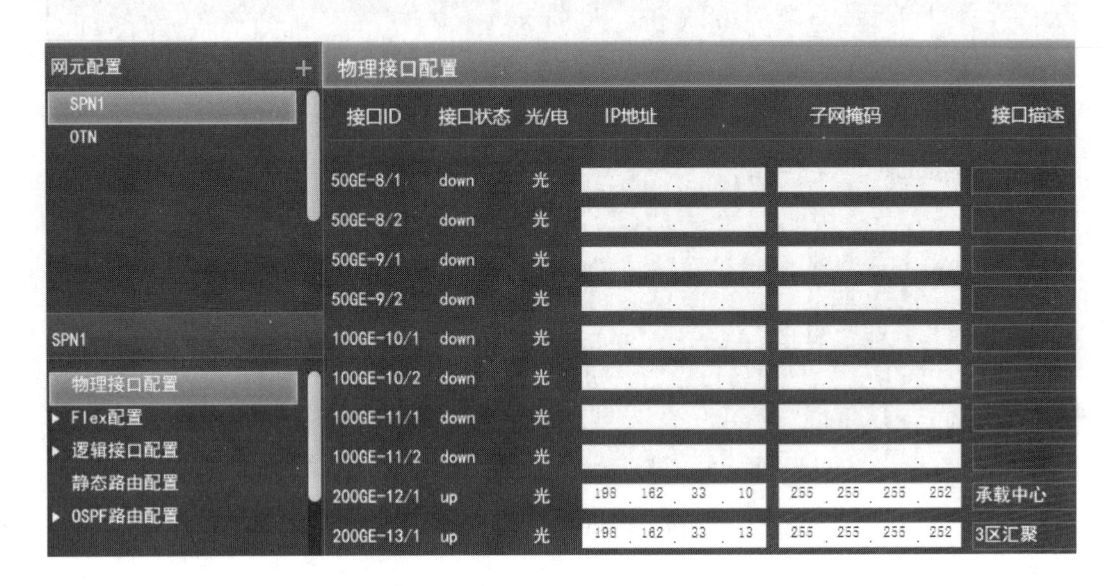

图 7-53　物理接口配置

② OSPF 路由配置。在“网元配置”导航树下部选择“OSPF 路由配置”，打开 2 级参数选项，选择“OSPF 全局配置”，在“网元参数”配置区输入 OSPF 全局数据，如图 7-54 所示。

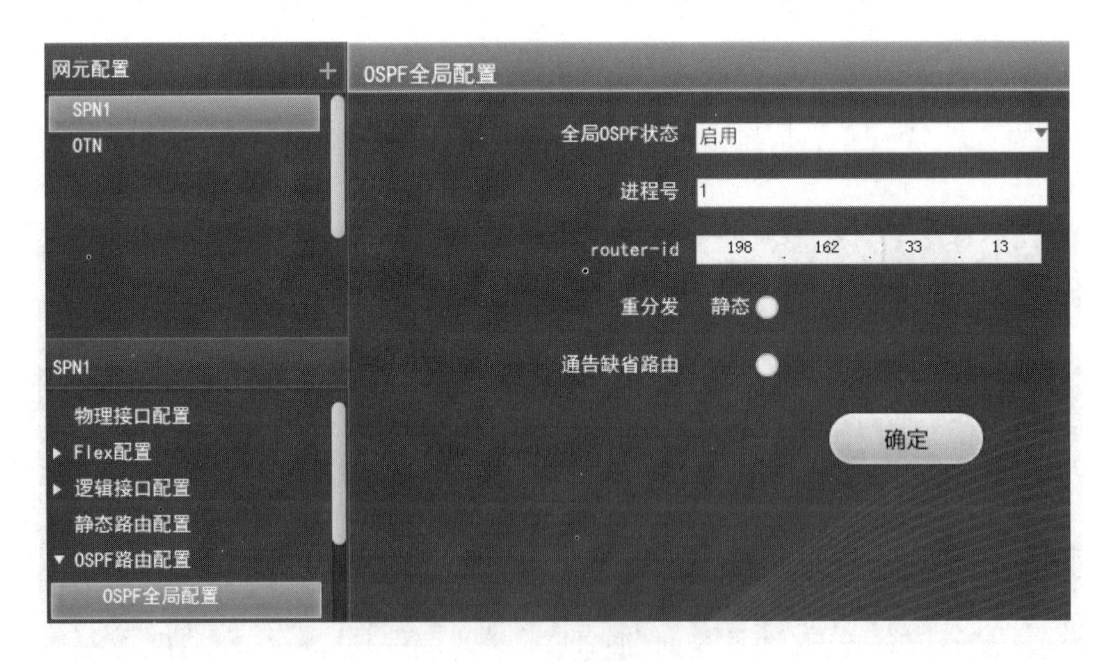

图 7-54　OSPF 全局配置

在 2 级参数选项中选择“OSPF 接口配置”，在“网元参数”配置区输入 OSPF 接口数据，如图 7-55 所示。注意，所有接口的 OSPF 状态均应设置为“启用”。

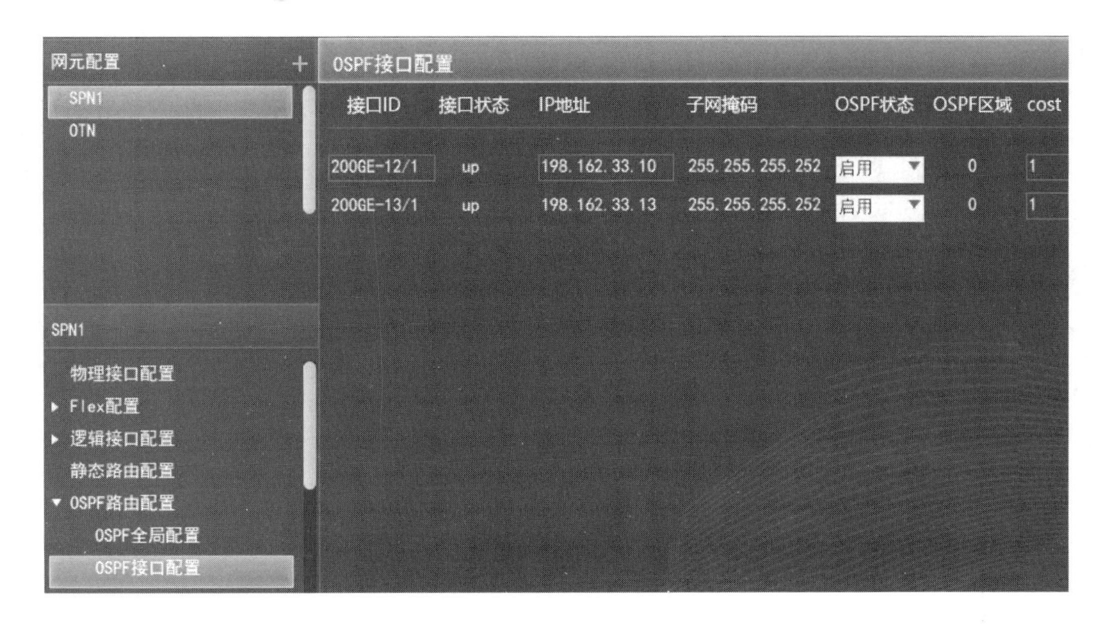

图7-55　OSPF接口配置

2. 配置兴城市骨干汇聚机房数据

从操作区上侧的下拉菜单中选择“承载网”→“兴城市骨干汇聚机房”，进入兴城市骨干汇聚机房数据配置界面。

(1) 配置OTN

① 电交叉配置。在“网元配置”导航树上部选择“OTN”，在“网元配置”导航树下部选择“电交叉配置”，在“网元参数”配置区输入电交叉配置数据，如图7-56所示。

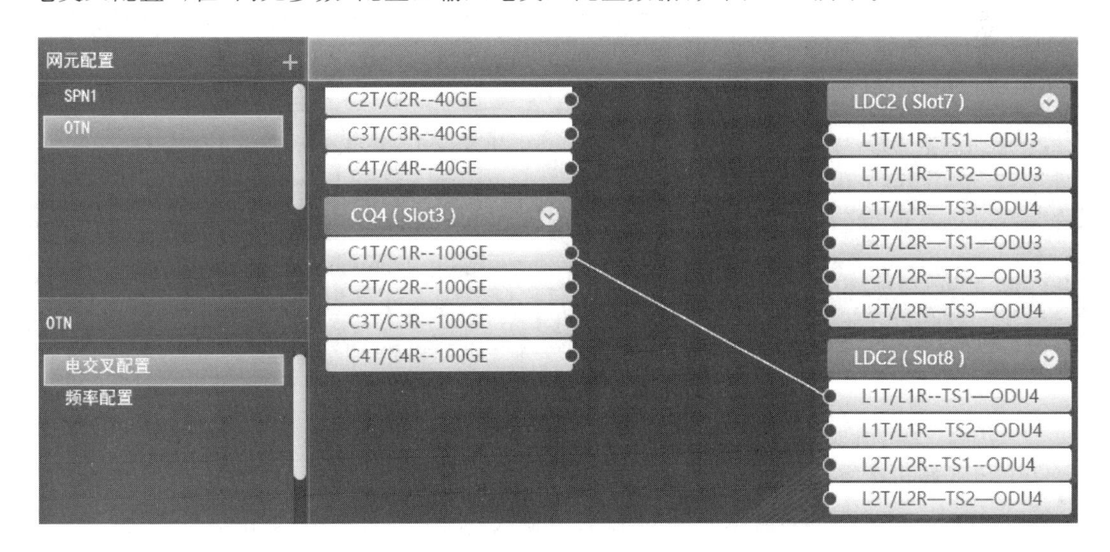

图7-56　电交叉配置

② 频率配置。在“网元配置”导航树下部选择“频率配置”，在“网元参数”配置区输入频率配置数据，如图7-57所示。

网元配置
OTN
SPN1
OTN
电交叉配置
频率配置
频率配置
单板
槽位
接口
频率
LDC2
8
L1T
CH1--192.1THz
OTU200G
16
L1T
CH1--192.1THz

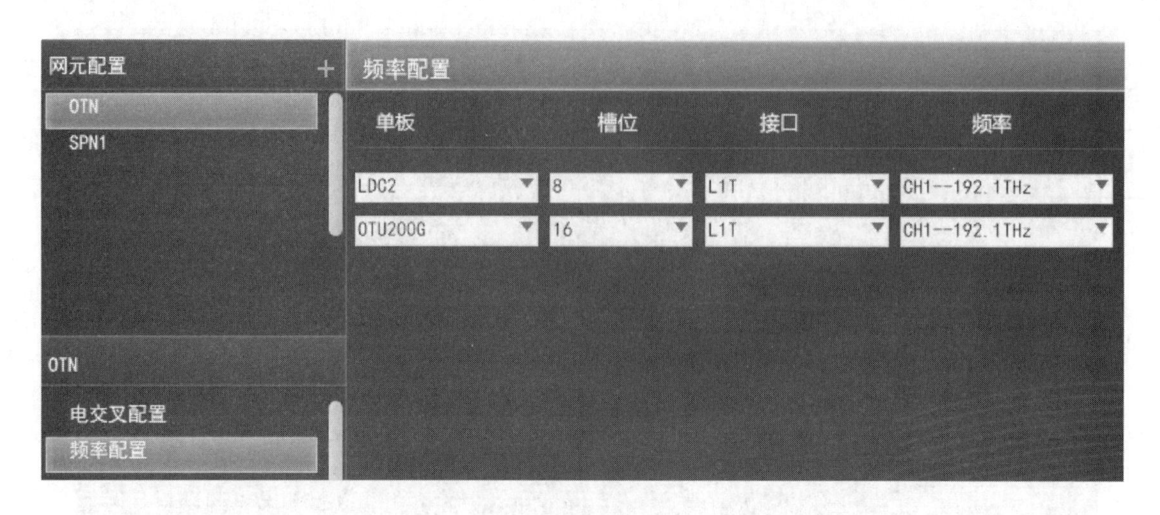

图 7-57　频率配置

（2）配置 SPN

① 物理接口配置。在“网元配置”导航树上部选择“SPN1”，在“网元配置”导航树下部选择“物理接口配置”，在“网元参数”配置区输入物理接口数据，如图 7-58 所示。

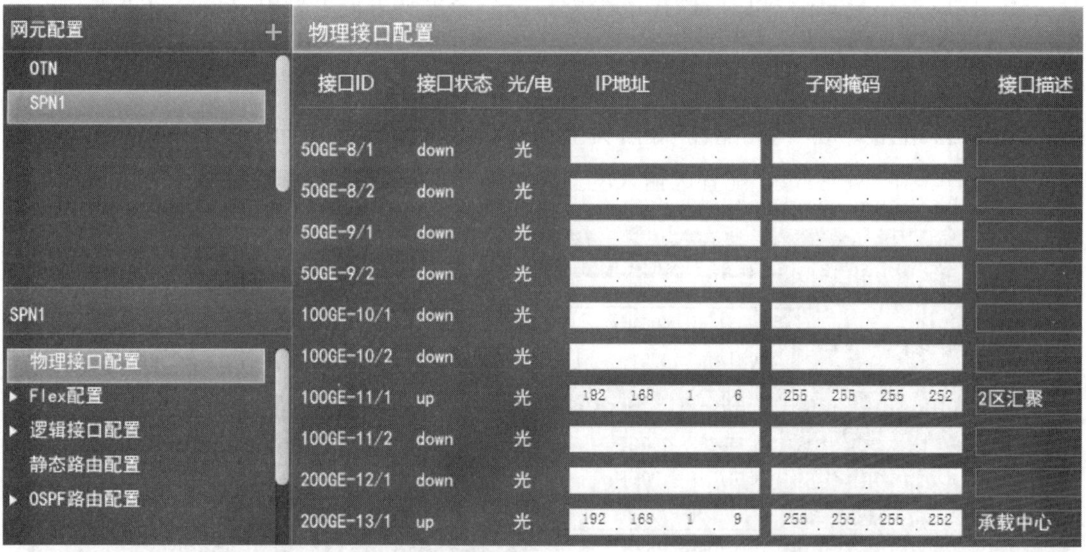

网元配置
OTN
SPN1
SPN1
物理接口配置
Flex配置
逻辑接口配置
静态路由配置
OSPF路由配置
物理接口配置
接口ID
接口状态
光/电
IP地址
子网掩码
接口描述
50GE-8/1 down 光
50GE-8/2 down 光
50GE-9/1 down 光
50GE-9/2 down 光
100GE-10/1 down 光
100GE-10/2 down 光
100GE-11/1 up 光 192.168.1.6 255.255.255.252 2区汇聚
100GE-11/2 down 光
200GE-12/1 down 光
200GE-13/1 up 光 192.168.1.9 255.255.255.252 承载中心

图 7-58　物理接口配置

② OSPF 路由配置。在“网元配置”导航树下部选择“OSPF 路由配置”，打开 2 级参数选项，选择“OSPF 全局配置”，在“网元参数”配置区输入 OSPF 全局数据，如图 7-59 所示。

在 2 级参数选项中选择“OSPF 接口配置”，在“网元参数”配置区输入 OSPF 接口数据，如图 7-60 所示。注意，所有接口的 OSPF 状态均应设置为“启用”。

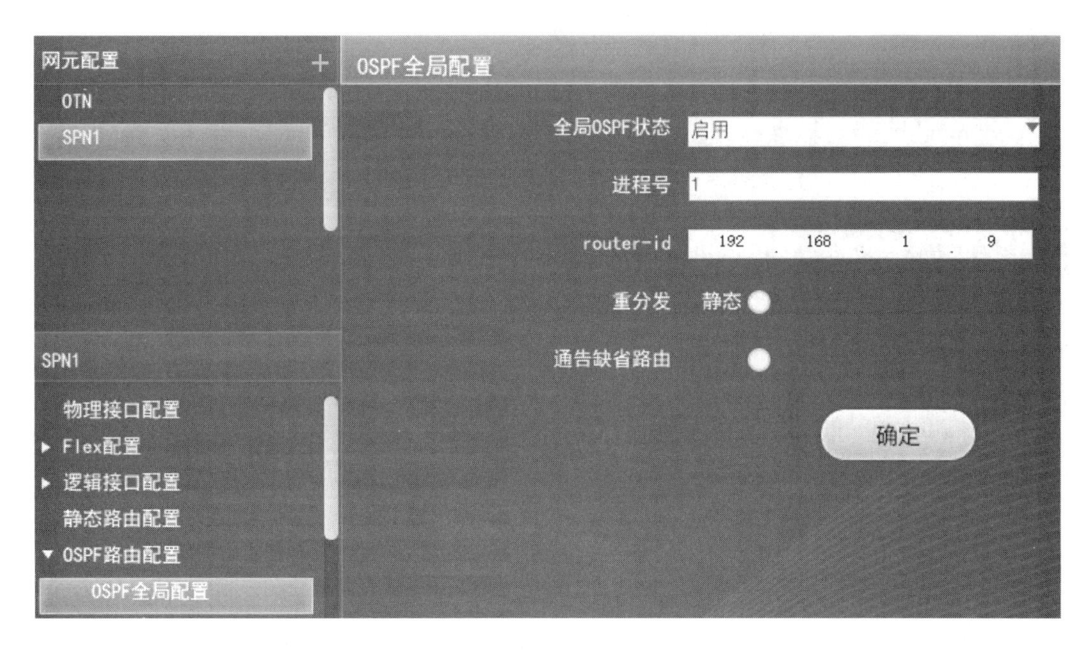

图 7-59　OSPF 全局配置

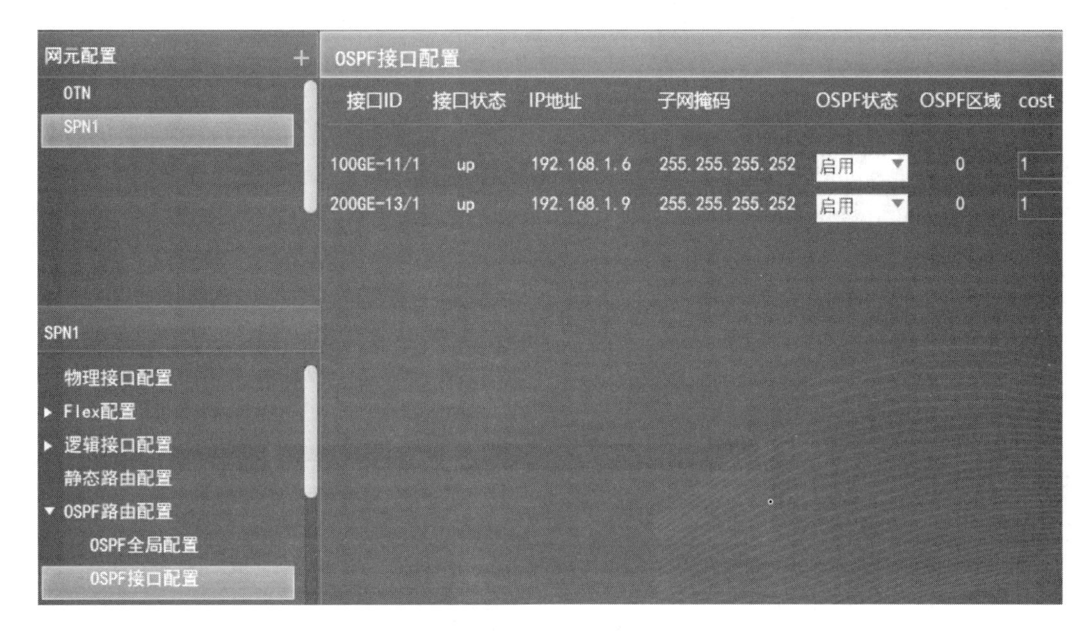

图 7-60　OSPF 接口配置

7.3.4　配置承载网中心层数据

1. 配置建安市承载中心机房数据

从操作区上侧的下拉菜单中选择“承载网”→“建安市承载中心机房”，进入建安市承载中心机房数据配置界面。

(1) 配置 OTN

在“网元配置”导航树上部选择“OTN”，在“网元配置”导航树下部选择“频率配置”，在“网元参数”配置区输入频率配置数据，如图 7-61 所示。

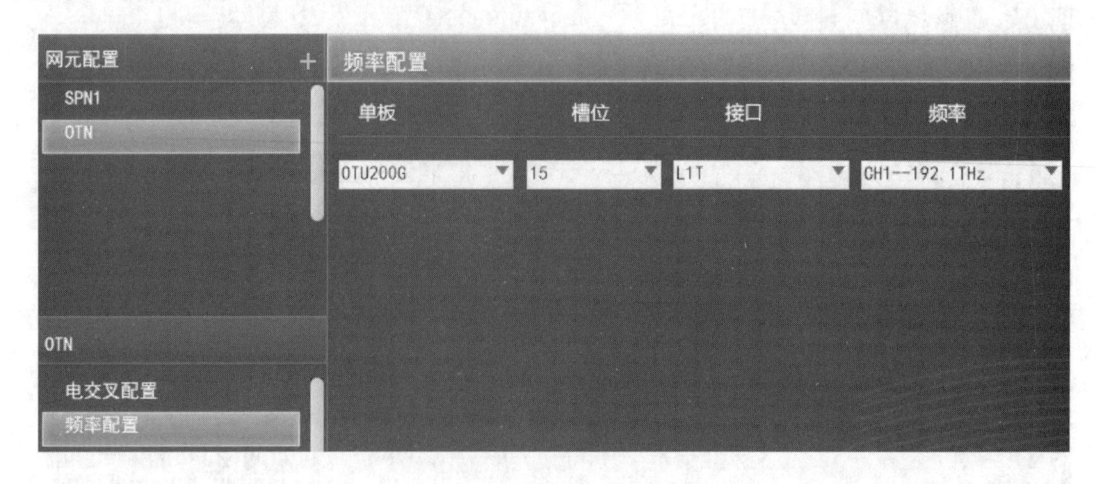

图 7-61　频率配置

（2）配置 SPN

① 物理接口配置。在“网元配置”导航树上部选择“SPN1”，在“网元配置”导航树下部选择“物理接口配置”，在“网元参数”配置区输入物理接口数据，如图 7-62 所示。

网元配置　+
SPN1
OTN
SPN1
物理接口配置
▸ Flex配置
▸ 逻辑接口配置
静态路由配置
▸ OSPF路由配置

物理接口配置

接口ID	接口状态	光/电	IP地址	子网掩码	接口描述
50GE-8/1	down	光			
50GE-8/2	down	光			
50GE-9/1	down	光			
50GE-9/2	down	光			
100GE-10/1	up	光	198.162.33.6	255.255.255.252	核心网
100GE-10/2	down	光			
100GE-11/1	down	光			
100GE-11/2	down	光			
200GE-12/1	up	光	198.162.33.9	255.255.255.252	骨干汇聚
200GE-13/1	down	光			

图 7-62　物理接口配置

② OSPF 路由配置。在“网元配置”导航树下部选择“OSPF 路由配置”，打开 2 级参数选项，选择“OSPF 全局配置”，在“网元参数”配置区输入 OSPF 全局数据，如图 7-63 所示。

在 2 级参数选项中选择“OSPF 接口配置”，在“网元参数”配置区输入 OSPF 接口数据，如图 7-64 所示。注意，所有接口的 OSPF 状态均应设置为“启用”。

2. 配置兴城市承载中心机房数据

从操作区上侧的下拉菜单中选择“承载网”→“兴城市承载中心机房”，进入兴城市承载中心机房数据配置界面。

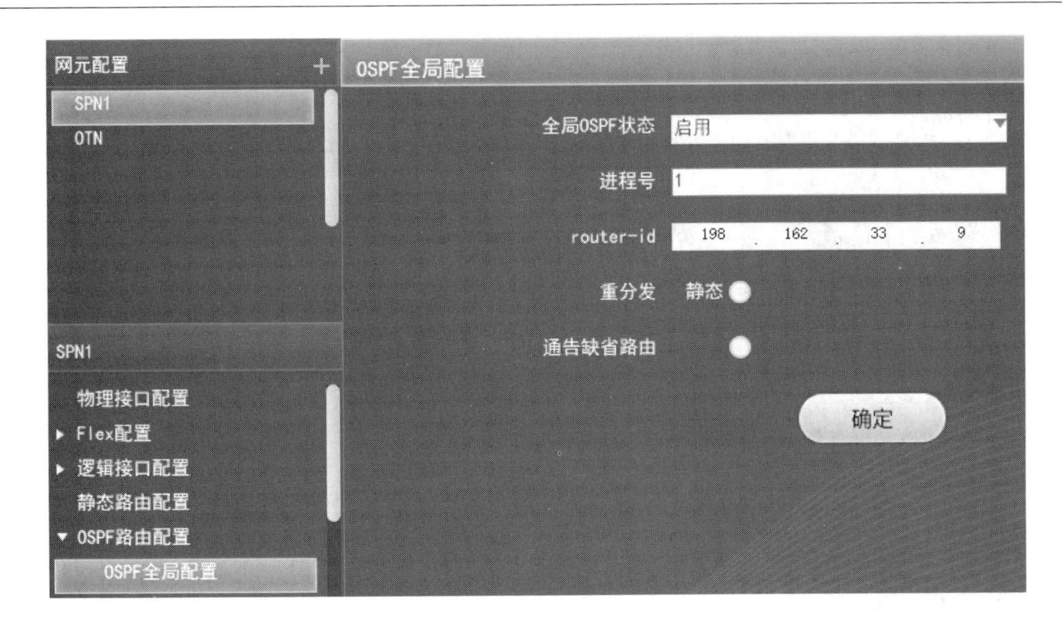

图 7-63　OSPF 全局配置

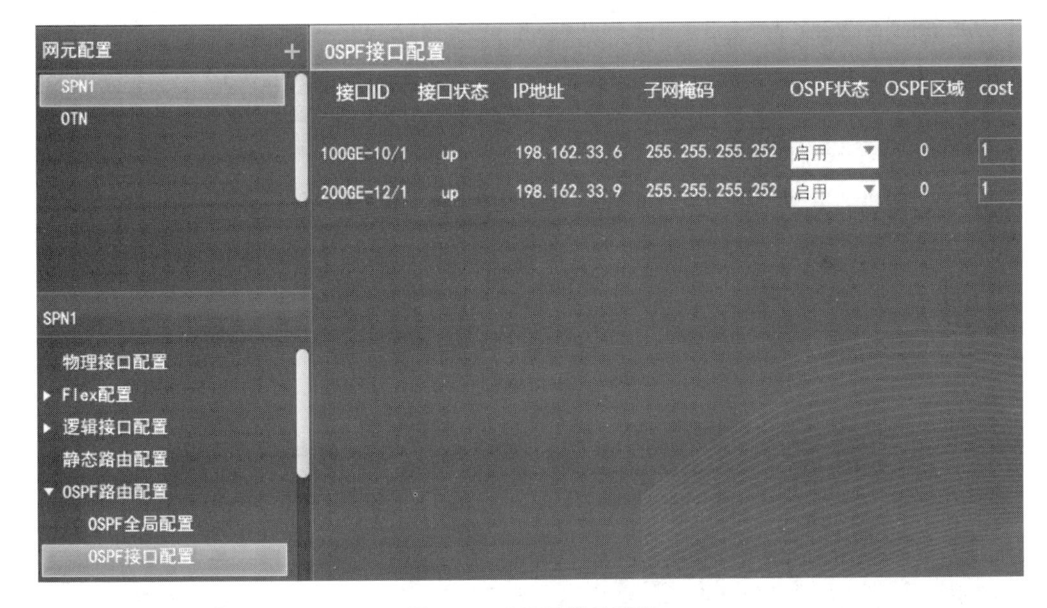

图 7-64　OSPF 接口配置

（1）配置 OTN

在“网元配置”导航树上部选择“OTN”，在“网元配置”导航树下部选择“频率配置”，在“网元参数”配置区输入频率配置数据，如图 7-65 所示。

（2）配置 SPN

① 物理接口配置。在“网元配置”导航树上部选择“SPN1”，在“网元配置”导航树下部选择“物理接口配置”，在“网元参数”配置区输入物理接口数据，如图 7-66 所示。

② OSPF 路由配置。在“网元配置”导航树下部选择“OSPF 路由配置”，打开 2 级参数选项，选择“OSPF 全局配置”，在“网元参数”配置区输入 OSPF 全局数据，如图 7-67 所示。

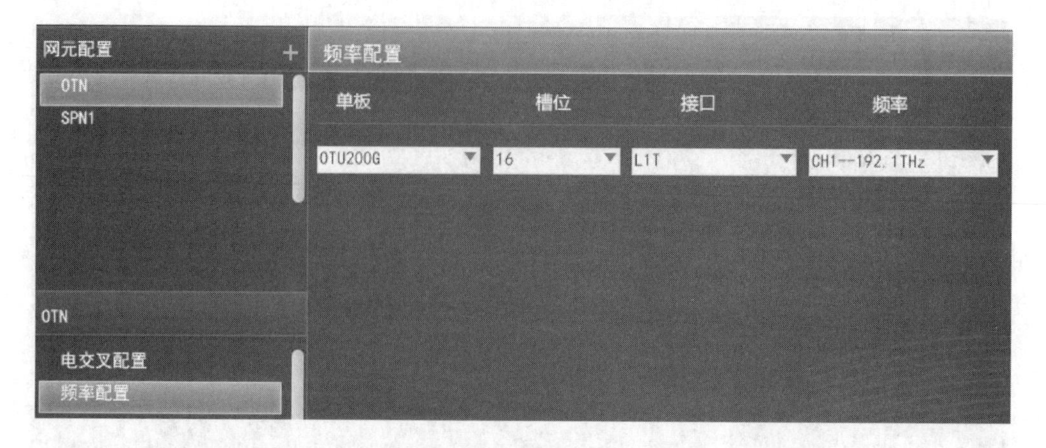

图 7-65 频率配置

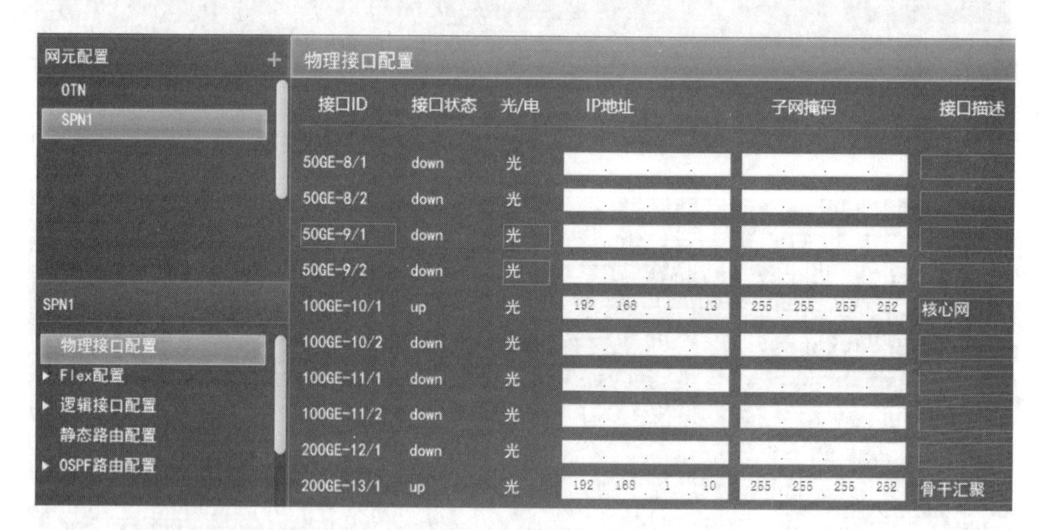

图 7-66 物理接口配置

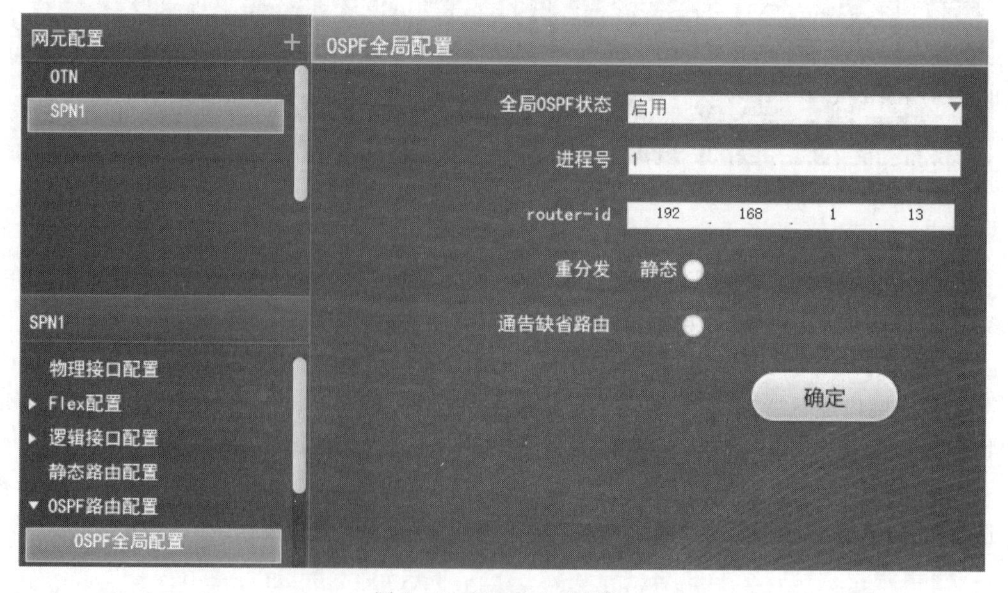

图 7-67 OSPF 全局配置

在2级参数选项中选择“OSPF接口配置”，在“网元参数”配置区输入OSPF接口数据，如图7-68所示。注意，所有接口的OSPF状态均应设置为“启用”。

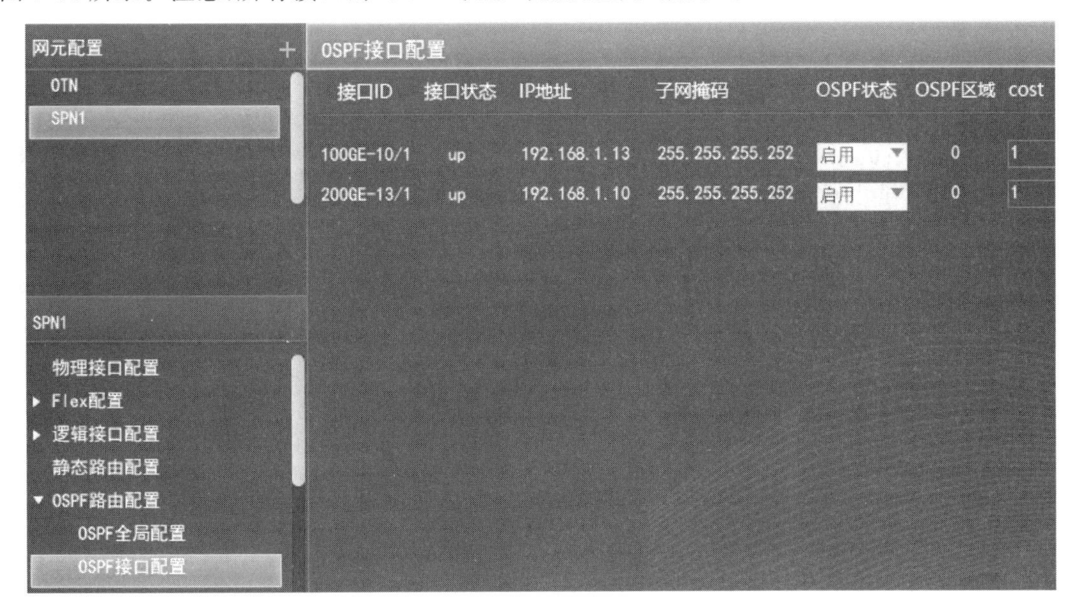

图7-68 OSPF接口配置

7.3.5 配置核心网与承载网对接数据

1. 配置建安市核心网机房数据

从操作区上侧的下拉菜单中选择“核心网”→“建安市核心网机房”，进入建安市核心网机房数据配置界面。

① 物理接口配置。在“网元配置”导航树上部选择“SWITCH1”，在“网元配置”导航树下部选择“物理接口配置”。将“网元参数”配置区中“100GE-1/18”接口的“关联VLAN”改为“3”，如图7-69所示。

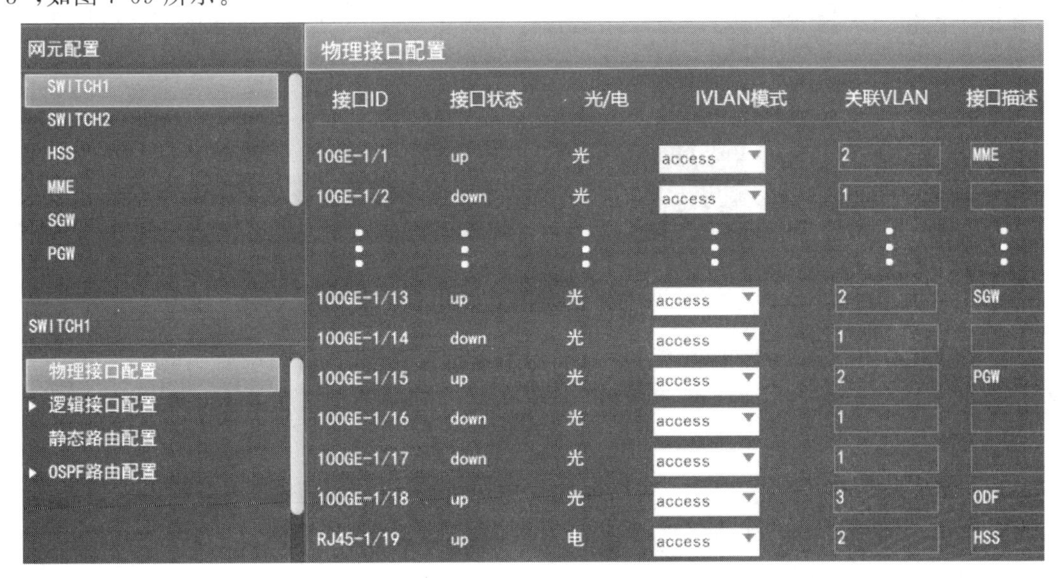

图7-69 物理接口配置

② 逻辑接口配置。在“网元配置”导航树下部选择“逻辑接口配置”，打开 2 级参数选项，选择“VLAN 三层接口”，点击“网元参数”配置区中的“+”号添加 VLAN3 的数据，如图 7-70 所示。

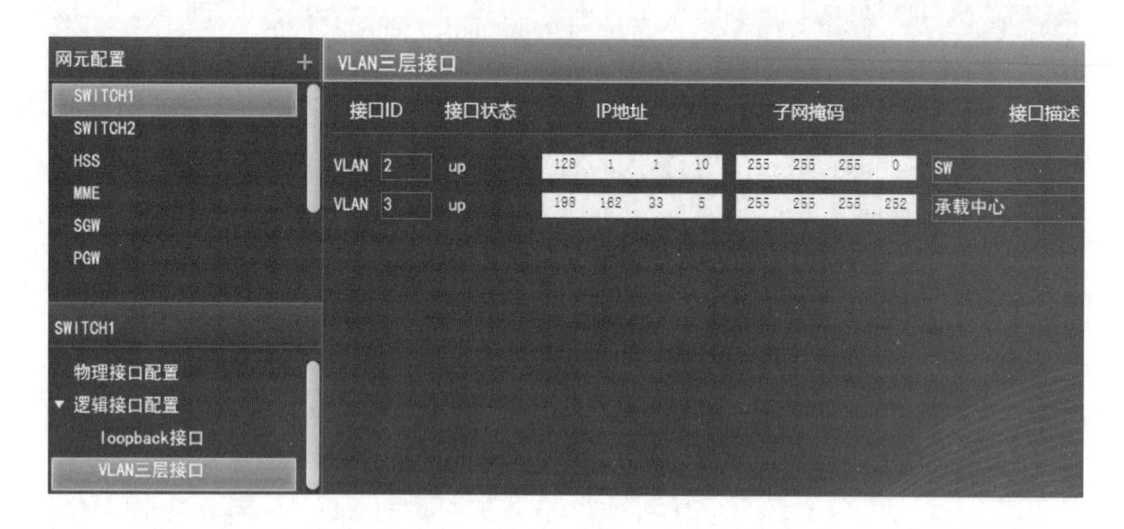

图 7-70　VLAN 三层接口

③ 静态路由配置。在“网元配置”导航树下部选择“静态路由配置”，点击“网元参数”配置区中的“+”号添加静态路由数据，如图 7-71 所示。

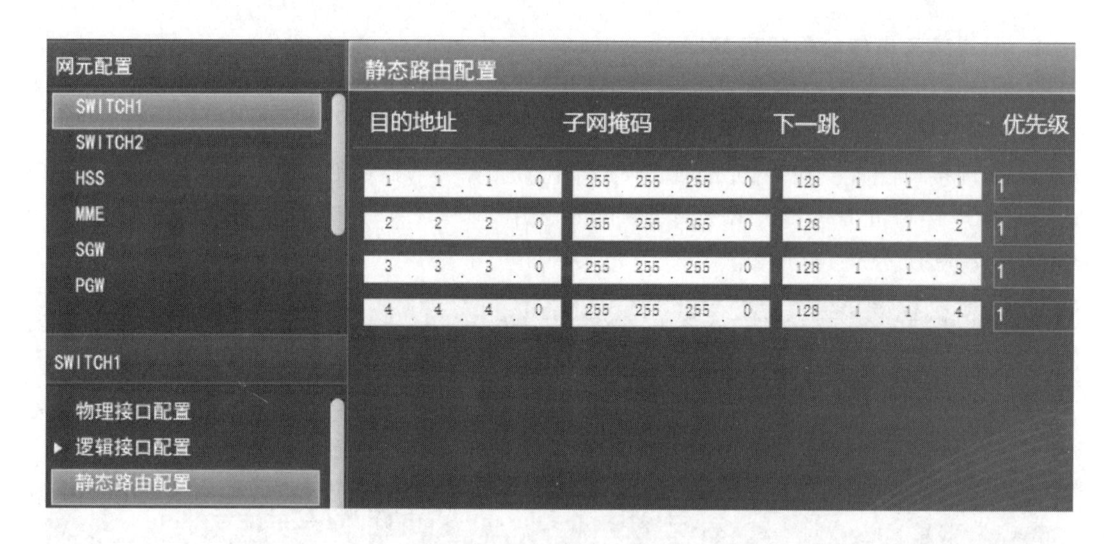

图 7-71　静态路由配置

④ OSPF 路由配置。在“网元配置”导航树下部选择“OSPF 路由配置”，打开 2 级参数选项，选择“OSPF 全局配置”，在“网元参数”配置区输入 OSPF 全局数据，如图 7-72 所示。注意，选择“静态重分发”。

在 2 级参数选项中选择“OSPF 接口配置”，在“网元参数”配置区输入 OSPF 接口数据，如图 7-73 所示。注意，所有接口的 OSPF 状态均应设置为“启用”。

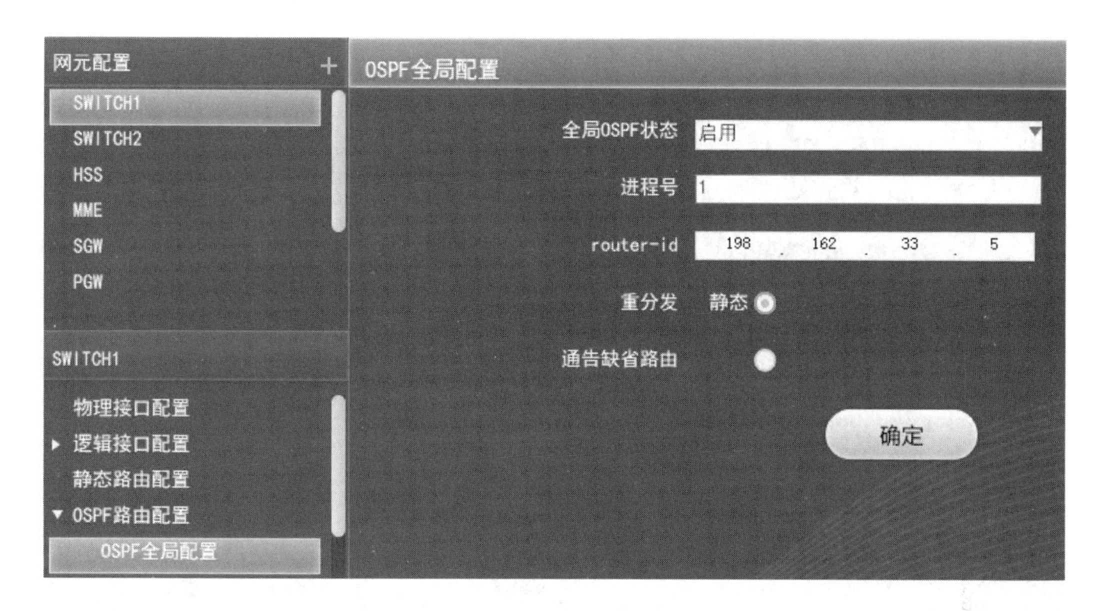

图 7-72　OSPF 全局配置

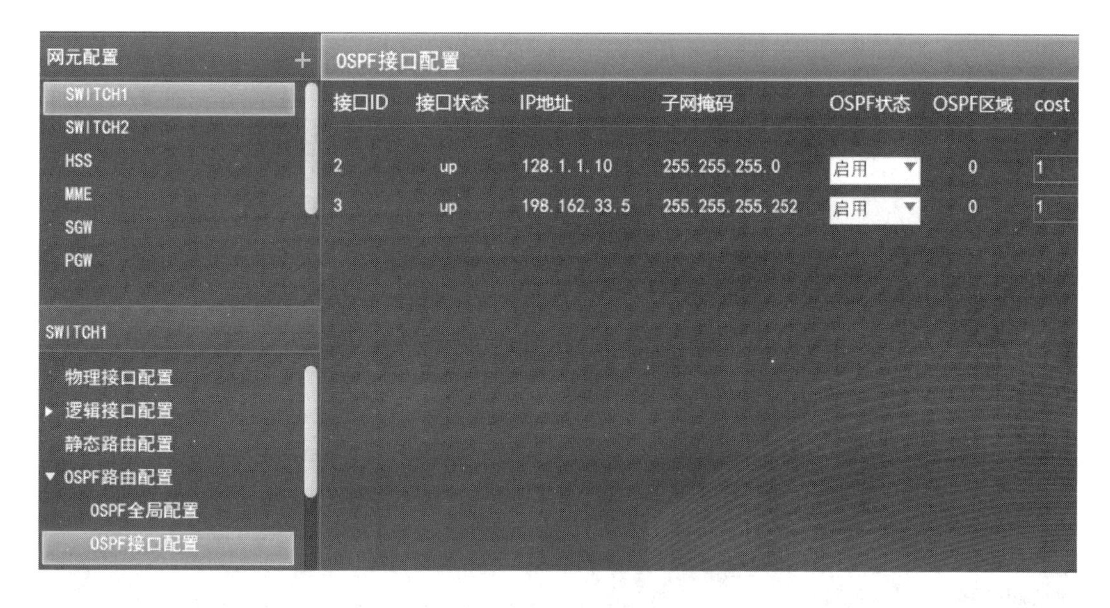

图 7-73　OSPF 接口配置

2. 配置兴城市核心网机房数据

从操作区上侧的下拉菜单中选择"核心网"→"兴城市核心网机房"，进入兴城市核心网机房数据配置界面。

① 物理接口配置。在"网元配置"导航树上部选择"SWITCH1"，在"网元配置"导航树下部选择"物理接口配置"。将"网元参数"配置区中"100GE-1/18"接口的"关联 VLAN"改为"300"，如图 7-74 所示。

② 逻辑接口配置。在"网元配置"导航树下部选择"逻辑接口配置"，打开 2 级参数选项，选择"VLAN 三层接口"，点击"网元参数"配置区中的"＋"号添加 VLAN300 的数据，如图 7-75 所示。

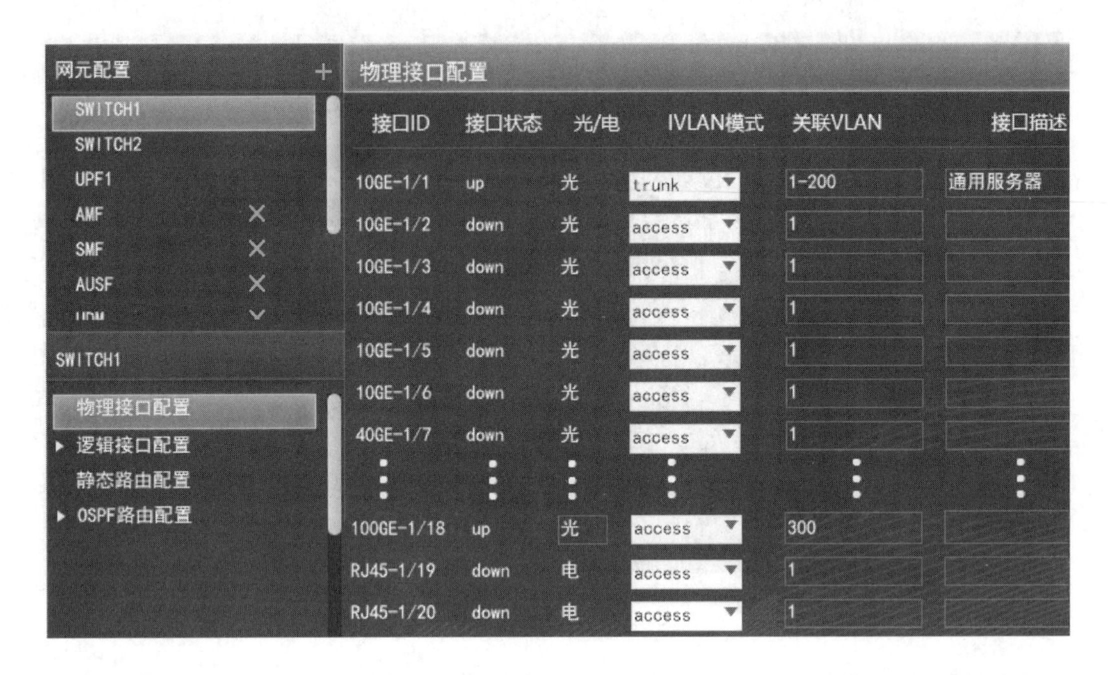

图 7-74　物理接口配置

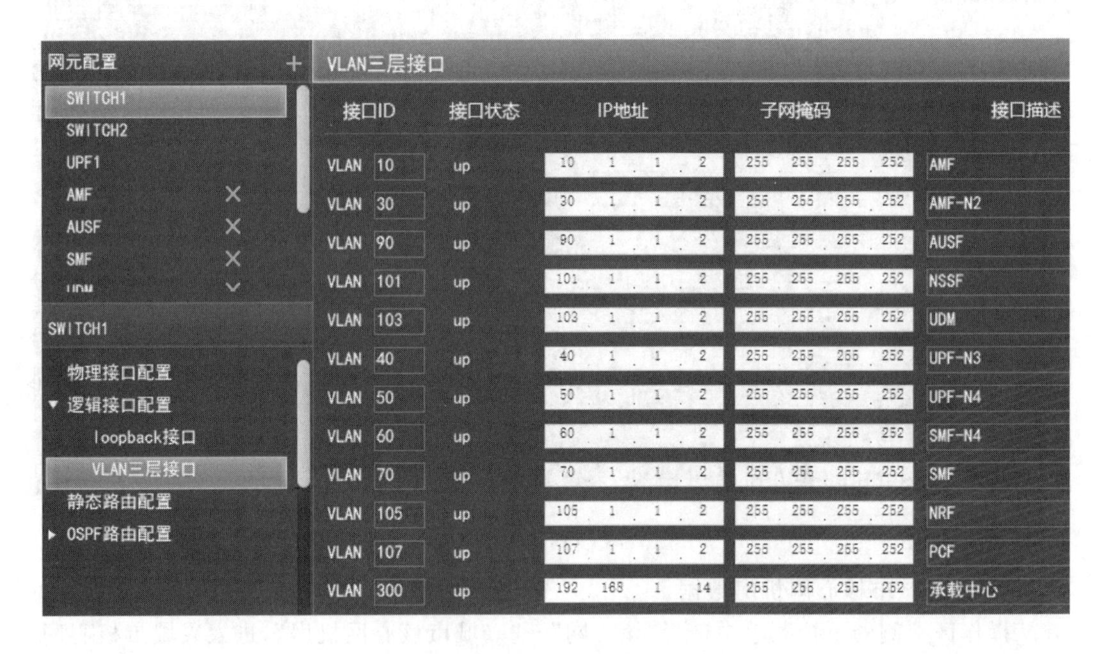

图 7-75　VLAN 三层接口

③ OSPF 路由配置。在“网元配置”导航树下部选择“OSPF 路由配置”，打开 2 级参数选项，选择“OSPF 全局配置”，在“网元参数”配置区输入 OSPF 全局数据，如图 7-76 所示。

在 2 级参数选项中选择“OSPF 接口配置”，在“网元参数”配置区输入 OSPF 接口数据，如图 7-77 所示。注意，所有接口的 OSPF 状态均应设置为“启用”。

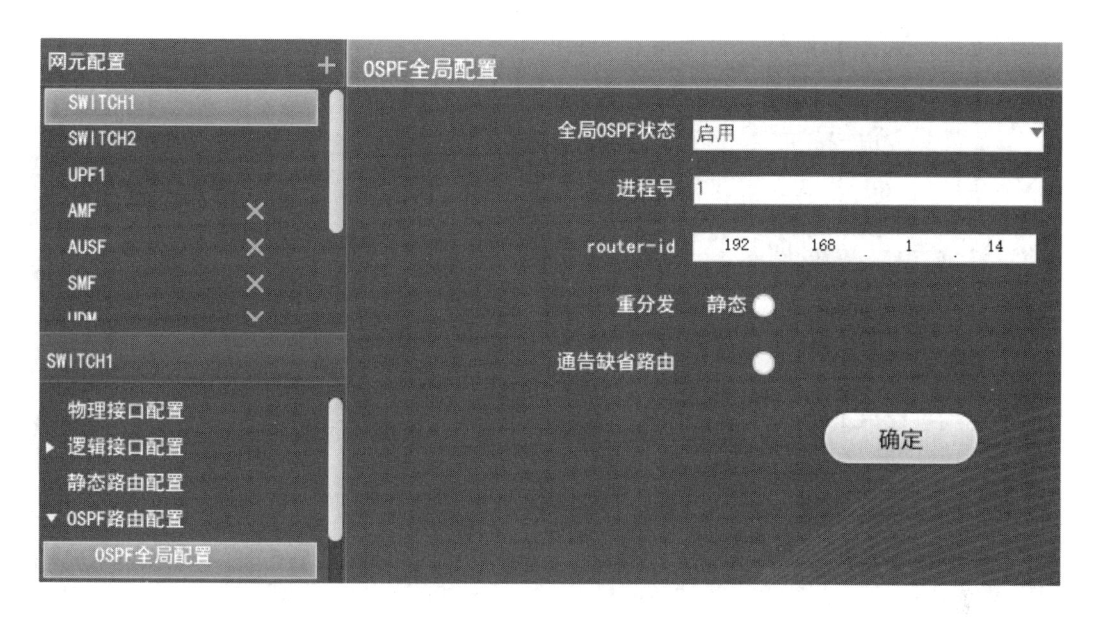

图 7-76　OSPF 全局配置

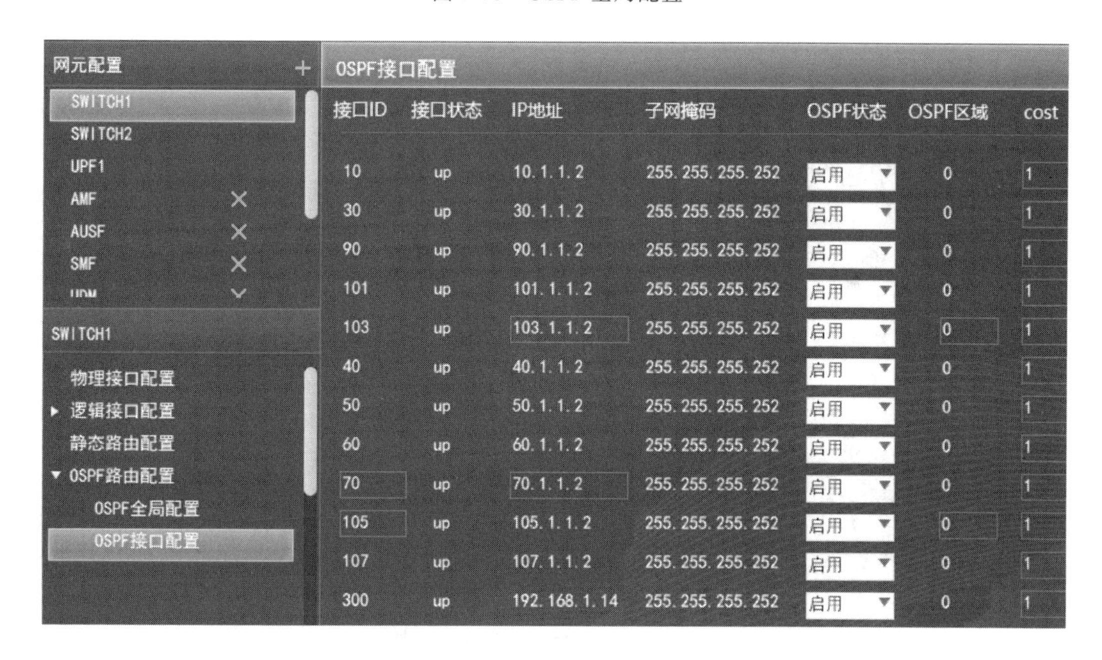

接口ID	接口状态	IP地址	子网掩码	OSPF状态	OSPF区域	cost
10	up	10.1.1.2	255.255.255.252	启用	0	1
30	up	30.1.1.2	255.255.255.252	启用	0	1
90	up	90.1.1.2	255.255.255.252	启用	0	1
101	up	101.1.1.2	255.255.255.252	启用	0	1
103	up	103.1.1.2	255.255.255.252	启用	0	1
40	up	40.1.1.2	255.255.255.252	启用	0	1
50	up	50.1.1.2	255.255.255.252	启用	0	1
60	up	60.1.1.2	255.255.255.252	启用	0	1
70	up	70.1.1.2	255.255.255.252	启用	0	1
105	up	105.1.1.2	255.255.255.252	启用	0	1
107	up	107.1.1.2	255.255.255.252	启用	0	1
300	up	192.168.1.14	255.255.255.252	启用	0	1

图 7-77　OSPF 接口配置

7.3.6　测试承载网连通性和全网业务

点击界面下侧操作选择标签栏中的“网络调试”，展开子选项。点击“业务调试”子选项，进入业务调试界面。

1. 测试承载网连通性

点击界面上侧网络选择标签栏中的“承载网”，点击界面左上角“链路检测”按钮，设定“源地址”和“目的地址”，点击“Ping”按钮可完成 IP 连通性检测，如图 7-78 所示。

点击界面左侧“光路检测”按钮，设定“源光口”和“目的光口”，点击“执行”按钮可完成

OTN 光路连通性检测,如图 7-79 所示。

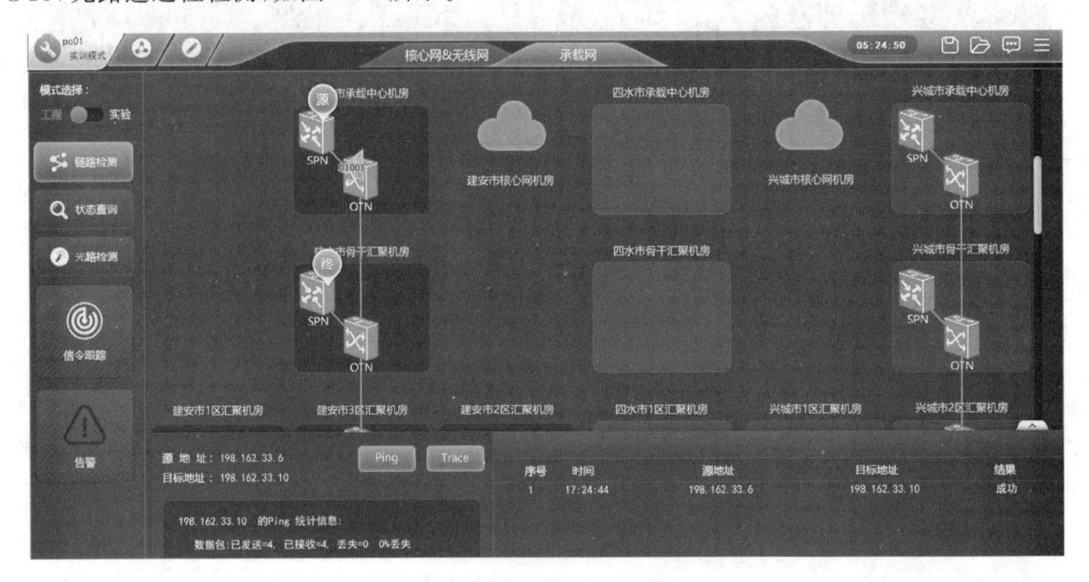

图 7-78　测试承载网 IP 连通性

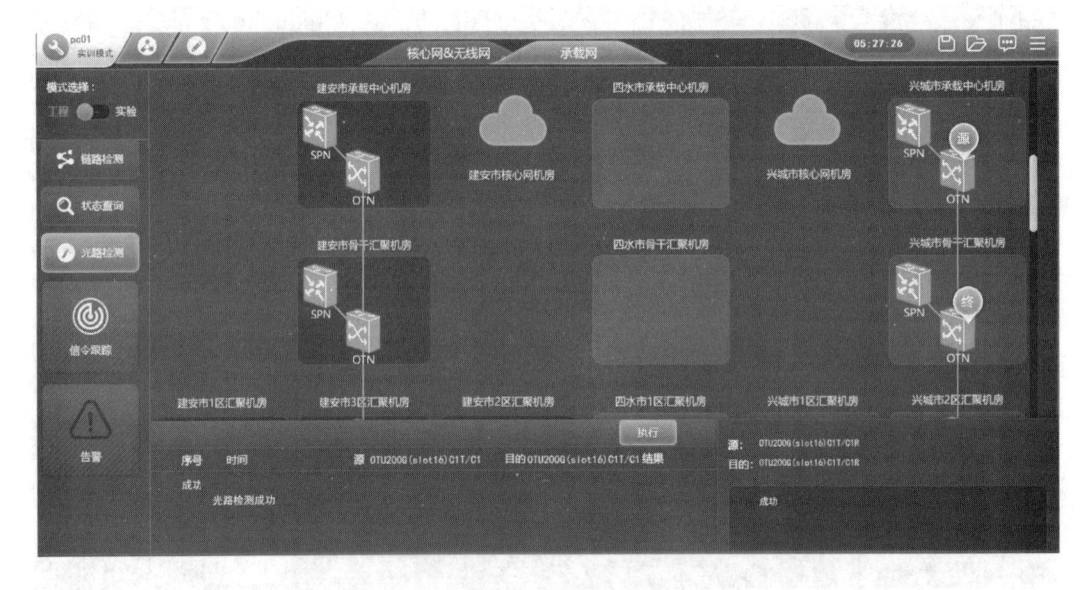

图 7-79　测试承载网光路连通性

2. 测试 5G 全网业务

点击界面上侧网络选择标签栏中的“核心网 & 无线网”,界面右上角的模式选择设定为“工程”。

拖动界面右上方的“移动终端”到建安市 B 站点的一个小区(如 JAB1)中,界面右侧会显示出当前小区的配置参数。点击“终端信息”标签,可配置终端数据。点击界面右下角的测试按钮,可完成业务测试,如图 7-80 所示。

拖动界面右上方的“移动终端”到兴城市 B 站点的一个小区(如 XCB1)中,界面右侧会显示出当前小区的配置参数。点击“终端信息”标签,可配置终端数据。界面右下角有 2 个测试按钮,用于业务测试。右边的按钮测试语音业务,如图 7-81 所示;左边的按钮测试数据业务,如图 7-82 所示。

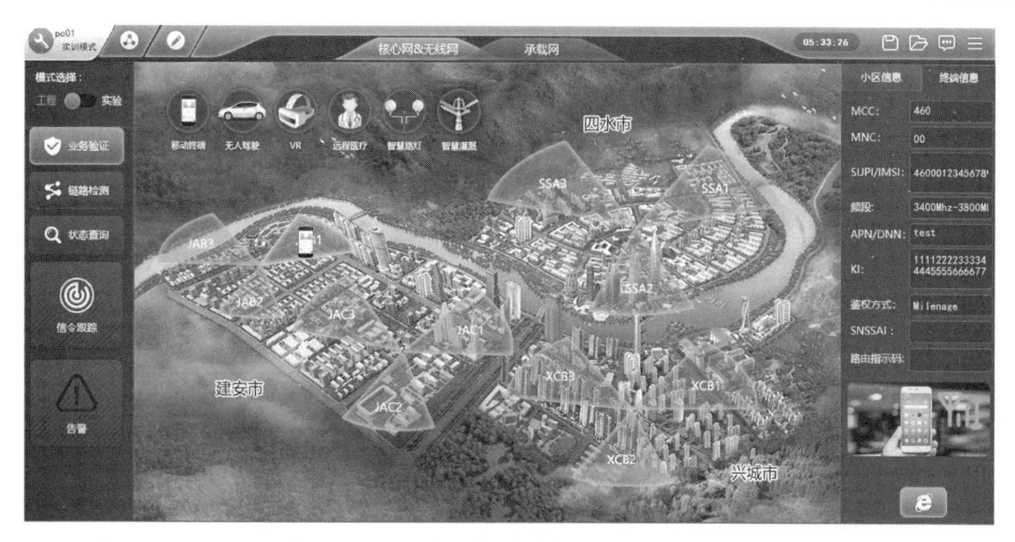

图 7-80　测试建安市语音业务

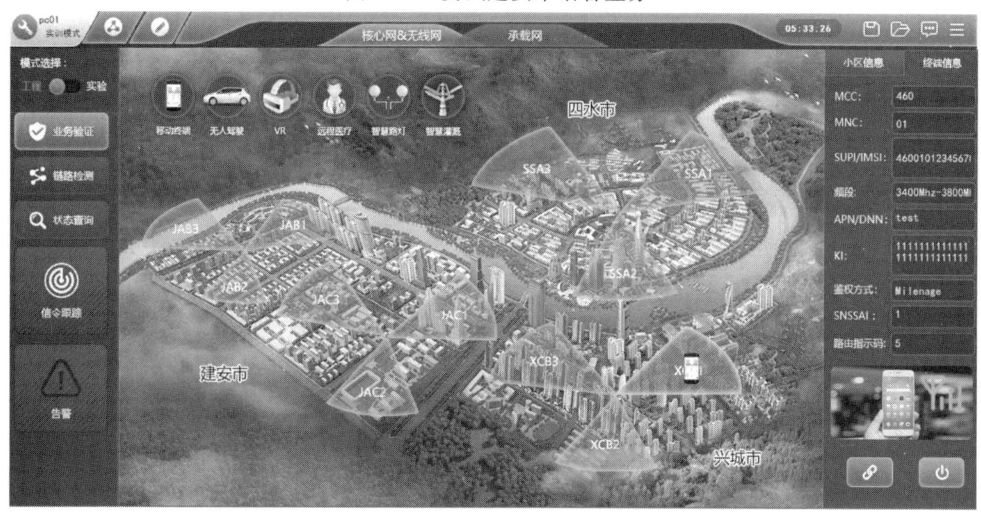

图 7-81　测试兴城市语音业务

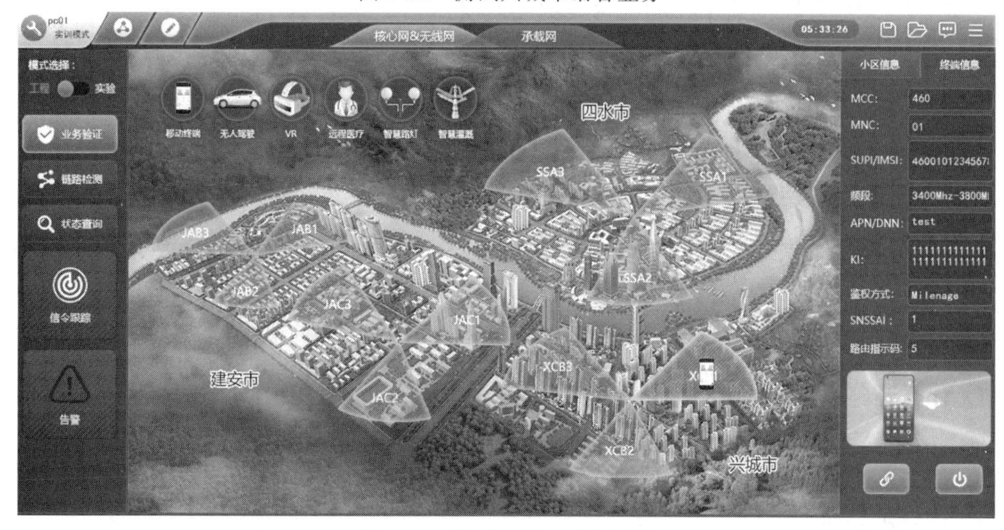

图 7-82　测试兴城市数据业务

7.4 任务实施过程

7.4.1 任务实施评价

"配置承载网数据"任务评价表如表 7-2 所示。

表 7-2 "配置承载网数据"任务评价表

任务 7 配置承载网数据				
班级		小组		
评价要点	评价内容	分值	得分	备注
基础知识（45 分）	二层交换原理	15		
	三层路由原理	15		
	VLAN 间路由	15		
任务实施（45 分）	明确工作任务和目标	5		
	配置承载网接入层数据	10		
	配置承载网汇聚层数据	10		
	配置承载网骨干汇聚层数据	10		
	配置承载网中心层数据	10		
操作规范（10 分）	按规范操作，防止损坏设备	5		
	保持环境卫生，注意用电安全	5		
合计		100		

7.4.2 思考与练习题

1. 以太网二层交换机具备哪三个基本功能？
2. 二层交换的主要缺点是什么？
3. 什么是虚拟局域网？
4. VLAN 有哪些划分方法？
5. VLAN 有哪两种端口模式？
6. 什么是路由和路由器？
7. 简述路由表的结构。
8. 什么是直连路由？什么是缺省路由？
9. 什么是静态路由？什么是动态路由？
10. 什么是最长匹配原则？
11. 什么是路由重分发？
12. 在 VLAN 间实现路由有哪三种的方法？
13. 什么是单臂路由？
14. 什么是三层交换机？它有什么优点？
15. 简述三层交换机的结构。

参 考 文 献

［1］ 王映民．5G 传输关键技术［M］．北京：电子工业出版社，2017．2．

［2］ 江林华．5G 物联网及 NB－IoT 技术详解［M］．北京：电子工业出版社，2018．3．

［3］ 张传福，赵立英，张宇，等．5G 移动通信系统及关键技术［M］．北京：电子工业出版社，2018．11．

［4］ 刘毅，刘红梅，张阳，等．深入浅出 5G 移动通信［M］．北京：机械工业出版社，2019．3．

［5］ 汪丁鼎．5G 无线网络技术与规划设计［M］．北京：人民邮电出版社，2019．8．

［6］ 王映民，孙韶辉，等．5G 移动通信系统设计与标准详解［M］．北京：人民邮电出版社，2020．4．

［7］ 谢朝阳．5G 边缘云计算：规划、实施、运维［M］．北京：电子工业出版社，2020．7．

［8］ 陈鹏．5G 移动通信网络：从标准到实践［M］．北京：机械工业出版社，2020．8．

［9］ 张源，尹星．5G 网络云化技术及应用（微课版）［M］．北京：人民邮电出版社，2020．9．

［10］ 吴成林．5G 核心网规划与应用［M］．北京：人民邮电出版社，2020．10．

［11］ 王霄峻，曾嵘．5G 无线网络规划与优化（微课版）［M］．北京：人民邮电出版社，2020．11．

［12］ 冯武锋，高杰，徐卸土，等．5G 应用技术与行业实践［M］．北京：人民邮电出版社，2020．12．

［13］ 吴冬升．5G 与车联网技术［M］．北京：化学工业出版社，2021．1．

［14］ 吕铁军，粟欣．5G 中的物理层安全关键技术［M］．北京：科学出版社，2021．1．

［15］ 江林华．5G NR 新空口技术详解［M］．北京：电子工业出版社，2021．6．